计 算 机 科 学 丛 书

原书第4版

计算机科学导论

[美] 贝赫鲁兹·佛罗赞（Behrouz Forouzan） 著

吕云翔 杨洪洋 曾洪立 等译

Foundations of Computer Science
Fourth Edition

FOUNDATIONS
OF COMPUTER
SCIENCE
Fourth Edition
Behrouz Forouzan

机械工业出版社
China Machine Press

图书在版编目（CIP）数据

计算机科学导论（原书第 4 版）/（美）贝赫鲁兹·佛罗赞（Behrouz Forouzan）著；吕云翔等译 . —北京：机械工业出版社，2020.5（2024.10 重印）
（计算机科学丛书）
书名原文：Foundations of Computer Science, Fourth Edition

ISBN 978-7-111-65463-6

I. 计⋯　II. ① 贝⋯　② 吕⋯　III. 计算机科学 – 高等学校 – 教材　IV. TP3

中国版本图书馆 CIP 数据核字（2020）第 071141 号

北京市版权局著作权合同登记　图字：01-2019-0954 号。

Behrouz Forouzan, Foundations of Computer Science, Fourth Edition.
Copyright © 2018 by Cengage Learning EMEA.
Original edition published by Cengage Learning. All rights reserved.
China Machine Press is authorized by Cengage Learning to publish and distribute exclusively this simplified Chinese edition. This edition is authorized for sale in the Chinese mainland (excluding Hong Kong SAR, Macao SAR and Taiwan). Unauthorized export of this edition is a violation of the Copyright Act. No part of this publication may be reproduced or distributed by any means, or stored in a database or retrieval system, without the prior written permission of the publisher.
Cengage Learning Asia Pte. Ltd.
151 Lorong Chuan, #02-08 New Tech Park, Singapore 556741
本书原版由圣智学习出版公司出版。版权所有，盗印必究。
本书中文简体字翻译版由圣智学习出版公司授权机械工业出版社独家出版发行。此版本仅限在中国大陆地区（不包括香港、澳门特别行政区及台湾地区）销售。未经授权的本书出口将被视为违反版权法的行为。未经出版者预先书面许可，不得以任何方式复制或发行本书的任何部分。
本书封面贴有 Cengage Learning 防伪标签，无标签者不得销售。

本书涵盖了计算机科学的所有领域，堪称计算机百科全书。作者通过大量的图片、图表和演示来增强读者对内容的理解和知识的掌握，并在章末通过关键术语、小结和练习来帮助读者复习知识要点。

本书既适合作为计算机类专业的基础课教材，也适合非计算机专业学生用来深化计算机知识和技能，同时也可供广大计算机爱好者参考。

出版发行：机械工业出版社（北京市西城区百万庄大街 22 号　邮政编码：100037）
责任编辑：游　静　　　　　　　　　　　　　责任校对：李秋荣
印　　刷：固安县铭成印刷有限公司　　　　　版　　次：2024 年 10 月第 1 版第 13 次印刷
开　　本：185mm×260mm　1/16　　　　　　印　　张：29.25
书　　号：ISBN 978-7-111-65463-6　　　　　定　　价：89.00 元

客服电话：(010) 88361066　68326294

本书是国外著名大学采用的计算机基础课教材，供大学低年级学生使用。本书涉及了计算机科学的诸多方面，就像一部百科全书一样便于读者学习，增强读者对计算机科学的兴趣，为今后的课程学习打下坚实的基础。

本书是基于美国计算机学会（ACM）推荐的 CS0 课程设计的，涵盖了计算机科学的所有领域。本书在内容安排上既体现了计算机科学的广度，又兼顾了相关主题的深度，同时紧跟当前的技术发展趋势（如社交网络等），除此之外还增添了社会道德问题等方面的内容。在这本书中，作者通过大量的图片、图表和演示来增强读者对内容的理解和知识的掌握，并通过关键术语、小结和练习帮助读者复习知识要点。为了让读者更好地理解书中所讨论的概念，书末还配有 10 个可供读者参考的附录。这是一本不可多得的教学用书。

本书既适合作为高等院校计算机相关专业的计算机基础课教材，也适合作为非计算机专业学生深化计算机知识和技能的学习教材，同时还可以供广大计算机爱好者参考。

本书的主要译者为吕云翔、杨洪洋、曾洪立，胡健宁、高峻逸、索宇澄、陈妙然和唐思渊也参与了部分内容的翻译。本书涉及的知识面广，技术内容又很新，这给我们的翻译带来了一定的挑战性。由于译者水平有限，书中难免有疏漏之处，恳请各位同仁和广大读者予以批评指正（E-mail：yunxianglu@hotmail.com）。

译　者
2020 年 1 月

计算机在我们的日常生活中扮演着一个重要的角色，而且在未来也将一样。计算机科学是一个充满了挑战和发展机遇的年轻学科。计算机网络将位于地球上每一个角落的我们连接在一起。虚拟现实创造了炫目的三维图像。宇宙空间探险的成功也部分归功于计算机的发展。计算机创建的特效改变了电影行业。计算机在遗传学研究中也扮演了重要的角色。

本书读者对象

这本书同时面向学术和专业读者。本书可以作为感兴趣的专业人士的自学指南。作为教材，本书包含一学期（semester）或一学季（quarter）的教学内容，是计算机科学的入门教程。本书是基于美国计算机学会（ACM）推荐的CS0课程设计的。它从广度上覆盖了计算机科学的所有领域。其他领域的学生需要对计算机科学有大致的了解时，无论是从本书中选读部分内容还是通读全书，都会有帮助。

第 4 版中的改动

在本版中进行了以下修改。

几乎所有的章节都做出了较小的修改。本书增添了两个新章（第19和20章）。第4章中的一些材料被移除，并扩展成两个新的附录（附录 I 和附录 J）。

本书的组织

本书由 20 章和 10 个附录构成。

章节

章节的作用是提供基本的学习材料，但并不是书中的每一个章节都对学生有用。教这门课的教师可以自主选择教学章节。我们会在后面提供一份教学指南。

附录

附录的作用是为理解书中讨论的概念快速提供一份参照或复习材料。本书中有 10 个可供学生参照和学习的附录。

缩略语

本书包含的缩略语可帮助学生快速找到对应的术语。

术语表

为了使学生熟悉书中使用的术语，本书提供了一份全面的术语表。

教学法

本书中的教学特色可以帮助学生非常简便地理解书中的内容。

图文并茂

本书图文并茂，而且不使用复杂的公式来展示高深内容。本书附图超过 400 幅，以便读者形象而直观地了解本书内容。图片对于解释构成整体的各组件之间的关系极为重要。对于很多学生来说，通过图片比通过文字更容易掌握概念。

重点

把重要的概念放在阴影框中以便快速参考和即时注意。

范例和应用

在合适的情况下，书中引入了可以说明概念的例子。

算法

书中包含的算法有助于学生熟悉问题求解和编程。

UML

本书通篇使用 UML 图以使学生熟悉该工具，因为这已经成为业界的实际标准。

章末材料

每一章以一系列材料结束，包括以下部分：

- 推荐读物：简明地给出该章推荐书目列表。这些列表也用于快速地找到相应的文献。
- 小结：包括对该章中所有内容的概括，把该章最重要的内容整合在一起以便阅读。

练习

每章包括为强化重要概念同时鼓励学生进行实践而设计的练习。练习包括三部分内容：小测验、复习题、练习题。

- 小测验：本书网站上的小测验提供对概念掌握情况的快速测试。学生可以通过这些小测验来检测自己对所学内容的理解。
- 复习题：这个部分包括与书中讨论的概念有关的简单题。本书网站上为学生提供了奇数编号复习题的答案以供核对。
- 练习题：这一部分包括难度更大的题目，求解这些题目需要对该章讨论的内容有更深层次的理解。强烈推荐学生尝试求解这部分的全部题目。奇数编号练习题的答案也已经公布在本书网站上，以便学生进行核对。

教师资源[⊖]

本书为教授该课程的教师提供了完整的教学资源，可以从本书网站下载它们。

演示文稿

本书网站为教授该课程的教师提供了一系列动画式的彩色幻灯片演示文稿。

练习答案

本书网站为教授该课程的教师提供了所有复习题和练习题的答案。

学生资源

在本书网站上包含完整的学生资源，包括：

小测验

学生可以完成章末小测验，以检查自己对相应章节材料的理解程度。

⊖ 关于本书教辅资源，只有使用本书作为教材的教师才可以申请，需要的教师可向圣智学习出版公司北京代表处申请，电话 010-83435000，电子邮件 asia.infochina@cengage.com。——编辑注

奇数编号练习题答案

为了方便学生使用，本书网站上提供了所有奇数编号复习题和练习题的答案。

如何使用本书

本书的章节组织灵活，建议按以下指南学习：

- 第 1～8 章内容对理解本书其余内容而言是必要的。
- 如果时间允许，可以教授第 9～14 章内容。在学季制中这些内容可以省去。
- 第 15～20 章内容应该基于学生的专业和教师的判断有选择地教授。

致谢

显而易见，出版这样一本教材需要很多人的支持。

感谢为本书的出版做出贡献的审稿人员，他们是：

南澳大学的 Sam Ssemugabi

博茨瓦纳会计学院的 Ronald Chikati

林波波大学的 Alex Dandadzi

埃因霍温科技大学的 Tom Verhoeff

比勒陀利亚大学的 Stefan Gruner

英国白金汉大学的 Harin Sellahwea

威尔士大学的 John Newman

Birbeck 学院的 Steve Maybank

斯特灵大学的 Mario Kolberg

伍斯特大学的 Colin Price

伦敦城市大学的 Boris Cogan

希尔德斯海姆大学的 Thomas Mandl

南非大学的 Daphne Becker

阿卜杜拉国王大学的 Lubna Fekry Abdulhai 和 Osama Abulnaja

利物浦大学的 Katie Atkinson

特别感谢出版社的工作人员：Andrew Ashwin、Annabel Ainscow、Jennifer Grene、Phillipa Davidson-Blake。

Behrouz A. Forouzan

加利福尼亚州洛杉矶

2018 年 1 月

绪　论

今天，计算机科学一词是一个非常广泛的概念。然而在本书中，我们将其定义为"和计算机相关的问题"。本章首先阐述什么是计算机，接着探索和计算机直接相关的一些问题。本章首先会将计算机视为**图灵模型**，这是从数学和哲学上对计算的定义。接着会阐明当今的计算机是如何建立在**冯·诺依曼模型**基础之上的。本章的最后会介绍计算机这一改变文明的机器的简要历史。

目标

通过本章的学习，学生应该能够：

- 定义计算机的图灵模型；
- 定义计算机的冯·诺依曼模型；
- 描述计算机的三大部分——硬件、数据和软件；
- 列举与计算机硬件相关的话题；
- 列举与数据相关的话题；
- 列举与软件相关的话题；
- 说出计算机的简明历史。

1.1　图灵模型

Alan Turing（阿兰·图灵）在 1936 年最先提出了一个通用计算设备的设想。他认为，所有的计算都可以在一种特殊的机器上执行，这就是现在所说的**图灵机**。尽管图灵对这样一种机器进行了数学上的描述，但他还是更有兴趣关注计算的哲学定义，而不是建造一台真实的机器。他将该模型建立在人们进行计算过程的行为上，并将这些行为抽象到用于计算的机器的模型中，这才真正改变了世界。

1.1.1　数据处理器

在讨论图灵模型之前，让我们把计算机定义成一个**数据处理器**。依照这种定义，计算机可以被看作一个接受输入数据、处理数据并产生输出数据的黑盒（如图 1-1 所示）。尽管这个模型能够体现现代计算机的功能，但是它的定义还是太宽泛。按照这种定义，也可以认为便携式计算器是计算机（按照字面意思，它也符合定义的模型）。

输入数据　→　计算机　→　输出数据

图 1-1　一个单用途计算机器

另一个问题是这个模型并没有说明它处理的类型以及是否可以处理一种以上的类型。换句话说，它并没有清楚地说明基于这个模型的机器能够完成操作的类型和数量。它是专用机器还是通用机器呢？

这种模型可以表示为一种设计用来完成特定任务的专用计算机（或者处理器），比如用来控制建筑物温度或汽车油料使用。尽管如此，计算机作为一个当今使用的术语，是一种通用的机器，它可以完成各种不同的工作。这表明我们需要将该模型改变为图灵模型来反映当今计算机的现实。

1.1.2 可编程数据处理器

图灵模型是一个适用于通用计算机的更好的模型。该模型添加了一个额外的元素——程序——到不同的计算机器中。**程序**是用来告诉计算机如何对数据进行处理的指令集合。图1-2显示了图灵模型。

图1-2 基于图灵模型的计算机：可编程数据处理器

在这个图灵模型中，**输出数据**依赖于两方面因素的结合作用：**输入数据**和程序。对于相同的输入数据，如果改变程序，则可以产生不同的输出。类似地，对于同样的程序，如果改变输入数据，其输出结果也将不同。最后，如果输入数据和程序保持不变，输出结果也将不变。让我们看看下面三个示例。

1. 相同的程序，不同的输入数据

图1-3显示了对于同样的程序输入不同的数据时，尽管程序相同，但因为处理的输入数据不同，输出也就不同。

2. 相同的输入数据，不同的程序

图1-4显示了程序不同而输入数据相同时的情形。每个程序使计算机对于相同的输入数据执行不同的操作。第一个程序是使输入数据按大小顺序排列，第二个程序是使所有的数据相加，第三个程序是找出输入数据中最小的数。

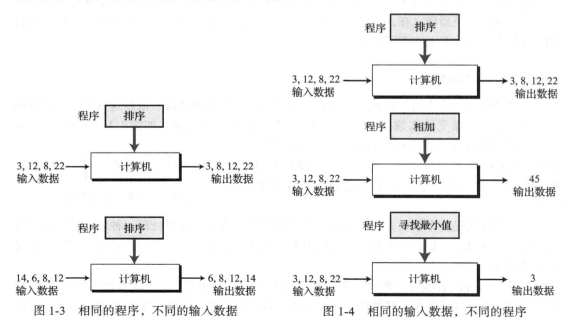

图1-3 相同的程序，不同的输入数据　　　　图1-4 相同的输入数据，不同的程序

3. 相同的输入数据，相同的程序

我们希望无论何时对于同样的输入数据和程序，其输出结果一致。换句话说，当输入相同的数据运行程序时，我们希望有相同的输出。

1.1.3　通用图灵机

通用图灵机是对现代计算机的首次描述，只要提供了合适的程序，该机器就能做任何运算。可以证明，一台很强大的计算机和通用图灵机一样能进行同样的运算。我们所需要的仅仅是为这两者提供数据以及用于描述如何做运算的程序。实际上，通用图灵机能做任何可计算的运算。

1.2　冯·诺依曼模型

基于通用图灵机建造的计算机都是在存储器中存储数据。在 1944～1945 年，冯·诺依曼指出，鉴于程序和数据在逻辑上是相同的，因此程序也能存储在计算机的存储器中。

1.2.1　4 个子系统

基于冯·诺依曼模型建造的计算机分为 4 个子系统：存储器、算术逻辑单元、控制单元和输入 / 输出（见图 1-5）。

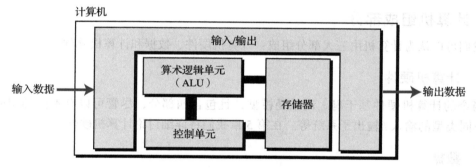

图 1-5　冯·诺依曼模型

1. 存储器

存储器是用来存储的区域，在计算机的处理过程中存储器用来存储数据和程序，我们将在本章后面讨论存储数据和程序的原因。

2. 算术逻辑单元

算术逻辑单元（ALU）是用来进行计算和**逻辑运算**的地方。如果是一台数据处理计算机，它应该能够对数据进行算术运算（例如进行一系列的数字相加运算）。当然它也应该可以对数据进行一系列逻辑运算，正如我们将在第 4 章看到的那样。

3. 控制单元

控制单元是对**存储器**、算术逻辑单元、输入 / 输出等子系统进行控制操作的单元。

4. 输入 / 输出

输入子系统负责从计算机外部接收输入数据和程序，**输出子系统**负责将计算机的处理结果输出到计算机外部。输入 / 输出子系统的定义相当宽泛，它们还包含辅助存储设备，例如，用来存储处理所需的程序和数据的磁盘和磁带等。当一个磁盘用于存储处理后的输出结果时，我们一般就可以认为它是输出设备，如果从该磁盘上读取数据，则该磁盘就被认为是输入设备。

1.2.2 存储程序概念

冯·诺依曼模型要求程序必须存储在存储器中。这和早期只有数据才能存储在存储器中的计算机结构完全不同。完成某一任务的程序是通过操作一系列的开关或改变其配线来实现的。

现代计算机的存储器用来存储程序及其相应数据。这意味着数据和程序应该具有相同的格式，这是因为它们都存储在存储器中。实际上它们都是以位模式（0 和 1 序列）存储在存储器中的。

1.2.3 指令的顺序执行

冯·诺依曼模型中的一段程序由一组数量有限的指令组成。按照这个模型，控制单元从存储器中提取一条指令，解释指令，接着执行指令。换句话说，指令就是一条接着一条地顺序执行，当然，一条指令可能会请求控制单元跳转到其前面或者后面的指令去执行，但是这并不意味着指令没有按照顺序来执行。指令的顺序执行是基于冯·诺依曼模型的计算机的初始条件。当今的计算机以最高效的顺序来执行程序。

1.3 计算机组成部分

我们可以认为计算机由三大部分组成：计算机硬件、数据和计算机软件。

1.3.1 计算机硬件

当今的计算机硬件基于冯·诺依曼模型，且包含四部分，尽管可以有不同类型的存储器，不同类型的输入 / 输出子系统等。在第 5 章我们将详细讨论计算机硬件。

1.3.2 数据

冯·诺依曼模型清楚地将一台计算机定义为一台数据处理机。它接收输入数据，处理并输出相应的结果。

1. 存储数据

冯·诺依曼模型并没有定义数据如何存储在计算机中。如果一台计算机是一台电子设备，最好的数据存储方式应该是电子信号，例如以电子信号的出现和消失的特定方式来存储数据，这意味着一台计算机可以以两种状态之一的形式来存储数据。

显然，日常使用的数据并不是以两种状态之一的形式存在的。例如，我们在数字系统中使用的数字可以是 0～9 十种状态中的任何一个。但是你不能（至少到目前为止）将这类信息存储到计算机内部，除非将这类信息变换成另一种只使用两种状态（0 和 1）的系统。同样，你也需要处理其他类型的数据（例如文本、图像、声音、视频），它们同样不能直接存储到计算机中，除非将它们转变成合适的形式（0 和 1 序列）。

在第 3 章中，我们将会了解不同类型的数据是怎样以 0 和 1 序列的二进制形式存储在计算机内部的。第 4 章将介绍在计算机内部由二进制组成的数据是怎样被操作的。

2. 组织数据

尽管数据只能以一种形式（位模式）存储在计算机内部，但在计算机外部却可以表现为不同的形式。另外，计算机（以及数据处理表示法）开创了一个新兴的研究领域——**数据组织**。在将数据存储到计算机中之前，能否有效地将数据组织成不同的实体和格式？如今，数据并不是按照杂乱无章的次序来组织信息的。数据被组织成许多小的单元，再由这些小的单元组成更大的单元，等等。在第 11～14 章中，我们将会从这个角度去认识数据。

1.3.3　计算机软件

图灵或冯·诺依曼模型的主要特征是程序的概念。尽管早期的计算机并没有在计算机的存储器中存储程序，但它们还是使用了程序的概念。编程在早期的计算机中体现为一系列开关的打开或闭合以及配线的改变。编程在数据实际开始处理之前是由操作员或工程师完成的一项工作。

1. 程序必须是存储的

在冯·诺依曼模型中，这些程序被存储在计算机的存储器中，存储器中不仅要存储数据，还要存储程序（见图 1-6）。

2. 指令的序列

这个模型还要求程序必须是有序的指令集。每一条指令操作一个或多个数据项。因此，一条指令可以改变它前面指令的作用。例如，图 1-7 显示了一个输入两个数据，将它们相加，最后打印出结果的程序。这段程序包含 4 个独立的指令集。

1. 向存储器中输入第一个数字
2. 向存储器中输入第二个数字
3. 将两个数字相加，并将结果存储到存储器中
4. 输出结果

存储器　　　　　　　　　　　　　　　　　程序

图 1-6　存储器中的程序和数据　　　　　　图 1-7　由指令构成的程序

也许我们会问：为什么程序必须由不同的指令集组成？答案是重用性。如今，计算机完成成千上万的任务，如果每一项任务的程序都是相对独立的，且和其他程序之间没有任何的公用段，编程将会变成一件很困难的事情。图灵模型和冯·诺依曼模型通过仔细地定义计算机可以使用的不同指令集，使编程变得相对简单。程序员通过组合这些不同的指令来创建任意数量的程序。每个程序可以是不同指令的不同组合。

3. 算法

要求程序包含一系列指令使编程变得可能，但也带来了另外一些使用计算机方面的问题。程序员不仅要了解每条指令所完成的任务，还要知道怎样将这些指令结合起来完成一些特定的任务。对于一些不同的问题，程序员首先应该以循序渐进的方式来解决问题，接着尽量找到合适的指令（指令序列）来解决问题。这种按步骤解决问题的方法就是所谓的**算法**。算法在计算机科学中起到了重要的作用，我们将在第 8 章讨论。

4. 语言

在计算机时代的早期，只有一种称为机器语言的计算机语言。程序员依靠写指令的方式（使用位模式）来解决问题。但是随着程序越来越大，采用这种模式来编写很长的程序变得单调乏味。计算机科学家研究出利用符号来代表位模式，就像人们在日常中用符号（单词）来代替一些常用的指令一样。当然，人们在日常生活中所用的一些符号与计算机中所用的符号不同。这样**计算机语言**的概念诞生了。自然语言（例如英语）是丰富的语言，并有许多正确组合单词的规则；相对而言，计算机语言只有比较有限的符号和单词。第 9 章将介绍计算机语言。

5. 软件工程

在冯·诺依曼模型中没有定义**软件工程**，软件工程是指**结构化程序**的设计和编写。今天，它不仅仅是用来描述完成某一任务的应用程序，还包括程序设计中所要严格遵循的原理和规则。我们所讨论的这些原理和规则综合起来就是第 10 章中要说的软件工程。

6. 操作系统

在计算机演变过程中，科学家们发现有一系列指令对所有程序来说是公用的。例如，告诉计算机在哪里接收和发送数据的指令在几乎所有的程序中都要用到。如果这些指令只编写一次就可以用于所有程序，那么效率将会大大提高。这样，就出现了操作系统的概念。计算机操作系统最初是为程序访问计算机部件提供方便的一种管理程序。今天，操作系统所完成的工作远不止这些，具体的内容将在第 7 章介绍。

1.4 历史

在本节中，我们简要回顾一下计算和计算机的历史。我们将其分为三个阶段。

1.4.1 机械计算机器（1930 年以前）

在这个阶段，人们发明了一些用来进行计算的机器，它们与计算机的现代概念几乎没有相似之处。

- 在 17 世纪，法国著名的数学家和物理学家布莱斯·帕斯卡（Blaise Pascal）发明了 Pascaline，这是一个用来进行加减运算的计算机器。到了 20 世纪，尼克劳斯·沃思（Niklaus Wirth）发明了一种结构化的程序设计语言，他将其命名为 Pascal 语言，用来纪念这位发明首台机械计算机器的科学家。
- 在 17 世纪后期，德国数学家戈特弗里德·莱布尼茨（Gottfried Leibnitz）发明了一台既能够做乘除运算又能做加减运算的更加复杂的计算机器。这台机器被称为莱布尼茨之轮（Leibnitz's Wheel）。
- 第一台利用存储和编程概念的机器是雅卡尔提花织机（Jacquard loom），它是由约瑟夫 – 玛丽·雅卡尔（Joseph-Marie Jacquard）在 19 世纪初期发明的。这种织机利用穿孔卡（类似于存储程序）来控制织布过程中经线的提升。
- 1823 年，查尔斯·巴比奇（Charles Babbage）发明了一种差分引擎，它不仅能够很容易地进行数学运算，还可以解多项式方程。后来，他发明了一种叫作分析引擎的机器，在某种程度上和现代计算机的概念类似。该机器由 4 个部分组成：制造场（现在的算术逻辑单元）、存储单元（存储器）、操作者（控制单元）和输出单元（输入 / 输出）。
- 1890 年，在美国人口普查办公室工作的赫尔曼·何勒里斯（Herman Hollerith）设计并制造出具有编程能力的机器，该机器可以自动阅读、计数和排列存储在穿孔卡上的数据。

1.4.2　电子计算机的诞生（1930～1950 年）

1930～1950 年，那些被视为电子计算机工业先驱的科学家们发明了一些计算机。

1. 早期的电子计算机

这一时期的早期计算机并不是将程序存储到存储器中，所有的计算机都是在外部进行编程的。有以下 5 种比较杰出的计算机：

- 第一台用来完成特定任务的计算机是通过将信息进行电子编码来实现其功能的，它是由约翰·阿塔纳索夫（John V. Atanasoff）及其助手克利福德·贝里（Clifford Berry）于 1939 年发明的。它又被称为 ABC（Atanasoff Berry Computer），主要用于实现解线性方程组。
- 在同一时期，名为康拉德·朱斯（Konrad Zuse）的德国数学家设计出通用计算机，并命名为 "Z1"。
- 20 世纪 30 年代，美国海军和 IBM 公司在哈佛大学发起了一项工程，在霍华德·艾肯（Howard Aiken）的直接领导下建造了一台名为 Mark Ⅰ 的巨型计算机。这种计算机既使用了电子部件，也使用了机械部件。
- 在英国，阿兰·图灵发明了一台名为巨人（Colossus）的计算机，这台计算机是为破译德国 Enigma 密码而设计的。
- 第一台通用的、完全电子的计算机由约翰·莫奇勒（John Mauchly）和普雷斯波·埃克特（J. Presper Eckert）发明，这台计算机被称为 ENIAC（Electronic Numerical Integrator and Calculator，电子数字积分器和计算器）。它是在 1946 年完成设计的，利用了将近 18 000 个真空管，有 100 英尺⊖长，10 英尺高，重达 30 吨。

2. 基于冯·诺依曼模型的计算机

前面 5 种计算机的存储器仅仅用来存放数据，它们利用配线或开关进行外部编程。冯·诺依曼提出程序和数据应该存储在存储器中。按照这种方法，每次使用计算机来完成一项新的任务。你只需要改变程序，而不用重新布线或者调节成百上千的开关。

第一台基于冯氏思想的计算机于 1950 年在宾夕法尼亚大学诞生，命名为 EDVAC。与此同时，英国剑桥大学的莫里斯·威尔克斯（Maurice Wilkes）制造了同样类型的被称为 EDSAC 的计算机。

1.4.3　计算机的诞生（1950 年至今）

1950 年以后出现的计算机都差不多基于冯·诺依曼模型。它们变得更快、更小、更便宜，但原理几乎是相同的。历史学家将这一时期划分为几代，每一代计算机的改进主要体现在硬件或软件方面（而不是模型）。

1. 第一代计算机

第一代计算机（大约 1950～1959 年）以商用计算机的出现为主要特征。在这个时期，计算机只有专家们才能使用。它们被锁在房子里，限制操作者和计算机专家以外的人员进入。计算机体积庞大，且使用真空管作为电子开关。此时的计算机只有大的机构才能负担得起。

2. 第二代计算机

第二代计算机（大约 1959～1965 年）使用晶体管代替了真空管。这既减小了计算机的

⊖　1 英尺＝0.3048 米。——编辑注

体积，也节省了开支，从而使得中小型企业也可以负担得起。FORTRAN 和 COBOL（参见第 9 章）这两种高级计算机程序设计语言的发明使得编程更加容易。这两种语言将编程任务和计算机运算任务分离开来。例如，土木工程师能够直接编写一个 FORTRAN 程序来解决问题，而不必涉及计算机结构中的具体电子细节。

3. 第三代计算机

集成电路（晶体管、导线以及其他部件做在一块单芯片上）的发明更加减少了计算机的成本和大小。小型计算机出现在市场上。封装的程序，就是通常所说的软件包也已经有售。小型公司可以买到需要的软件包（如会计程序），而不必写自己的程序。一个新的行业——软件行业就此诞生了。这个时期大概从 1965 年持续到 1975 年。

4. 第四代计算机

第四代计算机（大约 1975～1985 年）出现了**微型计算机**。第一个桌面计算器（Altair 8800）出现在 1975 年。电子工业的发展允许整个计算机子系统做在单块电路板上。这一时代还出现了计算机网络（参见第 6 章）。

5. 第五代计算机

这个还未终止的时代始于 1985 年。这个时代见证了掌上计算机和台式计算机的诞生、第二代存储媒体（CD-ROM、DVD 等）的改进、多媒体的应用以及虚拟现实现象。

1.5   计算机科学作为一门学科

随着计算机的发明，带来了新的学科：计算机科学。如同其他任何学科一样，计算机科学现在被划分成几个领域。我们可以把这些领域归纳为两大类：系统领域和应用领域。系统领域涵盖那些与硬件和软件构成直接有关的领域，例如计算机体系结构、计算机网络、安全问题、操作系统、算法、程序设计语言以及软件工程。应用领域涵盖了与计算机使用有关的领域，例如数据库和人工智能。本书对所有这些领域采用广度优先的方式介绍。学完本书之后，读者应该有足够的信息来选择专业方向。

1.6   课程纲要

在本章之后，本书分为六大部分。

1.6.1   第一部分：数据的表示与运算

该部分包括第 2、3 和 4 章。第 2 章讨论数字系统——数量如何使用符号来表示。第 3 章讨论不同的数据如何存储在计算机中。第 4 章讨论一些基本的位运算。

1.6.2   第二部分：计算机硬件

这部分包括第 5、6 章。第 5 章给出计算机硬件的通用概念，讨论不同的计算机组成。第 6 章阐明不同的单个计算机是如何连接成计算机网络以及互联网的。本章还特别涉及了与互联网及其应用有关的话题。

1.6.3   第三部分：计算机软件

这部分包括第 7、8、9 和 10 章。第 7 章讨论操作系统——一种用户（人或者应用程序）用来控制硬件访问的系统软件。第 8 章说明问题求解如何归约成为该问题编写算法。第 9 章是当今程序设计语言之旅。最后，第 10 章是软件工程的概述，这是软件开发的工程方法。

1.6.4　第四部分：数据组织与抽象

这部分是对第一部分的补充。在计算机科学中，原子数据汇集成记录、文件和数据库。数据抽象使得程序员能创建关于数据的抽象观念。第四部分包括第 11、12、13 和 14 章。第 11 章讨论数据结构，即集合相同或不同类型的数据到一个类属中。第 12 章讨论抽象数据类型。第 13 章说明不同文件结构是如何用于不同的目的的。最后，第 14 章讨论数据库。

1.6.5　第五部分：高级话题

第五部分给出高级话题的概述，这些话题是计算机科学专业学生在今后的教育中会遇到的。这部分包括第 15、16、17 和 18 章。第 15 章讨论数据压缩，这在今天的数据通信中很普遍。第 16 章探索与安全有关的问题，当我们通过不安全的信道通信时，安全问题变得越来越重要。第 17 章讨论计算理论，即哪些是可计算的，哪些是不可计算的。最后，第 18 章给出一些人工智能的观点，在计算机科学中，这是一个日益受到挑战的话题。

1.6.6　第六部分：社交媒体和社会话题

第六部分简要介绍社交媒体和社会话题，这可能是学计算机科学的学生有兴趣去探索的两个话题。

1.7　章末材料

推荐读物

有关本章所讨论主题的更详细资料，可以参考下列书籍：

- Schneider, G. M. and Gersting, J. L. *Invitation to Computer Science*, Boston, MA: Course Technology, 2004
- Dale, N. and Lewis, J. *Computer Science Illuminated*, Sudbury, MA: Jones and Bartlett, 2004
- Patt, Y. and Patel, S. *Introduction to Computing Systems*, New York: McGraw-Hill, 2004

关键术语

algorithm（算法）	memory（存储器）
arithmetic logic unit（ALU，算术逻辑单元）	microcomputer（微处理器）
computer languages（计算机语言）	operating system（操作系统）
control unit（控制单元）	output data（输出数据）
data processor（数据处理器）	program（程序）
input data（输入数据）	structured programs（结构化程序）
input/output subsystem（输入 / 输出子系统）	software engineering（软件工程）
instruction（指令）	Turing machine（图灵机）
integrated circuit（集成电路）	Turing model（图灵模型）
logical operation（逻辑运算）	von Neumann model（冯·诺依曼模型）

小结

- 阿兰·图灵在 1936 年首次提出了一个通用的计算设备的设想。他设想所有的计算都可能在一种特殊的机器上执行，这就是现在所说的图灵机。
- 基于冯·诺依曼模型建造的计算机分为 4 个子系统：存储器、算术逻辑单元、控制单元和输入/输出。冯·诺依曼模型指出，程序必须存储在存储器中。
- 我们可以认为计算机由三大部分组成：计算机硬件、数据和计算机软件。
- 计算和计算机的历史可分为三个阶段：机械计算机器阶段（1930 年以前），电子计算机阶段（1930~1950 年），以及包括 5 代现代计算机的阶段。
- 随着计算机的发明，带来了新的学科：计算机科学。如同任何其他学科一样，计算机科学现在被划分成几个领域。

1.8 练习

小测验

在本书网站上提供了一套与本章相关的交互式测验题。强烈建议学生在做本章练习前首先完成相关测验题以检测对本章内容的理解。

复习题

Q1-1 定义一个基于图灵模型的计算机。

Q1-2 定义一个基于冯·诺依曼模型的计算机。

Q1-3 在基于图灵模型的计算机中，程序的作用是什么？

Q1-4 在基于冯·诺依曼模型的计算机中，程序的作用是什么？

Q1-5 计算机中有哪些子系统？

Q1-6 计算机中存储器子系统的功能是什么？

Q1-7 计算机中 ALU 子系统的功能是什么？

Q1-8 计算机中控制单元子系统的功能是什么？

Q1-9 计算机中输入/输出子系统的功能是什么？

Q1-10 简述 5 代计算机。

练习题

P1-1 解释为什么计算机不能解决那些计算机外部世界无解决方法的问题。

P1-2 如果一台小的便宜的计算机可以做大型昂贵的计算机能做的同样事情，为什么人们需要大的呢？

P1-3 研究 Pascaline 计算器，看看它是否符合图灵模型。

P1-4 研究莱布尼茨之轮，看看它是否符合图灵模型。

P1-5 研究雅卡尔提花织机，看看它是否符合图灵模型。

P1-6 研究查尔斯·巴比奇分析引擎，看看它是否符合冯·诺依曼模型。

P1-7 研究 ABC 计算机，看看它是否符合冯·诺依曼模型。

P1-8 研究并找出键盘起源于哪一代计算机。

数字系统

本章是第 3、4 章的先导。在第 3 章中我们将说明数据是如何存储在计算机中的。在第 4 章中，我们讲解逻辑和算术运算是如何作用于数据的。本章为理解第 3、4 章的内容做准备。了解数字系统的读者可以跳过本章转到第 3 章，并不影响连贯性。注意本章所讨论的数字系统是"纸和笔的代表物"：第 3 章讲解这些数字如何存储在计算机中。

目标

通过本章的学习，学生应该能够：

- 理解数字系统的概念；
- 分清非位置化和位置化数字系统；
- 描述十进制系统（以 10 为底）；
- 描述二进制系统（以 2 为底）；
- 描述十六进制系统（以 16 为底）；
- 描述八进制系统（以 8 为底）；
- 将二进制、八进制或十六进制数字转换为十进制系统；
- 将十进制数字转换为二进制、八进制或十六进制系统；
- 将二进制和八进制数字相互转换；
- 将二进制和十六进制数字相互转换；
- 查找在各种系统中代表特定数值所需的数码。

2.1 引言

数字系统（或数码系统）定义了如何用独特的符号来表示一个数字。在不同的系统中，一个数字有不同的表示方法。例如，两个数字 $(2A)_{16}$ 和 $(52)_8$ 都是指同样的数量 $(42)_{10}$，但是它们的表示截然不同。这就如同使用法语单词 cheval 和拉丁语单词 equus 来指称同一个实体"马"一样。

正如我们在语言中使用符号（字符）来创建单词一样，我们使用符号（数码）来表示数字。但是，我们知道任何语言中的符号（字符）数量都是有限的。我们需要重复并组合它们来创建单词。数字也是一样：我们使用有限的数字符号（数码）来表示数字，这意味着数码需要重复使用。

一些数字系统已经在过去广为使用，并可以分为两类：位置化系统和非位置化系统。我们的主要目标是讨论位置化数字系统，但也给出非位置化系统的例子。

2.2 位置化数字系统

在**位置化数字系统**中，数字中符号所占据的位置决定了其表示的值。在该系统中，数字这样表示：

$$\pm(S_{K-1}\cdots S_2S_1S_0. \ S_{-1}S_{-2}\cdots S_{-L})_b$$

它的值是：

$$n=\pm \boxed{S_{K-1}\times b^{K-1}+\cdots+S_1\times b^1+S_0\times b^0} + \boxed{S_{-1}\times b^{-1}+S_{-2}\times b^{-2}+\cdots+S_{-L}\times b^{-L}}$$

其中，S 是一套符号集；b 是**底**（或**基数**），它等于 S 符号集中的符号总数，其中 S_K 和 S_L 分别是代表整数和小数部分的符号。注意我们使用的表达式可以从右边或左边扩展。也就是说，b 的幂可以从一个方向由 0 到 $K-1$，还可以从另一个方向由 -1 到 $-L$。b 的非负数幂与该数字的整数部分有关，而负数幂与该数字的小数部分有关。$\pm$ 符号表示该数字可正可负。本章我们将学习一些位置化数字系统。

2.2.1 十进制系统

本章首先讨论的位置化数字系统是**十进制系统**。decimal（十进制）来源于拉丁词根 decem（十）。在该系统中，底 $b=10$ 并且我们用 10 个符号来表示一个数。符号集是 $S=\{0,1,2,3,4,5,6,7,8,9\}$。正如我们所知，该系统中的符号常被称为**十进制数码**或仅称为数码。本章中，我们使用 $\pm$ 符号表示一个数可正可负，但记住这些符号并不存储在计算机中——计算机用以处理该符号的方式不同，如第 3 章中讨论的那样。

> **计算机存储正负数的方式不同。**

在十进制系统中，数字写为：

$$\pm(S_{K-1}\cdots S_2S_1S_0. \ S_{-1}S_{-2}\cdots S_{-L})_{10}$$

但是为了简便，我们通常省略圆括号、底和正号（对于正数）。例如，我们把 $+(552.23)_{10}$ 写成 552.23，底和加号是隐含的。

1. 整数

在十进制系统中，**整数**（没有小数部分的整型数字）是我们所熟悉的，我们在日常生活中使用整数。实际上，我们使用它已经习以为常。我们把整数表示为 $\pm S_{K-1}\cdots S_1S_0$，其值计算为：

$$N = \boxed{\pm S_{K-1}\times 10^{K-1}+S_{K-2}\times 10^{K-2}+\cdots+S_2\times 10^2+S_1\times 10^1+S_0\times 10^0}$$

其中，S_i 是 1 个数码，$b=10$ 是底，K 是数码的数量。

另一种在数字系统中显示一个整数的方法是使用**位置量**，即用 10 的幂（10^0，10^1，$\cdots$，10^{K-1}）表示十进制数字。图 2-1 显示了在十进制系统中使用位置量表示一个整数。

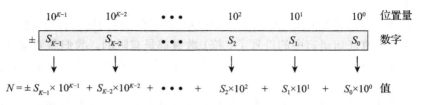

图 2-1　在十进制系统中使用位置量表示整数

> **例 2-1**　以下显示了在十进制系统中使用位置量表示整数 +224。

10^2	10^1	10^0	位置量
2	2	4	数字
$N = +$　2×10^2	$+$　2×10^1	$+$　4×10^0	值

注意，在位置 1 的数码 2 值为 20，但是在位置 2 的同一个数码其值为 200。还要注意通常我们省略掉的加号，实际上是隐含的。

例 2-2　以下显示了在十进制系统中使用位置量表示整数 –7508。我们已经使用 1，10，100 和 1000 来代替 10 的幂。

1000	100	10	1	位置量
7	5	0	8	数字

$$N = -\quad (7 \times 1000 \quad + \quad 5 \times 100 \quad + \quad 0 \times 10 \quad + \quad 8 \times 1) \qquad 值$$

最大值

有时我们需要知道可以用数码 K 表示的十进制整数的最大值。答案是 $N_{max} = 10^K - 1$。例如，如果 $K = 5$，那么这个最大值就是 $N_{max} = 10^5 - 1 = 99\,999$。

2. 实数

在十进制系统中，**实数**（带有小数部分的数字）也是我们所熟悉的。例如，使用该系统来表示元和分（$23.40）整数。我们可以把实数表示为 $\pm S_{K-1} \cdots S_1 S_0 \cdot S_{-1} \cdots S_{-L}$，其值计算为：

$$\qquad\qquad 整数部分 \qquad\qquad\qquad\qquad 小数部分$$
$$R = \pm\ S_{K-1} \times 10^{K-1} + \cdots + S_1 \times 10^1 + S_0 \times 10^0\ +\ S_{-1} \times 10^{-1} + \cdots + S_{-L} \times 10^{-L}$$

其中，S_i 是 1 个数码，$b = 10$ 是底，K 是整数部分数码的数量，L 是小数部分数码的数量。十进制小数点是我们用于分割整数部分和小数部分的。

例 2-3　以下显示了实数 +24.13 的位置量。

10^1	10^0		10^{-1}	10^{-2}	位置量
2	4	·	1	3	数字

$$R = +\quad 2 \times 10 \quad + \quad 4 \times 1 \quad + \quad 1 \times 0.1 \quad + \quad 3 \times 0.01 \qquad 值$$

2.2.2　二进制系统

我们在本章中讨论的第二种位置化数字系统是**二进制系统**。binary（二进制）来源于拉丁词根 bini（二）。在该系统中，底 $b = 2$ 并且用两个符号来表示一个数，即 $S = \{0, 1\}$。该系统中的符号常被称为**二进制数码**或**位**（位数码）。如我们将要在第 3 章看到的，数据和程序是以二进制模式（即位串）存储于计算机中的。这是因为计算机由电子开关制成，它们仅有开和关两种状态。位 1 表示这两种状态之一，位 0 表示另一种状态。

1. 整数

可以把整数表示为 $\pm (S_{K-1} \cdots S_1 S_0)_2$，其值计算为：

$$N = \pm S_{K-1} \times 2^{K-1} + S_{K-2} \times 2^{K-2} + \cdots + S_2 \times 2^2 + S_1 \times 2^1 + S_0 \times 2^0$$

其中，S_i 是 1 个数码，$b = 2$ 是底，K 是数码的数量。另一种表示二进制数的方法是使用位置量 $(2^0, 2^1, \cdots, 2^{K-1})$。图 2-2 显示了在二进制系统中使用位置量表示一个数。

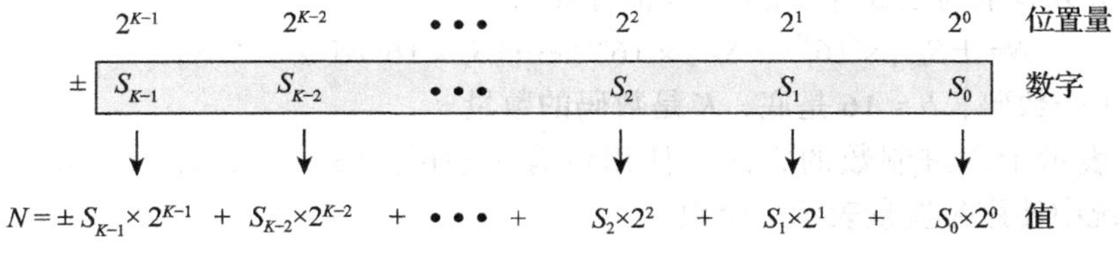

2^{K-1}	2^{K-2}	$\bullet\bullet\bullet$	2^2	2^1	2^0	位置量
$\pm$ S_{K-1}	S_{K-2}	$\bullet\bullet\bullet$	S_2	S_1	S_0	数字

$$N = \pm S_{K-1} \times 2^{K-1} + S_{K-2} \times 2^{K-2} + \ \bullet\bullet\bullet\ + S_2 \times 2^2 + S_1 \times 2^1 + S_0 \times 2^0 \qquad 值$$

图 2-2　在二进制系统中使用位置量表示整数

例 2-4 以下显示了与十进制数 25 等值的二进制数 $(11001)_2$。下标 2 表示底是 2。

2^4	2^3	2^2	2^1	2^0	位置量
1	1	0	0	1	数字

$$N = \quad + \quad 1 \times 2^4 + \quad 1 \times 2^3 + \quad 0 \times 2^2 + \quad 0 \times 2^1 + \quad 1 \times 2^0 \quad \text{值}$$

注意，等值的十进制数为 $N = 16 + 8 + 0 + 0 + 1 = 25$。

最大值

数码 K 表示的二进制整数的最大值是 $N_{max} = 2^K - 1$。例如，如果 $K = 5$，那么这个最大值就是 $N_{max} = 2^5 - 1 = 31$。

2. 实数

在二进制系统中，一个实数（可带有小数部分的数字）可以由左边的 K 位和右边的 L 位组成，即 $\pm(S_{K-1}\cdots S_1 S_0 . S_{-1}\cdots S_{-L})_2$，其值计算为：

$$\underset{\text{整数部分}}{\quad} \qquad\qquad \underset{\text{小数部分}}{\quad}$$

$$R = \pm\ S_{K-1} \times 2^{K-1} + \cdots + S_1 \times 2^1 + S_0 \times 2^0 \quad + \quad S_{-1} \times 2^{-1} + \cdots + S_{-L} \times 2^{-L}$$

其中，S_i 是 1 个位，$b = 2$ 是底，K 是小数点左边位的数量，L 是小数点右边位的数量。注意 K 从 0 开始，而 L 从 -1 开始。最高的幂是 $K-1$ 且最低的幂是 $-L$。

例 2-5 以下显示了与十进制数 5.75 等值的二进制数 $(101.11)_2$。

2^2	2^1	2^0	2^{-1}	2^{-2}	位置量
1	0	1 ·	1	1	数字

$$R = \quad 1 \times 2^2 + \quad 0 \times 2^1 + \quad 1 \times 2^0 + \quad 1 \times 2^{-1} + \quad 1 \times 2^{-2} \quad \text{值}$$

注意，等值的十进制数为 $R = 4 + 0 + 1 + 0.5 + 0.25 = 5.75$。

2.2.3 十六进制系统

尽管二进制系统用于存储计算机数据，但是它并不便于在计算机外部表示数字，因为与十进制符号相比，二进制符号过长。然而，十进制不像二进制那样直接显示存储在计算机中的是什么。在二进制位数和十进制数码的数量之间没有显然的关系。正如我们看到的那样，它们之间的转换也不快捷。

为了克服这个问题，发明了两种位置化系统：十六进制和八进制。我们先讨论更常用的**十六进制系统**。hexadecimal（十六进制）源于希腊词根 hex（六）和拉丁词根 decem（十）。为了与十进制和二进制一致，它应该称作 sexadecimal，源于拉丁词根 sex 和 decem。在该系统中，底 $b=16$ 并且用 16 个符号来表示一个数。字符集是 $S=\{0, 1, 2, 3, 4, 5, 6, 7, 8, 9, A, B, C, D, E, F\}$。注意符号 A，B，C，D，E，F（大写或小写）分别等于 10，11，12，13，14 和 15。该系统中的符号常被称为**十六进制数码**。

1. 整数

可以把整数表示为 $\pm S_{K-1}\cdots S_1 S_0$，其值计算为：

$$N = \pm S_{K-1} \times 16^{K-1} + S_{K-2} \times 16^{K-2} + \cdots + S_2 \times 16^2 + S_1 \times 16^1 + S_0 \times 16^0$$

其中，S_i 是 1 个数码，$b = 16$ 是底，K 是数码的数量。

另一种表示十六进制数的方法是使用位置量 $(16^0, 16^1, \cdots, 16^{K-1})$。图 2-3 显示了在十六进制系统中使用位置量表示一个数。

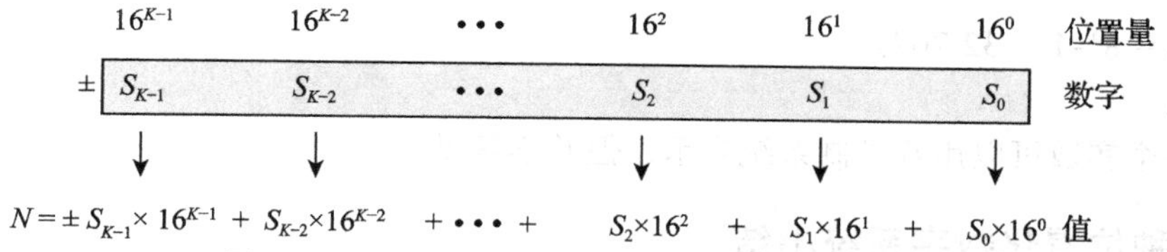

图 2-3 在十六进制系统中使用位置量表示整数

例 2-6 以下显示了与十进制数 686 等值的十六进制数 $(2AE)_{16}$。

	16^2	16^1	16^0	位置量
	2	A	E	数字
$N =$	2×16^2 +	10×16^1 +	14×16^0	值

注意，在十进制系统中该数为 $N = 512 + 160 + 14 = 686$。

最大值

数码 K 表示的十六进制整数的最大值是 $N_{max} = 16^K - 1$。例如，如果 $K = 5$，那么这个最大值就是 $N_{max} = 16^5 - 1 = 1\,048\,575$。

2. 实数

尽管一个实数可以用十六进制系统表示，但并不常见。

2.2.4 八进制系统

人们发明的与二进制系统等价并用于计算机外部的第二种系统是**八进制系统**。octal（八进制）来源于拉丁词根 octo（八）。在该系统中，底 $b = 8$ 并且用 8 个符号来表示一个数。字符集是 $S = \{0, 1, 2, 3, 4, 5, 6, 7\}$。该系统中的符号常被称为**八进制数码**。

1. 整数

可以把整数表示为 $\pm S_{K-1} \cdots S_1 S_0$，其值计算为：

$$N = \pm S_{K-1} \times 8^{K-1} + S_{K-2} \times 8^{K-2} + \cdots + S_2 \times 8^2 + S_1 \times 8^1 + S_0 \times 8^0$$

其中，S_i 是 1 个数码，$b = 8$ 是底，K 是数码的数量。

另一种表示八进制数的方法是使用位置量 $(8^0, 8^1, \cdots, 8^{K-1})$。图 2-4 显示了在八进制系统中使用位置量表示一个数。

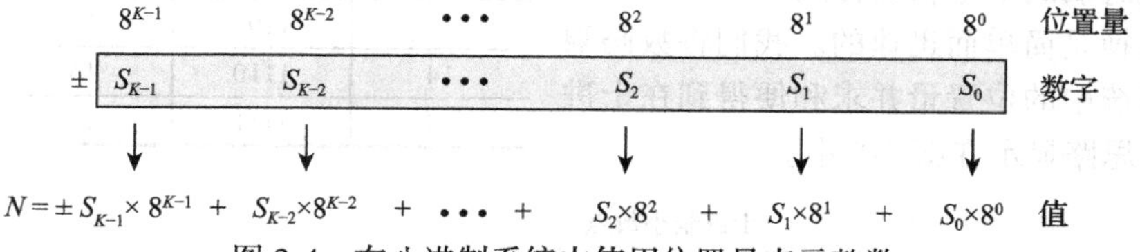

图 2-4 在八进制系统中使用位置量表示整数

例 2-7 以下显示了与十进制数 686 等值的八进制数 $(1256)_8$。

	8^3	8^2	8^1	8^0	位置量
	1	2	5	6	数字
$N =$	1×8^3 +	2×8^2 +	5×8^1 +	6×8^0	值

注意，等值的十进制数为 $N = 512 + 128 + 40 + 6 = 686$。

最大值

数码 K 表示的八进制整数的最大值是 $N_{max} = 8^K - 1$。例如，如果 $K = 5$，那么这个最大

值就是 $N_{max} = 8^5 - 1 = 32\ 767$。

2. 实数

尽管一个实数可以用八进制系统表示，但并不常见。

2.2.5 4 种位置化数字系统小结

表 2-1 是本章讨论的 4 种位置化数字系统的小结。

表 2-1　4 种位置化数字系统小结

系　统	底	符　　　号	例　子
十进制	10	0, 1, 2, 3, 4, 5, 6, 7, 8, 9	2345.56
二进制	2	0, 1	$(1001.11)_2$
八进制	8	0, 1, 2, 3, 4, 5, 6, 7	$(156.23)_8$
十六进制	16	0, 1, 2, 3, 4, 5, 6, 7, 8, 9, A, B, C, D, E, F	$(A2C.A1)_{16}$

表 2-2 显示了数字 15 在十进制中使用 2 个数码，在二进制中使用 4 个数码，在八进制中使用 2 个数码，在十六进制中仅仅使用 1 个数码。十六进制表示法显然是最短的。

表 2-2　4 种位置化数字系统中的数字比较

十进制	二进制	八进制	十六进制
0	0	0	0
1	1	1	1
2	10	2	2
3	11	3	3
4	100	4	4
5	101	5	5
6	110	6	6
7	111	7	7
8	1000	10	8
9	1001	11	9
10	1010	12	A
11	1011	13	B
12	1100	14	C
13	1101	15	D
14	1110	16	E
15	1111	17	F

2.2.6 转换

我们需要知道如何将一个系统中的数字转换到另一个系统中等价的数字。鉴于我们更熟悉十进制系统，先讲解如何从其他进制转换到十进制。接着讲解如何从十进制转换到其他进制。最后讲解如何简便地进行二进制与八进制或十六进制之间的相互转换。

1. 其他进制到十进制的转换

这种转换是简单而迅速的。我们将数码乘以其在源系统中的位置量并求和便得到在十进制中的数。思路显示在图 2-5 中。

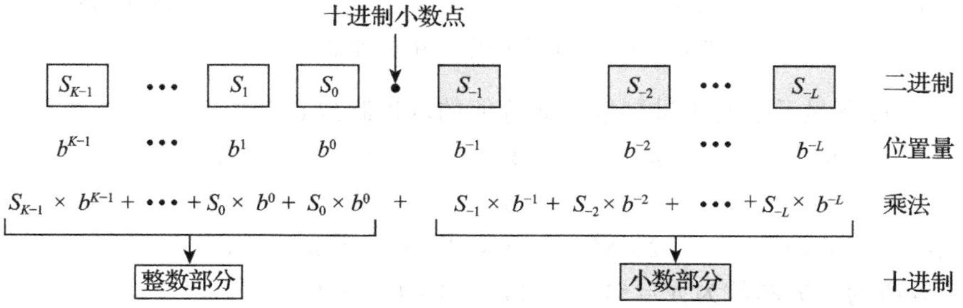

图 2-5　其他进制到十进制的转换

例 2-8　下面显示如何将二进制数 $(110.11)_2$ 转换为十进制数 6.75。

二进制	1	1	0	·	1		1
位置量	2^2	2^1	2^0		2^{-1}		2^{-2}
各部分结果	4	+ 2	+ 0	+	0.5	+	0.25

十进制：6.75

例 2-9 下面显示如何将十六进制数 $(1A.23)_{16}$ 转换为十进制数。

十六进制	1	A	·	2		3
位置量	16^1	16^0		16^{-1}		16^{-2}
各部分结果	16	+ 10	+	0.125	+	0.012

十进制：26.137

注意，这个十进制表示并不精确，因为 $3 \times 16^{-2} = 0.011\ 718\ 75$。四舍五入成 3 位小数 (0.012)，也就是说，$3 \times 16^{-2} \approx 0.012$，即 $(1A.23)_{16} = 26.137$。数字转换时我们需要指明允许保留几位小数。

例 2-10 下面显示如何将八进制数 $(23.17)_8$ 转换为十进制数。

八进制	2	3	·	1		7
位置量	8^1	8^0		8^{-1}		8^{-2}
各部分结果	16	+ 3	+	0.125	+	0.109

十进制：19.234

在十进制中 $(23.17)_8 \approx 19.234$。再一次，我们把 $7 \times 8^{-2} = 0.109\ 375$ 四舍五入。

2. 十进制到其他进制的转换

我们能够将十进制数转换到与其等值的其他进制。需要两个过程，一个用于整数部分，另一个用于小数部分。

转换整数部分

整数部分的转换可使用连除。图 2-6 显示了该过程的 UML 图。我们在整本书中使用 UML 图，对于不熟悉 UML 图的读者可以阅读附录 B。

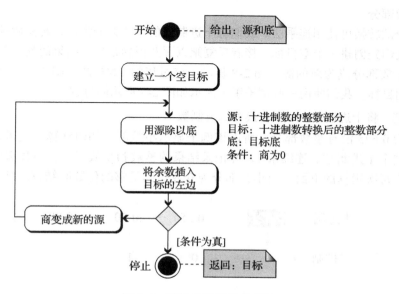

图 2-6 转换整数部分的算法

我们称十进制数的整数部分为源，转换后的整数部分为目标。我们先创建一个空目标。接着反复除以源并得到商和余数。余数插入目标的左边，商变为新的源。图 2-7 显示了在每次重复中如何得到商。

下面我们使用一些例子手工演示如图 2-7 所示的过程。

我们使用图 2-6 来通过一些案例描述手动过程。

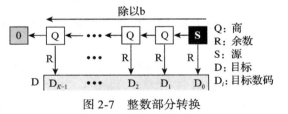

图 2-7　整数部分转换

例 2-11　下面演示如何将十进制数 35 转换为二进制数。我们从这个十进制数开始，一边连续寻找除以 2 得到的商和余数，一边左移。结果是 35 = $(100011)_2$。

$$0 \leftarrow 1 \leftarrow 2 \leftarrow 4 \leftarrow 8 \leftarrow 17 \leftarrow 35 \quad \text{十进制}$$
$$\downarrow \quad \downarrow \quad \downarrow \quad \downarrow \quad \downarrow \quad \downarrow$$
$$1 \quad 0 \quad 0 \quad 0 \quad 1 \quad 1 \quad \text{二进制}$$

例 2-12　下面演示如何将十进制数 126 转换为八进制数。我们一边连续寻找除以 8 得到的商和余数，一边左移。结果是 126 = $(176)_8$。

$$0 \leftarrow 1 \leftarrow 15 \leftarrow 126 \quad \text{十进制}$$
$$\downarrow \quad \downarrow \quad \downarrow$$
$$1 \leftarrow 7 \leftarrow 6 \quad \text{八进制}$$

例 2-13　下面演示如何将十进制数 126 转换为十六进制数。我们一边连续寻找除以 16 得到的商和余数，一边左移。结果是 126=$(7E)_{16}$。

$$0 \leftarrow 7 \leftarrow 126 \quad \text{十进制}$$
$$\downarrow \quad \downarrow$$
$$7 \leftarrow E \quad \text{十六进制}$$

转换小数部分

小数部分的转换可使用连乘法。我们称十进制数的小数部分为源，转换后的小数部分的数为目标。我们先创建一个空目标。接着反复乘以源并得到结果。结果的整数部分插入目标的右边，而小数部分成为新的源。图 2-8 显示了该过程的 UML 图。图 2-9 显示了在每次重复中如何得到目标。我们使用一些例子手工演示如图 2-9 所示的过程。

例 2-14　将十进制数 0.625 转换为二进制数。

解　因为 0.625 没有整数部分，所以该例子显示小数部分如何计算。这里是以 2 为底。在左边写上这个十进制数。连续乘 2，并记录结果的整数和小数部分。小数部分移到右边，整数部分写在每次运算的下面。当小数部分为 0 或达到足够的位数时结束。结果是 0.625 = $(0.101)_2$。

$$\text{十进制} \quad 0.625 \rightarrow 0.25 \rightarrow 0.50 \rightarrow 0.00$$
$$\downarrow \quad \downarrow \quad \downarrow$$
$$\text{二进制} \quad \bullet \quad 1 \quad 0 \quad 1$$

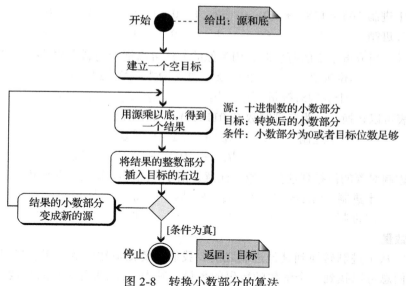

图 2-8　转换小数部分的算法

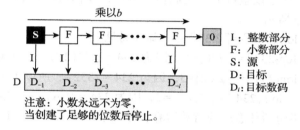

注意：小数永远不为零，
当创建了足够的位数后停止。

图 2-9　转换十进制的小数部分到其他进制

例 2-15　下面演示如何将 0.634 转换为八进制数且精确到 4 位小数。结果是 0.634 = $(0.5044)_8$。注意，以 8 为底时乘以 8（八进制）。

十进制	0.634	→	0.072	→	0.576	→	0.608	→	0.864
	↓		↓		↓		↓		
八进制　·	5		0		4		4		

例 2-16　下面演示如何将十进制数 178.6 转换为十六进制数且精确到 1 位小数。结果是 178.6 = $(B2.9)_{16}$。注意，以 16 为底时除或乘以 16（基于十六进制）。

十进制	0	←	11	←	178	·	0.6	→	0.6
			↓		↓		↓		
十六进制			B		2	·	9		

例 2-17　把小的十进制数（通常小于 256）转换为二进制数有一个变通的方法，即把这个数分解为下列二进制位置量对应数的和。

位置量	2^7	2^6	2^5	2^4	2^3	2^2	2^1	2^0
十进制对等量	128	64	32	16	8	4	2	1

使用该表可以转换 165 为二进制数 $(10100101)_2$，如下所示：

十进制 165 =	128	+	0	+	32	+	0	+	0	+	4	+	0	+	1
二进制	1		0		1		0		0		1		0		1

例 2-18 当分母是 2 的幂次时，用类似的方法可以把十进制小数转换为二进制。

位置量	2^{-1}	2^{-2}	2^{-3}	2^{-4}	2^{-5}	2^{-6}	2^{-7}
十进制对等量	$1/2$	$1/4$	$1/8$	$1/16$	$1/32$	$1/64$	$1/128$

使用该表可以转换 $^{27}/_{64}$ 为二进制数 $(0.011011)_2$，如下所示：

$$十进制 \quad ^{27}/_{64} = \quad ^{16}/_{64} + \quad ^{8}/_{64} + \quad ^{2}/_{64} + \quad ^{1}/_{64}$$
$$^{1}/_{4} + \quad ^{1}/_{8} + \quad ^{1}/_{32} + \quad ^{1}/_{64}$$

根据十进制对等的值排列这些分数。注意，由于 $1/2$ 和 $1/16$ 缺失，我们用 0 代替。

十进制 $^{27}/_{64} =$	0	+	$1/4$	+	$1/8$	+	0	+	$1/32$	+	$1/64$
二进制	0		1		1		0		1		1

数码的数量

在把数字从十进制转换到其他进制之前，我们需要知道数码的数量。通过 $K = \lceil \log_b N \rceil$ 的关系，我们总可以找到一个整数的数码的数量，其中 $\lceil x \rceil$ 意味着最小的整数大于或等于 x（这也称为 x 的高限），N 是该整数的十进制值。例如，我们可以找到十进制数 234 在所有 4 个系统中的位数，如下所示：

a. 十进制：$K_d = \lceil \log_{10} 234 \rceil = \lceil 2.37 \rceil = 3$，显而易见。

b. 二进制：$K_b = \lceil \log_2 234 \rceil = \lceil 7.8 \rceil = 8$，因为 $234 = (11101010)_2$，所以正确。

c. 八进制：$K_o = \lceil \log_8 234 \rceil = \lceil 2.62 \rceil = 3$，因为 $234 = (352)_8$，所以正确。

d. 十六进制：$K_h = \lceil \log_{16} 234 \rceil = \lceil 1.96 \rceil = 2$，因为 $234 = (EA)_{16}$，所以正确。

如果你的计算器不包括任意底的对数运算，参见附录 G 关于如何计算 $\log_b N$ 的信息。

3. 二进制 – 十六进制的转换

我们能轻松地将数字从二进制转换到十六进制，反之亦然。这是因为在这两个底之间存在一种关系：二进制中的 4 位恰好是十六进制中的 1 位。图 2-10 显示了该转换是如何进行的。

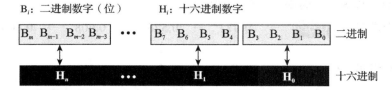

图 2-10 二进制与十六进制的相互转换

例 2-19 下面演示如何将二进制数 $(10011100010)_2$ 转换为十六进制数。

解 我们先将二进制数排成 4 位一组的形式：100 1110 0010。注意最左边一组可能是 1 到 4 位不等。根据表 2-2 所示的值对照每 4 位一组等量转换得到十六进制数 $(4E2)_{16}$。

例 2-20 与十六进制数 $(24C)_{16}$ 相等的二进制数是多少？

解 将每个十六进制数码转换成 4 位一组的二进制数：2 → 0010，4 → 0100，以及 C → 1100。该结果是 $(001001001100)_2$。

4. 二进制 – 八进制的转换

我们能轻松地将数字从二进制转换到八进制，反之亦然。这是因为在这两个底之间存在一种关系：二进制中的 3 位恰好是八进制中的 1 位。图 2-11 显示了该转换是如何进行的。

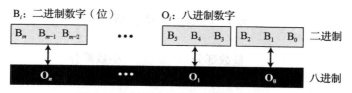

图 2-11 二进制与八进制的相互转换

例 2-21 下面演示如何将二进制数 $(101110010)_2$ 转换为八进制数。

解 每 3 位一组转换为 1 位八进制数码。根据表 2-2 所示的值对照每 3 位一组等量转换得到八进制数 $(562)_8$。

例 2-22 与 $(24)_8$ 相等的二进制数是多少？

解 将每个八进制数码写成对等的二进制位组，得到 $(010100)_2$。

5. 八进制 - 十六进制的转换

将数字从八进制转换到十六进制并不难，反之亦然。我们可以使用二进制系统作为中介系统。图 2-12 显示了一个例子。

该步骤如下：

1）从八进制转换到十六进制，先将八进制转换到二进制。我们将位数重排成 4 位一组，找到十六进制的对等值。

2）从十六进制转换到八进制，先将十六进制转换到二进制。我们将位数重排成 3 位一组，找到八进制的对等值。

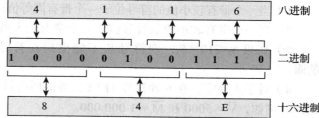

图 2-12 八进制到十六进制以及十六进制到八进制的转换

数码的数量

从一个底向另一个底转换时，如果我们知道源系统数码的最大数量，就能知道目标系统中所需用到的数码的最小数量。例如，如果在源系统中我们知道最多使用 6 个十进制数码，那么在目标系统中就要知道使用二进制数码的最小数量。通常，假设在以 b_1 为底的系统中使用 K 个数码，在源系统中显示的最大数是 $b_1^K - 1$。在目标系统中可拥有的最大数是 $b_2^x - 1$。因此 $b_2^x - 1 \geqslant b_1^K - 1$。这意味着 $b_2^x \geqslant b_1^K$，即

$$x \geqslant K \times (\lg b_1 / \lg b_2) \quad \text{或} \quad x = \lceil K \times (\lg b_1 / \lg b_2) \rceil$$

例 2-23 找出二进制数码的最小数，用于存储一个最大 6 个数码的十进制整数。

解 $K = 6$，$b_1 = 10$，$b_2 = 2$，那么 $x = \lceil K \times (\lg b_1 / \lg b_2) \rceil = \lceil 6 \times (1 / 0.301\,03) \rceil = 20$。最大的 6 个数码的十进制数是 999 999，并且最大的 20 位二进制数是 1 048 575。注意，可以用 19 位表示的最大的数是 524 287，它比 999 999 小。因此我们肯定需要 20 位。

2.3 非位置化数字系统

尽管非位置化数字系统并不用在计算机中，但我们给出简单的介绍，以便和位置化数字系统进行比较。**非位置化数字系统**仍然使用有限的数字符号，每个符号有一个值。但是符号所占用的位置通常与其值无关——每个符号的值是固定的。为求出该数字的值，我们把所有符号表示的值相加。该系统的数字表示为：

$$S_{K-1}\cdots S_2 S_1 S_0 \cdot S_{-1}S_{-2}\cdots S_{-L}$$

并且值为：

整数部分　　　　　　　小数部分

$$n = \pm S_{K-1}+\cdots+S_1+S_0 + S_{-1}+S_{-2}+\cdots+S_{-L}$$

与前面提到的相加规则有一些例外，如例 2-24 所示。

例 2-24 **罗马数字系统**是非位置化数字系统的一个好例子。该系统由罗马人发明，并在欧洲一直使用到 16 世纪，至今仍在体育比赛、钟表刻度和其他应用中使用。该数字系统有一套符号 $S = \{I, V, X, L, C, D, M\}$，每个符号的取值如表 2-3 所示。

表 2-3　罗马数字系统的符号取值

符号	I	V	X	L	C	D	M
值	1	5	10	50	100	500	1000

为求一个数的值，我们需要遵循特定的法则将符号的值相加：

1）当一个带较小值的符号位于一个带有同等值或较大值的符号的后面时，这些值相加。

2）当一个带有较小值的符号位于一个带有较大值的符号的前面时，用大值减小值。

3）如果 $S_1 \leqslant 10 \times S_2$，则符号 S_1 不能出现在符号 S_2 之前。例如，I 和 V 不能出现在 C 前面。

4）对于大数字，在 6 种符号（除 I 以外的所有符号）中的任意一个上方加横杠表示乘以 1000。例如，$\overline{V} = 5000$ 和 $\overline{M} = 1\,000\,000$。

5）尽管罗马人使用单词 nulla（空）来表达零的概念，但罗马数字系统中缺少数码 0。

下面显示了一些罗马数字和它们的值：

III	→	1+1+1	=	3
IV	→	5−1	=	4
VIII	→	5+1+1+1	=	8
XVIII	→	10+5+1+1+1	=	18
XIX	→	10+(10−1)	=	19
LXXII	→	50+10+10+1+1	=	72
CI	→	100+1	=	101
MMVII	→	1000+1000+5+1+1	=	2007
MDC	→	1000+500+100	=	1600

2.4 章末材料

推荐读物

有关本章所讨论主题的更详细资料，可以参考下列书籍：

- Stalling, W. *Computer Organization and Architecture*, Upper Saddle River, NJ: Prentice-Hall, 2000

- Mano, M. *Computer System Architecture*, Upper Saddle River, NJ: Prentice-Hall,1993

- Null, L. and Lobur, J. *Computer Organization and Architecture*, Sudbury, MA: Jones and Bartlett, 2003

- Brown, S. and Vranesic, Z. *Fundamentals of Digital Logic with Verilog Design*, New York: McGraw-Hill, 2003

关键术语

base（底）

binary digit（二进制数码）

binary system（二进制系统）

bit（位）

decimal digit（十进制数码）

decimal system（十进制系统）

hexadecimal digit（十六进制数码）

hexadecimal system（十六进制系统）

integer（整数）

nonpositional number system（非位置化数字系统）

number system（数字系统）

octal digit（八进制数码）

octal system（八进制系统）

place value（位置量）

positional number system（位置化数字系统）

radix（基数）

real（实数）

Roman number system（罗马数字系统）

小结

- 数字系统（或数码系统）是用独特的符号来表示一个数字的系统。位置化数字系统中，在数字中符号所占据的位置决定了其表示的值。每个位置有一个位置量与其相关联。非位置化数字系统使用有限的数字符号，每个符号有一个值。但是符号所占用的位置通常与其值无关，每个符号的值是固定的。

- 在十进制系统中，底 $b = 10$ 并且用 10 个符号来表示一个数。该系统中的符号常被称为**十进制数码**或仅称为**数码**。在二进制系统中，底 $b = 2$ 并且用 2 个符号来表示一个数。该系统中的符号常被称为**二进制数码**或位。在十六进制系统中，底 $b = 16$ 并且用 16 个符号来表示一个数。该系统中的符号常被称为**十六进制数码**。在八进制系统中，底 $b = 8$ 并且用 8 个符号来表示一个数。该系统中的符号常被称为**八进制数码**。

- 可以从任意进制转换到十进制。将数码乘以其在源系统中的位置量并求和便得到在十进制中的数。我们能够将十进制数转换到与其等值的任意进制数。这需要两个过程，一个用于整数部分，另一个用于小数部分。整数部分需要连除，而小数部分需要连乘。

- 将数字从二进制转换到十六进制很容易，反之亦然。这是因为二进制中的 4 位恰好是十六进制中的 1 位。

- 将数字从二进制转换到八进制很容易，反之亦然。这是因为二进制中的 3 位恰好是八进制中的 1 位。

2.5 练习

小测验

在本书网站上提供了一套与本章相关的交互式测验题。强烈建议学生在做本章练习前首先完成相关测验题以检测对本章内容的理解。

复习题

Q2-1 定义一个数字系统。

Q2-2 辨析位置化和非位置化数字系统。

Q2-3 定义位置化数字系统中的底或基数。位置化数字系统中，底与符号的数量有什么关系？

Q2-4 简述十进制系统。为什么称作十进制？该系统的底是多少？

Q2-5 简述二进制系统。为什么称作二进制？该系统的底是多少？

Q2-6 简述八进制系统。为什么称作八进制？该系统的底是多少？

Q2-7 简述十六进制系统。为什么称作十六进制？该系统的底是多少？

Q2-8 为什么二进制和十六进制相互转换很容易？

Q2-9 十六进制系统中 1 个数码表示二进制系统中的几位？

Q2-10 八进制系统中 1 个数码表示二进制系统中的几位？

练习题

P2-1 将下列二进制数转换为十进制数，不用计算器并写出计算过程：

a. $(01101)_2$ b. $(1011000)_2$ c. $(011110.01)_2$ d. $(111111.111)_2$

P2-2 将下列十六进制数转换为十进制数，不用计算器并写出计算过程：

a. $(AB2)_{16}$ b. $(123)_{16}$ c. $(ABB)_{16}$ d. $(35E.E1)_{16}$

P2-3 将下列八进制数转换为十进制数，不用计算器并写出计算过程：

a. $(237)_8$ b. $(2731)_8$ c. $(617.7)_8$ d. $(21.11)_8$

P2-4 将下列十进制数转换为二进制数，不用计算器并写出计算过程：

a. 1234   b. 88   c. 124.02   d. 14.56

P2-5 将下列十进制数转换为八进制数，不用计算器并写出计算过程：

a. 1156   b. 99   c. 11.4   d. 72.8

P2-6 将下列十进制数转换为十六进制数，不用计算器并写出计算过程：

a. 567   b. 1411   c. 12.13   d. 16

P2-7 将下列八进制数转换为十六进制数，不用计算器并写出计算过程：

a. $(514)_8$ b. $(411)_8$ c. $(13.7)_8$ d. $(1256)_8$

P2-8 将下列十六进制数转换为八进制数，不用计算器并写出计算过程：

a. $(51A)_{16}$ b. $(4E1)_{16}$ c. $(BB.C)_{16}$ d. $(ABC.D)_{16}$

P2-9 将下列二进制数转换为八进制数，不用计算器并写出计算过程：

a. $(01101)_2$ b. $(1011000)_2$ c. $(011110.01)_2$ d. $(111111.111)_2$

P2-10 将下列二进制数转换为十六进制数，不用计算器并写出计算过程：

a. $(01101)_2$ b. $(1011000)_2$ c. $(011110.01)_2$ d. $(111111.111)_2$

P2-11 将下列十进制数转换为二进制数，使用例 2-17 中讨论的另一种方法，并写出计算过程：

a. 121   b. 78   c. 255   d. 214

P2-12 将下列十进制数转换为二进制数，使用例 2-18 中讨论的另一种方法，并写出计算过程：

a. $3\frac{5}{8}$ b. $12\frac{3}{32}$ c. $4\frac{13}{64}$ d. $12\frac{5}{128}$

P2-13 在底为 b 的位置化数字系统中，可用 K 个数码表示的最大整数数字是 b^K-1。分别找出以下系统中使用 6 个数码的最大数字：

a. 二进制   b. 十进制   c. 十六进制   d. 八进制

P2-14 不进行转换，找出下面各种情况下目标系统中所需的最少数码数量：

a. 5 个十进制数码转换为二进制   b. 4 个十进制数码转换为八进制

c. 7 个十进制数码转换为十六进制

P2-15　不进行转换，找出下面各种情况下目标系统中所需的最少数码数量：

　　　　a. 5 位二进制数码转换为十进制　　　　　　b. 3 个八进制数码转换为十进制

　　　　c. 3 个十六进制数码转换为十进制

P2-16　下表显示如何重写小数，使其分母是 2 的幂次（1、2、4、8、16 等等）。

原来的写法	新的写法	原来的写法	新的写法
0.5	1/2	0.25	1/4
0.125	1/8	0.062 5	1/16
0.031 25	1/32	0.015 625	1/64

　　　　但是，我们有时需要组合它们以得到合适的小数。例如，0.625 是 0.5+0.125。这就意味 0.625 可以写成 $^1/_2+^1/_8$ 或 $^5/_8$。

　　　　将下列十进制小数改写为带 2 的幂次的小数：

　　　　a. 0.1875　　　　　b. 0.640 625　　　　　c. 0.406 25　　　　　d. 0.375

P2-17　使用前面的解题方法，把下列数转换为二进制数：

　　　　a. 7.1875　　　　　b. 12.640 625　　　　　c. 11.406 25　　　　　d. 0.375

P2-18　找出下列情形的整数最大值：

　　　　a. $b = 10$，$K = 10$　　b. $b = 2$，$K = 12$　　　　c. $b = 8$，$K = 8$　　　　d. $b = 16$，$K = 7$

P2-19　找出用于存储下列整数所需的最小位数：

　　　　a. 小于 1000　　　　b. 小于 100 000　　　　c. 小于 64　　　　d. 小于 256

P2-20　一个小于 b^K 的数可以用以 b 为底的 K 个数码表示。求下列情况下需要的数码数量：

　　　　a. 小于 2^{14} 的二进制整数　　　　　　　　b. 小于 10^8 的十进制整数

　　　　c. 小于 8^{13} 的八进制整数　　　　　　　　d. 小于 16^4 的十六进制整数

P2-21　一个用于因特网的公共底是 $b = 256$。我们使用 256 个符号来表示该系统中的数字。设计者使用十进制数字 0 到 255 来表示其中一个符号，而不是创建大量的新符号。也就是说，符号集是 $S = \{0, 1, 2, 3, \cdots, 255\}$。该系统中的数字总是以 $S_1.S_2.S_3.S_4$ 这种 4 个符号间隔 3 个点的形式出现。该系统用于定义因特网的网址（参见第 6 章）。例如，该系统中的一个地址是 10.200.14.72，等价于十进制中的 $10 \times 256^3 + 200 \times 256^2 + 14 \times 256^1 + 72 \times 256^0 = 180\ 883\ 016$。这个数字系统称为点十进制计数法。写出下列因特网地址的十进制数值：

　　　　a. 17.234.34.14　　　b. 14.56.234.56　　　c. 110.14.56.78　　　d. 24.56.13.11

P2-22　前面问题中因特网地址也可以表示为位模式。这种情况下，用 32 位表示一个地址。在点十进制计数法中的一个符号用 8 位。例如，地址 10.200.14.72 也可表示为 00001010 11001000 00001110 01001000。用位表示下列因特网地址：

　　　　a. 17.234.34.14　　　b. 14.56.234.56　　　c. 110.14.56.78　　　d. 24.56.13.11

P2-23　写出下列罗马数字的等值十进制数：

　　　　a. XV　　　　　b. XXVⅡ　　　　　c. VLⅢ　　　　　d. MCLVⅡ

P2-24　把下列十进制数转换成罗马数字：

　　　　a. 17　　　　　b. 38　　　　　c. 82　　　　　d. 999

P2-25　找出下列有错的罗马数字：

　　　　a. MMIM　　　b. MIC　　　c. CVC　　　d. VX

P2-26　玛雅文明发明了位置化的二十进制（以 20 为底）数字系统，称为玛雅数字系统。他们用 20 为底，可能是因为他们使用手指和脚趾一起来计数。该系统使用的 20 个符号建立在 3 个更简单的符号之上。该系统的先进特征在于它有符号 0，这是一个外壳。另外 2 个符号是一个圈（或一个鹅卵石）表示 1，以及一个横杆（或一个棍子）表示 5。为了表示大于 19 的数字，数字竖写。在因特网上搜索以下问题的答案：十进制数 12、123、452 和 1256 在玛雅数字系统中是什么？

P2-27　巴比伦文明发明了首个位置化数字系统，称为巴比伦数字系统。他们继承了闪族人和阿卡得人的数字系统，将其发展为位置化的六十进制（以 60 为底）数字系统。该底现今还用于时间和角度。例如，1 小时为 60 分钟，1 分钟为 60 秒。同样，1 度为 60 分，1 分为 60 秒。底为 b 的位置化系统需要 b 个符号（数码），我们希望一个位置化的六十进制系统有 60 种符号。但是巴比伦人没有符号 0，而且通过堆叠表示 1 和 10 的 2 个符号构造出其他 59 个符号。在因特网上搜索以下问题的答案：

a. 用巴比伦数字表示十进制数：11 291，3646，3582。

b. 指出没有符号 0 可能出现的问题。巴比伦数字系统是如何解决这个问题的？

数据存储

正如第 1 章所述，计算机是一个可编程的数据处理机器。在谈论处理数据之前，我们需要理解数据的特性。在本章中，我们将讨论不同的数据类型以及它们是如何存储在计算机中的。第 4 章将讲解计算机内部是如何控制数据的。

目标

通过本章的学习，学生应该能够：
- 列出计算机中使用的 5 种不同的数据类型；
- 描述不同的数据如何以位模式存储在计算机内部；
- 描述整数如何以无符号格式存储在计算机中；
- 描述整数如何以符号加绝对值格式存储在计算机中；
- 描述整数如何以二进制补码格式存储；
- 描述实数如何以浮点格式存储在计算机中；
- 描述文本如何通过各种不同的编码系统存储在计算机中；
- 描述音频如何通过采样、量化和编码存储在计算机中；
- 描述图像如何通过光栅和矢量图模式存储在计算机中；
- 描述视频如何以图像随时间变化的表示存储在计算机中。

3.1 数据类型

如今，数据以不同的形式出现，如数字、文本、音频、图像和视频（图 3-1 ）。

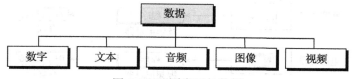

图 3-1　不同类型的数据

人们需要能够处理许多不同的数据类型：
- 工程程序使用计算机的主要是目的是处理数字：进行算术运算、求解代数或三角方程、找出微分方程的根等。
- 与工程程序不同的是，文字处理程序使用计算机的主要目的是处理文本：调整对齐、移动、删除等。
- 计算机同样也处理音频数据。我们可以使用计算机播放音乐，并且可以把声音作为数据输入到计算机中。
- 图像处理程序使用计算机的主要目的是处理图像：创建、收缩、放大、旋转等。
- 最后，计算机不仅能用来播放电影，还能创建我们在电影中所看到的特技效果。

计算机行业中使用术语“多媒体”来定义包含数字、文本、图像、音频和视频的信息。

3.1.1 计算机内部的数据

所有计算机外部的数据类型的数据都采用统一的数据表示法转换后存入计算机中，当数据从计算机输出时再还原回来。这种通用的格式称为位模式。

1. 位

位（bit，binary digit 的缩写）是存储在计算机中的最小单位，它是 0 或 1。位代表设备的某一状态，这些设备只能处于两种状态之一。例如，开关要么合上要么断开。用 1 表示合上状态，0 表示断开状态，或者相反。电子开关就表示一个位。换句话说，一个开关能存储一个位的信息。今天，计算机使用各种各样的双态设备来存储数据。

2. 位模式

为了表示数据的不同类型，应该使用**位模式**，它是一个序列，有时也被称为位流。图 3-2 展示了由 16 个位组成的位模式。它是 0 和 1 的组合。这就意味着，如果我们需要存储一个由 16 个位组成的位模式，那么需要 16 个电子开关。如果我们需要存储 1000 个位模式，每个 16 位，那么需要 16 000 个开关。通常长度为 8 的位模式被称为 1 **字节**。有时用字这个术语指代更长的位模式。

$$1\ 0\ 0\ 0\ 1\ 0\ 1\ 0\ 1\ 1\ 1\ 1\ 1\ 1\ 0\ 1$$

图 3-2　位模式

正如图 3-3 所示，属于不同数据类型的数据可以以同样的模式存储于内存中。

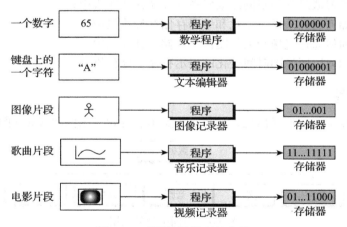

图 3-3　不同数据类型的存储

如果使用**文本编辑器**（文字处理器），键盘上的字符 A 可以以 8 位模式 01000001 存储。如果使用数学程序，同样的 8 位模式可以表示数字 65。类似地，同样的位模式可表示部分图像、部分歌曲、影片中的部分场景。计算机内存存储所有这些而无须辨别它们表示的是何种数据类型。

3.1.2 数据压缩

为占用较少的内存空间，数据在存储到计算机之前通常会被压缩。数据压缩是一个很宽泛的主题，所以我们用整个第 15 章来讲述。

数据压缩将在第 15 章讨论。

3.1.3 错误检测和纠正

另一个与数据有关的话题是在传输与存储数据时的错误检测和纠正。我们将在附录 H 中简要讨论这个话题。

错误检测和纠正在附录 H 中讨论。

3.2 存储数字

在存储到计算机内存中之前,数字会被转换到二进制系统,如第 2 章所述。但是,这里还有两个问题需要解决:

1)如何存储数字的符号。

2)如何显示十进制小数点。

有多种方法可处理符号问题,本章后面会陆续讨论。对于小数点,计算机使用两种不同的表示方法:定点和浮点。第一种用于把数字作为整数存储——没有小数部分,第二种把数字作为实数存储——带有小数部分。

3.2.1 存储整数

整数是完整的数字(即没有小数部分)。例如,134 和 –125 是整数而 134.23 和 –0.235 则不是。整数可以被当作小数点位置固定的数字:小数点固定在最右边。因此,**定点表示法** 用于存储整数,如图 3-4 所示。在这种表示法中,小数点是假定的,但并不存储。

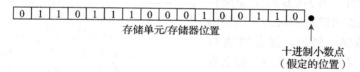

图 3-4　整数的定点表示法

但是,用户(或程序)可能将整数作为小数部分为 0 的实数存储。这是可能发生的,例如,整数太大以至于无法定义为整数来存储。为了更有效地利用计算机内存,无符号和有符号的整数在计算机中的存储方式是不同的。

整数通常使用定点表示法存储在内存中。

1. 无符号表示法

无符号整数 是只包括零和正数的非负整数。它的范围介于 0 到无穷大之间。然而,由于计算机不可能表示这个范围的所有整数,通常计算机都定义了一个常量,称为最大无符号整数,它的值是(2^n-1)。这里 n 就是计算机中分配用于表示无符号整数的二进制位数。

存储无符号整数

输入设备使用以下步骤存储无符号整数:

1)首先将整数变成二进制数。

2)如果二进制位数不足 n 位,则在二进制数的左边补 0,使它的总位数为 n 位。如果位数大于 n,该整数无法存储。这会导致溢出情况发生,我们后面要讨论。

例 3-1   将 7 存储在 8 位存储单元中，使用无符号表示法。

解   首先将数字转换为二进制数 $(111)_2$。加 5 个 0 使总的位数为 8 位，即 $(00000111)_2$。再将该整数保存在存储单元中。注意，右下角的 2 用于强调该整数是二进制的，并不存储在计算机中。

把 7 变为二进制   →   `1 1 1`
在左边加 5 位   →   `0 0 0 0 0 1 1 1`

例 3-2   将 258 存储在 16 位存储单元中。

解   首先把数字转换为二进制数 $(100000010)_2$。加 7 个 0 使总的位数满足 16 位的要求，即得到 $(0000000100000010)_2$。再将该整数存储在存储单元中。

把 258 变为二进制   →   `1 0 0 0 0 0 0 1 0`
在左边加 7 位   →   `0 0 0 0 0 0 0 1 0 0 0 0 0 0 1 0`

译解无符号整数

输出设备译解内存中位模式的位串并将其转换为一个十进制的无符号整数。

例 3-3   当译解作为无符号整数保存在内存中的位串 00101011 时，从输出设备返回什么？

解   使用第 2 章的解题过程，二进制整数转换为十进制无符号整数 43。

溢出

因为大小（即存储单元的位的数量）的限制，可以表达的整数范围是有限的。在 n 位存储单元中，我们可以存储的无符号整数仅为 0 到 $2^n - 1$ 之间。图 3-5 显示了如果存储大于 $2^4 - 1 = 15$ 的整数到仅为 4 位的内存中所发生的情况。例如，保存整数 11 在存储单元中，又试图再加上 9，就会发生这种称为**溢出**的情况。表示十进制数 20 的最小位数是 5 位，即 $20 = (10100)_2$，所以计算机丢掉最左边的位，并保留最右边的 4 位 $(0100)_2$。当人们看到新的整数显示为 4 而不是 20 时很惊讶。图 3-5 显示了为什么会发生这种情况。

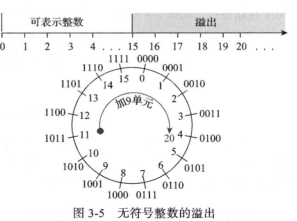

图 3-5   无符号整数的溢出

无符号整数的应用

无符号整数表示法可以提高存储的效率，因为不必存储整数的符号。这就意味着所有分配的位单元都可以用来存储数字。只要用不到负整数，都可以用无符号整数表示法。具体情况如下：

- **计数**：当我们计数时，不需要负数。可以从 1（有时 0）开始增长。
- **寻址**：有些计算机语言在一个存储单元中存储另一个存储单元的地址。地址都是从 0（存储器的第一个字节）开始到整个存储器的总字节数的正数，在这里同样也不需要用到负数。因此无符号整数可以轻松地完成这个工作。
- **存储其他数据类型**：我们后面将谈到的其他数据类型（文本、图像、音频和视频）是以位模式存储的，可以翻译为无符号整数。

2. 符号加绝对值表示法

尽管**符号加绝对值表示法**格式在存储整数中并不常用，但该格式用于在计算机中存储部分实数，正如下一节所述。因此，我们在这里简要讨论该格式。在这种方法中，用于无符号整数的有效范围（0 到 $2^n - 1$）被分成两个相等的子范围。前半个表示正整数，后半个表示负整数。例如，n 为 4，该范围是 0000 到 1111。这个范围被分为两半：0000 到 0111 以及 1000 到 1111（图 3-6）。这种位模式赋值为正的和负的整数。注意，负数出现在正数的右边，与常规的关于正负数的思维相反。还要注意该系统中有两个 0：正 0（0000）和负 0（1000）。

0000 0001 0010 0011 0100 0101 0110 0111	1000 1001 1010 1011 1100 1101 1110 1111
0 1 2 3 4 5 6 7	−0 −1 −2 −3 −4 −5 −6 −7

图 3-6 符号加绝对值的表示法

用符号加绝对值格式存储一个整数，需要用 1 个二进制位表示符号（0 表示正，1 表示负）。这就意味着在一个 8 位存储单元中，可以仅用 7 位表示数字的绝对值（不带符号）。因此，最大的正数值仅是无符号最大数的一半。在 n 位单元可存储的数字范围是 $-(2^{n-1}-1)$ 至 $+(2^{n-1}-1)$，n 位单元中最左位分配用于存储符号（0 表示正，1 表示负）。

> **在符号加绝对值表示法中，最左位用于定义整数的符号。0 表示正整数，1 表示负整数。**

例 3-4 用符号加绝对值表示法将 +28 存储在 8 位存储单元中。

解 先把该整数转换成 7 位的二进制数。最左边位置 0，即存储为 8 位数。

把 28 变为 7 位的二进制　　　　　　　0 0 1 1 1 0 0
加符号位并存储　　　　　0 　0 0 1 1 1 0 0

例 3-5 用符号加绝对值表示法将 −28 存储在 8 位存储单元中。

解 先把该整数转换成 7 位的二进制数。最左边位置 1，即存储为 8 位数。

把 28 变为 7 位的二进制　　　　　　　0 0 1 1 1 0 0
加符号位并存储　　　　　1 　0 0 1 1 1 0 0

例 3-6 将用符号加绝对值表示法存储的 01001101 复原成整数。

解 因为最左位是 0，符号为正。其余位（1001101）转换成十进制数 77。加上符号后该整数是 +77。

例 3-7 将用符号加绝对值表示法存储的 10100001 复原成整数。

解 因为最左位是 1，符号为负。其余位（0100001）转换成十进制数 33。加上符号后该整数是 −33。

符号加绝对值表示法的溢出

同无符号整数一样，有符号的整数也会溢出。但是，这时我们可能有正负两种溢出情况。图 3-7 显示了当使用 4 位内存单元存储一个用符号加绝对值表示法的整数时出现的正负两种溢出。当我们试图存储一个比 7 大的正整数时，出现正溢出。例如，我们保存整数 5 在存储单元中，又试图再加上 6。我们期望结果是 11，但计算机响应为 −3。这是因为在一个循环的表示中，从 5 开始顺时针走 6 个单位，就停在 −3。一个正数溢出将整数限制在该范围中。

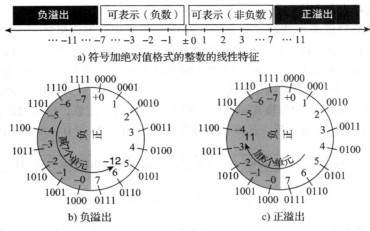

图 3-7   符号加绝对值表示法的溢出

当我们试图存储一个比 –7 小的负整数时，出现负溢出。例如，我们保存整数 –5 在存储单元中，又试图再减去 7。我们期望结果是 –12，但计算机响应为 +6。这是因为在一个循环的表示中，从 –5 开始逆时针走 7 个单位，就停在 +6 了。

在符号加绝对值表示法中，有两个 0：+0 和 -0。

符号加绝对值表示法的应用

符号加绝对值表示法不用于存储整数，而用于存储部分实数，我们后面会看到。另外，符号加绝对值表示法通常用于采样模拟信号，例如，音频。

3. 二进制补码表示法

几乎所有的计算机都使用**二进制补码表示法**来存储位于 n 位存储单元中的有符号整数。这一方法中，无符号整数的有效范围（0 到 $2^n - 1$）被分为两个相等的子范围。第一个子范围用来表示非负整数，第二个子范围用来表示负整数。例如，如果 n 是 4，该范围是 0000 到 1111。这个范围分为两半：0000 到 0111 以及 1000 到 1111。这两半按照左负右正的常规互相交换。赋值给负和非负（零和正）整数的位模式如图 3-8 所示。

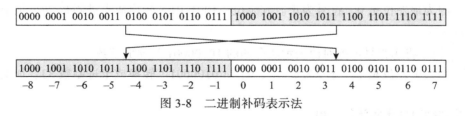

图 3-8   二进制补码表示法

尽管整数的符号影响二进制整数存储时的每一位，但是首位（最左位）决定符号。如果最左位是 0，该整数非负；如果最左位是 1，该整数是负数。

在二进制补码表示法中，最左位决定符号。如果它是 0，该整数为正；如果是 1，该整数为负。

两种运算

在深入讨论这种表示法之前，我们需要介绍两种运算。第一种称为反码或取一个整数的反码。该运算可以应用于任何整数，无论是正的还是负的。该运算简单反转各个位，即把 0 位变为 1 位，把 1 位变为 0 位。

例 3-8　下面显示我们如何取整数 00110110 的**反码**。

原来的模式	0 0 1 1 0 1 1 0
进行反码运算	1 1 0 0 1 0 0 1

例 3-9　下面显示我们如果进行 2 次反码运算，就可以得到原先的整数。

原来的模式	0 0 1 1 0 1 1 0
进行 1 次反码运算	1 1 0 0 1 0 0 1
进行 2 次反码运算	0 0 1 1 0 1 1 0

第二种运算称为二进制中的补码或取一个整数的补码。该运算分为两步：首先，从右边复制位，直到有 1 被复制；接着，反转其余的位。

例 3-10　下面显示我们如何取整数 00110100 的**补码**。

原来的模式	0 0 1 1 0 1 0 0
进行 1 次补码运算	1 1 0 0 1 1 0 0

例 3-11　下面显示我们如果进行 2 次补码运算，就可以得到原先的整数。

原来的模式	0 0 1 1 0 1 0 0
进行 1 次补码运算	1 1 0 0 1 1 0 0
进行 2 次补码运算	0 0 1 1 0 1 0 0

另一种将整数进行补码运算的方法是先对它进行 1 次反码运算再加上 1 得到结果（参见第 4 章的二进制加法）。

以二进制补码格式存储整数

以二进制补码格式存储整数，计算机遵循以下步骤：

- 将整数变成 n 位的二进制数。
- 如果整数是正数或零，以其原样存储；如果是负数，计算机取其补码存储。

从二进制补码格式还原整数

从二进制补码格式还原整数，计算机遵循以下步骤：

- 如果最左位是 1，计算机取其补码。如果最左位是 0，计算机不进行操作。
- 计算机将该整数转换为十进制。

例 3-12　用二进制补码表示法将整数 28 存储在 8 位存储单元中。

解　该整数是正数（无符号意味是正的），因此在把该整数从十进制转换成二进制后不再需要其他操作。注意，3 个多余的零加到该整数的左边使其成为 8 位。

把 28 变为 8 位的二进制	0 0 0 1 1 1 0 0

例 3-13　用二进制补码表示法将整数 –28 存储在 8 位存储单元中。

解　该整数是负数，因此在转换成二进制后计算机对其进行二进制补码运算。

把 28 变为 8 位的二进制	0 0 0 1 1 1 0 0
进行补码运算	1 1 1 0 0 1 0 0

例 3-14　将用二进制补码表示法存储在 8 位存储单元中的 00001101 还原成整数。

解　最左位是 0，因此符号为正。该整数需要转换为十进制并加上符号即可。

最左位是 0, 符号为正	0 0 0 0 0 1 1 0 1
整数转换为十进制	13
加上符号（可选）	+13

例 3-15 将用二进制补码表示法存储在 8 位存储单元中的 11100110 还原成整数。

解 最左位是 1, 因此符号为负。在整数转换为十进制前进行补码运算。

最左位是 1, 符号为负	1 1 1 0 0 1 1 0
进行补码运算	0 0 0 1 1 0 1 0
整数转换为十进制	26
加上符号	−26

二进制补码表示法很有趣的一点是该表示法仅有一个 0, 而符号加绝对值表示法则有两个 0（+0 和 −0）。

二进制补码表示法仅有一个 0。

二进制补码表示法的溢出

同其他表示法一样, 以二进制补码表示法存储的整数也会溢出。图 3-9 显示了当使用 4 位存储单元存储一个带符号的整数时出现的正负两种溢出。当我们试图存储一个比 7 大的正整数时, 出现正溢出。例如, 我们保存整数 5 在存储单元中, 又试图再加上 6。我们期望结果是 11, 但计算机响应为 −5。这是因为在一个循环的表示中, 从 5 开始顺时针走 6 个单位, 就停在 −5。正数溢出将整数限制在该范围中。

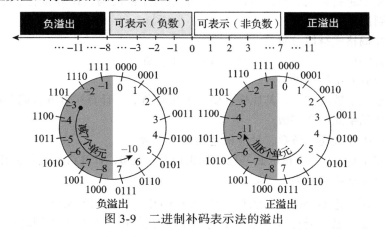

图 3-9　二进制补码表示法的溢出

当我们试图存储一个比 −8 小的负整数时, 出现负溢出。例如, 我们保存整数 −3 在存储单元中, 又试图再减去 7。我们期望结果是 −10, 但计算机响应为 +6。这是因为在一个循环的表示中, 从 −3 开始逆时针走 7 个单位, 就停在 +6 了。

二进制补码表示法的应用

当今, 二进制补码表示法是计算机中用于存储整数的标准表示法。在下一章中, 当你发现使用二进制补码带来运算上的简便后就会明白为什么这么说。

3.2.2　3 种系统的比较

表 3-1 显示了无符号、二进制补码和符号加绝对值表示法的对比。4 位存储单元可以存

储 0～15 之间的无符号整数，同样的存储单元可以存储 −8～+7 之间的二进制补码整数。我们要用同样的格式存储和还原整数，这一点很重要。例如，如果把 13 存为有符号格式的，就需要将其还原成有符号格式的，同样以二进制补码格式的 −3 可以还原到原样。

表 3-1　整数表示法小结

存储单元的内容	无符号	符号加绝对值	二进制补码	存储单元的内容	无符号	符号加绝对值	二进制补码
0000	0	0	+0	1000	8	−0	−8
0001	1	1	+1	1001	9	−1	−7
0010	2	2	+2	1010	10	−2	−6
0011	3	3	+3	1011	11	−3	−5
0100	4	4	+4	1100	12	−4	−4
0101	5	5	+5	1101	13	−5	−3
0110	6	6	+6	1110	14	−6	−2
0111	7	7	+7	1111	15	−7	−1

3.2.3　实数

实数是带有整数部分和小数部分的数字。例如，23.7 是一个实数——整数部分是 23 而小数部分是 7/10。尽管固定小数点的表示法可用于表示实数，但结果不一定精确或达不到需要的精度。以下两个例子说明了原因。

> **例 3-16**　在十进制系统中，假定我们用一种小数点右边 2 个数码、左边 14 个数码，总共 16 个数码的定点表示法。那么如果试图表示十进制数 1.002 34，该系统的实数精度就会受损。该系统把这个数字存储为 1.00。

> **例 3-17**　在十进制系统中，假定用一种小数点右边 6 个数码、左边 10 个数码，总共 16 个数码的定点表示法。那么如果试图表示十进制数 236 154 302 345.00，该系统的实数精度就会受损。该系统把这个数字存储为 6 154 302 345.00。整数部分比实际小了很多。

带有很大的整数部分或很小的小数部分的实数不应该用定点表示法存储。

1. 浮点表示法

用于维持正确度或精度的解决方法是使用**浮点表示法**。该表示法允许小数点浮动：我们可以在小数点的左右有不同数量的数码。使用这种方法极大地增加了可存储的实数范围：带有很大的整数部分或很小的小数部分的实数可以存储在内存中了。在浮点表示法中，无论十进制还是二进制，一个数字都由 3 部分组成，如图 3-10 所示。

浮点数表示法

图 3-10　在浮点表示法中一个实数的三个部分

第一部分是符号，可正可负。第二部分显示小数点应该左右移动构成实际数字的位移量。第三部分是小数点位置固定的定点表示法。

一个数字的浮点表示法由 3 部分组成：符号、位移量和定点数。

浮点表示法在科学中用于表示很小或很大的十进制数。在称作**科学计数法**的表示法中，定点部分在小数点左边只有 1 个数码而且位移量是 10 的幂次。

例 3-18 下面演示用科学计数法（浮点表示法）表示十进制数 7 425 000 000 000 000 000 000.00。

解

实际数字 → + 7 425 000 000 000 000 000 000.00

科学计数法 → + 7.425×10^{21}

这三部分为符号（+）、位移量（21）以及定点部分（7.425）。注意那个位移量就是指数。这种表示法的好处显而易见。即使是在一张纸上写数字，科学计数法也更短并更省空间。这种计数法使用了浮点表示法的概念，因为那个靠近例题右下方的小数点位置已经向左移了 21 位形成该数字的定点部分。一些程序设计语言和计算器按照 +7.425E21 来显示该数字，因为以 10 为底是不言而喻的。

例 3-19 用科学计数法表示数字 -0.000 000 000 000 023 2。

解 使用前例同样的方法，将小数点移到数码 2 之后，如下所示：

实际数字 → - 0.000 000 000 000 023 2

科学计数法 → - 2.32×10^{-14}

注意这里指数是负的，因为小数点需要左移（14 位）来构成原数字。我们可再次说该计数法中的数字由 3 部分组成：符号（-）、实数（2.32）以及负整数（-14）。一些程序设计语言和计算器按照 -2.32E-14 来显示该数字。

类似方法可用于表示很小或很大的存储于计算机中的二进制数字（整数和实数皆可）。

例 3-20 用浮点格式表示数字 $(10100100000000000000000000000000.00)_2$。

解 使用前例同样的方法，小数点前只保留一位数字，如下所示：

实际数字 → + $(10100100000000000000000000000000.00)_2$

科学计数法 → + 1.01001×2^{32}

注意我们不必担心从最右边的 1 开始的右侧的那些 0，这是因为当我们使用实数 $(1.01001)_2$ 时它们并不重要。指数显示为 32，但它实际上以二进制存储在计算机中，正如不久我们要看到的那样。我们也已经显示符号为正，但它可能作为 1 位存储。

例 3-21 用浮点格式表示数字 $-(0.0000000000000000000000000101)_2$。

解 使用前例同样的方法，小数点左边只留一个非零数码：

实际数字 → - $(0.0000000000000000000000000101)_2$

科学计数法 → - 1.01×2^{-24}

注意，指数作为负的二进制数存储在计算机中。

2. 规范化

为了使表示法的固定部分统一，科学计数法（用于十进制）和浮点表示法（用于二进制）都在小数点左边使用了唯一的非零数码，这称为**规范化**。十进制系统中的数码可能是 1~9，而二进制系统中该数码是 0 或 1。在下面，d 是非零数码，x 是一个数码，y 是 0 或 1。

十进制 → $\pm$ *d.xxxxxxxxxxxxx* 注意：d 是 1~9，每个 x 是 0~9

二进制 → $\pm$ *1.yyyyyyyyyyyyyy* 注意：每个 y 是 0 或 1

3. 符号、指数和尾数

在二进制数规范化之后，我们只存储了一个数的三部分信息：符号、指数和尾数（小数点右边的位）。例如，+1000111.0101 规范化后变成为：

符号	指数	尾数
+	2^6 ×	1.0001110101
0	6	0001110101

注意小数点和定点部分左边的位 1 并没有存储，它们是隐含的。

符号

一个数的符号可以用一个二进制位来存储（0 或 1）。

指数

指数（2 的幂）定义为小数点移动的位数。注意幂可以为正也可以为负。**余码表示法**（后面讨论）是用来存储指数位的方法。

尾数

尾数是指小数点右边的二进制数。它定义了该数的精度。尾数是作为无符号整数存储的。如果我们把尾数和符号一起考虑，则可以说这个组合是作为符号加绝对值格式的整数存储的。但是，我们需要记住它不是整数，而是像整数那样存储的小数部分。我们强调这一点是因为在尾数中，如果在数字的右边插入多余的零，这个值将会改变，而在一个真正的整数中，如果在数字的左边插入多余的零，这个值是不会改变的。

尾数是带符号的小数部分，可以像以符号加绝对值表示法存储的整数那样对待。

4. 余码系统

尾数可以作为无符号数存储。指数（即显示小数点应该左移或右移多少位的幂次）是有符号的数。尽管这可以用二进制补码表示法来存储，但被一种称为余码系统的新的表示法取而代之。在该余码系统中，正的和负的整数都可以作为无符号数存储。为了表示正的或负的整数，一个正整数（称为一个偏移量）加到每个数字中，将它们统一移到非负的一边。这个偏移量的值是 $2^{m-1}-1$，m 是内存单元存储指数的大小。

例 3-22　我们可以用 4 位存储单元在数字系统中表示 16 个整数。使用一个单元作为 0，其他 15 个（不等地）可以在 −7 ～ 8 的范围中表示整数，如图 3-11 所示。在该范围中增加 7 个单位到每个整数中，可以统一把所有整数向右移，使其均为整数而无须改变这些整数的相对位置，避免了相互调整，如图 3-11 所示。新系统称为余 7，或者偏移量为 7 的偏移表示法。

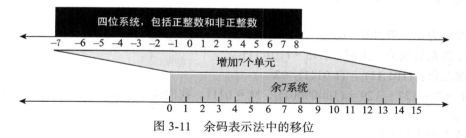

图 3-11　余码表示法中的移位

这种新的表示法与移位前的表示法相比，其优点在于在余码系统中的所有整数都是正数，当我们对这些整数进行比较或运算时不需要考虑符号。对于 4 位存储单元，如我们希望的那样，偏移量是 $2^{4-1} - 1 = 7$。

5. IEEE 标准

电气和电子工程师协会（IEEE）已定义了几种存储浮点数的标准。这里我们讨论其中两种最常用的——单精度和双精度。该格式如图 3-12 所示。方框上方的数就是每一项的位数。

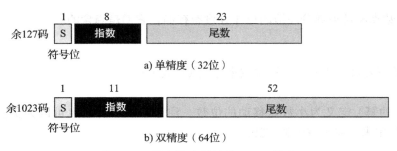

图 3-12　浮点数表示法的 IEEE 标准

单精度数格式采用总共 32 位来存储一个浮点表示法的实数。符号占用 1 位（0 为正，1 为负），指数占用 8 位（使用偏移量 127），尾数使用 23 位（无符号数）。该标准有时称为余 127 码（Excess_127），因为偏移量是 127。

双精度数格式采用总共 64 位来存储一个浮点表示法的实数。符号占用 1 位（0 为正，1 为负），指数占用 11 位（使用偏移量 1023），尾数使用 52 位。该标准有时称为余 1023 码（Excess_1023），因为偏移量是 1023。表 3-2 总结了这两种标准的规格。

表 3-2　两种 IEEE 浮点标准的规格说明

参　　数	单精度	双精度
存储器单元大小（位的个数）	32	64
符号位大小（位的个数）	1	1
指数的大小（位的个数）	8	11
尾数的大小（位的个数）	23	52
偏移量（整数）	127	1023

6. IEEE 标准浮点数的存储

参照图 3-12，使用以下步骤，一个实数可以存储为 IEEE 标准浮点数格式：

- 在 S 中存储符号（0 或 1）。
- 将数字转换为二进制。
- 规范化。
- 找到 E 和 M 的值。
- 连接 S、E 和 M。

例 3-23　写出十进制数 5.75 的余 127 码（单精度）表示法。

解

a. 符号为正，所以 S = 0。

b. 十进制转换为二进制：5.75 = $(101.11)_2$。

c. 规范化：$(101.11)_2 = (1.0111)_2 \times 2^2$。

d. E = 2 + 127 = 129 = $(10000001)_2$，M = 0111。我们需要在 M 的右边增加 19 个 0 使之成为 23 位。

e. 该表示法如下所示：

S	E	M
0	10000001	0111000000000000000000

存储在计算机中的数字是 01000000101110000000000000000000。

例 3-24　写出十进制数 −161.875 的余 127 码（单精度）表示法。

解

a. 符号为负，所以 S = 1。

b. 十进制转换为二进制：$161.875 = (10100001.111)_2$。

c. 规范化：$(10100001.111)_2 = (1.0100001111)_2 \times 2^7$。

d. $E = 7 + 127 = 134 = (10000110)_2$，而 $M = (0100001111)_2$。

e. 该表示法如下所示：

S	E	M
1	10000110	0100001111110000000000000

存储在计算机中的数字是 11000011001000011110000000000000。

例 3-25　写出十进制数 −0.023 437 5 的余 127 码（单精度）表示法。

解

a. S = 1（该数为负）。

b. 十进制转换为二进制：$0.023\ 437\ 5 = (0.0000011)_2$。

c. 规范化：$(0.0000011)_2 = (1.1)_2 \times 2^{-6}$。

d. $E = -6 + 127 = 121 = (01111001)_2$，$M = (1)_2$。

e. 该表示法如下所示：

S	E	M
1	01111001	1000000000000000000000000

存储在计算机中的数字是 10111100110000000000000000000000。

7. 将存储为 IEEE 标准浮点数的数字还原

一个以 IEEE 浮点格式之一存储的数字可以用以下步骤还原：

- 找到 S、E 和 M 的值。
- 如果 S = 0，将符号设为正号，否则设为负号。
- 找到位移量（E−127）。
- 对尾数去规范化。
- 将去规范化的数字变为二进制以求出绝对值。
- 加上符号。

例 3-26　位模式 $(11001010000000000111000100001111)_2$ 以余 127 码格式存储于内存中，求该数字十进制计数法的值。

解

a. 首位表示 S，后 8 位是 E，剩下 23 位是 M。

S	E	M
1	1001010 0	000 0000 0111 0001 0000 1111

b. 符号为负号。

c. 位移量 = E − 127 = 148 − 127 = 21。

d. 去规范化得到 $(1.0000000011000100001111)_2 \times 2^{21}$。

e. 二进制数是 $(1000\ 0000\ 0111\ 0001\ 0000\ 11.11)_2$。

f. 绝对值是 2 104 387.75。

g. 该数字是 −2 104 387.75。

例 3-27 位模式 $01000011111100000000000000000000)_2$ 以余 127 码格式存储于内存中，求该数字十进制计数法的值。

解

a. 首位表示 S，后 8 位是 E，剩下 23 位是 M。

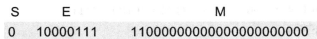

S	E	M
0	10000111	11000000000000000000000

b. 符号为正号。

c. 位移量 = E − 127 = 135 − 127 = 8。

d. 去规范化得到 $(1.1100000000000000000000\ )_2 \times 2^8$。

e. 二进制数是 $(111000000.00)_2$。

f. 绝对值是 448。

g. 该数字是 +448。

8. 上溢和下溢

对于浮点数，有上溢和**下溢**两种情况。图 3-13 显示了使用 32 位内存单元（余 127 码）的浮点表示法范围。该表示法不能存储很小或很大的绝对值。试图存储绝对值很小的数会导致下溢，而试图存储绝对值很大的数会导致上溢。我们把临界值（+ 最大值，− 最大值，+ 最小值，− 最小值）的计算留作练习。

−最大值：$-(1 - 2^{-24}) \times 2^{+128}$　　+最大值：$-(1 - 2^{-24}) \times 2^{+128}$
−最小值：$(1 - 2^{-1}) \times 2^{-127}$　　+最小值：$(1 - 2^{-1}) \times 2^{-127}$

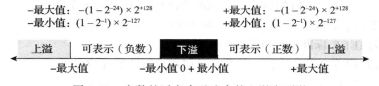

图 3-13　实数的浮点表示法中的上溢和下溢

9. 存储零

你可能注意到带有整数部分和小数部分的实数设置为零的时候是 0.0，无法用以上讨论的步骤存储。为了处理这个特例，约定在这种情况下符号、指数和尾数都设为零。

10. 截断错误

当使用浮点表示法存储实数时，存储数字的值可能不是我们希望的。例如，假定我们需要在内存中用余 127 码表示法存储这个数字：

$$(11111111111111111.11111111111)_2$$

规范化之后得到：

$$(1.1111111111111111111111111111)_2$$

这意味着尾数有 26 个 1。这个尾数需要截短为 23 个 1，换言之，存储在计算机中的是：

$$(1.11111111111111111111111)_2$$

原来的数变为

$$(1111111111111111.11111111)_2$$

小数部分右边的 3 个 1 被截掉了。这种原始数字与还原后数字的差异称为**截断错误**。在使用很小或很大数字的地方，如宇航业的计算中，这种类型的错误是很严重的。这种情况下，我们需要更大的内存单元和其他的表示法。为此，IEEE 定义了用于更大尾数的其他表示法。

3.3 存储文本

在任何语言中，**文本**的片段是用来表示该语言中某个意思的一系列的符号。例如，在英语中使用 26 个符号（A, B, C, …, Z）来表示大写字母，26 个符号（a, b, c, …, z）表示小写字母，10 个符号（0, 1, 2, …, 9）来表示数字字符（不是实际的数字，后面将看到它们的不同之处），以及符号（., ?, :, ;, …, !）来表示标点。另外一些符号（如空格、换行和制表符）被用于文本的对齐和可读性。

我们可用位模式来表示任何一个符号。换句话说，如 4 个符号组成的文本" CATS "能用 4 个 n 位模式表示，任何一个模式定义一个单独的符号（图 3-14）。

现在的问题是：在一种语言中，位模式到底需要多少位来表示一个符号？这主要取决于该语言集中到底有多少不同的符号。例如，如果要创

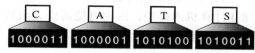

图 3-14　使用位模式表示符号

建的某个虚构的语言仅仅使用大写英文字母，则只需要 26 个符号。相应地，这种语言的位模式至少需要表示 26 个符号。

对另一种语言，如中文，可能需要更多的符号。在一种语言中，表示某一符号的位模式的长度取决于该语言中所使用的符号的数量。更多的符号意味着更长的位模式。

尽管位模式的长度取决于符号的数量，但是它们的关系并不是线性的，而是对数的。如果需要 2 个符号，位模式长度将是 1 位（$\log_2 2 = 1$）；如果需要 4 个符号，长度将是 2 位（$\log_2 4 = 2$）。从表 3-3 中可以很容易看出它们之间的关系。2 位的位模式能表示 4 种不同的形式：00，01，10 和 11。这些形式中的任何一种都可用来代表一个字符。同样，3 位的位模式有 8 种不同的形式：000，001，010，011，100，101，110 和 111。

表 3-3　符号数量和位模式长度的关系

符号的数量	位模式的长度	符号的数量	位模式的长度
2	1	128	7
4	2	256	8
8	3	65 536	16
16	4	4 294 967 296	32

3.3.1 代码

不同的位模式集合被设计用于表示文本符号。其中每一个集合我们称之为**代码**。表示符号的过程被称为**编码**。本小节将介绍常用代码。

1. ASCII

美国国家标准协会（ANSI）开发了一个被称为**美国信息交换标准码**（ASCII）的代码。该代码使用 7 位表示每个符号，即该代码可以定义 $2^7 = 128$ 种不同的符号。用于表示 ASCII 码的完整位模式可见附录 A。如今 ASCII 是 Unicode 的一部分，下面将要讨论。

2. Unicode

硬件和软件制造商联合起来共同设计了一种名为 Unicode 的代码，这种代码使用 32 位并能表示最大达 2^{32} = 4 294 967 296 个符号。代码的不同部分被分配用于表示来自世界上不同语言的符号。其中还有些部分被用于表示图形和特殊符号。Unicode 符号的集见附录 A。如今 ASCII 是 Unicode 的一部分。

3.4 存储音频

音频表示声音或音乐。音频与我们讨论到现在的数字和文本有本质上的不同。文本由可数的实体（文字）组成：我们可以数出文本中文字的数量。文本是**数字**数据的一个例子。相反，音频是不可数的。音频是随时间变化的实体，我们只能在每一时刻度量声音的密度。当我们讨论用计算机内存存储声音时，我们的意思是存储一个音频信号的密度，例如每隔一段时间（一秒钟、一小时）来自麦克风的信号。

音频是**模拟**数据的例子。即使我们能够在一段时间度量所有的值，也不能把它们全部存储在计算机内存中，因为可能需要无限数量的内存单元。图 3-15 显示了一个模拟信号随时间变化的本质，如音频。

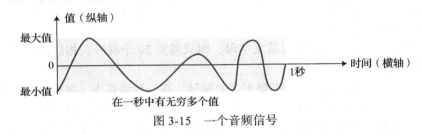

图 3-15　一个音频信号

3.4.1 采样

如果不能记录一段间隔的音频信号的所有值，至少我们可以记录其中的一些。**采样**意味着我们在模拟信号上选择数量有限的点来度量它们的值并记录下来。图 3-16 显示了从这样的信号上选择 10 个样本：我们可以记录这些值来表现模拟信号。

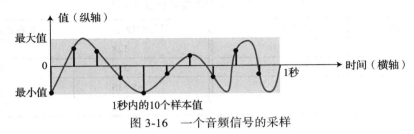

图 3-16　一个音频信号的采样

采样率

接下来的逻辑问题是，我们每秒钟需要多少样本才能还原出原始信号的副本？样本数量依赖于模拟信号中变化的最大数量。如果信号是平滑的，则需要很少的样本；如果信号变化剧烈，则需要更多的样本。每秒 40 000 个样本的**采样率**对重现音频信号来说足够好了。

3.4.2 量化

从每个样本测量来的值是真实的数字。这意味着我们可能要为每一秒的样本存储

40 000 个真实的值。但是，为每个样本使用一个无符号的数（位模式）会更简便。**量化**指的是将样本的值截取为最接近的整数值的一种过程。例如，如果实际的值为 17.2，就可截取为 17；如果值为 17.7，就可截取为 18。

3.4.3　编码

接下来的任务是编码。量化的样本值需要被编码成位模式。一些系统为样本赋正值或负值，另一些仅仅移动曲线到正的区间从而只赋正值。换言之，一些系统使用无符号整数来表示样本，而另一些使用有符号的整数来做。但是，有符号的整数不必用在二进制补码中，它们可以是符号加绝对值的值。最左边的位用于表示符号（0 表示正值，1 表示负值），其余的位用于表示绝对值。

1. 每样本位

对于每个样本系统需要决定分配多少位。尽管在过去仅有 8 位分配给声音样本，现在每样本 16、24 甚至 32 位都是正常的。每样本位的数量有时称为**位深度**。

2. 位率

如果我们称位深度或每样本位的数量为 B，每秒样本数为 S，我们需要为每秒的音频存储 S×B 位。该乘积有时称为位率 R。例如，如果我们使用每秒 40 000 个样本以及每样本 16 位，位率是 R = 40 000×16 = 640 000 b/s = 640 KB/s。

3.4.4　声音编码标准

当今音频编码的主流标准是 MP3（MPEG Layer 3 的简写）。该标准是用于视频压缩方法的 MPEG（动态图像专家组）标准的一个修改版。它采用每秒 44 100 个样本以及每样本 16 位。结果信号达到 705 600 b/s 的位率，再用去掉那些人耳无法识别的信息的压缩方法进行压缩。这是一种有损压缩法，与无损压缩法相反，参见第 15 章。

3.5　存储图像

存储在计算机中的图像使用两种不同的技术：光栅图或矢量图。

3.5.1　光栅图

当我们需要存储模拟图像（如照片）时，就会用到**光栅图**（或位图）。一张照片由模拟数据组成，类似于音频信息。不同的是数据密度（色彩）随空间变化，而不是随时间变化。这意味着数据需要采样。然而，这种情况下采样通常被称作**扫描**。样本称为**像素**（代表**图像元素**）。换言之，整个图像被分成小的像素，每个像素假定有单独的密度值。

1. 解析度

就像音频采样那样，在图像扫描中，我们要决定对于每英寸的方块或线条需要记录多少像素。在图像处理中的扫描率称为**解析度**。如果解析率足够高，人眼不会看出在重现图像中的不连续。

2. 色彩深度

色彩深度是像素所用颜色的位数，它依赖于像素的颜色是如何由不同的编码技术来处理的。对颜色的感知依赖于我们的眼睛如何对光线进行响应。我们的眼睛有不同类型的感光细胞：一些响应红、绿、蓝三原色（也叫 RGB），而另一些仅仅响应光的密度。

真彩色

用于像素编码的技术之一称为**真彩色**，它使用 24 位来编码一个像素。在该技术中，每个三原色（RGB）都表示为 8 位。因为该技术中 8 位模式可以表示 0～255 之间的一个数，所以每种色彩都由 0～255 之间的三维数字表示。表 3-4 显示了该技术中用于一些颜色的 3 个值。

表 3-4　用真彩色定义的颜色

颜色	红	绿	蓝	颜色	红	绿	蓝
黑色	0	0	0	黄色	255	255	0
红色	255	0	0	青色	0	255	255
绿色	0	255	0	紫红色	255	0	255
蓝色	0	0	255	白色	255	255	255

注意，真彩色模式可以编码 2^{24} 或 16 777 216 种颜色。换言之，各个像素的色彩深度是这些值的其中之一。

索引色

真彩色模式使用了超过 1600 万种颜色。许多应用程序不需要如此大的颜色范围。**索引色**（或**调色板色**）模式仅使用其中的一部分。在该模式中，每个应用程序从大的色彩集中选择一些颜色（通常是 256 种）并对其建立索引。对选中的颜色赋一个 0～255 之间的值。这就类似于艺术家可能在他们的画室用到很多种颜色，但每一次仅用到调色板中的一些颜色。图 3-17 示意了索引色的思路。

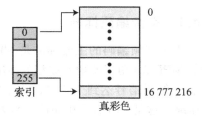

对索引的使用减少了需要存储一个像素所需要的位的数量。例如，真彩模式需要 24 位来储存一个像素，索引色模式通常使用 256 个索引，这需要 8 位来存储同样的像素。例如，一部高质量的数码相机

图 3-17　索引色模式与真彩色模式的关系

要用几乎 300 万像素拍摄一张 3×5 英寸⊖的相片。以下显示使用不同模式存储所需的位的数量。

真彩色：　　　　3 000 000　×　24　=　72 000 000

索引色：　　　　3 000 000　×　8　=　24 000 000

3. 图像编码标准

几种用于图像编码的实际标准正在使用中。**JPEG**（**联合图像专家组**）使用真彩色模式，但压缩图像来减少位的数量（参见第 15 章）。另一方面，**GIF**（**图形交换格式**）使用索引色模式。

3.5.2　矢量图

光栅图有两个缺点，即文件体积太大和重新调整图像大小有麻烦。放大光栅图像意味着扩大像素，所以放大后的图像看上去很粗糙。但是，**矢量图**图像编码方法并不存储每个像素的位模式。一个图像被分解成几何图形的组合，例如，线段、矩形或圆形。每个几何形状由数学公式表达。例如，线段可以由它端点的坐标描述，圆可以由它的圆心坐标和半径长度来描述。矢量图是由定义如何绘制这些形状的一系列命令构成的。

⊖　1 英寸约等于 0.0254 米。——编辑注

当要显示或打印图像时，将图像的尺寸作为输入传给系统。系统重新设计图像的大小并用相同的公式画出图像。在这种情况下，每绘制一次图像，公式将重新估算一次。因此，矢量图也称为几何模型或面向对象图形。

例如，考虑半径为 r 的圆形。程序绘制该圆需要的主要信息如下：

1）一个圆的半径 r。

2）圆心的位置。

3）绘制的线型和颜色。

4）填充的类型和颜色。

当该圆的大小改变时，程序改变半径的值并重新计算这些信息以便再绘制一个圆。改变图像大小不会改变绘图的质量。

矢量图不适合存储照片图像的细微精妙。JPEG 或 GIF 光栅图提供了更好和更生动的图片。矢量图适合应用程序采用主要的几何元素来创建图像。它用于诸如 Flash 这样的应用程序，以及创建 TrueType（微软、苹果公司）和 PostScript（Adobe 公司）字体。计算机辅助设计（CAD）也使用矢量图进行工程绘图。

3.6 存储视频

视频是图像（称为帧）在时间上的表示。一部电影就是一系列的帧一张接一张地播放而形成运动的图像。换言之，视频是随空间（单个图像）和时间（一系列图像）变化的信息表现。所以，如果知道如何将一幅图像存储在计算机中，我们也就知道如何储存视频：每一幅图像或帧转化成一系列位模式并储存。这些图像组合起来就可表示视频。需要注意现在视频通常是被压缩存储的。在第 15 章中，我们将讨论 MPEG，这是一种常见的视频压缩技术。

3.7 章末材料

推荐读物

有关本章所讨论主题的更详细资料，可以参考下列书籍：

- Halsall, F. *Multimedia Communication*, Boston, MA: Addison-Wesley, 2001
- Koren, I. *Computer Arithmetic Algorithms*, Natick, MA: A K Peters, 2001
- Long, B. *Complete Digital Photography*, Hignham, MA: Charles River Media, 2003
- Mano, M. *Computer System Architecture*, Upper Saddle River, NJ: Prentice-Hall, 1993
- Miano, J. *Compressed Image File Formats*, Boston, MA: Addison-Wesley, 1999

关键术语

American National Standards Institute（ANSI，美国国家标准协会）

American Standard Code for Information Interchange（ASCII，美国信息交换标准码）

analog（模拟）

audio（音频）

binary digit（二进制数字）

bit（位）

bit depth（位深度）

bitmap graphic（位映像图）

bit pattern（位模式）

bit rate（比特率）

byte（字节）

code（编码）

color depth（颜色深度）

digital（数字）

Excess_1023（余 1023 码）

Excess_127（余 127 码）

Excess representation（余码表示法）

floating-point representation（浮点数表示）

frames（帧）

Graphic Interchange Format（GIF，图形交换格式）

indexed color（索引色）

Joint Photographer Experts Group（JPEG，联合图像专家组）

mantissa（尾数）

MP3

MPEG

normalization（规范化）

one's complement（反码）

overflow（溢出）

palette color（调色板颜色）

picture element（图片元素）

pixel（像素）

quantization（量化）

raster graphic（光栅图）

real（实数）

resolution（解析度）

RGB

sampling（采样）

sampling rate（采样率）

scanning（扫描）

scientific notation（科学计数法）

sign-and-magnitude representation（符号加绝对值表示法）

text（文本）

text editor（文本编辑器）

True-Color（真彩色）

truncation error（截断错误）

two's complement（补码）

two's complement representation（补码表示法）

underflow（下溢）

Unicode（统一字符编码）

unsigned integer（无符号整数）

vector graphic（矢量图）

video（视频）

小结

- 数据以不同的形式出现，包括数字、文本、音频、图像和视频。所有的数据类型都转换为称为位模式的统一表现形式。

- 数字在存储到计算机内存中之前被转换成二进制系统。有数种方法来处理符号。有两种方法来处理小数点：定点和浮点。整数可以被当作小数点位置固定的数字：小数点固定在最右边一位。无符号整数是永远不会为负的整数。存储有符号整数的方法之一是符号加绝对值格式。在这种格式中，最左位用于显示符号且其余位定义绝对值。符号和绝对值互相分开。几乎所有的计算机都使用二进制补码表示法来存储位于 n 位存储单元中的有符号整数。该方法中，无符号整数的有效范围被分为两个相等的子范围。第一个子范围用来表示非负整数，第二个子范围用于表示负整数。在二进制补码表示法中，最左位决定整数的符号，但符号和绝对值互相分开。实数是带有整数部分和小数部分的数字。实数使用浮点表示法存储在计算机中。一个数字在浮点表示法中由三部分组成：符号、位移量和定点数。

- 文本的片段是用来表示该语言中某个意思的一系列符号。我们可用位模式来表示每一个符号。不同的位模式（代码）集合被设计用于表示文本符号。硬件和软件制造商联合起来共同设计了一种名为 Unicode 的代码，这种代码使用 32 位表示一个符号。

- 音频表示声音或音乐。音频是模拟数据。我们不能够在一段时间记录无限数量的值，我们只能记录一些样本。样本数量依赖于模拟信号中变化的最大数量。从每个样本测量来的值是真实的数字。量化指的是将样本的值截取为最接近的整数值的一种过程。

- 存储在计算机中的图像使用两种不同的技术：光栅图或矢量图。当需要存储模拟图像（如照片）时，就会用到光栅图。图像被扫描（采样）然后存储像素。用矢量图图像的方法，一个图像被分解成几何图形的组合，例如，线段、矩形或圆形。每个几何形状由数学公式表达。

- 视频是图像（称为帧）在时间上的表示。一部电影就是一系列的帧逐个播放而形成运动的图像。换言之，视频是随空间（单个图像）和时间（一系列图像）变化的信息表现。

3.8 练习

小测验

在本书网站上提供了一套与本章相关的交互式测验题。强烈建议学生在做本章练习前首先完成相关测验题以检测对本章内容的理解。

复习题

Q3-1 说出 5 种计算机可以处理的数据。

Q3-2 位模式的长度如何与其能表示的符号数量相关？

Q3-3 位图方法是如何以位模式来表示一个图像的？

Q3-4 矢量图方法优于位图方法的优点是什么？其缺点又是什么？

Q3-5 将音频数据转换为位模式需要哪些步骤？

Q3-6 比较和对照在无符号、符号加绝对值以及二进制补码格式中的正整数的表示法。

Q3-7 比较和对照在无符号、符号加绝对值以及二进制补码格式中的负整数的表示法。

Q3-8 比较和对照在符号加绝对值、二进制补码格式和余码格式中的 0 的表示法。

Q3-9 讨论在符号加绝对值和二进制补码格式中最左位扮演的角色。

Q3-10 回答以下关于实数浮点表示法的问题：

    a. 为什么需要规范化？

    b. 什么是尾数？

    c. 数字在规范化以后，何种信息被计算机存储在内存中？

练习题

P3-1 我们可以有多少不同的 5 位模式？

P3-2 一些国家的车牌有两个十进制数码（0～9），我们可以有多少种不同的车牌？如果不允许使用数码 0，又会有多少种不同的车牌？

P3-3 用 2 个数码跟 3 个大写字母（A～Z）的车牌来重做上题。

P3-4 一种机器有 8 个不同的圈。为表示每个圈需要多少位？

P3-5 学生在一门课程中的成绩可用 A、B、C、D、F、W（退学）或 I（未完成）表示等级。表示这些等级需要多少位？

P3-6 一个公司决定给每个员工分配唯一的位模式。如果该公司有 900 名雇员，构建该表示法的系统最少需要多少位？可分配多少位模式？如果再雇佣另外 300 名员工，系统需要增加位数吗？说明答案。

P3-7 如果我们使用 4 位模式表示 0～9 的数码，将浪费多少位模式？

P3-8　一个音频信号每秒钟采样 8000 次，每个样本有 256 级不同的表示。表示这个信号需要每秒多少位？

P3-9　将下列十进制数转换成 8 位无符号整数。

　　　a. 23　　　　　　　b. 121　　　　　　　c. 34　　　　　　　d. 342

P3-10　将下列十进制数转换成 16 位无符号整数。

　　　a. 41　　　　　　　b. 411　　　　　　　c. 1234　　　　　　d. 342

P3-11　将下列十进制数转换成 8 位二进制补码表示法。

　　　a. -12　　　　　　b. -145　　　　　　c. 56　　　　　　　d. 142

P3-12　将下列十进制数转换成 16 位二进制补码表示法。

　　　a. 102　　　　　　　b. -179　　　　　　c. 534　　　　　　　d. 62 056

P3-13　将下列 8 位无符号整数转换成十进制数。

　　　a. 01101011　　　　b. 10010100　　　　c. 00000110　　　　d. 01010000

P3-14　将下列 8 位二进制补码表示的整数转换成十进制数。

　　　a. 01110111　　　　b. 11111100　　　　c. 01110100　　　　d. 11001110

P3-15　下面是一些二进制补码表示的二进制数。请问如何改变它们的正负。

　　　a. 01110111　　　　b. 11111100　　　　c. 01110111　　　　d. 11001110

P3-16　如果在一个数上应用二进制补码表示法转换两次，将会得到原数。在下面的数上试试看。

　　　a. 01110111　　　　b. 11111100　　　　c. 01110100　　　　d. 11001110

P3-17　将下面的二进制浮点数规范化。在规范化后详细指明指数的值是多少。

　　　a. 1.10001　　　　　　　　　　　　　　b. $2^3 \times 111.1111$

　　　c. $2^{-2} \times 101.110011$　　　　　　　d. $2^{-5} \times 101101.00000110011000$

P3-18　将下面的数转换成 32 位 IEEE 格式。

　　　a. $-2^0 \times 1.10001$　　b. $+2^3 \times 1.111111$　　c. $+2^{-4} \times 1.01110011$　　d. $-2^{-5} \times 1.01101000$

P3-19　将下面的数转换成 64 位 IEEE 格式。

　　　a. $-2^0 \times 1.10001$　　b. $+2^3 \times 1.111111$　　c. $+2^{-4} \times 1.01110011$　　d. $-2^{-5} \times 1.01101000$

P3-20　将下面的数转换成 32 位的 IEEE 形式。

　　　a. 7.187 5　　　　　b. $-12.640 625$　　c. 11.406 25　　　　d. -0.375

P3-21　将下列 8 位符号加绝对值表示的整数转换成十进制数。

　　　a. 01110111　　　　b. 11111100　　　　c. 01110100　　　　d. 11001110

P3-22　将下列十进制数转换成 8 位符号加绝对值表示法。

　　　a. 53　　　　　　　b. -107　　　　　　c. -5　　　　　　　d. 154

P3-23　在计算机中表示有符号数字的方法之一是**二进制反码**。在这种表示法中，表示正数时我们将其直接存为二进制数字；表示负数时，对该数字进行二进制反码运算。将下列十进制数转换成 8 位二进制反码表示法。

　　　a. 53　　　　　　　b. -107　　　　　　c. -5　　　　　　　d. 154

P3-24　将下列 8 位二进制反码表示的数转换成十进制数。

　　　a. 01110111　　　　b. 11111100　　　　c. 01110100　　　　d. 11001110

P3-25　如果在一个数上应用二进制反码表示法转换两次，将会得到原数。在下面的数上试试看。

　　　a. 01110111　　　　b. 11111100　　　　c. 01110100　　　　d. 11001110

P3-26　另一种求二进制补码的方法是首先转换成二进制反码表示法，然后把结果加 1（二进制加法将在第 4 章讲解）。试用两种方法转换下面的数，分析比较结果。

　　　a. 01110111　　　　b. 11111100　　　　c. 01110100　　　　d. 11001110

P3-27　在十进制数中，与二进制反码对等的称为十进制反码（$1 = 2 - 1$ 和 $9 = 10 - 1$）。对于 n 位的单元，我们用十进制反码表示数字的范围是 $-[(10^n / 2) - 1]$ 到 $+[(10^n / 2) - 1]$。带有 n 个数码的十进制反码数字通过下面的方法获得：如果数字为正，十进制反码就是其自身；如果数字为负，我们将每个数码减 9。针对 3 个数码位的单元回答以下问题：

a. 使用十进制反码可表示的数字范围是多少？

b. 该系统中我们如何决定数字的符号？

c. 在该系统中我们会有两个 0 吗？

d. 如果 c 的答案是肯定的，表示 +0 和 −0 的是什么？

P3-28 求出下列数的十进制反码，假设只有 3 个数码位。

    a. +234   b. +560   c. −125   d. −111

P3-29 在十进制数中，与二进制补码对等的称为十进制补码（在二进制系统中，2 是底；在十进制系统中，10 是底）。对于 n 位的单元，我们用十进制补码表示数字的范围是：

$$-(10^n/2) \text{ 到 } +(10^n/2-1)$$

带有 n 个数码的十进制补码数字通过下面的方法获得：先求出该数字的十进制反码，接着给结果加 1。针对 3 个数码位的单元回答以下问题：

a. 使用十进制补码可表示的数字范围是多少？   b. 该系统中我们如何决定数字的符号？

c. 在该系统中我们会有两个 0 吗？   d. 如果 c 的答案是肯定的，表示 +0 和 −0 的是什么？

P3-30 求出下列数的十进制补码，假设只有 3 个数码位。

    a. +234   b. +560   c. −125   d. −111

P3-31 在十六进制数中，与二进制反码对等的称为十六进制反码（1 = 2 − 1 和 15 = 16 − 1）。

a. 3 个数码位使用十六进制反码可表示的数字范围是多少？

b. 在十六进制系统中如何获得十六进制反码？

c. 在该系统中我们会有两个 0 吗？

d. 如果 c 的答案是肯定的，表示 +0 和 −0 的是什么？

P3-32 求出下列数的十六进制反码，假设只有 3 个数码位。

    a. +B14   b. +FE1   c. −1A   d. −1E2

P3-33 在十六进制数中，与二进制补码对等的称为十六进制补码。

a. 3 个数码位使用十六进制补码可表示的数字范围是多少？

b. 在十六进制系统中如何获得十六进制补码？

c. 在该系统中我们会有两个 0 吗？

d. 如果 c 的答案是肯定的，表示 +0 和 −0 的是什么？

P3-34 求出下列数的十六进制补码，假设只有 3 个数码位。

    a. +B14   b. +FE1   c. −1A   d. −1E2

数据运算

在第 3 章中，我们讲述了如何在计算机中存储不同类型的数据。本章将讲述如何在这些存储在计算机中的数据上进行运算。数据上的运算可以分为三大类：算术运算、移位运算和逻辑运算。

目标

通过本章的学习，学生应该能够：

- 列出在数据上进行的三类运算；
- 在位模式上进行一元和二元逻辑运算；
- 区分逻辑移位运算和算术移位运算；
- 在位模式上进行逻辑移位运算；
- 在以二进制补码形式存储的整数上进行算术移位运算；
- 在以二进制补码形式存储的整数上进行加法和减法运算；
- 在以符号加绝对值形式存储的整数上进行加法和减法运算；
- 在以浮点格式存储的实数上进行加法和减法运算；
- 理解逻辑和移位运算的一些应用，如置位、复位和指定位的反转等。

4.1 逻辑运算

在第 3 章中，我们讨论了计算机中的数据是以位模式存储的事实。逻辑运算是指那些应用于模式中的一个二进制位，或在两个模式中相应的两个二进制位的相同基本运算。这意味着我们可以在位层次上和模式层次上定义逻辑运算。模式层次上的逻辑运算是具有相同类型的位层次上的 n 个逻辑运算，这里的 n 就是模式中的位的数目。

4.1.1 位层次上的逻辑运算

一个位可能是 0 或 1，可以假设 "0" 代表逻辑 "假"，而 "1" 代表逻辑 "真"。我们可以应用布尔代数中定义的运算去操纵二进制位。为纪念乔治·布尔（George Boole）而命名的**布尔代数**属于逻辑的特殊数学领域。附录 E 将介绍布尔代数和它在计算机逻辑电路中的应用。本节我们将简单介绍 4 种被用来操纵二进制位的位层次上的运算：非（NOT）、与（AND）、或（OR）和异或（XOR）。

布尔代数和逻辑电路将在附录 E 中讨论。

图 4-1 显示了这 4 种位层次上运算的符号及其真值表。**真值表**定义了对于每一种可能的输入的输出值。注意，每个运算符的输出总是一位，但输入可以是一位或两位。

1. 非（NOT）

NOT 运算符是一元操作符：它只有一个输入。输出位与输入位相反，如果输入是 0，则输出为 1；如果输入为 1，则输出为 0。换言之，NOT 运算符是输入的反转。NOT 运算符的真值表只有两行，因为单个输入只有两种可能：0 或 1。

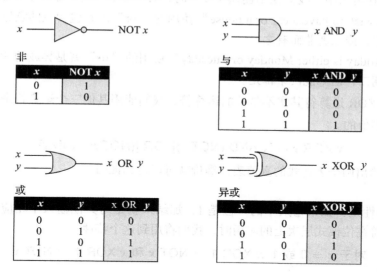

图 4-1　位层次上的逻辑运算

2. 与（AND）

AND **运算符**是二元运算符：它有两个输入。如果输入都是 1，则输出为 1，而在其他三种情况下，输出都是 0。AND 运算符的真值表有 4 行，因为两个输入有 4 种可能的输入组合。

特性

AND 运算符有趣的一点是：如果一个输入中有一位是 0，则不需要检查其他输入中的相应的位，便可迅速得到结果为 0。当我们讨论此运算符在位模式层次上的应用时，我们将用到这个特性。

> **对于** $x = 0$ **或** 1　x AND $0 \rightarrow 0$　**和**　0 AND $x \rightarrow 0$

3. 或（OR）

OR **运算符**也是二元运算符：它有两个输入。如果输入都是 0，则输出为 0，而在其他三种情况下，输出都是 1。OR 运算符的真值表也有 4 行。OR 运算符有时称为包含或运算符，因为输出值为 1 时，不但有其中一个输入为 1，而且还有两个输入都是 1。这与我们下面要介绍的运算符相对照。

特性

OR 运算符有趣的一点是：如果一个输入中有一位是 1，则不需要检查其他输入中的相应的位，便可迅速得到结果为 1。当我们讨论此运算符在位模式层次上的应用时，我们将用到这个特性。

> **对于** $x = 0$ **或** 1　x OR $1 \rightarrow 1$　**和**　1 OR $x \rightarrow 1$

4. 异或（XOR）

XOR **运算符**（发音为"exclusive-or"）像或运算符一样也是二元运算符，只是有一点不同：如果输入都是 1，则输出为 0。我们能用另一种方式来看这个运算符：当输入相同时，则输出为 0；当输入不同时，则输出为 1。

例 4-1 在英语中，我们使用连词"或"时，有时意思是包含或，有时意思却是异或。

a. 句子"I wish to have a car or a house"使用的"or"就是包含或的意思，我希望有一辆车，一栋房子，或二者兼而有之。

b. 句子"Today is either Monday or Tuesday"使用的"or"就是异或的意思，今天可以是星期一或星期二，但不能两个都是。

例 4-2 XOR 运算符其实不是新的运算符，我们能用其他三个运算符来模拟它。下面两个表达式是等价的。

$$x \text{ XOR } y \leftrightarrow [x \text{ AND } (\text{NOT } y)] \text{ OR } [(\text{NOT } x) \text{ AND } y]$$

如果我们给出两个表达式的真值表，等价就可以得到证明。

特性

XOR 的特性是：如果输入中的一位是 1，那结果就是与其他输入中相应位相反。当我们讨论此运算符在位模式层次上的应用时，我们将用到这个特性。

$$\text{对于 } x = 0 \text{ 或 } 1 \quad x \text{ XOR } 1 \rightarrow \text{NOT } x \text{ 和 } x \text{ XOR } 1 \rightarrow \text{NOT } x$$

4.1.2 模式层次上的逻辑运算

相同的 4 个运算符（NOT、AND、OR 和 XOR）可以被应用到 n 位模式。效果就是对 NOT 运算来说，把每个运算符应用于每个位，对于其他 3 个运算符就是把每个运算符应用于相应的位对。图 4-2 显示了带输入和输出模式的 4 个运算符。

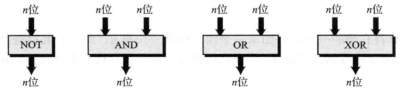

图 4-2 应用于位模式的逻辑运算符

例 4-3 用 NOT（非）运算符来计算位模式 10011000。

解 结果显示如下，注意 NOT 运算符把每个 0 变成 1，把每个 1 变成 0。

```
NOT  1 0 0 1 1 0 0 0      输入
     ───────────────
     0 1 1 0 0 1 1 1      输出
```

例 4-4 用 AND（与）运算符来计算位模式 10011000 和 00101010。

解 结果显示如下，注意只有输入中相应的位都为 1，输出中的位才为 1。

```
      1 0 0 1 1 0 0 0      输入 1
AND   0 0 1 0 1 0 1 0      输入 2
     ───────────────
      0 0 0 0 1 0 0 0      输出
```

例 4-5 对位模式数值 10011001 和 00101110 应用 OR（或）运算。

解 结果显示如下，注意只有输入中相应的位都为 0，输出中的位才为 0。

```
      1 0 0 1 1 0 0 1      输入 1
OR    0 0 1 0 1 1 1 0      输入 2
     ───────────────
      1 0 1 1 1 1 1 1      输出
```

例 4-6　使用 XOR（异或）运算符对 10011001 和 00101110 位运算。

解　结果显示如下，比较本例的结果与上例的结果。唯一的不同是当输入中相应的位都为 1 时，输出中的位才为 0。

$$
\begin{array}{rc}
 & 1\ 0\ 0\ 1\ 1\ 0\ 0\ 1 \qquad \text{输入 1} \\
\text{XOR} & \underline{0\ 0\ 1\ 0\ 1\ 1\ 1\ 0} \qquad \text{输入 2} \\
 & 1\ 0\ 1\ 1\ 0\ 1\ 1\ 1 \qquad \text{输出}
\end{array}
$$

应用

4 种逻辑运算能被用来修改位模式。

求反

NOT 运算符的唯一应用就是对整个模式求反。对模式应用此运算符把每个 0 变成 1，把每个 1 变成 0。这种方式有时候也称为一个求反运算。例 4-3 显示了求反的效果。

使指定的位复位

AND 运算的一个应用就是把一个位模式的指定位复位（置 0）。这种情况下的第二个输入称为**掩码**。掩码中的 0 位对第一个输入中相应的位进行复位。掩码中的 1 位使得第一个输入中相应的位保持不变。这是由我们提到过的 AND 运算符的特性决定的：如果输入中有一个是 0，不管其他输入是什么，输出都是 0。模式中的复位有许多应用，例如，如果一个图像使用的是每像素只有一位（黑白图像），那么我们能使用掩码和 AND 运算符使指定像素变黑。

例 4-7　使用掩码复位模式的最左 5 位。用模式 10100110 测试掩码。

解　掩码是 00000111，应用掩码的结果是：

$$
\begin{array}{rc}
 & 1\ 0\ 1\ 0\ 0\ 1\ 1\ 0 \qquad \text{输入} \\
\text{AND} & \underline{0\ 0\ 0\ 0\ 0\ 1\ 1\ 1} \qquad \text{掩码} \\
 & 0\ 0\ 0\ 0\ 0\ 1\ 1\ 0 \qquad \text{输出}
\end{array}
$$

注意最右边的 3 位保持不变，而最左边 5 位，不管它们先前的值是什么，都被复位（变为 0）。

对指定的位置位

OR 运算的一个应用是把一个位模式的指定位置位（置 1）。我们再次使用掩码，但是一个不同的掩码。掩码中的 1 位对第一个输入中的相应的位进行置位，而掩码中的 0 位使第一个输入中相应的位保持不变。这是由我们提到的 OR 运算符的特性决定的：如果一个输入为 1，不管其他输入是什么，输出都将是 1。模式中的位置位有许多应用，例如，如果一个图像使用的是每像素只有一位（黑白图像），那么我们能使用掩码和 OR 运算符使指定像素变白。

例 4-8　使用掩码把一个位模式的最左 5 位置位。使用 10100110 测试这个掩码。

解　此掩码为 11111000。应用此掩码的结果为：

$$
\begin{array}{rc}
 & 1\ 0\ 1\ 0\ 0\ 1\ 1\ 0 \qquad \text{输入} \\
\text{OR} & \underline{1\ 1\ 1\ 1\ 1\ 0\ 0\ 0} \qquad \text{掩码} \\
 & 1\ 1\ 1\ 1\ 1\ 1\ 1\ 0 \qquad \text{输出}
\end{array}
$$

使指定的位反转

XOR 运算的一个应用是使指定的位反转，我们再次使用掩码，但是一个不同的掩码。

掩码中的 1 位对第一个输入中的相应的位进行反转，而掩码中的 0 位使第一个输入中相应的位保持不变。这是由我们提到的 XOR 运算符的特性决定的：如果一个输入为 1，输出与相应的位相反。注意 NOT 运算符和 XOR 运算符间的区别。NOT 运算符是将输入中所有的位求反，而 XOR 运算符只是对第一个输入中指定的位求反，正如掩码中所定义的。

例 4-9 用掩码来反转一个模式的最左边 5 位。用模式 10100110 检验掩码。

解 掩码为 11111000。运用掩码后的结果为：

```
        1 0 1 0 0 1 1 0    输入1
XOR     1 1 1 1 1 0 0 0    掩码
        0 1 0 1 1 1 1 0    输出
```

4.2 移位运算

移位运算移动模式中的位，改变位的位置。它们能向左或向右移动位。我们可以把移位运算分成两大类：逻辑移位运算和算术移位运算。

4.2.1 逻辑移位运算

逻辑移位运算应用于不带符号位的数的模式。原因是这些移位运算可能会改变数的符号，此符号是由模式中最左位定义的。我们区分两类逻辑移位运算，如下面描述。

1. 逻辑移位

逻辑右移运算把每一位向右移动一个位置。在 n 位模式中，最右位丢失，最左位填 0。逻辑左移运算把每一位向左移动一个位置。在 n 位模式中，最左位丢失，最右位填 0。图 4-3 显示了对一个 8 位模式的逻辑右移和逻辑左移。

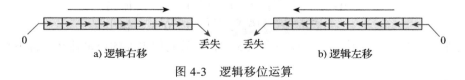

a) 逻辑右移　　　丢失　　丢失　　b) 逻辑左移

图 4-3　逻辑移位运算

例 4-10 对位模式 10011000 使用逻辑左移运算。

解 解如下所示，最左位被丢弃，0 作为最右位被插入。

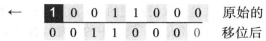

```
←   1 0 0 1 1 0 0 0    原始的
    0 0 1 1 0 0 0 0    移位后
```

2. 循环移位

循环移位运算（旋转运算）对位进行移位，但没有位被丢弃或增加。循环右移（或右旋转）把每一位向右移动一个位置，最右位被回环，成为最左位。循环左移（或左旋转）把每一位向左移动一个位置，最右位被回环，成为最右位。图 4-4 显示了循环左移和循环右移运算。

a) 循环右移　　　　　　　　b) 循环左移

图 4-4　循环移位运算

例 4-11 对位模式 10011000 使用循环左移运算。

解 解如下所示，最左位（黑色背景中的白字）被回环，成为最右位。

原始的 ← **1** 0 0 1 1 0 0 0 回环
移位后 0 0 1 1 0 0 0 **1**

例 4-12 逻辑运算和逻辑移位运算给我们提供了操纵位模式的工具。假设有一个模式，在判断过程中需要使用此模式的第三位（从右起），需要知道这特殊的位是 0 或 1。下面显示了如何找出这位。

h g f e d **c** b a	原始的模式
0 h g f e d **c** b	一次右移
0 0 h g f e d **c**	二次右移
AND 0 0 0 0 0 0 0 1	掩码
0 0 0 0 0 0 0 **c**	结果

我们先对模式进行两次右移，这样目标位被移到最右的位置。然后通过最右位为 1 其余为 0 的掩码和 AND 运算就能得出结果。结果是有 7 个 0，目标位在最右位置的模式。然后可以测试结果：如果它是无符号的整数 1，那么目标位就是 1；而如果结果是无符号的整数 0，那么目标位就是 0。

3. 算术移位运算

算术移位运算 假定位模式是用二进制补码格式表示的带符号位的整数。算术右移被用来对整数除以 2；而算术左移被用来对整数乘以 2（后面讨论）。这些运算不应该改变符号位（最左）。算术右移保留符号位，但同时也把它复制，放入相邻的右边的位中，因此符号被保存。算术左移丢弃符号位，接受它的左边的位作为符号位。如果新的符号位与原先的相同，那么运算成功，否则发生上溢或下溢，结果是非法的。图 4-5 显示了这两种运算。

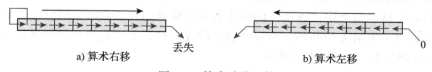

a) 算术右移 丢失　　b) 算术左移

图 4-5　算术移位运算

例 4-13 对位模式 10011001 使用算术右移，模式是二进制补码格式的整数。

解 解如下所示，最左位被保留，被复制到相邻的右边的位（黑色背景中的白字）中。

算术右移 **1** 0 0 1 1 0 0 1 原始的
1 **1** 0 0 1 1 0 0 移位后

原始数是 −103，新的数是 −52，它是 −103 被除以 2 并取整的结果。

例 4-14 对位模式 11011001 使用算术左移，模式是二进制补码格式的整数。

解 解如下所示，最左位被丢弃，0 作为最右位被插入。

算术左移 1 1 0 1 1 0 0 1 原始的
1 0 1 1 0 0 1 **0** 移位后

原始数是 −39，新的数是 −78，原始数被乘以 2。因为没有下溢的发生，所以运算合法。

例 4-15 对位模式 01111111 使用算术左移，模式是二进制补码格式的整数。

解 解如下所示，最左位（浅色字）被丢弃，0作为最右位（黑色背景中的白字）被插入。

算术左移 `0 1 1 1 1 1 1 1` 原始的

`1 1 1 1 1 1 1 0` 移位后

原始数是127，新的数是−2。因为上溢发生，所以结果非法。期望的答案是127×2＝254，这个数不能用8位模式表示。

4.3 算术运算

算术运算包括加、减、乘、除，适用于整数和浮点数。

4.3.1 整数的算术运算

所有算术运算（如加、减、乘、除）均适用于整数。虽然整数的乘法（除法）能使用重复的加法（减法）来实现，但程序是低效的。对于乘法和除法有更高效的程序（如 Booth 程序），但这些超过了本书的范围，基于这个原因，我们这里只讨论整数的加法和减法。

1. 二进制补码中的加减法

我们首先讨论二进制补码表示的整数的加法和减法，这是因为它较容易。正如我们在第3章讨论的，整数通常是以二进制补码形式存储的。二进制补码表示法的一个优点是加法和减法间没有区别。当遇到减法时，计算机只简单地把它转变为加法，但要为第二个数求二进制的补。换言之：

$$A-B \leftrightarrow A+(\overline{B}+1)，这里的（\overline{B}+1）表示 B 的补码$$

这就意味着我们只需要讨论加法。二进制补码中的加法就像十进制中的加法一样：列与列相加，如果有进位，就加到下一列上。但是，最后一列的进位被舍弃。

记住，我们是一列接一列相加整数的。在每一列中，如果没有从前一列来的进位，那就有两位相加；或者如果有从前一列来的进位，那就有三位相加。

现在我们能显示两个用二进制补码格式表示的整数的加法或减法过程（图4-6）。注意我们使用（$\overline{X}+1$）表示 X 的补码，因为 $\overline{X}$ 表示的 X 反码，所以这种记号非常常见。如果给一个整数的反码加1，就得到它的补码。

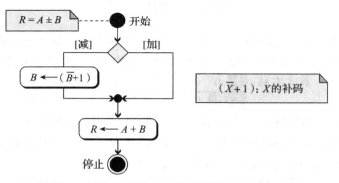

图 4-6 二进制补码格式表示的整数的加法和减法

过程如下：

1）如果运算是减法，我们取第二个整数的二进制补码，否则，转下一步。

2）两个整数相加。

例 4-16 以二进制补码格式存储两个整数 A 和 B，显示 B 是如何被加到 A 上的。
$$A=(00010001)_2 \quad B=(00010110)_2$$

解 运算是相加，A 被加到 B 上，结果存储在 R 中。

```
                1              │进位
      0 0 0 1 0 0 0 1          │ A
    + 0 0 0 1 0 1 1 0          │ B
      0 0 1 0 0 1 1 1          │ R
```

用十进制检查结果：$(+17) + (+22) = (+39)$。

例 4-17 以二进制补码格式存储两个整数 A 和 B，显示 B 是如何被加到 A 上的。
$$A=(00011000)_2 \quad B=(11101111)_2$$

解 运算是相加，A 被加到 B 上，结果存储在 R 中。注意，最后的进位被舍弃，因为存储器大小只有 8 位。

```
    1 1 1 1 1                  │进位
      0 0 0 1 1 0 0 0          │ A
    + 1 1 1 0 1 1 1 1          │ B
      0 0 0 0 0 1 1 1          │ R
```

用十进制检查结果：$(+24) + (-17) = (+7)$。

例 4-18 以二进制补码格式存储两个整数 A 和 B，显示如何从 A 中减去 B。
$$A=(00011000)_2 \quad B=(11101111)_2$$

解 运算是相减，A 被加到 $(\overline{B}+1)$ 上，结果存储在 R 中。

```
                1              │进位
      0 0 0 1 1 0 0 0          │ A
    + 0 0 0 1 0 0 0 1          │ (B̄+1)
      0 0 1 0 1 0 0 1          │ R
```

用十进制检查结果：$(+24) - (-17) = (+41)$。

例 4-19 以二进制补码格式存储两个整数 A 和 B，显示如何从 A 中减去 B。
$$A=(11011101)_2 \quad B=(00010100)_2$$

解 运算是相减，A 被加到 $(\overline{B}+1)$ 上，结果存储在 R 中。

```
    1 1 1 1 1 1                │进位
      1 1 0 1 1 1 0 1          │ A
    + 1 1 1 0 1 1 0 0          │ (B̄+1)
      1 1 0 0 1 0 0 1          │ R
```

用十进制检查结果：$(-35) - (+20) = (-55)$。注意，最后的进位被舍弃。

例 4-20 以二进制补码格式存储两个整数 A 和 B，显示 B 如何被加到 A 上。
$$A=(01111111)_2 \quad B=(00000011)_2$$

解 运算是相加，A 被加到 B 上，结果存储在 R 中。

```
    1 1 1 1 1 1 1 1            │进位
      0 1 1 1 1 1 1 1          │ A
    + 0 0 0 0 0 0 1 1          │ B
      1 0 0 0 0 0 1 0          │ R
```

我们期望的结果是 127 + 3 = 130，但答案是 –126。错误是由于上溢，因为期望的答案（+130）不在范围 –128～+127 之间。

> 当我们进行计算机中数字上的算术运算时，要记住每个数字和结果应该在分配的二进制位的定义范围之内。

2. 符号加绝对值整数的加减法

用符号加绝对值表示的整数的加法和减法看起来非常复杂。我们有 4 种不同的符号组合（两个符号，每个有两个值），对于减法有 4 种不同的条件。这就意味着我们要考虑 8 种不同的情况。对于那些对此感兴趣的读者，我们在附录 I 中对这些情况进行了具体的描述。

4.3.2 实数的算术运算

像加、减、乘和除这样的算术运算都能应用于用浮点数格式存储的实数上。两实数的乘法涉及两个用符号加绝对值表示的整数的乘法；两实数的除法涉及两个用符号加绝对值表示的整数的除法。既然我们不讨论用符号加绝对值表示的整数的乘法或除法，那我们也不讨论实数的乘法和除法，并仅在附录 J 中讨论实数的加法和减法。

4.4 章末材料

推荐读物

有关本章所讨论主题的更详细资料，可以参考下列书籍：

- Mano, M. *Computer System Architecture*, Upper Saddle River, NJ: Prentice-Hall, 1993
- Null, L. and Lobur, J. *Computer Organization and Architecture*, Sudbury, MA: Jones and Bartlett, 2003
- Stalling, W. *Computer Organization and Architecture*, Upper Saddle River, NJ: Prentice-Hall, 2000

关键术语

本章引进了以下关键术语，将它们及其首次出现的页数列举如下：

AND operation（AND 运算）	mask（掩码）
arithmetic operation（算术运算）	NOT operation（NOT 运算）
arithmetic shift operation（算术移位运算）	OR operation（OR 运算）
Boolean algebra（布尔代数）	truth table（真值表）
circular shift operation（循环移位运算）	XOR operation（XOR 运算）
logical shift operation（逻辑移位运算）	

小结

- 数据上的运算分成三大类：逻辑运算、移位运算和算术运算。逻辑运算是指那些应用于位模式单独位或两模式中相应的两位上的相同基本运算。移位运算移到模式中的位。算术运算涉及加、减、乘和除。
- 本章讨论了 4 种逻辑运算（NOT、AND、OR 和 XOR），它们能用在位层次或模式层次上。NOT 运算符是一元运算符，而 AND、OR 和 XOR 是二元运算符。

- NOT 运算符的唯一应用就是对整个模式求反；AND 运算符的一个应用就是对位模式中指定的位进行复位（置为 0）；OR 运算符的一个应用就是对位模式中指定的位进行置位（置为 1）；XOR 运算符的一个应用就是对位模式中指定的位进行反转（求反）。
- 移位运算移到模式中的位：它们改变位的位置。我们能把移位运算分成两类：逻辑移位和算术移位。逻辑移位被应用于不表示为符号数的模式；算术移位假定位模式是二进制补码格式的符号整数。
- 像加、减、乘和除这样的所有的算术运算都能应用于整数。整数通常是存储在二进制补码格式中的。二进制补码格式表示的一个优点就是加法和减法间没有不同。当遇到减法时，计算机简单地把它改变为加法运算，然而此时对第二个数而言是求反运算。用符号加绝对值表示的整数的加法和减法看起来非常复杂，我们需要考虑 8 种情况。
- 像加、减、乘和除这样的所有的算术运算都能应用于用浮点数表示的实数，用浮点数表示的实数的加法和减法归纳为小数点对齐后的存储在符号加绝对值中的两整数的加法和减法。

4.5 练习

小测验

在本书网站上提供了一套与本章相关的交互式试题。强烈建议学生在做本章练习前首先完成相关测验以检测对本章内容的理解。

复习题

Q4-1 算术运算和逻辑运算有什么区别？

Q4-2 在二进制补码格式的整数相加中，最左边一列是怎样进位的？

Q4-3 n 的位分配单元可以等于 1 吗？为什么？

Q4-4 解释"溢出"这个词。

Q4-5 在浮点数的加法运算中，怎样调整指数不同的数的表示方法？

Q4-6 一元运算和二元运算有何不同？

Q4-7 二元逻辑运算有哪些？

Q4-8 什么是真值表？

Q4-9 NOT 运算符的作用是什么？

Q4-10 AND 运算符的结果何时为真？

Q4-11 OR 运算符的结果何时为真？

Q4-12 XOR 运算符的结果何时为真？

Q4-13 说出 AND 运算符本章讨论的一个重要特性。

Q4-14 说出 OR 运算符本章讨论的一个重要特性。

Q4-15 说出 XOR 运算符本章讨论的一个重要特性。

Q4-16 何种二元运算可以用来置位？掩码应该用什么位模式？

Q4-17 何种二元运算可以用来复位？掩码应该用什么位模式？

Q4-18 何种二元运算可以用来反转？掩码应该用什么位模式？

Q4-19 逻辑和算术移位间的区别是什么？

练习题

P4-1 求下列运算的结果：
  a. NOT (99)$_{16}$ b. NOT (FF)$_{16}$ c. NOT (00)$_{16}$ d. NOT (01)$_{16}$

P4-2 求下列运算的结果：
  a. (99)$_{16}$ AND (99)$_{16}$ b. (99)$_{16}$ AND (00)$_{16}$ c. (99)$_{16}$ AND (FF)$_{16}$ d. (FF)$_{16}$ AND (FF)$_{16}$

P4-3 求下列运算的结果：
  a. (99)$_{16}$ OR (99)$_{16}$ b. (99)$_{16}$ OR (00)$_{16}$ c. (99)$_{16}$ OR (FF)$_{16}$ d. (FF)$_{16}$ OR (FF)$_{16}$

P4-4 求下列运算的结果：
  a. NOT[(99)$_{16}$ OR (99)$_{16}$]
  b. (99)$_{16}$ OR [NOT (00)$_{16}$]
  c. [(99)$_{16}$ AND (33)$_{16}$] OR [(00)$_{16}$ AND (FF)$_{16}$]
  d. (99)$_{16}$ OR (33)$_{16}$ AND [(00)$_{16}$ OR (FF)$_{16}$]

P4-5 要将一个位模式的最左 4 位复位（置 0），求掩码和运算。

P4-6 要将一个位模式的最右 4 位置位（置 1），求掩码和运算。

P4-7 要将一个位模式的最右 3 位和最左 2 位反转，求掩码和运算。

P4-8 要将一个位模式的最左 3 位和最右 2 位复位，求掩码和运算。

P4-9 用移位运算将一个无符号数除以 4。

P4-10 用移位运算将一个无符号数乘以 8。

P4-11 综合使用逻辑和移位运算求取一个无符号数的第 4 和 5 位。

P4-12 用 8 位分配单元，先把下列数转换成二进制补码，然后运算，再把结果转成十进制。
  a. 19+23   b. 19-23   c. -19+23   d. -19-23

P4-13 用 16 位分配单元，先把下列数转换成二进制补码，然后运算，再把结果转成十进制。
  a. 161+1023   b. 161-1023   c. -161+1023   d. -161-1023

P4-14 如果数字和结果都用 8 位二进制补码表示，下列哪个运算会溢出？
  a. 11000010+00111111   b. 00000010+00111111
  c. 11000010+11111111   d. 00000010+11111111

P4-15 如果数字和结果都用 8 位二进制补码表示，不通过实际的计算，我们能说出下列哪个运算会溢出吗？
  a. 32+105   b. 32-105   c. -32+105   d. -32-105

P4-16 假设数字皆以 16 位二进制补码表示法来存储，求结果。假设以十六进制表示法，结果又如何？
  a. (012A)$_{16}$ + (0E27)$_{16}$ b. (712A)$_{16}$ + (9E00)$_{16}$
  c. (8011)$_{16}$ + (0001)$_{16}$ d. (E12A)$_{16}$ + (9E27)$_{16}$

P4-17 使用一个 8 位的分配单元，首先把下列每个数字转化为符号加绝对值表示法，进行运算，然后把结果转化为十进制。
  a. 19+23   b. 19-23   c. -19+23   d. -19-23

P4-18 计算下列使用 IEEE_127（参见第 3 章）的浮点数运算结果。
  a. 34.75+23.125   b. -12.625+451.00
  c. 33.1875-0.4375   d. -344.3125-123.5625

P4-19 下列哪种情况永不会发生溢出？证明你的观点。
  a. 两个正整数相加   b. 正整数加负整数   c. 负整数减正整数   d. 两个负整数相减

P4-20 把一个整数加到它的反码上的结果是什么？

P4-21 把一个整数加到它的补码上的结果是什么？

计算机组成

本章我们将讨论计算机的组成。讲解每台计算机是如何由三个子系统组成的。我们还介绍了简单假想的计算机，它能运行简单程序，完成基本的算术或逻辑运算。

目标

通过本章的学习，学生应该能够：

- 列出计算机的三个子系统；
- 描述计算机中央处理单元（CPU）的作用；
- 描述典型计算机中指令周期的取指令—译码—执行阶段；
- 描述主存储器和它的地址空间；
- 区分主存储器和缓存；
- 定义输入 / 输出子系统；
- 理解子系统间的互相连接，列出不同总线系统；
- 描述输入 / 输出编址的不同方法；
- 区分设计计算机体系结构的两种主要趋势；
- 理解计算机是如何使用管道改善吞吐量的；
- 理解并行处理是如何改善计算机的吞吐量的。

5.1　引言

计算机的组成部件可以分为三大类（或子系统）：中央处理单元（CPU）、主存储器和输入 / 输出子系统。接下来的三个部分将讨论这些子系统以及如何将这些子系统组成一台计算机。图 5-1 给出了组成计算机的这三个子系统。

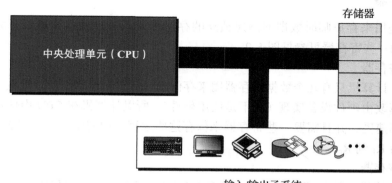

图 5-1　计算机硬件（子系统）

5.2　中央处理单元

中央处理单元（CPU）用于数据的运算。在大多数体系结构中，它有三个组成部分：算术逻辑单元（ALU）、控制单元、寄存器组（图 5-2）。

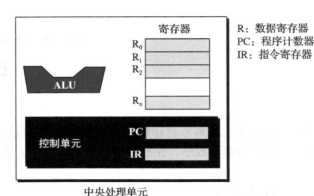

图 5-2　中央处理单元

5.2.1　算术逻辑单元

算术逻辑单元（ALU）对数据进行逻辑、移位和算术运算。

1. 逻辑运算

在第 4 章中，我们讨论了几种逻辑运算，如：非、与、或和异或。这些运算把输入数据作为二进制位模式，运算的结果也是二进制位模式。

2. 移位运算

在第 4 章中，我们讨论了数据的两种移位运算：逻辑移位运算和算术移位运算。逻辑移位运算用来对二进制位模式进行向左或向右的移位，而算术运算被应用于整数。它们的主要用途是用 2 除或乘一个整数。

3. 算术运算

在第 4 章我们讨论了整数和实数上的一些算术运算，我们提到有些运算能被更高效率的硬件实现。

5.2.2　寄存器

寄存器是用来存放临时数据的高速独立的存储单元。CPU 的运算离不开大量寄存器的使用。其中的一些寄存器可参见图 5-2。

1. 数据寄存器

在过去，计算机只有几个数据寄存器用来存储输入数据和运算结果。现在，由于越来越多的复杂运算改由硬件设备实现（而不是使用软件），所以计算机在 CPU 中使用几十个寄存器来提高运算速度，并且需要一些寄存器来保存这些运算的中间结果。在图 5-2 中，数据寄存器被命名为 R_1 到 R_n。

2. 指令寄存器

现在，计算机存储的不仅是数据，还有存储在内存中相对应的程序。CPU 的主要职责是：从内存中逐条地取出指令，并将取出的指令存储在**指令寄存器**（图 5-2 中寄存器 IR）中，解释并执行指令。我们将在接下来的小节中讨论这个问题。

3. 程序计数器

CPU 中另一个通用寄存器是**程序计数器**（图 5-2 中的 PC 寄存器）。程序计数器中保存着当前正在执行的指令的地址。当前的指令执行完后，计数器将自动加 1，指向下一条指令的内存地址。

5.2.3 控制单元

CPU 的第三个部分是控制单元，**控制单元**控制各个子系统的操作。控制是通过从控制单元到其他子系统的信号来进行。

5.3 主存储器

主存储器是计算机内的第二个子系统（图 5-3）。它是存储单元的集合，每一个存储单元都有唯一的标识，称为地址。数据以称为字的位组的形式在内存中传入和传出。字可以是 8 位、16 位、32 位，甚至有时是 64 位（还在增长），如果字是 8 位，一般称为 1 字节。术语字节在计算机科学中使用相当普遍，因此有时称 16 位为 2 字节，32 位为 4 字节。

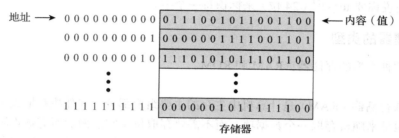

图 5-3 主存储器

5.3.1 地址空间

在存储器中存取每个字都需要有相应的标识符。尽管程序员使用命名的方式来区分字（或一组字的集合），但在硬件层次上，每个字都是通过地址来标识的。所有在存储器中标识的独立的地址单元的总数称为**地址空间**。例如，一个 64 KB、字长为 1 字节的内存的地址空间的范围为 0 ~ 65 535。

表 5-1 给出了经常用来表示存储大小的单位名称。注意这些专用术语可能有误导，好像以 10 的幂的形式来近似表示字节数，而实际上字节的数目是 2 的幂。采用 2 的幂形式为单位使得寻址更为方便。

表 5-1 存储单位

单 位	字节数的准确值	近似值
千字节	2^{10}（1024）字节	10^3 字节
兆字节	2^{20}（1 048 576）字节	10^6 字节
千兆字节	2^{30}（1 073 741 824）字节	10^9 字节
兆兆字节	2^{40} 字节	10^{12} 字节

作为位模式的地址

由于计算机都是以位模式存储数并进行运算，因此地址本身也是用位模式表示的。如果一个内存是 64K（2^{16}），字长为 1 字节，那么就需要 16 位的位模式来确定地址。回顾第 3 章我们曾经提到地址用无符号整数表示（不用负的地址）。换言之，起始地址通常是 0000000000000000（地址 0），最后一个地址通常是 1111111111111111（地址 65 535）。通常，如果一个计算机有 N 个字的存储空间，那就需要有 $\log_2 N$ 位的无符号整数来确定一个存储单元。

内存地址用无符号二进制整数定义。

例 5-1 一台计算机有 32 MB（兆字节）内存。需要多少位来寻址内存中的任意一个字节？

解 内存地址空间是 32 MB，即 2^{25}（$2^5 \times 2^{20}$）。这就意味着需要 $\log_2 2^{25}$（25 位）来标识每一个字节。

例 5-2 一台计算机有 128 MB 内存。计算机字长为 8 字节，需要多少位来寻址内存中任意一个单字？

解 内存地址空间是 128 MB，即 2^{27}。但是，每个字是 8（2^3）字节，这意味着需要 2^{24} 个字，也就是说你要 $\log_2 2^{24}$（24 位）来标识每一个字。

5.3.2 存储器的类型

主要有两种类型的存储器：RAM 和 ROM。

1. RAM

随机存取存储器（RAM）是计算机中主存的主要组成部分。在随机存取设备中，可以使用存储单元地址来随机存取一个数据项，而不需要存取位于它前面的所有数据项。该术语有时因为 ROM 也能随机存取而与 ROM 混淆，RAM 和 ROM 的区别在于，用户可读写 RAM，即用户可以在 RAM 中写信息，之后可以方便地通过覆盖来擦除原有信息。RAM 的另一个特点是易失性。当系统断电后，信息（程序或数据）将丢失。换句话说，当计算机断电后，存储在 RAM 中的信息将被删除。RAM 技术又可以分为两大类：SRAM 和 DRAM。

SRAM

静态 RAM（SRAM）技术是用传统的触发器门电路（见附录 E）来保存数据。这些门保持状态（0 或 1），也就是说当通电的时候数据始终存在，不需要刷新。SRAM 速度快，但是价格昂贵。

DRAM

动态 RAM（DRAM）技术使用电容器。如果电容器充电，则这时的状态是 1；如果放电则状态是 0。因为电容器会随时间而漏掉一部分电，所以内存单元需要周期性地刷新。DRAM 比较慢，但是比较便宜。

2. ROM

只读存储器（ROM）的内容是由制造商写进去的。用户只能读但不能写，它的优点是非易失性：当切断电源后，数据也不会丢失。通常用来存储那些关机后也不能丢失的程序或数据。例如，用 ROM 来存储那些在开机时运行的程序。

3. PROM

称为**可编程只读存储器**（PROM）的一种 ROM。这种存储器在计算机发货时是空白的。计算机用户借助一些特殊的设备可以将程序存储在上面。当程序被存储后，它就会像 ROM 一样不能够重写。也就是说，计算机使用者可以用它来存储一些特定的程序。

4. EPROM

称为**可擦除可编程只读存储器**（EPROM）的一种 PROM。用户可以对它进行编程，但是得用一种可以发出紫外光的特殊仪器对其擦写。EPROM 存储器需要拆下来擦除再重新安装。

5. EEPROM

称为**电可擦除可编程只读存储器**（EEPROM）的一种 EPROM。对它的编程和擦除用电子脉冲即可，无须从计算机上拆下来。

5.3.3 存储器的层次结构

计算机用户需要许多存储器，尤其是速度快且价格低廉的存储器。但这种要求并不总能得到满足。存取速度快的存储器通常都不便宜。因此需要寻找一种折中的办法。解决的办法是采用存储器的层次结构（图5-4）。

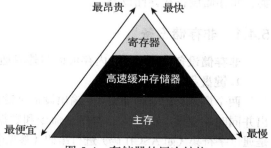

图 5-4 存储器的层次结构

- 当对速度要求很苛刻时可以使用少量高速存储器。CPU 中的寄存器就是这种存储器。
- 用适量的中速存储器来存储经常需要访问的数据。例如下面将要讨论的高速缓冲存储器就属于这一类。
- 用大量的低速存储器存储那些不经常访问的数据。主存就属于这一类。

5.3.4 高速缓冲存储器

高速缓冲存储器的存取速度要比主存快，但是比 CPU 及其内部的寄存器要慢。高速缓冲存储器通常容量较小，且常被置于 CPU 和主存之间（图5-5）。

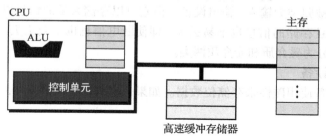

图 5-5 高速缓冲存储器

高速缓冲存储器在任何时间都含有主存中一部分内容的副本。当 CPU 要存取主存中的一个字的时候，将按以下步骤进行：

1）CPU 首先检查高速缓冲存储器。

2）如果要存取的字存在，CPU 就将它复制；如果不存在，CPU 将从主存中复制一份从需要读取的字开始的数据块。该数据块将覆盖高速缓冲存储器中的内容。

3）CPU 存取高速缓冲存储器并复制该字。

这种方式将提高运算的速度；如果字在高速缓冲存储器中，就立即存取它。如果字不在高速缓冲存储器中，字和整个数据块就会被复制到高速缓冲存储器中。因为很有可能 CPU 在下次存取中需要存取上次存取的第一个字的后续字，所以高速缓冲存储器可以大大提高处理的速度。

读者可能会奇怪，为什么高速缓冲存储器尽管存储容量小效率却很高，这是由于 80-20 规则。据观察，通常计算机花费 80% 的时间来读取 20% 的数据。换句话说，相同的数据往往被存取多次。高速缓冲存储器，凭借其高速，可以存储这 20% 的数据而使存取至少快80%。

5.4 输入 / 输出子系统

计算机中的第三个子系统是称为**输入 / 输出（I/O）子系统**的一系列设备。这个子系统可以使计算机与外界通信，并在断电的情况下存储程序和数据。输入 / 输出设备可以分为两大类：非存储设备和存储设备。

5.4.1 非存储设备

非存储设备使得 CPU/ 内存可以与外界通信，但它们不能存储信息。

1. 键盘和监视器

两个最常见的非存储输入 / 输出设备是**键盘**和**监视器**。键盘提供输入功能；监视器显示输出并同时响应键盘的输入。程序、命令和数据的输入或输出都是通过字符串进行的。字符则是通过字符集（如 ASCII 码）进行编码（参见附录 A）。此类中其他的设备有鼠标、操纵杆等。

2. 打印机

打印机是一种用于产生永久性记录的**输出设备**。它是非存储设备，因为要打印的材料不能够直接由打印机输入计算机中，而且也不能再次利用，除非有人通过打字或扫描的方式再次输入计算机中。

5.4.2 存储设备

尽管**存储设备**被归类为输入 / 输出设备，但它可以存储大量的信息以备后用。它们要比主存便宜得多，而且存储的信息也不易丢失（即使断电信息也不会丢失）。有时称它们为**辅助存储设备**，通常分为磁介质和光介质两类。

1. 磁介质存储设备

磁介质存储设备使用磁性来存储位数据。如果一点有磁性则表示 1，如果没有磁性则表示 0。

磁盘

磁盘是由一张一张的磁片叠加而成的。这些磁片由薄磁膜封装起来。信息是通过盘上每一个磁片的**读 / 写磁头**读写磁介质表面来进行读取和存储的。图 5-6 给出了磁盘驱动的物理布局和磁盘的组织。

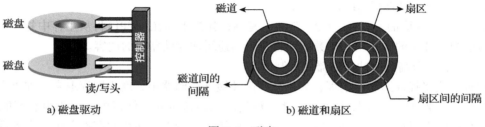

图 5-6　磁盘

- **表面结构**。为了将数据存储在磁盘的表面，每个盘面都被划分成磁道，每个磁道又分成若干个扇区（图 5-6）。磁道之间通过磁道间的间隔隔开，扇区之间通过扇区间的间隔隔开。

- **数据存取**。磁盘是一个随机存取设备。在随机存取设备中，数据项可以被随机存取，而不需要存取放置在其前的所有其他数据。但是，在某一时间可以读取的最小的存储区域只能是一个扇区。数据块可以存储在一个或多个扇区上，而且该信息的获取不需要通过读取磁盘上的其他信息。
- **性能**。磁盘的性能取决于几个因素：最重要的因素是角速度、寻道时间和传送时间。角速度定义了磁盘的旋转速度。寻道时间定义了读/写磁头寻找数据所在磁道的时间。传送时间定义了将数据从磁盘移到 CPU/ 内存所需要的时间。

磁带

磁带大小不一。最普通的一种是用厚磁膜封装的半英寸塑料磁带。磁带用两个滚轮承接起来，当转动的磁带通过读/写磁头的时候，就可以通过磁头来读写磁带上的数据。图 5-7 展示了磁带的机械构造。

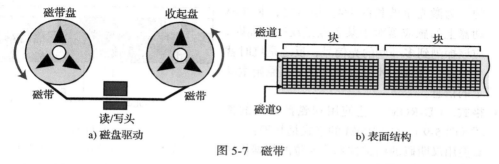

图 5-7　磁带

- **表面结构**。磁带的宽度可以分为 9 个磁道；磁道上的每个点可以存储 1 位的信息。垂直切面的 9 个点可以存储 8 位（即 1 字节）的信息，还有 1 位用作错误检测（图 5-7）。
- **数据存取**。磁带是顺序存取设备。尽管磁带的表面可能会分成若干块，但是却没有寻址装置来读取每个块。要想读取指定的块就需要按照顺序通过其前面所有的块。
- **性能**。尽管磁带的速度比磁盘慢，但它非常便宜。现在，人们使用磁带来存储大容量的数据。

2. 光存储设备

光存储设备是一种新技术，它使用光（激光）技术来存储和读取数据。在发明了 CD（光盘）后人们利用光存储技术来保存音频信息。现在，相同的技术（稍做改进）被用于存储计算机上的信息。使用这种技术的设备有只读光盘（CD-ROM）、可刻录光盘（CD-R）、可重写光盘（CD-RW）、数字多功能光盘（DVD）。

CD-ROM

只读光盘（CD-ROM）使用与 CD（光盘）相同的技术（该技术最初是由飞利浦和索尼公司为录制音乐而研发的）。两者间唯一的区别在于增强程度不同；CD-ROM 更健壮，而且纠错能力较强。图 5-8 给出了制造和使用 CD-ROM 的步骤。

- **制造**。CD-ROM 技术需要分三步来制造大量的光盘：
  - a. 首先是使用高能红外激光在塑料涂层上刻写位模式来制造**主盘**。激光束使位模式变成一系列的**坑**（有洞）和**纹间表面**（没有洞）。坑通常表示 0，纹间表面则通常表示 1。但这也只是一种规则，也可以反过来表示。另一种方法是将过渡部分（坑到洞或者洞到坑）表示 1，而非过渡部分表示 0。

b. 然后依照主盘，做成相应的模盘。在模盘中，坑（洞）则由凸起代替。

c. 溶解的**聚碳酸酯树脂**被注入模盘中以产生像主盘中一样的坑，同时把一层非常薄的铝（作为一层反射表面）加到聚碳酸酯树脂上，然后在反射表面的上面还要加上一层保护漆和标签。在制造光盘中只有这一步对于每一张光盘都需要。

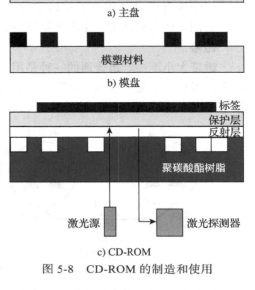

图 5-8　CD-ROM 的制造和使用

- **读**。CD-ROM 依靠来自计算机光驱的低能激光束读信息，激光束经过有纹间表面时会被铝质的表射层反射回来。经过坑处时会被反射两次，一次是被坑的边缘反射，另外一次是被铝质表射层的边界反射，这两次反射有破坏性的影响。因为坑的深度是精确选定的，为激光束波长的 1/4。换言之，装在驱动器上的感应器对于某个点是纹间表面时，应该探测到多一些的光信号，反之是坑时就少一点，这样它才可以读出记录在原始主盘上的信息。

- **格式**。CD-ROM 工艺使用和磁盘不同的格式（图 5-9）。CD-ROM 的格式是基于：

a. 使用汉明码的纠错技术将 8 位的数据块转换成 14 位的符号。

b. 一个帧由 42 个符号组成（14 位 / 符号）。

c. 一个扇区是由 98 个帧组成（2352 个位）。

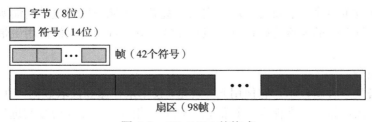

图 5-9　CD-ROM 的格式

- **速度**。CD-ROM 驱动器有不同的速度，单倍速称为 1x，2 倍速称为 2x，以此类推。如果驱动器是单倍速的，它的读取速度是 153 600 字节 / 秒。表 5-2 给出了不同的速度和相应的数据传输速率。

表 5-2　CD-ROM 的速度

速度	数据传输速率	近似值	速度	数据传输速率	近似值
1x	153 600 字节 / 秒	150 KB/s	12x	1 843 200 字节 / 秒	1.8 MB/s
2x	307 200 字节 / 秒	300 KB/s	16x	2 457 600 字节 / 秒	2.4 MB/s
4x	614 400 字节 / 秒	600 KB/s	24x	3 688 400 字节 / 秒	3.6 MB/s
6x	921 600 字节 / 秒	900 KB/s	32x	4 915 200 字节 / 秒	4.8 MB/s
8x	1 228 800 字节 / 秒	1.2 MB/s	40x	6 144 000 字节 / 秒	6 MB/s

- **应用**。如果有大量的潜在的客户，那么制造主盘、模盘和实际的光盘所需的费用是可以调节的。换言之，如果大量生产盘片，那么这项技术是非常经济的。

CD-R

就如前面所述，CD-ROM 技术只有在生产商大批量生产时才合理。另一方面，**可刻录光盘**（CD-R）则可以让用户自己制作一张或更多的盘片，而不必考虑像制作 CD-ROM 时的一些开销。它非常适合做备份，用户只需要一次写入信息，就可以多次读取信息。这也是它为什么有时被称为"**写一次，读多次**"（WORM）的原因。

- **制造**。可刻录光盘使用的技术与制作只读光盘的原理相同（图 5-10）。下面是一些不同之处：

  a. 不需要主盘和模盘。

  b. 反射层材料用金取代了铝。

  c. 盘片聚碳酸酯树脂上没有坑（洞），盘片上的坑和纹间表面是模拟出来的。为了模拟坑和纹间表面，在聚碳酸酯和反射层之间额外添加了类似用于相片中的某种染料。

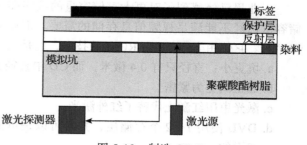

图 5-10　制造 CD-R

  d. 由刻录机所产生的高能激光束在染料层上烧制深色的点（改变化学组成），用来模拟坑，没有被激光所照射的区域就是纹间表面。

- **读**。CD-R 上的信息可以由 CD-ROM 驱动器和 CD-R 驱动器读取。这就意味着任何的差别对于驱动器来说都应该是透明的。相同的低能激光束经过模拟的坑和纹间表面，对纹间表面而言，激光束到达反射层而被反射；而对模拟的坑而言，点是不透明的，所以激光束不会被反射回来。

- **格式和速度**。CD-R 的格式、容量和速度与 CD-ROM 的相同。

- **应用**。这项技术对那些想制作和发布少量光盘的用户非常有吸引力，同时它也非常适合用于制作档案文件和备份。

CD-RW

尽管 CD-R 已很受欢迎，但它们只能被写一次。为了能重写以前的资料，便有了一项新的技术，利用该技术可以制作一种称为**可重写光盘**（CD-RW）的新盘，有时我们也称为可擦写光盘。

- **制造**。CD-RW 使用的技术与制作可刻录光盘的原理相同（图 5-11）。下面是一些不同之处：

  a. 该工艺使用了银、铟、锑和碲的合金而不是染料。这种合金材料有两种稳定的状态：晶体态（透明态）和无定型态（不透明态）。

  b. 驱动器使用高能激光束在合金上创建模拟的坑（由晶体态变成无定型态）。

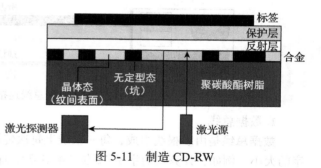

图 5-11　制造 CD-RW

- **读**。驱动器使用与 CD-ROM 和 CD-R 一样的低能激光束来检测是坑还是纹间表面。
- **擦除**。驱动器使用中等能量的激光束将坑变成纹间表面，激光束将该点从无定型态转变成晶体态。
- **格式和速度**。CD-RW 的格式、容量和速度与 CD-ROM 的相同。
- **应用**。这项技术明显比 CD-R 技术更有吸引力。尽管如此，CD-R 还是更受欢迎一些。原因有以下两点：第一，CD-R 空盘价格比 CD-RW 空盘的价格要便宜；第二，CD-R 在某些不容许改变光盘内容的场合下更合适，不论是无意还是有意的改变。

DVD

工业界已经感到了对更大存储容量的数字存储媒介的需求。CD-ROM（650 MB）的存储容量已经不能满足视频信息存储的需要。市场上最新的光存储设备叫作**数字多功能光盘**（DVD）。它使用类似于 CD-ROM 的技术，但是又有以下的不同：

a. 坑更小：直径只有 0.4 微米，而 CD 中直径为 0.8 微米。

b. 磁道间更为紧密。

c. 激光束用红激光代替了红外激光。

d. DVD 使用 1～2 个存储层，并且可以是单面或者双面的。

表 5-3	DVD 容量
特　征	容　量
单面、单层	4.7 GB
单面、双层	8.5 GB
双面、单层	9.4 GB
双面、双层	17 GB

- **容量**。上述的技术改进导致了容量的增大（表 5-3）。
- **压缩**。DVD 技术用 MPEG（参见第 15 章）压缩。这就意味着一个单面、单层的 DVD 可以存储 133 分钟（2 小时 13 分钟）的高品质视频。其中还包括音频和字幕。
- **应用**。如今，DVD 以其大容量应用于许多需要存储大容量数据的应用程序中。

5.5　子系统的互连

前面的几节中已经介绍了在单个计算机上的三个子系统（CPU、主存和输入 / 输出）的主要特点。本节将介绍它们三者之间在内部是如何连接的，内部连接扮演着很重要的角色，因为信息需要在这三个子系统中交换。

5.5.1　CPU 和存储器的连接

CPU 和存储器之间通常由称为**总线**的三组线路连接在一起，它们分别是：数据总线、地址总线和控制总线（图 5-12）。

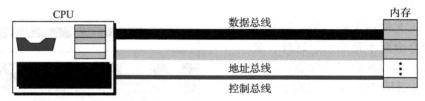

图 5-12　使用三种总线连接 CPU 和存储器

1. 数据总线

数据总线是由多根线组成，每一根线上每次传送 1 位的数据。线的数量取决于计算机的字的大小。例如，计算机的字是 32 位（4 字节），那么需要有 32 根线的数据总线，以便同一时刻能够同时传送 32 位的字。

2. 地址总线

地址总线允许访问存储器中的某个字，地址总线的线数取决于存储空间的大小。如果存储器容量为 2^n 个字，那么地址总线一次需要传送 n 位的地址数据。因此它需要 n 根线。

3. 控制总线

控制总线负责在中央处理器和内存之间传送信息。例如，必须有一个代码从 CPU 发往内存，用于指定进行的是读操作还是写操作。控制总线的线数取决于计算机所需要的控制命令的总数。如果计算机有 2^m 条控制命令，那么控制总线就需要有 m 根，因为 m 位可以定义 2^m 个不同的操作。

5.5.2 I/O 设备的连接

输入 / 输出设备不能够直接与连接 CPU 和内存的总线相连。因为输入 / 输出设备的本质与 CPU 和内存的本质不同，输入 / 输出设备都是些机电、磁性或光学设备，而 CPU 和内存是电子设备。与 CPU 和内存相比，输入 / 输出设备的操作速度要慢得多。因此必须要有中介来处理这种差异，输入 / 输出设备是通过一种被称为**输入 / 输出控制器**或接口的器件连接到总线上的。每一个输入 / 输出设备都有一个特定的**控制器**（图 5-13 ）。

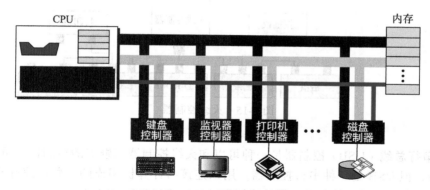

图 5-13　I/O 设备与总线的连接

控制器

控制器，或者说接口，清除了输入 / 输出设备与 CPU 及内存在本质上的障碍。控制器可以是串行或并行的设备。串行控制器则只有一根数据线连接到设备上，而并行控制器则有数根数据线连接到设备上，使得一次能同时传送多个位。

有几种控制器至今还在使用，如今最常用的有 SCSI、火线、USB 和 HDMI。

SCSI

小型计算机系统接口（SCSI）最初是 1984 年为 Macintosh 计算机而设计的。今天还有许多系统使用它。它是一个 8、16 或 32 线的并行接口。SCSI 接口如图 5-14 所示，它提供了菊花链连接，连接链的两端都必须有终结器，并且每个设备都必须要有唯一的地址（目标 ID）。

火线

IEEE 标准 1394 规定的串行接口，俗称为**火线**。它是一种高速的串行接口，数据采用数据包的形式传送，数据的传输速度高达 50 MB/s，然而对于版本最新的数据线，这个速度可以翻一倍。它可以在一条菊花链或树形连接（只用一根线）上连接多达 63 个设备。图 5-15 给出了输入 / 输出设备和火线控制器的连接。和 SCSI 相比，它不需要终结器。

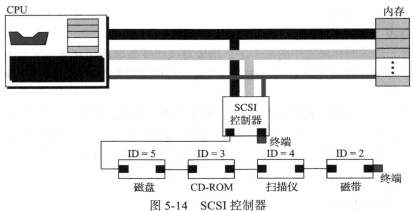

图 5-14　SCSI 控制器

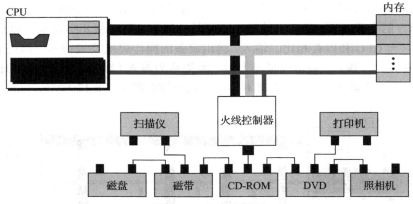

图 5-15　火线控制器

USB

通用串行总线（USB）控制器是一种可以和火线控制器相媲美的控制器。虽然术语使用了词 bus，但 USB 是一种串行控制器，用以连接与计算机相连的一些低速和高速设备。图 5-16 显示了 USB 控制器与总线间的连接和设备与控制器间的连接。

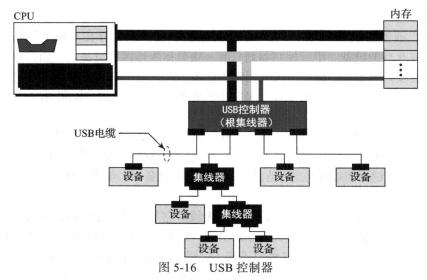

图 5-16　USB 控制器

　　多个设备可以被连接到一个 USB 控制器上，这个控制器也称为根集线器。USB-2（USB 版本 2.0）允许多达 127 个设备组成树状**拓扑结构**连接到一个 USB 控制器上，其中控制器作为树的根，**集线器**作为中间节点，设备作为末端节点。控制器（根集线器）与其他集线器的不同之处在于控制器能感知到树中其他集线器的存在，而其他集线器是被动的设备，它们只是简单地传送数据。

　　设备可以不需要关闭计算机很容易地被移除或连接到树中。这称为**热交换**。当集线器被从系统中移除时，与此集线器相连的所有设备和其他集线器也被移除。

　　USB 使用 4 根线的电缆。两根线（+5V 和地）被用来为像键盘和鼠标这样的低压设备提供电压。高压设备需要被连接到电源上。集线器从总线取得电压，能为低压设备提供电压。其他两根线（缠绕在一起，以减小噪声）用来传送数据、地址和控制信号。USB 使用两种不同的连接头：A 和 B。连接头 A（下游连接器）是矩形的，用来连接到 USB 控制器或集线器。连接头 B（上游连接器）是接近正方形的，用来连接到设备。最近两种新型连接器（微型 A 和微型 B）已经被引入，用来连接小设备和笔记本。

　　USB-2 提供三种传送速率：1.5 Mbps（每秒兆位）、12 Mbps 和 480 Mbps。低速率可以用于低速设备，如键盘和鼠标；中速率用于打印机；高速率用于大容量的存储设备。

　　通过 USB 的数据是以包（参见第 6 章）的形式传输的。每个包含有：地址部分（设备标识）、控制部分、要被传送到其他设备的数据部分。所有设备将接收到相同的包，但只有具有数据包中所定义的地址的那些设备将接受它。

　　USB 3.0 是计算机连接方对通用串行总线（USB）标准的再一次修订。USB 3.0 增加了一个新的叫作"SuperSpeed"（超感）的传输模式，这个模式可以将数据传输的速率提升至 4.8 Gbps。根据承诺，USB 3.0 的速率将更新至 10 Gbps。

HDMI

　　高清晰度多媒体接口（HDMI）是现有视频模拟标准的数字化替代品。它可以用来从一个资源向另一个兼容的计算机显示器、视频投影仪、数字电视或数字音像设备传输视频数据和数字音像数据。现有的多种 HDMI 标准电缆可用于传输包括标准、加强、高清晰以及 3D 画质的视频数据，最多可达 8 频道的压缩或未压缩数字音频，消费性电子控制（CEC）连接，并且可用于以太网络数据连接。

5.5.3　输入／输出设备的寻址

　　通常 CPU 使用相同的总线在主存和输入／输出设备之间读写数据。唯一的不同是指令。如果指令涉及主存中的字，那么数据会在主存和 CPU 之间传送。如果指令涉及输入／输出设备，那么数据会在输入／输出设备和 CPU 之间传送。有两种方法用来对输入／输出设备进行寻址，即 I/O 独立寻址和 I/O 存储器映射寻址。

1. I/O 独立寻址

　　在 I/O 独立寻址中，用来读／写内存的指令与用来读／写输入／输出设备的指令是完全不同的。有专门的指令完成对输入／输出设备的测试、控制以及读写操作。每个输入／输出设备有自己的地址。因为指令的不同，所以输入／输出地址可以和内存地址重叠而不会产生混淆。例如，CPU 可以使用读命令 'Read 101' 来从内存中读取字 101。它也可以使用输入命令 'Input 101' 来从地址端口为 101 的输入／输出设备中读取数据。这里不会发生混淆，因为 Read 指令是规定从内存中读取数据，而 Input 指令则是规定从输入／输出设备中读取数据（图 5-17）。

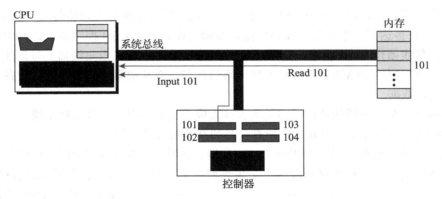

图 5-17   I/O 独立寻址

2. I/O 存储器映射寻址

在 I/O **存储器映射寻址方式**中，CPU 将输入 / 输出控制器中的每一个寄存器都看作内存中的某个存储字。换言之，CPU 没有单独的指令用来表示是从内存或是从输入 / 输出设备传送数据。例如，在指令集中只有一条 'Read' 指令，如果地址指定的是内存中的某个单元，则从内存中读取数据。如果地址指定的是输入 / 输出设备中的某个寄存器，那么就从寄存器中读取数据。存储器映射的输入 / 输出的配置优点在于有一个较小的指令集，所有对内存的操作指令都同样适合于输入 / 输出设备，其缺点是输入 / 输出控制器占用了一部分内存地址。例如，假使有 5 个输入 / 输出控制器，每个控制器有 4 个寄存器，则共占用 20 个地址。相应的内存的大小就减小了 20 个字。图 5-18 给出了 I/O 存储器映射的概念。

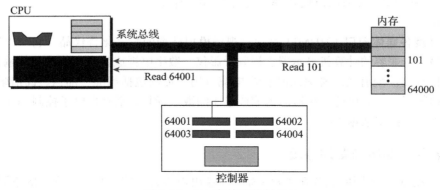

图 5-18   I/O 存储器映射寻址

5.6   程序执行

当今，通用计算机使用称为程序的一系列指令来处理数据。计算机通过执行程序，将输入数据转换成输出数据。程序和数据都放在内存中。

本章最后将给出假想简单计算机执行程序的几个例子。

5.6.1   机器周期

CPU 利用重复的机器周期来执行程序中的指令，一步一条，从开始到结束。一个简化的周期包括 3 步：取指令、译码和执行（图 5-19）。

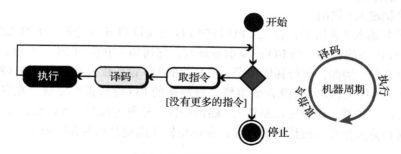

图 5-19　机器周期的步骤

1. 取指令

在**取指令**阶段，控制单元命令系统将下一条将要执行的指令复制到 CPU 的指令寄存器中。被复制的指令地址保存在程序计数器中。复制完成后，程序计数器自动加 1 指向内存中的下一条指令。

2. 译码

机器周期的第二阶段是**译码**阶段。当指令置于指令寄存器后，该指令将由控制单元负责译码。指令译码的结果是产生一系列系统可以执行的二进制代码。

3. 执行

指令译码完毕后，控制单元发送任务命令到 CPU 的某个部件，例如，控制单元告知系统，让它从内存中加载（读）数据项，或者是 CPU 让算术逻辑单元将两个输入寄存器中的内容相加并将结果保存在输出寄存器。这就是**执行**阶段。

5.6.2　输入 / 输出操作

计算机需要通过命令把数据从 I/O 设备传输到 CPU 和内存。因为输入 / 输出设备的运行速度比 CPU 慢得多，因此 CPU 的操作在某种程度上必须和输入 / 输出设备同步。有三种方法被设计用于同步，分别为：程序控制输入 / 输出、中断控制输入 / 输出、直接存储器存取（DMA）。

1. 程序控制输入 / 输出

在**程序控制输入 / 输出**中，采用最简单的一种同步：CPU 等待 I/O 设备（图 5-20）。

CPU 和 I/O 设备之间的数据传输是通过程序中的指令实现的。当 CPU 遇到一条 I/O 指令时，它就停止工作直到数据传输完毕。CPU 不时地查询 I/O 设备的状态：如果设备做好了传输准备，那么数据将被传送到 CPU；如果设备没有做好传输准备，那么 CPU 将继续查询 I/O 设备的状态直到 I/O 设备准备好为止。这种方法存在的最大问题就是，当每一个单元数据被传输时，CPU 都要浪费时间去查询 I/O 的状态。

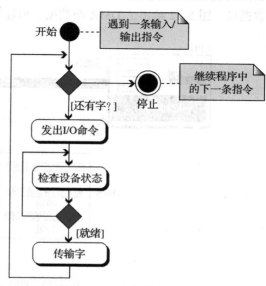

图 5-20　程序控制输入 / 输出

要注意的是，数据在输入操作后被传送到内存，在输出操作前则是从内存中取出。

2. 中断控制输入 / 输出

在**中断控制输入 / 输出**中，首先 CPU 告知 I/O 设备即将开始传输，但是 CPU 并不需要不停地查询 I/O 设备的状态。当 I/O 设备准备好时，它通知（中断）CPU。在这过程中，CPU 还可以做其他工作。例如，运行其他程序，从其他的 I/O 设备读入或传出数据（图 5-21）。

在这种方法中，CPU 时间没有被浪费。当慢速的 I/O 设备正在完成一项任务时，CPU 可以做其他工作。注意，像程序控制输入 / 输出一样，这种方法也在 I/O 设备和 CPU 之间传输数据。数据在输入操作后被传送到内存，在输出操作前则是从内存中取出。

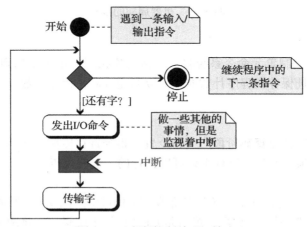

图 5-21   中断控制输入 / 输出

3. 直接存储器存取

第三种传输数据的方法是**直接存储器存取**（DMA）。这种方法用于在高速 I/O 设备间传输大量的数据块，例如磁盘、内存（不需要通过 CPU 的数据传输）。这种方法需要一个 DMA 控制器来承担 CPU 的一些功能。DMA 控制器中有寄存器，可以在内存传输前后保存数据块。图 5-22 给出了 DMA 与数据、地址和控制总线的连接情况。

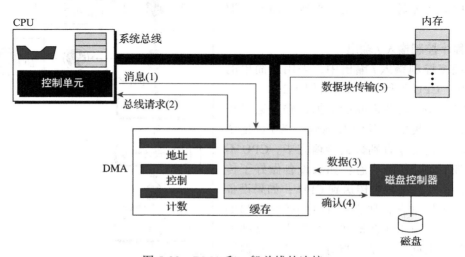

图 5-22   DMA 和一般总线的连接

在使用这种方法进行 I/O 操作时，CPU 发送消息给 DMA。这些消息包括传输类型（输入或输出）、内存单元的起始地址以及传输的字节数。之后 CPU 就可做其他的工作（图 5-23）。

当准备好传输数据时，则由 DMA 控制器通知 CPU 它需要获得总线的使用权。这时 CPU 停止使用总线并转交给 DMA 控制器使用。在内存和 DMA 间的数据传输完成后，CPU 继续进行正常操作。需要注意的是，在这种方法中，CPU 只是在一小段时间内是空闲的。CPU 仅当在 DMA 和内存间传输数据时才空闲，而不是在设备为传输数据做准备时。

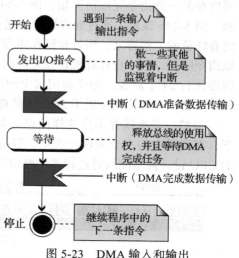

图 5-23　DMA 输入和输出

5.7　不同的体系结构

在最近几十年中，计算机的体系结构和组织经历了许多变化。本书将讨论一些与我们前面讨论的简单计算机体系结构所不同的常见的体系结构和组织。

5.7.1　CISC

CISC（读作 [sisk]）是**复杂指令集计算机**（complex instruction set computer）的缩写。CISC 体系结构的设计策略是使用大量的指令，包括复杂指令。和其他设计相比，在 CISC 中进行程序设计要比在其他设计中容易得多，因为每一项简单或复杂的任务都有一条对应的指令。程序员不需要写一大堆指令去完成一项复杂的任务。

指令集的复杂性使得 CPU 和控制单元的电路非常复杂。CISC 体系结构的设计者已经提出减少这种复杂性的解决方案：程序在两个层面上运行。CPU 不直接执行机器语言指令。CPU 只执行被称为微操作的简单操作。复杂指令被转化为一系列简单操作然后由 CPU 执行。这种执行机制需要一个被称为**微内存**的特殊内存，它负责保存指令集中的每个复杂指令的一系列操作。使用微操作的程序设计被称为**微程序设计**。

反对 CISC 体系结构的一个理由便是微程序设计和存取微内存所带来的开销。然而，这种体系结构的支持者则认为这使得程序在机器层上的程序更简洁。CISC 体系结构的一个例子便是英特尔公司所开发的奔腾系列处理器。

5.7.2　RISC

RISC（读作 [risk]）是**精简指令集计算机**（reduce instruction set computer）的缩写。RISC 体系结构的设计策略是使用少量的指令完成最少的简单操作。复杂指令用简单指令子集模拟。在 RISC 中进行程序设计比在其他设计中更难、更费时，因为复杂指令都用简单指令来模拟。

5.7.3　流水线

我们已经学过计算机对于每条指令使用取指令、译码和执行三个阶段。在早期计算机中，每条指令的这三个阶段需要串行完成。换言之，指令 n 需要在指令 $n+1$ 开始它的阶段之前完成它的所有阶段。现代计算机使用称为流水线的技术来改善吞吐量（在单位时间内完成的指令总数）。这个理念是如果控制单元能同时执行两个或三个阶段，那么下一条指令就可以在前一条指令完成前开始。图 5-24a 显示了三条连续的指令不使用流水线时是如何处理的，图 5-24b 显示了通过允许属于不同指令的不同阶段同时执行，流水线是如何提高计算机的吞吐量的。换言之，当计算机在执行第一条指令的译码阶段时，它还能执行第二条指令的取指令阶段。第一台计算机在指定时间内平均执行 9 个阶段，而流水线计算机在相同的时间内能执行 24 个阶段。如果假定每个阶段使用相同的时间，那第一台计算机完成 9/3=3 条指令，而第二台计算机完成了 24/3=8 条指令。因此吞吐量提高了 8/3 或 266%。

当然，流水线并不像这样简单。当遇到转移指令时，就会出现一些问题。在这种情况下，在管道中的指令应该被丢弃。但是，新的 CPU 的设计已经克服了大部分缺点，有些新的 CPU 设计甚至能同时进行多个取指令周期。

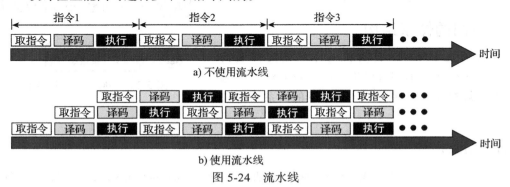

图 5-24　流水线

5.7.4　并行处理

计算机传统上有单个控制单元、单个算术逻辑单元、单个内存单元。随着技术的进步和计算机硬件成本的下降，如今可以拥有具有多个控制单元、多个算术逻辑单元和多个内存单元的计算机。这个思想称为并行处理。像流水线一样，并行处理能改善吞吐量。

并行处理涉及多种不同的技术。并行处理的总体视图是由 M. J. Flynn 提出的分类法给出的。这种分类法把计算机的组织（从数据处理来看）分成 4 类，正如图 5-25 所示。按照 Flynn 的观点，并行处理可能发生在数据流、指令流或两者都有。

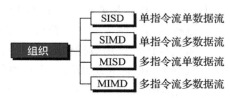

图 5-25　计算机组织的分类

1. SISD 组织

单指令流单数据流（SISD）组织表示计算机有一个控制单元、一个算术逻辑单元和一个内存单元。指令被顺序执行，每条指令可以存取数据流中的一个或多个数据项。本章前面介绍的简单计算机就是 SISD 组织的例子。图 5-26 显示了 SISD 组织的配置概念。

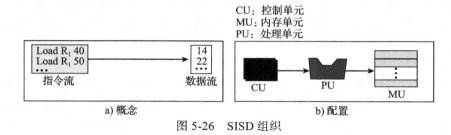

图 5-26　SISD 组织

2. SIMD 组织

单指令流多数据流（SIMD）组织表示计算机有一个控制单元、多个处理单元和一个内存单元。所有处理器单元从控制单元接收相同的指令，但在不同的数据项上操作。同时操作于一阵列数据的处理器阵列就是属于这一类的。图 5-27 显示了 SIMD 组织的概念和实现。

ALU：算术逻辑单元
CU：控制单元
MU：内存单元

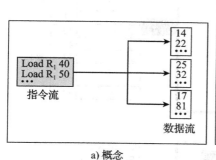

图 5-27　SIMD 组织

3. MISD 组织

多指令流单数据流（MISD）体系结构是属于多个指令流的多个指令作用于相同的数据项的体系结构。图 5-28 显示了这个概念，但它从来就未被实现。

4. MIMD 组织

多指令流多数据流（MIMD）体系结构是属于多个指令流的多个指令作用于多个数据流（每条指令作用于一个数据项）。图 5-29 显示了概念和实现。一些专家认为 MIMD 组织是真正的并行处理体系结构。在这种体系结构中，可以同时执行多个任务。这个体系结构可以使用单个的共享内存或多个内存区。

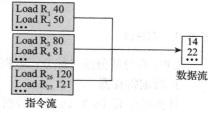

图 5-28　MISD 组织

并行处理有多种用途，大多用于科学团体，它们的任务如果使用传统的计算机体系结构可能需要几个小时或几天。这些例子有：大矩阵的相乘、天气预报的大量数据的同时处理或空间的飞行模拟。

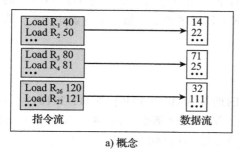

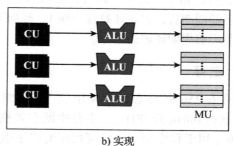

图 5-29　MIMD 组织

5.8　简单计算机

为了解释计算机的体系结构，还有它们的指令处理，我们引入一台简单（非真实的）计算机，如图 5-30 所示。简单计算机有三个组成部分：CPU、存储器和输入 / 输出子系统。

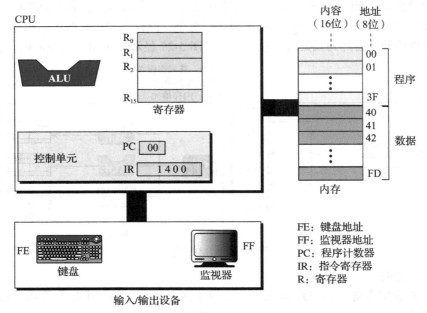

图 5-30　简单计算机的组成

5.8.1　CPU

CPU 本身被分成三部分：数据寄存器、算术逻辑单元（ALU）和控制单元。

1. 数据寄存器

计算机中有 16 个 16 位的数据寄存器，它们的十六进制地址为 $(0, 1, 2, \cdots, F)_{16}$，但我们称它们为 R_0 到 R_{15}。在大多数指令中，它们含有 16 位数据，但在有些指令中，它们可能含有其他信息。

2. 控制单元

控制单元具有电路，控制 ALU 的操作、对内存的存取和对 I/O 子系统的存取。它有两个专用的寄存器：程序计数器和指令寄存器。程序计数器（PC）（只含有 8 位）保存的是下一条将被执行的指令的踪迹。PC 的内容指向含有下一条程序指令的主存的存储单元的地址。在每个机器周期后，程序计数器将加 1，指向下一条程序指令。指令寄存器（IR）含有 16 位值，它是当前周期译码的指令。

5.8.2　主存

主存有 256 个 16 位的存储单元，二进制的地址为 $(00000000)_2$ 到 $(11111101)_2$，或者是十六进制的 $(00)_{16}$ 到 $(FD)_{16}$。主存中既有数据，又有程序指令。前 64 个存储单元 $(00)_{16}$ 到 $(3F)_{16}$ 被专用于程序指令。任何程序的程序指令存储在连续的内存单元中，存储单元 $(40)_{16}$ 到 $(FD)_{16}$ 被用来存储数据。

5.8.3　输入 / 输出子系统

简单计算机有一个非常原始的输入 / 输出子系统。子系统由一个键盘和一台监视器组成。虽然在图 5-30 中用分开的盒子表示键盘和监视器，但子系统是内存地址方式的一部分。这些设备有内存映射地址，正如本章前面讨论的。假定键盘（作为输入设备）和监视器（只作为输出设备）像内存单元一样，它们的地址分别为 (FE)₁₆ 和 (FF)₁₆，正如图中所示。换言之，假定它们就像 16 位的寄存器，作为内存单元与 CPU 进行交互。这两个设备把数据从外界传输到 CPU，反之亦然。

5.8.4　指令集

简单计算机具有 16 条指令集合的能力，虽然我们只使用这些指令中的 14 条。每条计算机指令由两部分构成：操作码（opcode）和操作数（operand）。操作码指明了在操作数上执行的操作的类型。每条指令由 16 位组成，被分成 4 个 4 位的域。最左边的域含有操作码，其他 3 个域含有操作数或操作数的地址，如图 5-31 所示。

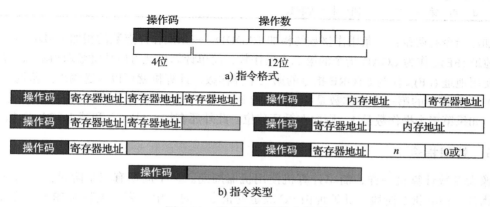

图 5-31　格式和不同指令类型

指令列在表 5-4 中。注意，并不是每条指令都需要 3 个操作数。任何不需要的操作数域被填以 (0)₁₆。例如，停机指令的所有 3 个操作数域、传送指令和 **NOT** 指令的最后一个域都被填以 (0)₁₆。还要注意，寄存器地址是用单个十六进制数来表示的，所以只用一个域，而内存单元是用两个十六进制数来表示，所以用两个域。

表 5-4　简单计算机的指令表

指　　令	代码	操作数			动　作
	d_1	d_2	d_3	d_4	
HALT	0				停止程序的执行
LOAD	1	R_D	M_S		$R_D \leftarrow M_S$
STORE	2	M_D		R_S	$M_D \leftarrow R_S$
ADDI	3	R_D	R_{S1}	R_{S2}	$R_D \leftarrow R_{S1} + R_{S2}$
ADDF	4	R_D	R_{S1}	R_{S2}	$R_D \leftarrow R_{S1} + R_{S2}$
MOVE	5	R_D	R_S		$R_D \leftarrow R_S$
NOT	6	R_D	R_S		$R_D \leftarrow \overline{R_S}$
AND	7	R_D	R_{S1}	R_{S2}	$R_D \leftarrow R_{S1}$ AND R_{S2}
OR	8	R_D	R_{S1}	R_{S2}	$R_D \leftarrow R_{S1}$ OR R_{S2}

（续）

指　令	代码	操作数				动作
	d_1	d_2	d_3	d_4		
XOR	9	R_D	R_{S1}	R_{S2}		$R_D \leftarrow R_{S1}$ XOR R_{S2}
INC	A	R				$R \leftarrow R + 1$
DEC	B	R				$R \leftarrow R - 1$
ROTATE	C	R	n	0 或 1		$Rot_n R$
JUMP	D	R	n			如果 $R_0 \neq R$，那么 $PC=n$，否则继续

R_S、R_{S1}、R_{S2}：源寄存器的十六进制地址

R_D：目的寄存器的十六进制地址

M_S：源内存单元的十六进制地址

M_D：目的内存单元的十六进制地址

n：　十六进制数

d_1、d_2、d_3、d_4：第一、二、三、四个十六进制数

　　加法指令有两条：一条用作整数的相加（ADDI），一条用作浮点数的相加（ADDF）。如果使用地址 $(FE)_{16}$ 作为 LOAD 指令的第二个操作数，简单计算机就可以从键盘取得输入。同样，如果使用地址 $(FF)_{16}$ 作为 STORE 指令的第二个操作数，计算机就可以发送输出到监视器。如果 ROTATE 指令的第三个操作数是 0，那么指令就把 R 中的二进制位模式向右循环移位 n 个位置；如果第三个操作数是 1，则向左循环移位。此外还有加 1（INC）和减 1（DEC）指令。

5.8.5　处理指令

　　像大多数计算机一样，简单计算机使用机器周期。一个周期有三个阶段：取指令、译码和执行。在取指令阶段，其地址由 PC 决定的指令从内存中得到，被装入 IR 中。然后 PC 加 1，指向下一条指令。在译码阶段，IR 中的指令被译码，所需的操作数从寄存器或内存中取到。在执行阶段，指令被执行，结果被放入合适的内存单元或寄存器中。一旦第三阶段结束，控制单元又开始新的周期，现在 PC 是指向下一条指令的。处理过程一直继续，直到 CPU 遇到 HALT 指令。

　　一个例子

　　让我们显示简单计算机是如何进行整数 A 和 B 的相加的，创建的结果为 C。假定整数是二进制补码格式。在数学上，这个操作表示为：

$$C = A + B$$

　　为了用简单计算机解决这个问题，有必要把前面两个整数存放在寄存器中（例如 R_0 和 R_1）。操作的结果存放在第三个寄存器中（例如 R_2）。ALU 只能操作那些存储在 CPU 数据寄存器中的数据。但是，大多数计算机（包括简单的计算机）在 CPU 中只有有限的寄存器。如果数据项的数量很大，并且它们在程序执行过程中应该保留在计算机中，比较好的方法是把它们存储在内存中，临时地把它们调入寄存器中。这样我们假定前两个整数存储在内存单元 $(40)_{16}$ 和 $(41)_{16}$。结果应该被存储在内存单元 $(42)_{16}$ 中。这就意味着两个整数需要被调入 CPU 中，结果需要被存储在内存中。因此，完成这个简单加法的简单程序需要 5 条指令，显示如下：

　　1）把内存 M_{40} 的内容装入寄存器 R_0（$R_0 \leftarrow M_{40}$）。

　　2）把内存 M_{41} 的内容装入寄存器 R_1（$R_1 \leftarrow M_{41}$）。

　　3）相加 R_0 和 R_1 的内容，结果放入 R_2 中（$R_2 \leftarrow R_0 + R_1$）。

4）把 R_2 的内容存入 M_{42} 中（$M_{42} \leftarrow R_2$）。

5）停机。

在简单计算机的语言中，这 5 条指令被译码为：

代　码	解　释			
$(1040)_{16}$	1：LOAD	0：R_0	40：M_{40}	
$(1141)_{16}$	1：LOAD	1：R_1	41：M_{41}	
$(3201)_{16}$	3：ADDI	2：R_2	0：R_0	1：R_1
$(2422)_{16}$	2：STORE	42：M_{42}		2：R_2
$(0000)_{16}$	0：HALT			

5.8.6　存储程序和数据

为了遵循冯·诺依曼模型，我们需要把程序和数据存储在内存中，可以从内存单元 $(00)_{16}$ 到 $(04)_{16}$ 存储 5 行程序。我们已经知道数据也需要被存储在内存单元 $(40)_{16}$、$(41)_{16}$ 和 $(42)_{16}$ 中。

5.8.7　指令周期

计算机每条指令使用一个指令周期。如果有 5 条指令的小程序，那么需要 5 个指令周期。每个周期通常由三个步骤组成：取指令、译码、执行。现在假定需要相加 161 + 254 = 415。这些数据在内存中用十六进制表示为：$(00A1)_{16}$、$(00FE)_{16}$ 和 $(019F)_{16}$。

1. 周期 1

在第一周期开始时（图 5-32），PC 指向程序的第一条指令，它在内存单元 $(00)_{16}$ 中。控制单元经历如下三个步骤：

1）控制单元取出存储在内存单元 $(00)_{16}$ 中的指令，放入 IR 中，PC 的值加 1；

2）控制单元译码指令 $(1040)_{16}$ 为 $R_0 \leftarrow M_{40}$；

3）控制单元执行指令，这意味着存储在内存单元 $(40)_{16}$ 中的整数的副本被装入寄存器 R_0 中。

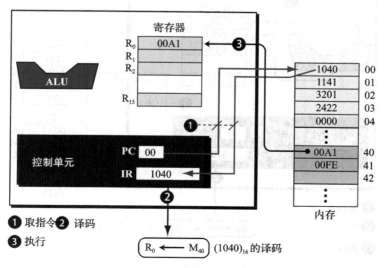

图 5-32　周期 1 的状态

2. 周期 2

在第二周期开始时（图 5-33），PC 指向程序的第二条指令，它在内存单元 $(01)_{16}$ 中。控制单元经历如下三个步骤：

1）控制单元取出存储在内存单元 $(01)_{16}$ 中的指令，放入 IR 中，PC 的值加 1；

2）控制单元译码指令 $(1141)_{16}$ 为 $R_1 \leftarrow M_{41}$；

3）控制单元执行指令，这意味着存储在内存单元 $(41)_{16}$ 中的整数的副本被装入寄存器 R_1 中。

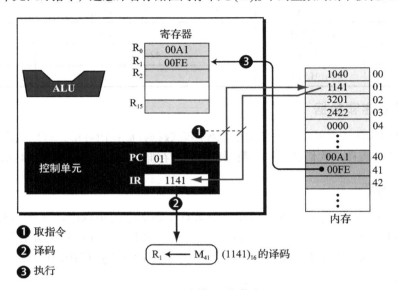

图 5-33　周期 2 的状态

3. 周期 3

在第三周期开始时（图 5-34），PC 指向程序的第三条指令，它在内存单元 $(02)_{16}$ 中。控制单元经历如下三个步骤：

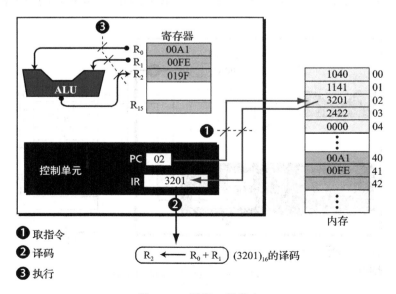

图 5-34　周期 3 的状态

1）控制单元取出存储在内存单元 $(02)_{16}$ 中的指令，放入 IR 中，PC 的值加 1；

2）控制单元译码指令 $(3201)_{16}$ 为 $R_2 \leftarrow R_0 + R_1$；

3）控制单元执行指令，这意味着寄存器 R_0 的内容被加到寄存器 R_1 的内容上（由 ALU 完成），结果放在 R_2 中。

4. 周期 4

在第四周期开始时（图 5-35），PC 指向程序的第四条指令，它在内存单元 $(03)_{16}$ 中。控制单元经历如下三个步骤：

1）控制单元取出存储在内存单元 $(03)_{16}$ 中的指令，放入 IR 中，PC 的值加 1；

2）控制单元译码指令 $(2422)_{16}$ 为 $M_{42} \leftarrow R_2$；

3）控制单元执行指令，这意味着寄存器 R_2 中整数的副本被存储到内存单元 $(42)_{16}$ 中。

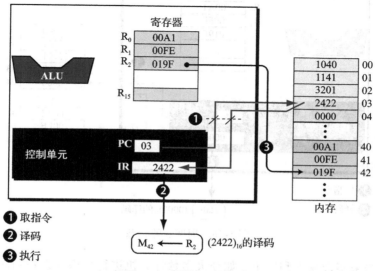

图 5-35　周期 4 的状态

5. 周期 5

在第五周期开始时（图 5-36），PC 指向程序的第五条指令，它在内存单元 $(04)_{16}$ 中。控制单元经历如下三个步骤：

1）控制单元取出存储在内存单元 $(04)_{16}$ 中的指令，放入 IR 中，PC 的值加 1；

2）控制单元译码指令 $(0000)_{16}$ 为 Halt；

3）控制单元执行指令，这意味着计算机停止。

5.8.8　另一个例子

在前面的例子中，我们假定要相加的两个整数已经在内存中，还假定相加的结果将保存在内存中。你可能会问如何能把两个要相加的整数存到内存中，或当结果被存储在内存中，如何使用这结果。在真实情况中，我们使用像键盘这样的输入设备输入前两个整数到内存中，通过像监视器这样的输出设备显示第三个整数。通过输入设备获得数据通常被称为读操作，而向输出设备发送数据通常被称为写操作。为了使我们前面的程序更实用，需要将其修改如下：

1）读整数，存入 M_{40}。

2）$R_0 \leftarrow M_{40}$。

3）读整数，存入 M_{41}。

4）$R_1 \leftarrow M_{41}$。

5）$R_2 \leftarrow R_0 + R_1$。

6）$M_{42} \leftarrow R_2$。

7）根据 M_{42} 的内容写出整数。

8）停机。

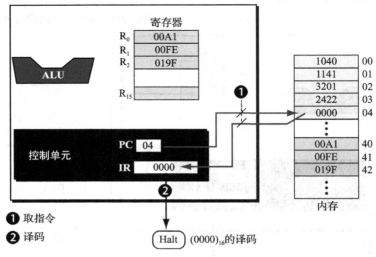

图 5-36   周期 5 的状态

有许多方法来实现输入和输出。如今大多数计算机进行从输入设备到内存的直接数据传输和从内存到输出设备的直接数据传输。但是，简单计算机不是它们中的一个。在计算机中，可以使用 LOAD 和 STORE 指令模拟读和写操作，而且 LOAD 和 STORE 读数据输入到 CPU 和从 CPU 中写数据。我们需要两条指令来读数据进入内存和从内存写出数据。读操作为：

$R \leftarrow M_{FE}$ 因为键盘被假定为内存单元 $(FE)_{16}$
$M \leftarrow R$

写操作为：

$R \leftarrow M$
$M_{FF} \leftarrow R$ 因为监视器被假定为内存单元 $(FF)_{16}$

你可能会问，如果操作是应该在 CPU 中完成的，那么我们为什么把数据从键盘传输到 CPU，然后再到内存，然后再到 CPU 进行处理？我们能直接传输数据到 CPU 吗？答案是对这个小问题我们能这样做，但在原则上不应该这样做。考虑一下，如果需要加 1000 个数，或者对 1 000 000 个整数进行排序，CPU 中的寄存器数目是有限的（在真实的计算机中，它可能是几百个，但仍然是不够的）。

输入操作必须总是从输入设备读数据到内存；输出操作必须总是从内存写数据到输出设备。

考虑到这些，程序被编写成：

1	$(1FFE)_{16}$	5	$(1040)_{16}$	9	$(1F42)_{16}$
2	$(240F)_{16}$	6	$(1141)_{16}$	10	$(2FFF)_{16}$
3	$(1FFE)_{16}$	7	$(3201)_{16}$	11	$(0000)_{16}$
4	$(241F)_{16}$	8	$(2422)_{16}$		

操作 1 到 4 是输入，操作 9 和 10 是输出。当我们运行这个程序时，它等待用户从键盘输入两个整数和按回车键。然后程序计算和，结果显示在监视器上。

5.8.9 可重用性

与不可编程的计算器相比，计算机的一个优点是我们能反复使用相同的程序。我们能运行程序多次，每次键入不同的输入，得到不同的输出。

5.9 章末材料

推荐读物

有关本章所讨论主题的更详细资料，可以参考下列书籍：

- Englander, I. *The Architecture of Computer Hardware and Systems Software*, Hoboken, NJ: Wiley, 2003
- Mano, M. *Computer System Architecture*, Upper Saddle River, NJ: Prentice-Hall, 1993
- Null, L. and Lobur, J. *Computer Organization and Architecture*, Sudbury, MA: Jones and Bartlett, 2003
- Hamacher, C., Vranesic, Z. and Zaky, S. *Computer Organization*, New York: McGraw-Hill, 2002
- Warford, S. *Computer Systems*, Sudbury, MA: Jones and Bartlett, 2005
- Ercegovac, M., Lang, T. and Moreno, J. *Introduction to Digital Systems*, Hoboken, NJ: Wiley, 1998
- Cragon, H. *Computer Architecture and Implementation*, Cambridge: Cambridge University Press, 2000
- Stallings, W. *Computer Organization and Architecture*, Upper Saddle River, NJ: Prentice-Hall, 2002

关键术语

address bus（地址总线）

address space（地址空间）

arithmetic logic unit（ALU，算术逻辑单元）

bus（总线）

cache memory（高速缓冲存储器）

central processing unit（CPU，中央处理单元）

compact disk（CD，光盘）

compact disk read-only memory（CD-ROM，

只读光盘）

compact disk recordable(CD-R，可刻录光盘）

complex instruction set computer（CISC，复杂指令集计算机）

control bus（控制总线）

controller（控制器）

control unit（控制单元）

data bus（数据总线）

decode（译码）

digital versatile disk（DVD，数字多功能光盘）

direct memory access（DMA，直接存储器存取）

dynamic RAM（DRAM，动态 RAM）

electrically erasable programmable read-only memory（EEPROM，电可擦除可编程只读存储器）

erasable programmable read-only memory（EPROM，可擦除可编程只读存储器）

execute（执行）

fetch（取指令）

FireWire（火线）

HDMI（High-Definition Multimedia Interface，高清晰度多媒体接口）

hub（集线器）

input/output controller（输入 / 输出控制器）

input/output subsystem（输入 / 输出子系统）

instruction register（指令寄存器）

interrupt-driven I/O（中断驱动 I/O）

intersector gap（扇区间的间隔）

intertrack gap（磁道间的间隔）

isolated I/O（I/O 独立寻址）

land（纹间表面）

machine cycle（机器周期）

programmable read-only memory（PROM，可编程只读存储器）

magnetic disk（磁盘）

magnetic tape（磁带）

main memory（主存）

master disk（主盘）

memory mapped I/O（内存映射 I/O）

monitor（监视器）

multiple instruction-stream, multiple data-stream（MIMD，多指令流多数据流）

multiple instruction-stream, single data-stream（MISD，多指令流单数据流）

nonstorage device（非存储式设备）

optical storage device（光存储设备）

output device（输出设备）

parallel processing（并行处理）

pipelining（流水线）

pit（坑）

polycarbonate resin（聚碳酸酯树脂）

printer（打印机）

program counter（程序计数器）

programmed I/O（程序控制 I/O）

random access memory（RAM，随机存取存储器）

read-only memory（ROM，只读存储器）

read/write head（读 / 写头）

reduced instruction set computer（RISC，精简指令集计算机）

register（寄存器）

rotational speed（转速）

sector（扇区）

seek time（寻道时间）

single instruction-stream, multiple data-stream（SIMD，单指令流多数据流）

static RAM（SRAM，静态 RAM）

storage device（存储设备）

throughput（吞吐量）

topology（拓扑结构）

track（磁道）

transfer time（传送时间）

Universal Serial Bus（USB，通用串行总线）

write once, read many（WORM，写一次，读多次）

小结

- 计算机的组成分成三大类（或子系统）：CPU、主存和输入 / 输出子系统。
- 中央处理单元（CPU）执行数据上的操作，它有三部分：算术逻辑单元（ALU）、控制单元和一系列寄存器。算术逻辑单元（ALU）负责算术、移位和逻辑运算。寄存器是快速独立的存储设备，它可暂时地保留数据。控制单元控制 CPU 中每个部分的操作。
- 主存是存储单元的集合。每一个单元有一个称为地址的标识符。数据被传输到内存或从内存取出是以称为字的二进制位组的方式。内存中唯一可标识的单元总数称为地址空间。有两种内存可用：随机存取存储器（RAM）和只读存储器（ROM）。
- 输入 / 输出（I/O）子系统的设备集合允许计算机与外界通信，存储程序和数据，即使在计算机已关机时也可以。输入 / 输出设备分成两大类：非存储设备和存储设备。非存储设备允许 CPU/ 内存与外界通信；存储设备可以存储以后被检索的大量信息。存储设备被分成磁的和光的。
- 计算机中三个子系统的连接起重要的作用，因为在这些子系统间需要进行信息的通信。CPU 和内存通常被三个连接连在一起（每个称为总线）：数据总线、地址总线和控制总线。输入 / 输出设备通过输入 / 输出控制器或接口与总线相连，使用的控制器有多种，如今常见的有 SCSI、火线和 USB。
- 有两种输入 / 输出设备的寻址方法：I/O 独立寻址和 I/O 存储器映射寻址。在 I/O 独立寻址方法中，用来从（或到）内存读 / 写的指令完全不同于用来从（或到）输入 / 输出设备的读 / 写指令。在 I/O 存储器映射寻址方法中，CPU 把 I/O 控制器中的每个寄存器看成是内存中的一个字。
- 如今，通用计算机使用称为程序的一组指令来处理数据。计算机执行程序，从输入数据创建输出数据。程序和数据都存储在内存中。CPU 使用重复的机器周期一条接一条，从头到尾执行程序中的指令。简化的周期由三阶段组成：取指令、译码和执行。
- 有三种使 CPU 和输入 / 输出设备同步的方法：程序控制输入 / 输出、中断控制输入 / 输出和直接存储器存取（DMA）。
- 在最近的几十年中，计算机的体系结构和组织经历了许多变化。计算机体系结构分成两大类：CISC（复杂指令集计算机）和 RISC（精简指令集计算机）。
- 现代计算机使用流水线技术提高吞吐量。这个理念允许控制单元同时执行两个或三个阶段，这意味着下一条指令的处理可以在前一条结束前开始。
- 计算机传统上有一个控制单元、一个算术逻辑单元和一个内存单元。并行处理通过使用多指令流处理多数据流来改善吞吐量。

5.10   练习

小测验

在本书网站上提供了一套与本章相关的交互式测验题。强烈建议学生在做本章练习前首先完成相关测验题以检测对本章内容的理解。

复习题

Q5-1　计算机由哪三个子系统组成?

Q5-2　CPU 由哪几个部分组成?

Q5-3　ALU 的功能是什么?

Q5-4　控制单元的功能是什么?

Q5-5　主存的功能是什么?

Q5-6　定义 RAM、ROM、SRAM、DRAM、PROM、EPROM 和 EEPROM。

Q5-7　高速缓冲存储器的作用是什么?

Q5-8　描述一下磁盘的物理组成。

Q5-9　磁盘和磁带表面是怎样组织的?

Q5-10　比较分析 CD-R、CD-RW 和 DVD。

Q5-11　比较分析 SCSI、火线和 USB 控制器。

Q5-12　比较分析两种 I/O 设备寻址的方法。

Q5-13　比较分析三种同步 CPU 和 I/O 设备的方法。

Q5-14　比较分析 CISC 体系结构和 RISC 体系结构。

Q5-15　描述流水线及其作用。

Q5-16　描述并行处理及其作用。

练习题

P5-1　一台计算机有 64 MB（兆字节）的内存，每个字长为 4 字节。那么在存储器中对每个字寻址需要多少位?

P5-2　如果屏幕有 24 行，每行 80 个字符，则需要多少字节的内存用于存储全屏的数据? 如果系统使用 ASCII 码，每个 ASCII 字符占 1 字节。

P5-3　假如一台计算机有 16 个数据寄存器（R0~R15）、1024 个字的存储空间以及 16 种不同的指令（如 add、subtract 等），那么下面这条指令最少需要占多少位空间?

　　　add　M　R2

P5-4　在 P5-3 题中，如果数据和指令使用相同的字长，那么每个数据寄存器大小是多少?

P5-5　在 P5-3 题中，计算机中的指令寄存器大小是多少?

P5-6　在 P5-3 题中，计算机中的程序计数器大小是多少?

P5-7　在 P5-3 题中，数据总线为多少位?

P5-8　在 P5-3 题中，地址总线为多少位?

P5-9　在 P5-3 题中，控制总线最少需要多少位?

P5-10　计算机使用 I/O 独立寻址。内存为 1024 个字。如果每个控制器包括 16 个寄存器，那么计算机可以存取多少个控制器?

P5-11　计算机使用 I/O 存储器映射寻址。地址总线为 10 条（10 位）。如果内存为 1000 个字，那么计算机可以存取多少个四位寄存器控制器?

P5-12　使用 5.8 节中的简单计算机指令集，编写执行下列计算的程序代码:

$$D \leftarrow A + B + C$$

A、B、C 和 D 是二进制补码格式的整数，用户输入 A、B 和 C 的值，D 的值显示在监视器上。

P5-13　使用 5.8 节中的简单计算机指令集，编写执行下列计算的程序代码:

$$B \leftarrow A + 3$$

　　A 和 3 是二进制补码格式的整数，用户输入 A 的值，B 的值显示在监视器上。（提示：使用加 1 指令）。

P5-14 使用 5.8 节中的简单计算机指令集，编写执行下列计算的程序代码：

$$B \leftarrow A - 2$$

A 和 2 是二进制补码格式的整数，用户输入 A 的值，B 的值显示在监视器上。（提示：使用减 1 指令）。

P5-15 使用 5.8 节中的简单计算机指令集，为程序编写代码，该程序完成 *n* 个从键盘输入的整数的相加，并显示它们的和。你首先需要输入 *n* 的值。（提示：使用减 1 指令和跳转指令，重复 *n* 次加运算）。

P5-16 使用 5.8 节中的简单计算机指令集，为程序编写代码，该程序接收从键盘来的两个整数，如果第一个整数为 0，程序把第二个整数加 1；如果第一个整数是 1，程序把第二个整数减 1。第一个整数必须是 0 或 1，否则程序失败。程序显示加 1 或减 1 的结果。

计算机网络和因特网

个人计算机的发展带动了商业、工业、科学和教育的巨大改变。网络也发生了类似的变革。技术的进步使得通信线路能传送更多、更快的信号。而不断发展的服务使得我们能够使用这些扩展的能力。计算机网络领域的研究导致了新技术的产生——在全球各个地方交换文本、音频和视频等数据，在任何时候快速、准确地下载或上载信息。

目标

通过本章的学习，学生应该能够：

- 描述局域网和广域网（LAN 和 WAN）；
- 区分因特网与互联网；
- 描述作为因特网网络模型的 TCP/IP 协议族；
- 定义 TCP/IP 协议族中的各层以及它们的关系；
- 从应用层面描述一些应用；
- 描述传输层协议提供的服务；
- 描述网络层协议提供的服务；
- 描述数据链路层使用的不同协议；
- 描述物理层的责任；
- 描述在计算机网络中使用的不同传输媒介。

6.1 引言

虽然本章的目标是讨论因特网——一个将世界上几十亿台计算机互相连接的系统，但我们对因特网的认识不应该是一个单独的网络，而是一个网络结合体——**互联网络**。因此，我们的旅程将从定义一个网络开始，然后展示如何通过网络连接来建造小型的互联网络。最终我们会展示因特网的结构并且在本章的余下部分开启研究因特网的大门。

6.1.1 网络

网络是一系列可用于通信的设备相互连接构成的。在这个定义里面，一个设备可以是一台主机（或用另一种称呼，**端系统**），比如一台大型计算机、台式机、便携式计算机、工作站、手机或安全系统。在这个定义中，设备也可以是一个**连接设备**，比如用来将一个网络与另一个网络相连接的**路由器**，一个将不同设备连接在一起的**交换机**，或者一个用于改变数据形式的调制解调器，等等。在一个网络中，这些设备都通过有线或无线传输媒介（比如电缆或无线信号）互相连接。当我们在家通过即插即用路由器连接两台计算机时，虽然规模很小，但已经建造了一个网络。

1. 局域网

局域网（LAN）通常是与单个办公室、建筑或校园内的几个主机相连的私有网络。基于机构的需求，一个局域网既可以简单到某人家庭办公室中的两台个人计算机和一台打印机，也可以扩大至一个公司范围，并包括音频和视频设备。在一个局域网中的每一台主机都有作为这台主机在局域网中唯一定义的一个标识符和一个地址。一台主机向另一台主机发送的数据包中包括源主机和目标主机的地址。图 6-1 展示了局域网的一个例子。

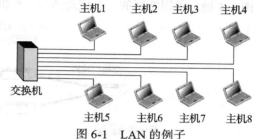

图 6-1   LAN 的例子

2. 广域网

广域网（WAN）也是通信设备互连构成的。但是广域网与局域网之间有一些差别。局域网的大小通常是受限制的，跨越一个办公室、一座大楼或一个校园；而广域网的地理跨度更大，可以横跨一个城镇、一个州、一个国家，甚至横跨世界。局域网将主机互连，广域网则将交换机、路由器或调制解调器之类的连接设备互连。通常，局域网为机构私有，广域网则由通信公司创建并运营，并且租给使用它的机构。我们可以看到广域网的两种截然不同的案例：**点对点广域网**和**交换广域网**，如图 6-2 所示。

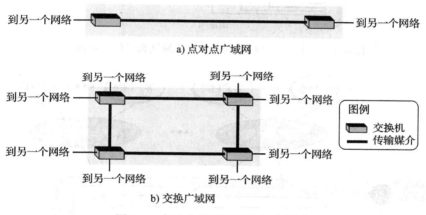

图 6-2   点对点广域网和交换广域网

点对点广域网是通过传输媒介（电缆或无线）连接两个通信设备的网络。

交换广域网是一个有至少两个端的网络。就像我们很快就会看到的那样，交换广域网用于当今全球通信的骨干网。我们也可以这么说，交换广域网是几个点对点广域网通过开关连接产生的结合体。

3. 互联网络

如今，很难看见独立存在的局域网或广域网，它们现在都是互相连接的。当两个或多个网络互相连接时，它们构成一个互联网络，或者说**网际网**。举一个例子，假设一个机构有两个办公室，并且两个办公室都通过局域网来进行办公室内所有雇员之间的通信，那么为了使不同办公室的雇员之间的通信成为可能，管理部门从电话公司之类的服务供应商那里租用了一个无须拨号的点对点广域网并且将两个局域网相连。现在这个公司就拥有了一个互联网络，或者说一个私人网际网，不同办公室之间的通信也可以实现了。图 6-3 展示了这个互联网络。

6.1.2   因特网

正如我们之前讨论过的，一个网际网（注意 internet 的 i）是两个或多个可以互相通信的网络。最值得注意的网际网是**因特网**（注意 Internet 的 I），它由成千上万个互连的网络组成。
图 6-4 展示了因特网的一个概念图像（而非地理图像）。

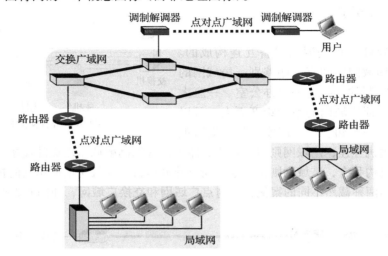

图 6-3   一个由 2 个局域网和 3 个广域网构成的互联网络

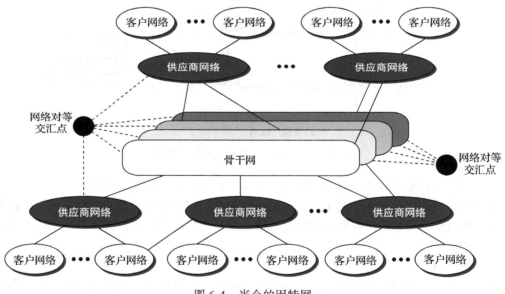

图 6-4   当今的因特网

这幅图将因特网展示为几个骨干网、供应商网络和客户网络。在顶层，骨干网为通信公司所拥有，这些骨干网通过一些复杂的交换系统相互连接。我们把这些交换系统称为网络对等交汇点（peering point）。在第二层，有一些规模较小的网络，这些网络称为供应商网络，它们付费使用骨干网上的一些服务。这些供应商网络与骨干网相连接，有时也连接其他供应商网络。在因特网的边缘有一些真正使用基于因特网的服务的网络，这些网络是客户网络，它们向供应商网络付费来得到服务。

骨干网和供应商网络也被称为**因特网服务供应商**（ISP），骨干网通常被称为国际因特网服务供应商，供应商网络则被称为国内或地域性因特网服务供应商。

6.1.3　硬件和软件

我们已经展示了因特网通过连接设备将大大小小的网络互相交织在一起构成的基本结构。然而，如果仅仅将这些部分连接在一起，很明显什么都不会发生。为了产生通信，既需要**硬件**也需要**软件**设备。这就像当进行一个复杂的计算时，我们同时需要计算机和程序。下一节将展现这些硬件和软件的组合是如何通过协议分层来互相配合的。

6.1.4　协议分层

当谈论因特网时，有一个词我们总是会听到，这个词就是协议。**协议**定义了发送器、接收器以及所有中间设备必须遵守以保证有效地通信的规则。简单的通信可能只需要一条简单的协议，当通信变得复杂时，可能需要将任务分配到不同的协议层中，在这种情况下，我们在每一个协议层都需要一个协议，或者**协议分层**。

1. 场景

为了更好地理解协议分层的必要性，首先我们开发一个简单的场景。假定 Ann 和 Maria 是有很多共同想法的邻居，她们每次都会为了一个何时退休的计划互相见面并进行沟通。突然，Ann 所在的公司为她提供了一个升职的机会，但是同时要求她搬到离 Maria 很远的一个城市中的分部去住。由于她们想出了一个具有创新性的计划——在退休后开始做新的生意，这两个朋友仍然想继续她们的通信并且就这个新计划交换想法。她们决定通过到邮局使用普通邮件通信来继续她们的对话，但是如果邮件被拦截了，她们又不希望别人知晓她们的想法。她们在邮件的加密 / 解密方式上达成了一致，寄信人对邮件进行加密，这样对于入侵者而言邮件就是无法阅读的；同时收信人对邮件进行解密以得到原始信件。第 16 章将讨论加密 / 解密方法，但是现在我们可以推测 Maria 和 Ann 使用了其中一种使没有密钥的人很难对信件进行解密的技术。这样，可以把 Maria 和 Ann 之间的通信分成三个协议层，如图 6-5 所示。假设 Ann 和 Maria 都各自拥有三台机器（或机器人）来完成每一个协议层的任务。

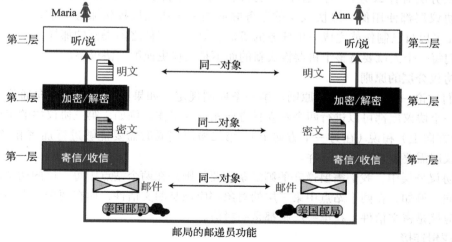

图 6-5　一个三层协议

假设 Maria 将第一封邮件寄给 Ann。Maria 假设第三协议层机器是正在听她说话的 Ann 并对其说话，第三协议层的机器听她说话并且创作出明文（一封用英语写的信），并被传送到第二层的机器，第二协议层的机器对文本进行加密，将它创作成**密文**，并传送到第一协层的机器。这个第一协议层的机器，也许是一个机器人，把密文装进信封，加上发信人和收信人地址，然后将信寄出。

在 Ann 这边，第一协议层的机器从 Ann 的邮箱中取出邮件并通过发信人地址找出来自 Maria 的这一封。它从信封中取出密文并传递给第二协议层的机器，第二协议层的机器对密文进行解密，创作出明文并传递给第三协议层的机器，第三协议层的机器接受明文并且将它读出来，就像 Maria 在说话一样。

协议分层使我们可以将大任务化简成几个更小、更简单的任务。例如，在图 6-5 中我们可以只用一台机器来完成三台机器的全部工作，但是，如果 Maria 和 Ann 觉得机器完成的现有加密或解密无法保证她们的保密，她们需要替换整个机器。在现在的情况下，她们只需要替换第二协议层的机器就足够了，另外两层可以保持不变，这称为**模块化**。在这里模块化指的是独立的协议层。一个协议层（**模块**）可以定义为一个具有输入和输出而不需要考虑输入是如何变成输出的黑匣子。当向两台机器提供相同输入得到相同输出时，它们就可以相互替换。例如，Ann 和 Maria 可以从两个不同的制造商那里购买第二协议层的机器，只要两台机器可以利用相同的明文创作出相同的密文，反之亦然，她们就可以完成这个工作。

协议分层的一个优势就是可以将服务和其实现分开。每层使用更低层的服务，并向较高一层提供服务，并且我们不需要考虑该层是如何实施的。例如，Maria 也许因为可以自己完成第一协议层的工作而决定不买第一协议层的计算机（机器人）。只要 Maria 可以完成第一协议层提供的工作，这个通信系统就可以正常地双向运行。

协议层的另一个优势虽然在简单的例子中无法看出，但是在我们讨论因特网中的协议分层时会表现出来，因为通信系统往往不仅仅具有两个端系统，还有一些只需要几个协议层而不是所有协议层的中间系统。如果我们不使用协议分层，整个系统会变得更复杂，因为那样我们要把每一个中间系统都变得和端系统一样复杂。

协议分层有什么劣势吗？也许有人会认为单一协议层可以使整个工作变简单，而且没有每个协议层都使用低一级协议层的服务并向高一级协议层提供服务的需求。例如，Ann 和 Maria 可以自己制作能完成三项任务的机器。但是，就像之前提到的那样，一旦密码被破解，她们每一个人就要将整个机器换成新的而不是仅仅更换第二协议层。

2. 协议分层的原则

我们讨论一下协议分层的原则。第一条原则规定，如果我们想达到双向通信，就需要保证每一个协议层都可以进行两个对立且方向相反的工作。例如，第三协议层的工作是去听（在一个方向上）和说（在另一个方向上），第二协议层同时需要能够进行加密和解密工作，第一协议层需要发送和接收邮件。

在协议分层中，我们需要遵守的第二条重要原则是在两个站点中每一层的两个对象必须完全相同。例如，在两个站点中第三层的对象都应该是明文信件，而在两个站点中第二层的对象都应该是密文信件，在第一层则都是一封信。

3. 逻辑连接

在遵循以上两条原则之后，我们可以按如图 6-6 所示理解每个协议层之间的逻辑连接。这说明了层与层之间通信的存在。Maria 和 Ann 可以认为她们能够发送该协议层创作的对象是基于每层的逻辑（假想的）连接。逻辑连接的概念会帮助我们更好地理解在数据通信和建立数据关系网络中遇到的分层工作。

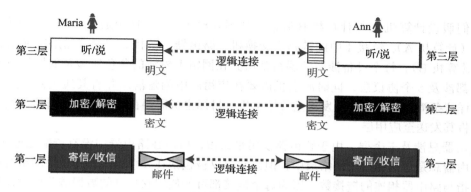

图 6-6 对等协议层之间的逻辑连接

6.1.5 TCP/IP 协议族

通过第二个场景我们了解了协议分层和协议层之间的逻辑通信，这样就可以引入**传输控制协议 / 网际协议**（TCP/IP）。如今因特网中使用的协议集（一组通过不同分层进行组织的协议）被称为 TCP/IP 协议族。TCP/IP 协议族是一个分层协议，它由提供特定功能的交互式模块组成。分层这个术语说明每一个高层协议都基于一个或多个低层协议提供的服务。TCP/IP 协议族由图 6-7 所示的五个层次组成。

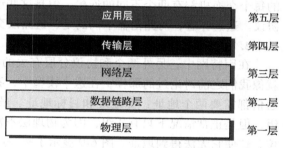

图 6-7 TCP/IP 协议族的层次

1. 分层架构

为了展示 TCP/IP 协议族中的分层是如何在两台主机通信中作用的，我们假设要使用的一套东西在一个由 3 个 LAN（链接）构成的小网络中，且链路层交换机与每个 LAN（链接）相连。同时我们假定这些链接都与同一个路由器相连，如图 6-8 所示。

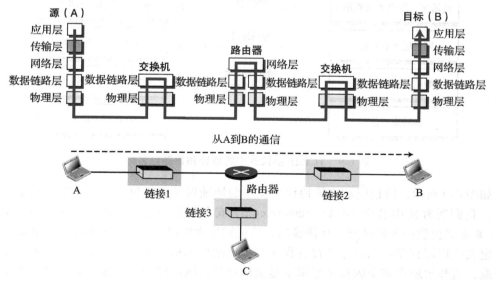

图 6-8 通过网际网通信

我们假设计算机 A 与计算机 B 通信。如图 6-8 所示，在这个通信中有 5 个通信设备：源主机（计算机 A）、链接 1 中的链路层交换机、路由器、链接 2 中的链路层交换机、目标主机（计算机 B）。每个设备涉及的层组都由其在网络上扮演的角色所涉及的层组决定。两台主机都涉及 5 个协议层，同时源主机需要在**应用层**中创建消息并将其通过协议层向下发送，这样这条消息才能物理地发送至目标主机。目标主机需要在**物理层**接收通信并通过其他协议层将其发送至应用层。

路由器只涉及三个层，由于路由器仅用来**路由**，所以在路由器中没有传输层或应用层。虽然路由器总是包括在一个网络层中，但是它仅仅被包括在 n 个链接和物理层的组合中，这里的 n 指与路由器相连的链接数。因为每个链接都可能使用它自己的数据链路层协议或物理层协议。例如，在上面这张图中，路由器被包含在 3 个链接中，但是从源 A 发送到目标 B 的消息只涉及两条链接。每个链接都可能使用不同的链路层和物理层协议，所以路由器需要基于一对协议接收来自链接 1 的数据包，然后基于另一对协议将其数据包发送至链接 2。

然而，链接中的链路层交换机只涉及两个协议层：数据链路层和物理层。虽然上述图中的每个交换机都有两个不同的连接，但是这些连接都在同一个链接中，这些链接仅使用一组协议。这意味着，与路由器不同的是，链路层交换机只涉及一个数据链路层和一个物理层。

2. 地址和数据包名称

在因特网中，另外两个和协议分层有关的概念很值得一提，它们是*地址*和*数据包名称*。就像我们之前讨论过的那样，在这个模型中，我们有层组之间的逻辑通信。任何涉及两方的通信都需要两个地址：源地址和目标地址。虽然看上去我们需要 5 组地址，每个协议层一组，但是正常情况下只有 4 组，因为物理层不需要地址。这是由于物理层数据交换的单位是位，这使它无法得到地址。图 6-9 展示了每一层的数据包名称和地址。

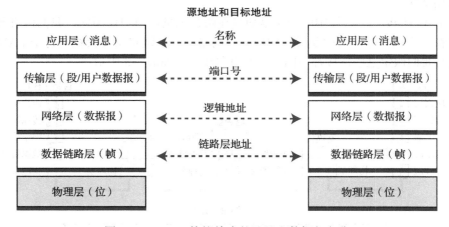

图 6-9   TCP/IP 协议族中的地址和数据包名称

如图 6-9 所示，协议层和在该协议层使用的地址以及数据包名称之间存在联系。在应用层，我们通常使用名称（比如 someorg.com）或者邮箱地址（比如 somebody@coldmail.com）来定义提供服务的站点。在传输层，地址被称为**端口号**，端口号的作用是在源和目标之间定义应用层程序。端口号通过各程序的本地地址来辨别多个同时运行的本地程序。在**网络层**，这些地址在整个因特网范围下是全球化的，网络层的地址独一无二地定义了该设备与因特网的连接。链路层地址，有时称为 **MAC 地址**，是在本地定义的地址，每一个链路层地址在计算机网络（局域网（LAN）或广域网（WAN））中定义一个特定的主机或者路由器。

6.2　应用层

在简单讨论网络、互联网络和因特网之后，我们准备好来进行一些有关 TCP/IP 协议族中每一层的讨论。我们从第五层向第一层进行讨论。

TCP/IP 协议族的第五层叫作应用层。应用层向用户提供服务。通信由逻辑连接提供，也就是说，假设两个应用层通过它们之间假想的直接连接发送和接收消息。如图 6-10 显示了逻辑连接背后的思想。

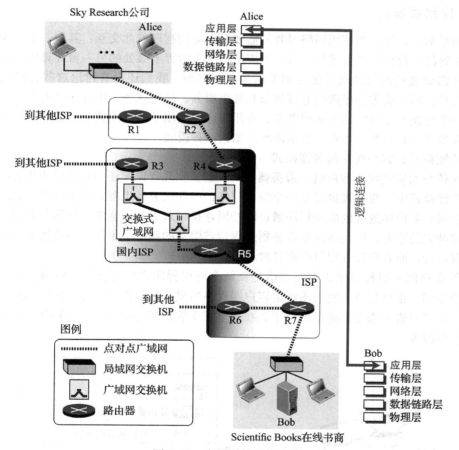

图 6-10　应用层的逻辑连接

上图显示了一个场景，在这个场景中，Sky Research 科研公司的科学家需要到一个叫作 Scientific Books 的在线书商那里订购一本与她的研究方向有关的书。Sky Research 科研公司的计算机的应用层和 Scientific Books 的一台**服务器**的应用层之间就产生了逻辑连接。我们把第一台主机叫作 Alice，第二台主机叫作 Bob。这个应用层的通信是逻辑上的而不是物理上的，也就是说，假设 Alice 和 Bob 之间有一个双向的逻辑信道来发送和接收消息，但是实际上的通信则如图 6-10 所示通过一些设备（Alice、R2、R4、R、R7 和 Bob）和一些物理信道产生。

6.2.1 提供服务

应用层与其他层不同的地方在于，它是协议族中的最高层。这一层中的协议不向其他协议提供服务，它们只接收传输层的协议提供的服务。这意味着该层的协议可以轻易去除。只要新的协议可以使用传输层中任意一个协议提供的服务，这个协议就可以添加到应用层上。

由于应用层是唯一一向因特网用户提供服务的层，应用层的灵活性使得新的协议可以很容易地添加到网络上，如前所述，这种情况在因特网的生命周期内常常出现。当因特网最初创造出来时，用户只能使用很少的应用协议，如今由于新协议的添加已经变成常态，我们很难给出现有协议的具体数目。

6.2.2 应用层模式

很清楚的一点是，当使用网络时我们需要两个应用程序彼此交互：其中一个应用程序在世界上某处的一台计算机上运行，另一个应用程序在世界上某处的另一台计算机上运行。这两个程序需要通过网络基础设施互相发送消息。然而，我们还没有讨论这些程序之间应该是何种关系。两个应用程序都应能够请求和提供服务，还是这些应用程序只需要其中的一个或另外一个功能？在网络的生命周期中，应用程序发展出了两种模式来解答这个问题：客户机 – 服务器模式和端到端模式。这里简单介绍这两种模式。

1. 传统模式：客户机 – 服务器模式

较为传统的模式叫作**客户机 – 服务器模式**。这直到几年以前还一直是最为流行的一种模式。在这种模式中，服务提供者是一个应用程序，叫作服务器进程，这个进程一直运行，等待另一个叫作客户端进程的应用程序通过因特网连接请求服务。通常一些服务器进程可以提供某特定种类的服务，但是向这些服务器进程请求服务的用户会很多，因此很多服务器进程需要一直运行，而客户端进程只在需要时运行。

虽然客户机 – 服务器模式中的通信是在两个应用程序之间进行的，但每个应用程序的角色完全不同，也就是说，我们不能把客户端程序当成服务器程序运行，反之亦然。图 6-11 展示了一个客户机 – 服务器通信的例子，在这里三个客户机与同一个服务器通信以获得该服务器提供的服务。

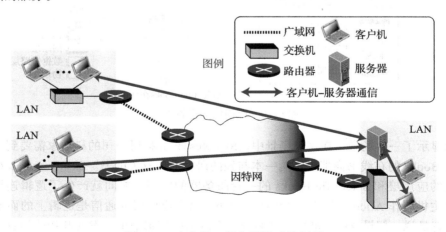

图 6-11 客户机 – 服务器模式的例子

这种模式的一个问题是通信负荷集中由服务器承担，这说明服务器必须是一台极为强大的计算机。即使是一台极为强大的计算机也可能因为大量客户在同一时间尝试连接到服务器而过载。另外一个问题则是需要服务提供者愿意接受这个成本并为某一特定服务建造一台足够强大的服务器，也就是说，该服务必须向服务器回报相应的某种收入来鼓励这样一种安排。

一些传统服务仍然在使用这种模式，包括**万维网**（WWW）和它的超文本传输协议（HTTP）、文件传输协议（FTP）、安全外壳协议（SSH）、邮件服务，等等。本章后面讨论这些协议和应用。

2. 新模式：端到端模式

端到端模式（通常缩写为 P2P 模式）是一个新的模式，这种模式为了响应一些新应用的需求而形成。在这种模式中，不需要一个一直运行并等待客户端进程连接的服务器进程。这个责任是在端与端之间共享的。一台与网络相连接的计算机可以在一个时间段提供服务又在另一个时间段接收服务。一台计算机甚至可以在同一时间提供和接收服务。图 6-12 展示了这种模式在通信时的一个例子。

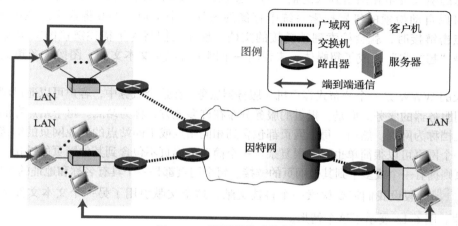

图 6-12　端到端模式的例子

这个模式完全适用的领域之一是网络电话。通过电话通信确实是一个端到端活动，任何一方都没有必要一直运行来等待另一方的呼叫。端到端模式可以使用的另一个领域是当一些计算机与网络连接来互相共享一些东西的时候。例如，当一个网络用户有一个需要与其他网络用户共享的文件时，不需要将这个文件夹变成服务器并且一直运行服务器进程来等待其他用户的连接和获得这个文件。

虽然端到端模式被证明更易于扩展并且在减少对长时间运行和维护昂贵服务器的需求上更具有成本效益，但是它也有一些挑战。最主要的挑战是**安全性**。和由几个专属服务器控制的服务相比，在分散的服务之间创造安全的通信更为困难。另一个挑战则是适应性，看起来似乎并不是所有的应用都可以使用这种新模式。例如，假如有一天万维网也可以通过端到端服务实现，但并不是很多网络用户都可以准备好参与的。

6.2.3　标准客户机 – 服务器应用

在网络的生命周期中，发展出了几种客户机 – 服务器应用程序。不需要重新定义它们，但是需要理解这些程序的作用。

本节选择 6 个标准应用程序。我们从 HTTP 和万维网讲起，因为几乎所有的网络用户都使用它们。接着介绍具有高网络传输负荷的文件传输和电子邮件应用。然后解释远程登录以及它是如何通过使用 TELNET 和 SSH 协议做到的。最后讨论 DNS，所有应用程序都使用它来向对应的主机 IP 地址映射应用层标识符。

1. 万维网和超文本传输协议

本节将介绍万维网（缩写为 WWW 或 Web）。然后讨论超文本传输协议（HTTP），以及和网络有关的最常用的客户机 – 服务器应用程序。

万维网

Web 是信息的存储库，这个存储库中叫作网页的文档分布在全世界并且相关的文档都链接在一起。Web 的普及和发展与以上提到的两个术语有关：分布式和链接。分布促进了 Web 的发展，世界上的每一个 Web 服务器都可以向这个存储库添加一个新网页并且告知所有网络用户而不用担心导致个别服务器过载。链接使一个网页可以参考存储在世界上另外一个地方的服务器中的另一个网页。网页之间的链接是通过一个叫作**超文本**的概念实现的，这个概念的引入发生在网络到来之前。这个想法是当文档中出现到另外一个文档的链接时，用一个可以自动检索的机器检索系统中存储的另外一个文档。Web 将这个想法电子化了：当用户点击链接时，就会检索到被链接的文档。现在我们将为了描述链接的文本文档而创造的术语"超文本"改成了超媒体，来说明一个网页可以是文本文档、图像、音频文件或视频文件。

今天的 WWW 是一个分布式客户机 – 服务器服务，在这个服务中，客户可以通过浏览器来访问使用服务器的服务。但是，提供的服务分布在许多地方，称为站点。每个站点存储的一个或多个文档称为网页。然而，每个**网页**都包含到相同站点或不同站点的其他网页的链接。换句话说，一个网页可以很简单也可以很复杂。一个简单的网页不包含到其他网页的链接，一个复杂的网页则拥有一个或多个到其他网页的链接。每个网页都是一个具有名称和地址的文件。

例 6-1　假设我们需要检索一个科技文献，这个文献引用了另一个文本文件和一个较大的图片。图 6-13 展示了这个情形。

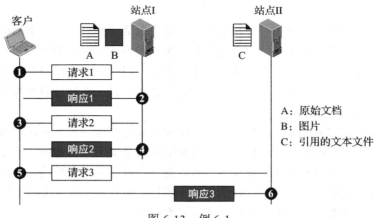

图 6-13　例 6-1

主要文档和图片存储在同一站点的两个分开的文件中（文件 A 和文件 B）；引用的文本文件存储在另一个站点（文件 C）。由于需要处理 3 个不同文件，如果想看见整个文档需要 3 个事务。第一个事务（请求 / 响应）检索主要文档（文件 A）的副本，这个副本中有第二个和第三个文件的相应引用（指针）。当检索并浏览到主要文档的副本后，用户就可以点击图片的引用并调用第二个事务，然后检索图片的副本（文件 B）。如果用户需要查看引用的文本文件的内容，可以点击该文件的引用（指针）以调用第三个事务并且检索文件 C 的副本。注意，虽然文件 A 和 B 都存储在站点 I，但它们是有着不同名称和地址的独立文件。检索它们需要调用两个事务。我们需要记住的很重要的一点是，例 6-1 中的文件 A、B 和 C 都是独立的网页，它们有独立的地址和名称。虽然文件 A 中包含文件 B 或文件 C 的引用，但这并不意味着这些文件无法各自独立地检索到。第二个用户可以通过一个事务检索文件 B。第三个用户可以通过一个事务检索文件 C。

Web 客户端（浏览器）

各种各样的供应商提供了能解释和显示网页的商用**浏览器**。它们几乎使用了相同的体系结构。每个浏览器通常由三部分构成：控制器、客户端协议和解释器。

控制器接收来自键盘或鼠标的输入，使用客户端程序存取文档。在文档被存取之后，控制器使用一个解释器在屏幕上显示文档。客户端协议可以是稍后要描述的协议中的一种，如HTTP 或 FTP。根据文档类型，解释器可以是 HTML、Java 或 JavaScript。一些商业浏览器包括 Internet Explorer、Netscape Navigator 和 Firefox。

Web 服务器

服务器存储网页。每当请求到达时，相应的文档会发送至客户端。

统一资源定位符（URL）

作为文件，网页需要唯一的标识符来将它和其他网页区分开来。定义一个网页需要 3 个标识符：主机、端口和路径。然而，在对网页进行定义之前，需要告诉浏览器我们想要使用的客户机 – 服务器应用程序，这叫作协议。这意味着我们需要 4 个标识符来定义网页，第一个是用来得到网页的工具种类，剩下三个的组合定义目标对象（网页）。

- **协议**：为了访问网页需要的第一个标识符是客户机 – 服务器程序的缩写。
- **主机标识符**：主机标识符可以是服务器的 IP 地址或服务器的特定名称。
- **端口号**：端口号通常是为客户机 – 服务器应用程序预定义的 16 位整数。
- **路径**：路径标识该文件在基本的操作系统中的名字和位置。这种格式的标识符通常由操作系统决定。

在 UNIX 操作系统中，路径是一组目录名跟着文件名，在路径中用斜杠把目录与子目录和文件分开。

统一资源定位符（URL）是为了把这 4 个部分结合起来而设计的，如下所示，它用 3 种不同的分隔符将 4 个部分分开：

protocol://host/path　　　　大多数时间用

protocol://host:port/path　　当需要端口号时使用

2. 超文本传输协议

超文本传输协议（HTTP）是一个用来定义如何编写客户机 – 服务器程序以便从网络中检索网页的协议。HTTP 客户端发送请求，服务器返回响应。服务器使用的端口号为 80，而客户机使用临时端口号。

6.2.4　文件传输协议

文件传输协议（FTP）是 TCP/IP 提供的标准协议，用于从一台计算机复制文件到另一台计算机。虽然从一个系统到另一个系统的文件传输看起来简单直接，但有些问题必须首先处理。例如，两个系统可能使用不同的文件命名约定。两个系统也可能有不同的方式表示数据。两个系统有不同的目录结构。所有这些问题都被 FTP 使用非常简单优美的方法解决了。

图 6-14 显示了 FTP 的基本模式。客户端由三部分组成：用户接口、客户端控制进程和客户端数据传输进程。服务器由两部分组成：服务器控制进程和服务器数据传输进程。控制连接建立在控制进程间，数据连接建立在数据传输进程间。

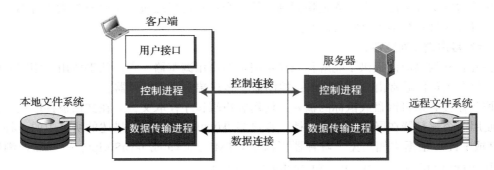

图 6-14　文件传输协议

命令和数据的分开传输使得 FTP 效率更高。控制连接使用非常简单的通信规则，一次只需要传输一行命令或一行响应。另一方面，数据连接却需要更为复杂的规则，这是由于要传输的数据是多种多样的。

两个连接的生命周期

FTP 中的两个连接有着不同的生命周期。控制连接在整个交互式 FTP 会话中都是保持打开的，而数据连接为每个文件传输活动打开和关闭。每次涉及使用文件传输命令时，它就打开，文件传输结束后，它就关闭。当控制连接打开时，如果需要传输多个文件，数据连接可以打开和关闭多次。

6.2.5　电子邮件

电子邮件（electronic mail 或 e-mail）允许客户交换信息。然而这个应用的本质却与其他讨论过的应用不一样。在 HTTP 或 FTP 之类的应用中，服务器程序是一直运行的，等待客户的请求。当请求来临时，服务器提供服务。有请求就有响应。但是这种情况在电子邮件中是不一样的。首先，电子邮件被认为是一个单向事务。当 Alice 给 Bob 发邮件时，她可能期待收到回复，但是这不是一个指令。Bob 可能回也可能不回。如果他确实回复了，这是另一个单向事务。其次，让 Bob 运行一个服务器程序并且等待直到有人向他发邮件既不可行也不符合逻辑。Bob 可能在他不使用时将计算机关闭。这意味着客户机 / 服务器编程应该通过另一种途径实现：使用一些中间计算机（服务器）。用户只在需要的时候运行客户端程序，然后中间服务器回应客户机 / 服务器模式，就像下一节要谈论的那样。

体系结构

为了解释电子邮件的体系结构，我们给出了一个常见的场景，如图 6-15 所示。

在这个常见的场景中，Alice 和 Bob 分别是发件人和收件人，他们通过 LAN 或 WAN 与两个电子邮件服务器相连。管理员已经为每个用户创建了一个邮箱，用来存储收到的信息。**邮箱**是服务器硬盘的一部分，是一个有权限限制的特殊文件。只有邮箱的主人可以访问它。管理员已经创建了一个接一个发送电子邮件到互联网的队列系统（spool）。

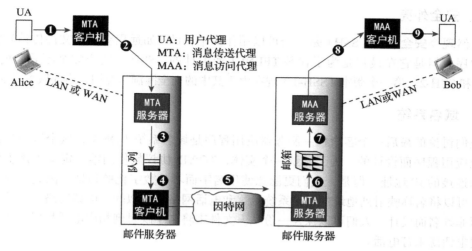

图 6-15　常见场景

　　如图 6-15 所示，Alice 发给 Bob 一封简单邮件的过程需要 9 个不同步骤。Alice 和 Bob 使用了三个不同的代理程序：**用户代理**（UA）、**消息传送代理**（MTA）和**消息访问代理**（MAA）。当 Alice 需要向 Bob 发送信息时，她运行用户代理程序，准备消息，然后发送消息到她的邮件服务器。在 Alice 处的邮件服务器使用队列来存储消息，等待发送。消息需要通过网络使用 MTA 由 Alice 处传到 Bob 处。这里用到了两个**消息传送代理**：一个客户机和一个服务器。就像网络上的其他客户机 – 服务器程序一样，服务器需要一直运行，因为它不知道何时会有客户要求连接。另一方面，当队列中有一个邮件将要发送时，客户机可以被系统触发。在 Bob 处的用户代理允许 Bob 阅读收到的邮件。然后 Bob 使用一个 MAA 客户机从第二个服务器上运行的 MAA 服务器检索邮件。

　　Bob 需要另一组客户机 – 服务器程序：消息访问程序。这是因为 MTA 客户机 – 服务器程序是推入程序：客户机将消息推入（上载）服务器。Bob 需要一个拉出程序：客户机需要从服务器拉出（下载）消息。很快我们会讨论有关 MAA 的更多内容。

6.2.6　TELNET

　　服务器程序可以为相应的客户机程序提供特定的服务。例如，FTP 服务器使 FTP 客户可以在服务器上存取文件。但是不可能为我们需要的每一种服务都编写一对客户机 / 服务器，服务器的数量很快就会变得难处理。这个想法是不现实的。另一个解决方法是为一系列常用场景设置一个特定的客户机 / 服务器程序，但是使用一些一般性的客户机 / 服务器程序，这样的程序允许用户在客户机站点登录服务器计算机，并且使用该计算机上可用的服务。例如，如果一个学生想在大学机房使用 Java 编译器程序，Java 编译器客户机和编译器服务器是不必要的。这个学生只需要利用一个客户端程序登录到大学服务器，然后使用大学的编译器程序。我们把这些一般性的客户机 / 服务器对称为**远程登录**应用。

　　TELNET 是**终端网络**（TErminaL NETwork）的缩写，是早期的远程登录协议之一。虽然 TELNET 要求登录名和密码，但是面对黑客行为时它是很脆弱的，因为它以明文形式（不是密文）发送所有数据，包括密码。黑客可以窃听并且得到登录名和密码。由于这个安全问题，TELNET 的使用已经由于另一个协议（安全外壳协议）的使用而减少。下一节讨论安全外壳协议。

6.2.7　安全外壳

虽然现今**安全外壳**（SSH）是一个可以用作多个目的（如远程登录和文件传输）的安全应用程序，但是它在最初是为了代替 TELNET 而设计的。SSH 有两个完全不兼容的版本：SSH-1 和 SSH-2。第一个版本（SSH-1）现在由于其中的安全漏洞而弃用，当前版本是 SSH-2。

6.2.8　域名系统

我们讨论的最后一个客户机 – 服务器应用程序是域名系统（DNS），这个程序是为了帮助其他应用程序而设计的。为了确认一个实体，TCP/IP 协议族使用唯一定义了该主机和网络之间连接的 IP 地址。但是，人们更愿意使用名字而不是数字化的地址。因此，网络需要有一个可以将名称映射到地址的目录系统。这和电话网络是相似的。电话网络为了使用电话号码而非姓名而设计。人们可以保存一份私人文件来将名字映射到相应电话号码，也可以直接通过电话簿来打电话。

由于如今的网络如此巨大，一个中央目录系统无法承担所有的映射工作。除此之外，如果中央计算机出故障了，那么整个通信网络就会瘫痪。更好的解决方法是将信息分布到世界上的很多计算机上。通过这个方法，需要进行映射的计算机可以与保存必要信息的最近的一台计算机联系。图 6-16 展示了 TCP/IP 协议族如何利用一个**域名系统**客户端和一个域名系统服务器来将一个名称映射到一个地址上。用户想使用文件传输客户端访问远程主机上运行的相应文件传输服务器。用户只知道文件传输服务器的名字，比如 afilesource.com。但是 TCP/IP 协议族需要文件传输服务器的 IP 地址来进行连接。下面 6 个步骤将主机名映射到 IP 地址上：

1）用户将主机名传递给文件传输客户端。

2）文件传输客户端将主机名传递给域名系统客户端。

3）每台计算机在启动之后得知一台域名系统服务器的地址。域名系统客户端发送消息和查询给域名系统服务器，查询利用已知的域名系统服务器的 IP 地址命名文件传输服务器。

4）域名系统服务器给出需要的文件传输服务器的 IP 地址。

5）域名系统客户端将 IP 地址传输给文件传输服务器。

6）文件传输客户端现在使用得到的 IP 地址访问文件传输服务器。

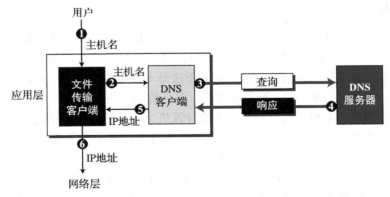

图 6-16　DNS 的用法

1. 命名空间

确切地说，给机器指定的名称必须从一个对于名称和 IP 地址之间的绑定有完全控制权的命名空间中选择。换句话说，因为地址唯一，所以名称也应当是唯一的。**命名空间**可以把每一个地址映射到一个唯一的名称上，这些名称通常按照分层进行组织。在分层的命名空间内，每个名称由几部分组成。第一部分定义组织的本质，第二部分定义组织的名称，第三部分定义组织中的部门，等等。在这里，命名空间的分配和控制权可以是分散的。中心机构可以分配一部分名称，这些名称对组织的本质和名称进行定义。名称的剩下部分则由组织本身给出。组织可以通过向名称添加后缀（或前缀）来定义它的主机或资源。组织在进行管理时不需要因为它为主机选择的前缀为另一组织使用而担心，因为即使一部分主机地址相同，整个主机地址也是不一样的。例如，假设两个组织都把各自的一台计算机称为 caesar。中心机构给第一个组织的名称比如说是 first.com，给第二个组织的名称则是 second.com。当两个组织都把名称 caesar 添加到已经被指定的名称上时，最终结果是两个不同的名称：caesar.first.com 和 ceasar.second.com。名称是唯一的。

2. 网络中的域名系统

DNS 是一个可用于不同平台的协议。在网络中，**域名空间**（树）最初分为三个不同部分：一般域、国家域和反向域。然而，由于网络的快速发展，跟踪反向域变得极为困难，这里反向域的作用是在设置 IP 地址时找到该主机的名称。反向域现在已经不再使用（见 RFC 3425），因此我们的注意力集中在前两个域上。

一般域

一般域根据注册主机的一般行为对它们进行定义。树上的每一个节点定义一个域，这些节点是**域名**空间数据库的索引（见图 6-17）。通过这个树，我们可以看到在一般域部分的第一层允许 14 个可能的标签。这些标签描述了表 6-1 中陈列的组织类型。

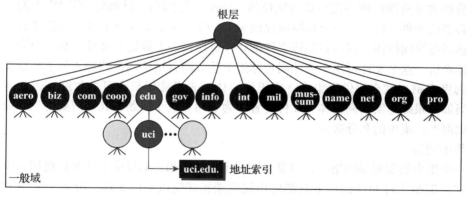

图 6-17　一般域

表 6-1　一般域标签

标　签	描　述	标　签	描　述
aero	航空运输业	int	国际组织
biz	公司或企业	mil	军事团体
com	商业机构	museum	博物馆
coop	合作组织	name	个人 / 个体姓名
edu	教育机构	net	网络支持中心
gov	政府机构	org	非营利组织
info	信息服务供应商	pro	专业机构

国家域

国家域部分使用两个字符组成的国家缩写（例如，us 是 United States 的缩写）。第二个标签可以是编制的，也可以是更特定的国别称号。例如，美国用州的缩写作为国别缩写 us 的细分（例如，ca.us）。图 6-18 展示了国家域部分。地址 uci.ca.us 可以翻译为美国加利福尼亚州的加州大学欧文分校。

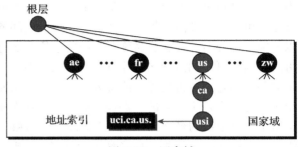

图 6-18　国家域

6.2.9　端到端模式

本章前面讨论了客户机 – 服务器模式。端到端文件共享的第一个范例可以追溯到 1987 年 12 月，韦恩·贝尔创造了 WWIV 网——WWIV（第四次世界大战）公告栏软件的网络组件。1999 年 7 月，伊恩·克拉克设计了新飞网（Freenet）——一个分散且抗审查的分布式数据存储，旨在通过一个端到端网络为言论自由提供具有匿名性的强有力的保障。

端到端网络随着肖恩·范宁创造的在线音乐文件分享服务 Napster（1999—2001）逐渐受到欢迎。虽然用户自由复制和传播音乐文件的行为引起了对 Napster 的一个侵权诉讼并且导致了该服务的关闭，但它为后来的端到端文件分布模型奠定了基础。Gnutella 首次于 2000 年 3 月发布。紧随其后，（Kazaa 使用的）快道协议（FastTrack）、BT 下载（BitTorrent）、WinMX 和吉牛网（GNUnet）也各自在 2001 年 3 月、4 月、5 月和 11 月相继发布。

准备好共享资源的网络用户成为同位体（peer）并逐渐构成网络。当网络中的一个同位体有可共享的文件（例如，一个音频或视频文件）时，这个文件对于其他同位体而言是可获得的。感兴趣的同位体可以与存储该文件的计算机连接并下载这个文件。在一个同位体下载这个文件之后，这个文件可用于其他同位体的下载。随着更多同位体加入和下载该文件，这个文件的更多副本就会提供到组中。由于同位体列表可能增长也可能收缩，因此问题是该模式应当如何跟踪忠实的同位体和文件位置。为了回答这个问题，我们需要把端到端（P2P）模式分成两类：集中的和分散的。

1. 集中网络

在一个集中的端到端网络中，目录系统列出同位体和它们提供了什么以使用客户机 – 服务器模式，但是文件的存储和下载都使用端到端模式完成。由于这个原因，集中 P2P 网络有时也被称为混合 P2P 网络。Napster 就是一个集中 P2P 的例子。在这种网络中，一个同位体先通过一个中央服务器注册，然后同位体提供它的 IP 地址和它准备共享的文件列表。为了防止系统崩溃，Napster 为此使用了多个服务器，虽然只在图 6-18 中展示了一个。

为了寻找一个特定文件，同位体向主服务器发送一个查询要求。服务器在它的目录中搜索并给出存有该文件副本的节点的 IP 地址。同位体连接这些节点之一并下载文件。随着节点加入和离开同位体，这个目录一直在更新。

集中网络使目录的维护得到简化，但是也造成一些障碍。访问目录可能产生巨大的流量并使系统变慢。这些中心服务器很容易受到攻击，如果它们全都出现故障，整个系统就会停机。因此 Napster 的中心组件最终要为其版权败诉以及最终在 2001 年 7 月关闭负责。New Napster 由罗西欧（Roxio）于 2003 年带回，Napster 2 现在是一个合法的付费音乐站点。

2. 分散网络

分散 P2P 网络不依赖于集中目录系统。在这个模型中，同位体组织形成一个在物理网络之上的逻辑网络，称为重叠网络。基于重叠网络中节点之间的连接方式，分散 P2P 网络分成结构化的和未结构化的两大类。

在一个未结构化的 P2P 网络中，节点随机地连在一起。在未结构化的 P2P 中进行搜索不是很有效，因为寻找一个文件的查询涌入网络并造成巨大的流量，即使这样这个查询请求也不一定得到解决。这种网络的两个例子是吉牛网（Gnutella）和新飞网（Freenet）。我们下面将以吉牛网为例。

结构化的网络使用一组预设的规则来链接节点，这样一个查询就可以有效且高效地解决。为了达到这个目的，最常用的技术是分布式散列表（DHT）。很多应用都使用了 DHT，包括分布式数据结构（DDS）、内容分布式系统（CDS）、域名系统（DNS）和 P2P 文件共享。一个使用 DHT 的常用 P2P 文件共享协议是 BT 下载。我们将在下一节把 DHT 作为一个既可以在结构化 P2P 网络也可以在其他系统中使用的技术单独讨论。

6.3　传输层

TCP/IP 协议族中的**传输层**位于应用层和网络层之间，它从网络层接收服务并且为应用层提供服务。传输层作为一个客户程序和服务器程序之间的联络，是一个进程间连接。传输层是 TCP/IP 协议族的核心部分，它是一个在网络中从一点向另一点进行数据传输的端与端之间的逻辑媒介。图 6-19 展示了逻辑连接的思想。

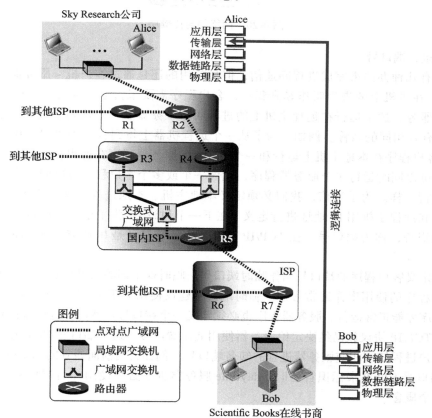

图 6-19　传输层的逻辑连接

这幅图展示的场景和我们用在应用层的是相同的。Alice 在 Sky Research 科研公司的主机和 Bob 在 Scientific Books 公司的主机在传输层建立了一个逻辑连接。这两个公司在计算机传输层通信，就像在它们之间有一个真正的连接一样。图 6-19 显示了只有两个端系统（Alice 的和 Bob 的计算机）在使用传输层服务，所有的中间路由器都只使用了前三层。

6.3.1 传输层服务

本节讨论传输层可以提供的服务，下一节讨论几种传输层协议。

1. 进程间通信

传输层的第一个责任是提供**进程间通信**。进程是使用传输层服务的应用层实体（运行中的程序）。

网络层（在下一节介绍）负责在计算机层面的通信（主机间通信）。网络层协议只能将消息传输到目的计算机。然而，这是一个不完整的传递，这个消息仍然需要被传递给正确的进程。这就是传输层协议的工作，它的责任是将消息送抵相应的进程。图 6-20 显示了网络层和传输层的域。

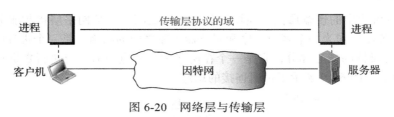

图 6-20　网络层与传输层

2. 地址：端口号

虽然有几种办法来完成进程间通信，但最常用的还是通过客户机 – 服务器模式（之前介绍过）。在主机上的进程叫作客户程序，客户程序需要来自通常运行在远程主机上的进程提供的服务，这个运行在远程主机上的进程叫作服务器程序。这两个进程（客户和服务器程序）有着相同的名称。例如，为了从一个远程机器上得到日期和时间，我们需要一个 daytime 客户程序在本地主机上运行和一个 daytime 服务器程序在远程机器上运行。一个远程计算机可以同时运行多个服务器程序，就像一个或多个客户程序可以同时在多个本地计算机上运行一样。为了通信，我们必须定义本地主机、本地进程、远程主机和远程进程。本地主机和远程主机用 IP 地址进行定义（在下一节讨论）。为了定义这些进程，我们需要第二个标识符，称为**端口号**。在 TCP/IP 协议族中，端口号是 0 和 65 535（16 位）之间的整数。

用来定义客户程序的端口号叫作**临时端口号**。临时这个词的意思是短命的，用在这里是因为客户程序的使用寿命通常很短。临时端口号建议使用大于 1023 的数，这样一些客户 / 服务器程序才能正常运行。服务器程序也必须定义一个端口号。然而，这个端口号不可以随机选择。TCP/IP 协议族已经决定给服务器使用通用端口号，这些端口号被称为**知名端口号**。每一个客户进程知道相应服务器进程的知名端口号。例如，当前面谈到的 daytime 客户进程用临时端口号 52000 来标识自己时，daytime 服务器进程必须使用知名端口号 13。图 6-21 展示了这个概念。

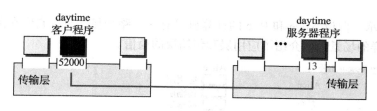

图 6-21　端口号

6.3.2　传输层协议

虽然因特网使用了一些传输层协议，但在本书中我们只讨论两种：UDP（用户数据报协议）和 TCP（传输控制协议）。

1. 用户数据报协议

用户数据报协议（UDP）是不可靠的无连接传输协议。它除了提供进程间通信而不是主机间通信以外，没有向网络层服务添加任何东西。如果 UDP 这么无能为力，为什么一个进程会想要使用它呢？这个缺点同时也是它的优点。UDP 是一个极简单同时开销最少的协议。如果一个进程想要发送一条短的消息且不关心可靠性，那么就可以使用 UDP。通过 UDP 发送一条短的消息比用 TCP 发送造成发送者和接收者之间的互动要少得多。

用户数据报

UDP 数据包，也叫作**用户数据报**，有一个固定大小为 8 字节的**头**。图 6-22 展示了用户数据报的格式。然而，由于 UDP 用户数据报是存储在总长度为 65 535 字节的 IP **数据报**中的，所以其整体长度会比较短。

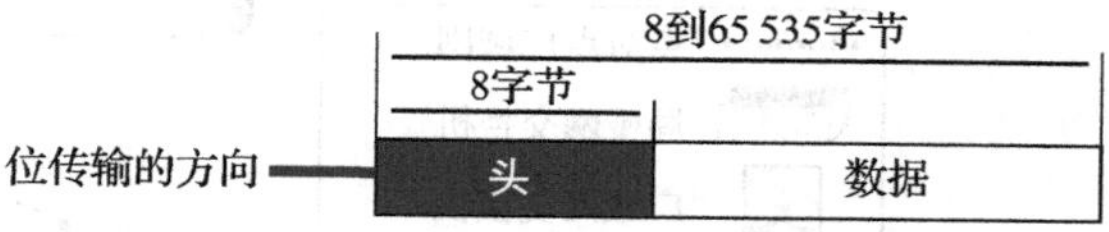

2. 传输控制协议

传输控制协议（TCP）是一个面向连接

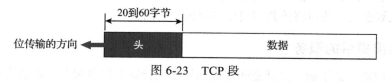

图 6-22　用户数据报的数据包格式

的可靠协议。它明确地定义了连接设施、数据传输和连接拆卸段以提供面向连接的服务。这里面向连接的服务指的是在（来自应用层的）同一消息中的所有数据包（段）之间有连接（关联）。TCP 使用序列号来定义段的顺序。序列号与每一段的字节数有关。比如在一个 6000 字节的消息中，第一段的序列号是 0，第二段的序列号是 2000，第三段的序列号是 4000（实际过程更复杂，我们尝试对其进行了简化）。这样，如果一段丢失了，接收者会持有另外两段直到发送者重置丢失的那段。

段

在传输层，TCP 将一些字节组合成一个叫作**段**的数据包。TCP 在每一段之前加上一个头（目的是方便控制），并且将这些段发送至网络层进行传输。这些段都封装在 IP 数据报里，并如图 6-23 所示进行传输。

```
        20到60字节
    ┌──────────┐
位传输的方向 ◀──│  头  │   数据   │
    └──────────┘
```

图 6-23　TCP 段

6.4　网络层

TCP/IP 协议族中的网络层负责源到目的地（计算机到计算机或主机到主机）的消息发

送。图 6-24 展示了假设 Alice 和 Bob 的计算机只有一条路径相连时，它们在网络层的通信。
前两节使用同样的场景分别介绍了应用层和传输层的通信。

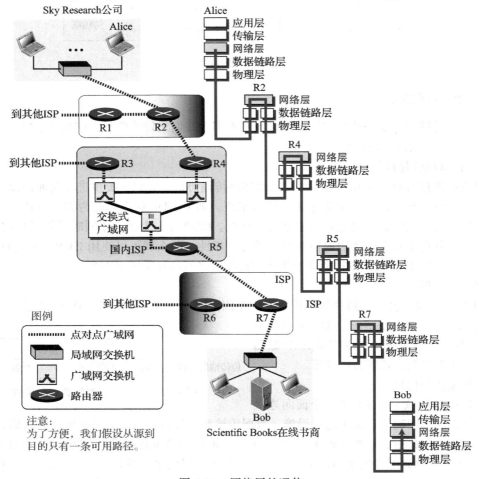

图 6-24　网络层的通信

如图 6-24 所示，源主机、目的主机和路径中的所有路由器（R2、R4、R5 和 R7）都涉
及网络层。在源主机（Alice）处，网络层从传输层接收了一个数据包，它将数据包封装在一
个**数据报**中，并且发送至数据链路层。在目的主机（Bob）处，这个数据报被解除封装，取
出数据包并发送至相应的传输层。虽然 TCP/IP 协议族的全部五层之中都涉及了源主机和目
的主机，但如果只为数据包规定路线，那么路由器只用到三层。然而，为了进行控制会需要
传输层和应用层。路径中的路由器通常与两个数据链路层和两个物理层同时展示，因为它从
一个网络接收数据包，然后将该数据包传递至另一个网络。

6.4.1　网络层提供的服务

网路层在传输层的下面，这就意味着网络层要向传输层提供服务。我们将在下面讨论这
个服务的几个方面。

1. 打包

网络层的第一个责任就是定义**打包**：在源主机的网络层数据包中封装有效负荷（从上

一层接收的数据），并且从来自目的主机网络层的数据包中解除有效负荷的封装。换句话说，网络层的一个责任是将有效负荷不加改动地从源送到目的地。网络层的服务就是一个邮局式的传递者，它负责将数据包从发送者送至接收者，同时保证数据包的内容不被改变或使用。如图6-25所示，这通过三个步骤完成。

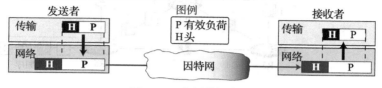

图6-25　在网络层打包

1）源网络层协议从传输层协议接收数据包，添加包含源地址和目的地址以及其他网络层协议所需信息的头。

2）网络层协议在逻辑上将该数据包传递至目的地处的网络层协议。

3）目标主机接收网络层数据包，解除有效负荷的封装并将其传输至上一层协议。

如果在源主机或路径中的路由器处时数据包为碎片状，网络层有责任等待直到所有碎片到达，对它们重新组合并发送至上一层协议。

传输层的有效负荷可以封装在几个网络层数据包中。

2. 数据包传递

网络层的数据包传递是无连接且不可靠的。接下来我们简单讨论这两个概念。

不可靠传递

在网络层传递的数据包是不可靠的，这意味着这些数据包可能损毁、丢失或者重复。换句话说，网络层提供的是尽力而为的传输，它不能保证这个数据包如我们所期待的那样到达目的地。这个服务和我们在邮局寄一封平信时的情况是一样的。不管是邮局还是网络层，这都可以通过成本来进行解释。如果我们需要邮局提供保证，成本会更大一些（比如挂号信）。如果我们希望网络层提供保证，这个数据包的传递就会被延迟。在每个路由器和目的地处的每个数据包都需要进行检查，如果出现损毁情况则需要重新发送。检查丢失的数据包甚至成本更大。是否这样就意味着我们通过网络传送的消息是不可靠的呢？答案是，我们要通过使用传输层协议中的TCP才能保证消息没有损毁。如果在传输层的一个有效负荷（由于数据链路层的不可靠传递）损毁了，TCP会丢弃这个数据包并且要求重新发送。这在前一节提过了。

无连接传递

网络层的传递也是无连接的，但是这里的无连接不是说发送者和接收者之间没有物理连接，而是说网络层对每个数据包的处理是单独的（就像邮局对待信件的那种方式）。换句话说，属于相同传输层有效负荷的数据包之间是没有联系的。如果一个传输层数据包由4个网络层数据包构成，那么无法保证这4个数据包到达的顺序与它们发送的顺序相同，这是由于每个数据包都可能依照不同的路径到达目的地。图6-26展示了这个问题的原因。

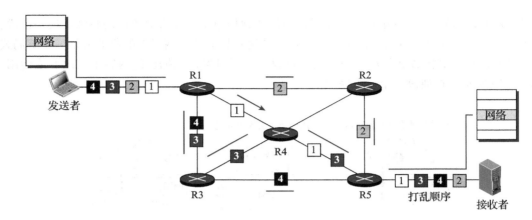

图 6-26　不同的数据包传递路径

　　一个传输层数据包分成了 4 个网络层数据包，它们按顺序发出（1, 2, 3, 4），但是收到时它们的顺序是乱的（2, 4, 3, 1）。目的地的传输层负责等待和接收所有数据包，再将它们组合在一起并传送至应用层。

3. 路由

　　网络层有一个和其他层一样重要的职责就是路由。网络层负责将数据包从它的源传送到目的地。物理网络是网络（LAN 和 WAN）和连接这些网络的路由器的集合，这意味着从源到目的地有不止一条路线。网络层的责任是在这些可能的路线中找到最优路线，它需要有一些特定的策略来定义最优路线。在现在的网络中，这需要通过在数据包到达时运行一些路由协议来帮助多个路由器协调它们对于周边的知识并且提出一致的路由表来实现。

6.4.2　网络层协议

　　虽然在网络层有很多协议，但最主要的协议叫作**网际协议**（IP）。其他协议都是辅助协议，帮助 IP 完成它的职责。如今有两类网络协议正在投入使用：IPv4 和 IPv6。我们将在下面分别讨论。

1. 第 4 版网际协议（IPv4）

　　现在大多数系统都使用第 4 版网际协议（IPv4），但是这将在未来改变，因为该协议的地址空间和数据包格式较小（以及其他原因）。

IPv4 地址

　　在 TCP/IP 协议族的 IPv4 层中用来标记每个设备和互联网之间的连接的标识符叫作**网络地址**或 IP 地址。IPv4 地址是一种 32 位的地址，这种地址唯一但又通用地定义了主机或路由器与网络之间的连接。IP 地址是连接的地址而非主机或路由器的地址，因为如果这个设备移动到了另外一个网络中，它的 IP 地址可能会改变。IPv4 地址是独一无二的，因为每个地址定义一个且只有一个与网络之间的连接。如果一个设备（例如路由器）有多个网络连接，那么它就有多个 IPv4 地址。IPv4 地址也是通用的，因为这个地址系统必须被所有想要连接到网络的主机接收。

　　有三种较普遍的表示法来表现一个 IPv4 地址：二进制表示法（以 2 为底）、**带点的十进制表示法**（以 256 为底）和十六进制表示法（以 16 为底）。在二进制表示法中，IPv4 地址展示为 32 位。为了使地址更便于阅读，每 8 位之间会添加一到两个空格。每 8 位一般被看作一个字节。为了使 IPv4 地址更易读，通常将它写成十进制的形式，不同字节利用小数点分开。这个格式被称为带点的十进制表示法。注意，由于每个字节（8 位）只有 8 位，因此在带点的十进制表示法中每个数字都在 0 到 255 之间。我们有时候把 IPv4 地址用十六进制表示。每个十六进制数字与二进制表示法中的 4 位等同，这意味着一个 32 位的地址由 8 个十六进制数字构成。这种十六进制表示方法通常用于网络编程。图 6-27 展示了用讨论的三种方式表示同一个 IP 地址。

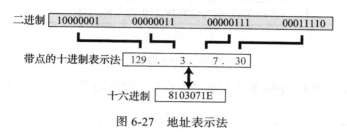

图 6-27　地址表示法

在任何涉及传递的通信系统网络中，如电话网络或邮政网络，地址系统都是分级的。在邮政网络中，地址（通信地址）包括国家、州（或省）、城镇、街道、门牌号和邮件收件人姓名。同样，电话号码也分成国家代码、地区代码、本地交换和连接。

32 位的 IPv4 地址也是分级的，但是只分成两个部分。地址的第一部分叫作前缀，定义网络；地址的第二部分叫作后缀，定义节点（设备和网络的连接）。图 6-28 展示了一个 32 位 IPv4 地址的前缀和后缀。前缀的长度是 n 位，后缀的长度就是 $32-n$ 位。前缀和后缀的长度取决于网络（组织）的站点。

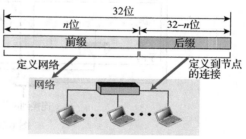

图 6-28　IPv4 地址分级

IPv4 数据报

IP 使用的数据包叫作数据报。图 6-29 展示了 IPv4 数据报的格式。数据报是一种长度不一的数据包，这种数据包包括两部分：头和有效负荷（数据）。头的长度是 20～60 字节，并且它包含路由和传递时必要的信息。注意，一个字节是 8 位。

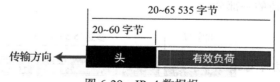

图 6-29　IPv4 数据报

2. 第 6 版网际协议（IPv6）

IPv4 的一些地址耗尽之类的缺点促进了 20 世纪 90 年代早期 IP 协议的一种新版本的出现。新版本叫作**第 6 版网际协议**（IPv6）或**新一代 IP**（IPng），是一个在扩大 IPv4 的地址空间的同时重新设计 IP 数据包的格式并修改一些辅助性协议的计划。有趣的是，IPv5 是一个从未实现过的计划。下面展示了 IPv6 协议中的主要改变。

IPv6 地址

为了防止地址耗尽，IPv6 使用 128 位来定义任何连接到网络的设备。地址显示为二进制或冒号十六进制的格式。第一个格式用来在计算机中存储地址，第二个格式是供人类使用的。图 6-30 展示了这两种格式。

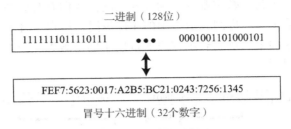

二进制（128位）

| 1111111011110111 | ●●● | 0001001101000101 |

FEF7:5623:0017:A2B5:BC21:0243:7256:1345

冒号十六进制（32个数字）

图 6-30　IPv6 地址表示

如图 6-31 所示，IPv6 中的地址事实上定义了三个等级：站点（组织）、子网和到主机的连接。

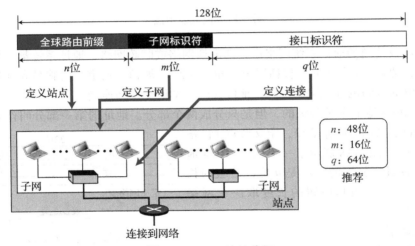

图 6-31　IPv6 地址分级

IPv6 数据报

图 6-32 显示了 IPv6 数据报的格式。在这个版本下的数据报也是包括头和有效负荷（数据）两部分的长度可变的数据包。头的长度是 40 字节，然而，在这个版本中，一些扩展头有时也被认为是有效负荷的一部分。

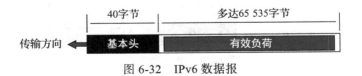

图 6-32　IPv6 数据报

6.5　数据链路层

　　TCP/IP 协议族没有定义**数据链路层**中的任何协议。这一层是网络中连接起来后可以构成因特网的区域。这些网络，有线或者无线，都接收服务并将服务提供给网络层。这正可以为我们提供当今市场上有多少种标准协议的线索。

　　在前几节中，我们学到了在网络层的通信是主机间的。然而，因特网是通过连接设备（路由器或者交换机）胶合在一起的网络的组合体。如果一个数据报是从一台主机传输到另外一台主机，它需要通过这些网络传递。

图 6-33 使用了和前面三节相同的场景，显示了 Alice 和 Bob 之间的通信。然而，数据链路层的通信由多至 5 个分开的逻辑连接组成，这些逻辑连接在路径中的数据链路层之间。

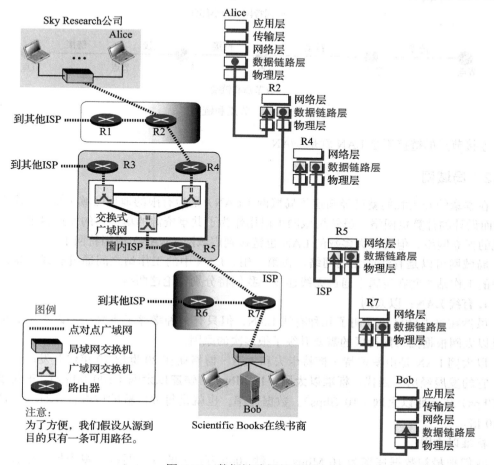

图 6-33　数据链路层的通信

在源和目的处只包括一个数据链路层，但在每个路由器处都有两个数据链路层。造成这一点的原因是 Alice 的和 Bob 的计算机都各自与一个单独的网络相连，然而每个路由器都从一个网络中得到输入并将输出发送至另一个网络。

6.5.1　节点和链接

虽然应用层、传输层和网络层的通信都是端到端的，但数据链路层的通信是**节点对节点**的。网络中一点的数据单元需要穿过很多网络（LAN 和 WAN）才能到达另外一点。这些 LAN 和 WAN 都是通过路由器连在一起的。传统上会将两个端主机和路由器看作**节点**，它们之间的网络看作**链接**。图 6-34 是当数据单元的路径只有 6 个节点时链接和节点的展示。

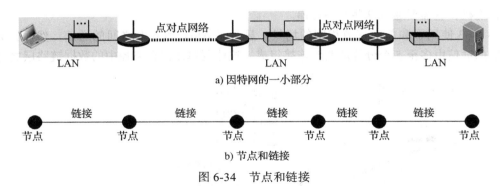

图 6-34   节点和链接

连接节点的链接不是 LAN 就是 WAN。

6.5.2   局域网

在本章的开头我们就已经知道了局域网（LAN）是为有限的地理区域（如一个建筑或校园）而设计的计算机网络。虽然局域网可以用作为了共享资源的单一目的而连接组织内各计算机的孤立网络，但现在大多数的 LAN 也链接到广域网（WAN）或因特网上。

局域网可以是有线或无线网络。在第一组，LAN 中的工作站之间通过有线连接，第二组中的工作站之间在逻辑上通过无线连接。我们将分别讨论这两组。

1. 有线 LAN：以太网

虽然在过去就已经发明了几种有线 LAN，但只有一种幸存了下来——以太网。可能这就是以太网根据因特网社区的需要升级了很多次的原因。

以太网 LAN 是由罗伯特·梅特卡夫和大卫·博格斯在 20 世纪 70 年代开发的。在这之后，它的发展经历了四代：**标准以太网**（10 Mbps）、**快速以太网**（100 Mbps）、**千兆以太网**（1 Gbps）和**万兆以太网**（10 Gbps）。数据速率，也就是每秒传输的位数，在每一代都增加了 10 倍。

标准以太网

我们把最初数据速率为 10 Mbps（每秒 1000 万位）的以太网技术视为标准以太网。在这种情况下，数据从工作站传输至 LAN 的速度被定义为数据速率。在以太网中，速度是每秒 1000 万位。然而，这些位不是一个接着一个发送的，每组数据都被打包起来，并称为**帧**。帧中不仅包括从发送者到目标的数据，还带有一些诸如源地址（48 位）、目的地址（48 位）、数据类型、实际数据的信息和其他一些作为守卫来帮助检查传输中数据完整性的控制位。如果我们把一帧看作一个装着发信人寄给收信人的信的信封，数据在信封内，而其他诸如地址之类的信息都在信封上。在 LAN 中，数据包都封装在数据帧中。图 6-35 展示了一个以太网 LAN 和帧格式。

快速以太网

20 世纪 90 年代，以太网通过把**传输速率**提升至 100 Mbps 跨越了一大步，这个新一代的以太网被称为快速以太网。快速以太网的设计者需要使其能够与标准以太网竞争，所以大部分的协议如地址、帧格式都没有变。由于传输速率的提高，标准以太网的一些基于传输速率的特征需要重新修订。

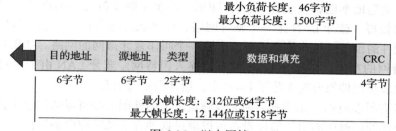

图 6-35 以太网帧

千兆以太网

对更高的数据速率的需求促使了**千兆以太网**协议（1000 Mbps）的设计。万兆以太网的目标是将数据速率升级至 1 Gbps，但是保持地址长度、帧格式以及最大和最小数据帧长度不变。

万兆以太网

近年来，以太网又开始被考虑放在城市范围内使用。这个想法是扩展以太网的技术，提高数据速率，并扩大覆盖距离，这样以太网就可以用作 LAN 和 MAN（**城域网**）。设计万兆以太网的目标可以总结为升级数据速率至 10 Gbps，保持数据帧大小和格式不变，同时允许 LAN、MAN 和 WAN 可能的互联。这个数据速率只有此时的光纤技术可以达到。

2. 无线 LAN

无线通信是发展最快的技术之一。世界各地对无线连接设备的需求都在不断增长。无线 LAN 可在大学校园、办公楼和其他很多公共区域找到。在有线 LAN 和无线 LAN 之间我们可以看见的第一个不同之处就是传输媒介。在有线 LAN 中，使用电缆来连接主机。在无线 LAN 中，传输媒介是空气，信号通常是在空气中传播的。当无线 LAN 中的主机互相通信时，它们在共享同样的媒介（多个访问）。在这个领域现在有两种技术：无线以太网和蓝牙。

无线以太网（WiFi）

电气和电子工程师协会（IEEE）为无线 LAN 定义规格，无线 LAN 有时也被称为无线以太网或者 WiFi（wireless fidelity 的缩写）。然而，WiFi 其实是一个由 WiFi 联盟（一个拥有超过 300 个成员公司的国际非营利行业协会）认证的无线 LAN。这个标准定义了两种服务：基本服务集（BSS）和扩展服务集（ESS）。第二种服务使用额外设备（接入点或 AP）作为连接其他 LAN 或 WAN 的交换机。图 6-36 显示了这两种服务。

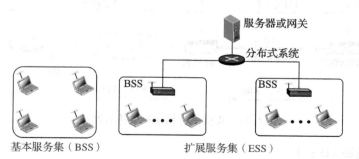

图 6-36 BSS 和 ESS

蓝牙

蓝牙是一种无线 LAN 技术，它用于连接不同功能的设备，如电话、笔记本电脑、计算机（台式机以及笔记本电脑）、照相机、打印机，甚至是咖啡机之类的设备，只要这些设备之间的距离比较短。蓝牙 LAN 是一个临时网络，这也就意味着这个网络是自发的，这些有时候称为小配件的设备互相连接之后可以形成一个叫作蓝牙微网的网络。如果其中一个小设备有连入因特网的功能，则蓝牙 LAN 就可以连入因特网。蓝牙 LAN 由于本身特性规模较小。如果有很多小配件想要连入蓝牙 LAN 中，通常会引起混乱。

蓝牙技术有很多应用。无线鼠标和无线键盘之类的外围设备可以通过这个技术与计算机通信。在一个小的保健中心里，监控设备可以通过这种方法和感应设备通信。家庭安全装置可以利用这个技术来将不同的传感器连接到主要的安全控制器上。与会者可以在参与会议时同步他们的笔记本电脑。

蓝牙技术最初是爱立信公司开启的一个项目，它的命名来自统一了丹麦和挪威的丹麦国王 Harald Blaatand（940—981），这里的 Blaatand 英译为 Bluetooth，也就是蓝牙。

6.5.3 广域网

如前所述，因特网中连接两个节点的可能是 LAN 也可能是 WAN。与 LAN 情况一样，WAN 也可以分成有线和无线两类。下面将简要地分别讨论。

1. 有线 WAN

当今的以太网中有多种有线 WAN，有些是点对点的，有些是交换式的。

点对点无线 WAN

现在我们可以用几种点对点无线网来为连接到网络的居民和企业提供所谓的网络末端服务。

拨号上网服务

拨号网络或连接使用电话网络提供的服务来传输数据。电话网络起源于 19 世纪末，整个网络最初是一个声音传输系统。随着计算机时代的到来，这个网络在 20 世纪 80 年代开始在传输声音的同时传输数据。在 20 世纪最后的十年里，电话网络经历了很多技术上的改变。对于数字化数据通信的需求导致了拨号调制解调器的发明。

调制解调器这个词是一个组合词，它指构成这个设备的两个功能性实体：信号调制器和信号解调器。**调制器**通过数据制造信号，**解调器**从调制信号中恢复数据。图 6-37 显示了调制解调器的思想。

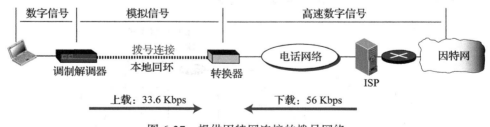

图 6-37　提供因特网连接的拨号网络

数字用户线路（DSL）

在传统调制解调器达到其最高数据速率之后，电话公司开发出了另一种技术——DSL，来提供高速网络连接。**数据用户线路（DSL）**技术是现有的电话上支持高速通信中最有前途的一种。DSL 技术是一系列通过不同的首字母区分的技术（ADSL、VDSL、HDSL 和

SDSL）。这个系列通常用 xDSL 表示，这里的 x 代表 A、V、H 或 S。我们只讨论 ADSL。这个系列中的第一个技术是非对称数字用户线路（ASDL）。ASDL 在下游方向（从网络到居民）比在上游方向（从居民到网络）提供更快的速度（**比特率**）。这也是为什么它被称为非对称的（见图 6-38）。

图 6-38　ASDL 点对点网络

ADSL 允许用户同时使用语音信道和数据信道。上游速率可以达到 1.44 Mbps。然而，由于该信道中的高级别的噪声，数据速率通常低于 500 Kbps。下游的数据速率可以达到 13.4 Mbps。然而，由于该信道中的噪声，数据速率通常低于 8 Mbps。很有意思的一点是，这种情况下电话公司充当 ISP，所以电子邮件或网络连接之类的服务都由电话公司自身提供。

有线电视网络

有线电视网络最初是为了那些由于山脉等自然障碍造成无法接收数据的用户提供电视节目而创造的。后来有线电视网络在那些仅仅希望得到更好的信号的人中受到欢迎。除此之外，有线电视网络使通过微波连接来使用远程广播电台成为可能。有线电视也通过使用一些最初为视频而设计的信道在网络接入中寻找到很好的市场。

电缆公司现在正在和电话公司竞争，想要得到高速数据传输的住宅用户。DSL 技术越过本地回环为住宅用户提供高数据速率的连接。然而，DSL 使用的现成的非屏蔽式双绞线电缆很容易受到干扰。这使数据速率受到了上限的限制。一种解决策略就是使用有线电视网络。本节简单讨论这个技术。图 6-39 展示了该服务的一个例子。

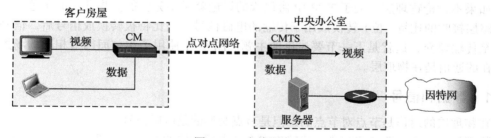

图 6-39　有线服务

交换式有线 WAN

很明显，当今的网络不能只通过提供网络末端连接的点对点有线 WAN 进行操作。我们需要交换式有线 WAN 来连接网络的骨干网。过去为了这个目的设计了 SONET、ATM 等协议。然而，网络过于复杂，所以有关它们的讨论超出了本书的范围。

2. 无线 WAN

如今网络的范围如此之大，以至于有时候仅通过有线 WAN 无法向世界的每一个角落提供服务。我们必定需要无线 WAN。下面描述了出于这个目的而使用的几种技术。

WiMax

全球互联接入（WiMax）是 DSL 或通过电缆连接因特网的无线版，它提供两种服务（固定 WiMax）将主要工作站与固定工作站或移动电话之类的移动工作站相连接。图 6-40 展示了这两种连接。

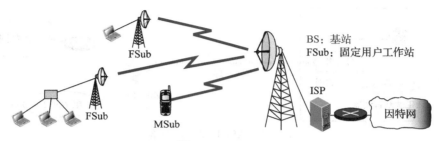

图 6-40   WiMax

手机网络

现今的另一种无线 WAN 是最初为语音通信而设计的**移动电话**（也称蜂窝电话），现在它也可以用于网络通信。如我们所知的那样，蜂窝式网络将地球划分成单元。移动工作站与它们该时刻所在的单元内的固定天线通信。当用户移动到另一个单元时，通信存在于移动设备和新的天线之间。

卫星网络

卫星网络是由节点组合而成的，这些节点一部分是卫星，它们提供地球上一点到另一点的通信。网络中的一个节点可以是一个卫星、一个地球工作站或者一个最终用户终端或电话。

卫星网络很像蜂窝式网络，因为它将整个星球划分成了单元。卫星可以提供往返于地球上无论多远的任意地点处的传输功能。这个优势使得高品质的通信可以提供给世界上的落后地区，却不需要在地面基础设施上进行巨大投资。

6.6   物理层

如果不讨论物理层，关于 TCP/IP 协议族的讨论就是不完整的。物理层的角色是将从数据链路层接收的比特（位）转换成用于传输的电磁信号。当比特被转换成信号后，信号将被传送至传输媒介，这就是下一节要讨论的主题。图 6-41 使用了和前面四节相同的场景，但是现在的通信是在物理层。

6.6.1   数据和信号

在物理层的通信是节点对节点的，但是节点交换的是电磁信号。

物理层的一个主要功能就是为比特确定在节点间传输的路线。但是就像它代表的是节点（主机、路由器或交换机）内存中存储的两个可能的值一样，比特不能直接发送到传输媒介（有线或无线）；这些比特在传输之前需要先转换成信号。所以物理层的主要责任是高效地将这些比特转换成电磁信号。我们首先需要理解数据的本质和信号的种类，才能明白我们如何有效地进行这种转换。

模拟数据和数字数据

数据可以有两种形式——模拟的和数字的。**模拟数据**这个词指连续的信息。模拟数据，比如人发出的声音，呈现的是连续的值。当一个人说话时，空气中就出现了一个模拟波。这个模拟波可以通过麦克风捕捉并转换成模拟信号或者采样并转换成数字信号。

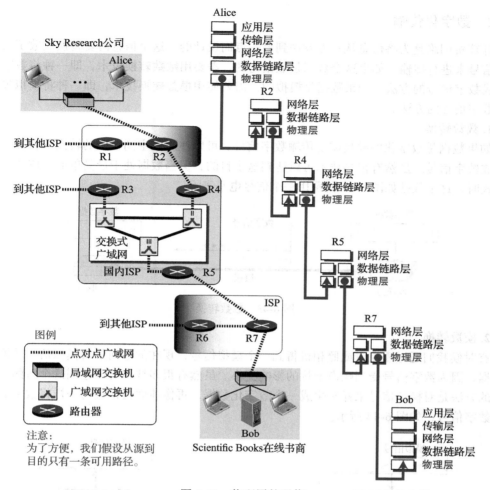

图 6-41　物理层的通信

数字数据呈现的是离散的值。例如，数据在计算机内存中是以 0 和 1 的形式存储的。它们可以转换成数字信号或者调制成通过媒介进行传输的模拟信号。

就像它们所代表的数据一样，信号也可以是模拟的或数字的。**模拟信号**在一个时间段中有无限种不同的等级强度，就像当波从 A 值移动到 B 值的时候，它的路径经过并包括无限个值。与之不同的是，**数字信号**可以只拥有有限个定义的值。虽然每个值可以是任意数字，但通常它们都像 1 和 0 这么简单。展示信号最简单的方法是将它们绘制在一组相互垂直的轴上。纵轴代表信号的值或强度，横轴代表时间。图 6-42 绘制了一个模拟信号和一个数字信号。

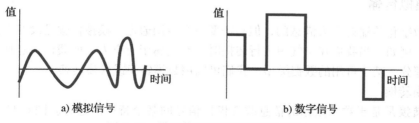

图 6-42　模拟信号和数字信号的对比

6.6.2 数字化传输

计算机网络是为将信息从一点发送到另一点而设计的。这个信息需要转换成数字信号或模拟信号来进行传输。如果这个数据是数据化的，需要用**数数转换**技术，即一种将数字数据转换成数字信号的方法。如果数据是模拟的，需要使用**模数转换**技术，即一种将模拟数据转换成数字信号的方法。

1. 数数转换

如果数据是数字化的并且需要传输数字信号，可以使用数字到数字的转换，将数字数据转换成数字信号。虽然有很多技术可以达到这个目的，但当数据处于最简单的一位或一组位的形式时，这个数据如图 6-43 所示用一个信号电平表示。

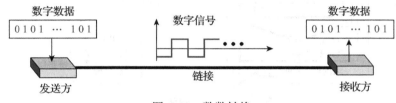

图 6-43　数数转换

2. 模数转换

有时候我们通过麦克风或照相机得到一个模拟信号，现在的趋向是将模拟信号转换成数字数据，因为数字信号受到噪声干扰的影响更小。虽然有很多技术可以达到这个目的，但最简单的方法是对模拟信号采样来生成一个数字化数据，再像前面讨论过的一样将数字数据转换成数字信号，如图 6-44 所示。

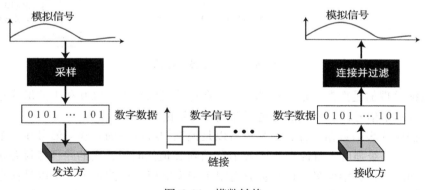

图 6-44　模数转换

6.6.3 模拟传输

虽然数字化传输是令人满意的，但它需要一个专用通道。模拟传输是没有专用通道时的唯一选择。例如，当我们在空气中进行传播时，空气属于所有人，而我们只能使用信道中可用的那一部分。基于可用的数据类型，我们可以用数模转换或模模转换。

1. 数模转换

数模转换是基于数字数据的信息改变模拟信号的某个特征的过程。图 6-45 展示了数字信息、数模转换过程和最终得到的模拟信号。

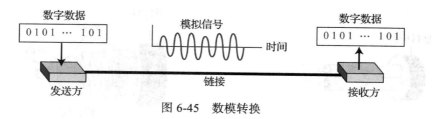

图 6-45　数模转换

2. 模模转换

模模转换是基于模拟数据的信息改变模拟信号的某个特征的过程。图 6-46 展示了模拟信息、模模转换过程和最终得到的模拟信号。

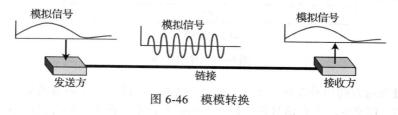

图 6-46　模模转换

6.7　传输介质

在物理层产生的电子信号需要传输介质来从一端传输到另一端。传输介质通常在物理层之下，并且受到物理层的直接控制。我们可以说传输介质属于第 0 层。图 6-47 展示了传输介质相对于物理层的位置。

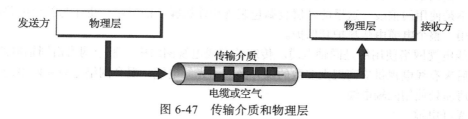

图 6-47　传输介质和物理层

传输介质可以大致定义为任何将信息从源传输到目标的介质。例如，两个一边用餐一边交谈的人的传输介质就是空气。空气可以把信息转换成烟雾信号或信号量。对于书信来说，传输介质可能就是邮车、卡车，甚至飞机。

在电信中，传输介质可以分为两大类：导向介质和无导向介质。导向介质包括双绞线、同轴电缆和光纤电缆。无导向介质是自由空间。

6.7.1　导向介质

导向介质就是那些用来提供从一个设备到另一个设备的通道的，包括**双绞线**、**同轴电缆**和**光纤电缆**。图 6-48 展示了三种导向介质。

1. 双绞线

双绞线包括两根绞在一起的导线（通常是铜线），这两根导线是分别包着塑料绝缘的。双绞线中一根的作用是将信号传送到接收方，另一根的作用仅仅是接地参考。接收方使用两者的不同。

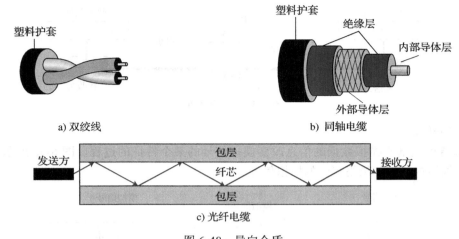

图 6-48 导向介质

除了来自发送方的信号以外，干涉（噪声）也会影响两根线并制造出多余信号。如果两根线是平行的，那么这些多余信号在两根线上的影响是不一样的，因为它们相对于噪声源处于不同的位置。通过将两根线绞在一起，平衡就得到了保持。

电话公司用于提供高数据率链接的 DSL 线路也是双绞线。

2. 同轴电缆

同轴电缆有一个位于中心且密封在绝缘外壳中的实心（通常是铜导线）或绞合线作为核心导线，同时这个导线也依次密封在金属箔、金属网或二者构成的外金属包装和绝缘护套中，而不是使用两根线。这里的外层金属包装既用作抗噪声的屏蔽，也作为补全电路的第二导体使用。整个电缆由塑料护套保护。

有线电视网络使用的是同轴电缆。传统的有线电视网络中，整个网络由同轴电缆构成。然而，后来有线电视供应商把大多数的媒介换成了光纤电缆，混合网络也只在网络的边缘靠近顾客房屋处使用同轴电缆。

3. 光纤电缆

光纤电缆由玻璃或塑料构成，它以光的形式传递信号。这种技术使用一束光在进入密度较低介质时既不反射也不折射的特性。在玻璃或塑料介质外覆盖另一种密度较小的介质（称为包层）来导引光通过媒介。

光纤电缆通常在骨干网中找到，因为它的高带宽具有成本效益。

6.7.2 非导向介质：无线

非导向介质不通过物理上的导体来传播电磁波。这种通信通常归为无线通信。信号通常在自由空间中传播，这样任何有能够接收信号的设备的人都可以使用它。

图 6-49 展示了电磁波谱中用于无线通信的波段，从 3 kHz 到 900 THz。

图 6-49 用于无线通信的电磁波频谱

现在用三种不同范围的电磁波频谱来进行通信：无线电波、微波和红外波。

1. 无线电波

频率在 3 kHz～1 GHz 之间的电磁波通常叫作无线电波。它们通常用于无线电通信。

2. 微波

频率在 1～300 GHz 的电磁波叫作微波。微波是没有方向性的。当天线传输微波时，它们可以集中得很窄，也就是说发送和接收微波的天线需要对齐。微波没有方向性的一个最明显的优势就是一对天线可以在不和另一对天线相互干扰的情况下对齐。

3. 红外波

红外波频率在 300 GHz～400 THz 之间（波长在 770 nm～1 mm 之间），它可以用于短程通信。红外波的频率较高，无法穿透墙壁，这个有着明显优势的特点防止了不同系统之间的干扰，一个房间内的短程通信系统不会受到下一个房间内的另一个系统的影响。当使用红外遥控器时，不会受到邻居使用遥控器的干扰。但是同样的特征使红外信号对于长距离通信而言是无用的。另外，我们不能在室外使用红外波，因为太阳光中的红外波会对通信产生干扰。

6.8　章末材料

推荐读物

有关本章所讨论主题的更详细资料，可以参考下列书籍：

- Forouzan, B. and Mosharrf F. *Computer Networks*: *A Top-Down Approach*, New York: McGraw-Hill Education, 2012
- Forouzan, B. *Data Communication and Networking*, New York: McGraw-Hill Education, 2013
- Forouzan, B. *TCP/IP Protocol Suite*, New York: McGraw-Hill Education, 2010
- Forouzan, B. *Local Area Networks*, New York: McGraw-Hill Education, 2003
- Kurose, J. and Ross, K. *Computer Networking*, Reading, MA: Addison-Wesley, 2007

关键术语

10-Gigabit Ethernet（万兆以太网）

analog-to-analog conversion（模模转换）

analog-to-digital conversion（模数转换）

analog data（模拟数据）

analog signal（模拟信号）

application layer（应用层）

bit rate（比特率）

Bluetooth（蓝牙）

cellular telephony（移动电话）

ciphertext（密文）

client-server paradigm（客户机 – 服务器范式）

coaxial cable（同轴电缆）

connecting device（连接设备）

connectionless protocol（无连接协议）

country domain（城市域）

demodulator（解调器）

digital-to-analog conversion（数模转换）

digital-to-digital conversion（数数转换）

digital data（数字数据）

digital signal（数字信号）

digital subscriber line（DSL，数字用户线路）

domain name（域名）

Domain name server（DNS，域名服务器）

domain name space（域名空间）

dotted-decimal notation（带点的十进制表示法）

electronic mail（email，电子邮件）

end system（端系统）

ephemeral port number（临时端口号）

Fast Ethernet（快速以太网）

fiber-optic cable（光纤电缆）

File Transfer Protocol（FTP，文件传输协议）

frame（帧）

generic domain（一般域）

Gigabit Ethernet（千兆以太网）

guided media（导向介质）

hardware（硬件）

header（头）

host（主机）

host identifier（主机标识符）

hypertext（超文本）

HyperText Markup Language（HTML，超文本标记语言）

HyperText Transfer Protocol（HTTP，超文本传输协议）

infrared waves（红外波）

internet（网际网）

Internet（因特网）

Internet address（因特网地址）

Internet Protocol（网际协议）

Internet Protocol version 6（IPv6，第 6 版网际协议）

internet service provider（ISP，因特网服务供应商）

Internetwork（互联网络）

IP address（IP 地址）

IP datagram（IP 数据报）

IP new generation（IPng，新一代 IP）

link（链接）

local area network（LAN，局域网）

Message Access Agent（MAA，消息访问代理）

message transfer agent（MTA，消息传送代理）

metropolitan area network（MAN，城域网）

modem（调制解调器）

modularity（模块化）

modulator（调制器）

module（模块）

name space（命名空间）

network layer（网络层）

node（节点）

packetizing（封装）

peer-to-peer(P2P) paradigm（对等模式）

physical layer（物理层）

port number（端口号）

protocol（协议）

protocol layering（协议层）

remote login（远程登录）

router（路由器）

Secure Shell（SHH，安全外壳）

segment（段）

software（软件）

source to destination delivery（源至目的传递）

Standard Ethernet（标准以太网）

switch（交换机）

switched WAN（交换式广域网）

TCP/IP protocol suite（TCP/IP 协议族）

TELNET（terminal network，终端网络）

Transmission Control Protocol（TCP，传输控制协议）

transmission medium（传输介质）

transmission rate（传输率）

twisted-pair cable（双绞线电缆）

unguided media（无导向介质）

uniform resource locator（URL，统一资源定位符）

user agent（UA，用户代理）

user datagram（用户数据报）

User Datagram Protocol（UDP，用户数据报协议）

web page（网页）

well-known port number（知名端口号）

wide area network（WAN，广域网）

Worldwide Interoperability Access（WiMAX，全球互联接入）

World Wide Web（WWW，万维网）

小结

- 网络是通过通信链接连接的一组设备。现今，当提起网络时，我们通常指的是两种基本类型的网络：LAN 和 WAN。当今网络由通过连接设备和交换站连接的很多局域网和广域网构成。协议是一组控制通信的规则。TCP/IP 是一个由 5 层构成的分级协议族。这 5 层分别为应用层、传输层、网络层、数据链路层和物理层。

- 网络中的应用使用客户机 – 服务器模式或端到端模式。万维网（WWW）是一个由世界各地的链接构成的存储库。用来得到万维网上的数据的主要协议是超文本传输协议（HTTP）。文件传输协议（FTP）是 TCP/IP 客户机 – 服务器应用，它的作用是从一台计算机复制文件到另一台计算机。电子邮件是流行的因特网应用之一。TELNET 是允许用户访问远程计算机的客户机 – 服务器应用程序，使用户能访问远程系统。域名系统（DNS）是在网络上使用唯一名称标识每一台主机的客户机 – 服务器应用程序。

- 传输层协议的主要责任是提供进程到进程的通信。UDP 是提供不可靠、无连接服务的传输协议。传输控制协议（TCP）是另一个提供面向连接的可靠服务的传输层协议。

- 网络层负责监督底层物理网络对数据包的处理。IPv4 是负责**源至目标传递**的一个不可靠的**无连接协议**。在 TCP/IP 协议族的 IP 层使用的标识符叫作 IP 地址。IPv4 地址的长度是 32 位，网际协议的最新版本 IPv6 有 128 位的地址空间。

- 数据链路层涉及局域网和广域网。LAN 和 WAN 可以是有线的也可以是无线的。以太网是使用范围最广的有线局域网协议。拨号上网服务、DSL 和有线网络大都使用点对点有线 WAN。无线 WAN 由无线以太网组成。蓝牙是一种用来连接小范围内设备（叫作小配件）的无线 LAN 技术。WiMAX 是一个未来可用于代替 DSL 和电缆的无线接入网络。

- 数据必须先转换成电磁信号才能传输。模拟数据是连续的并使用连续的值，数字数据有离散的状态并取离散的值。数数转换将数字数据转换成数字信号，数模转换是将数字数据转换成模拟信号的过程。模数转换是对模拟信号进行采样并转换成数字信号的过程。模模转换指将模拟数据转换成模拟信号。

- 传输介质在物理层之下。导向介质为设备之间提供物理通道。双绞线、同轴电缆、光纤电缆是现在流行的导向介质。非导向介质（自由空间）在不使用物理导体的前提下传输电磁波。

6.9　练习

小测验

在本书网站上提供了一套与本章相关的交互式测验题。强烈建议学生在做本章练习前首先完成相关测验题以检测对本章内容的理解。

复习题

Q6-1　本章讨论的需要遵循达成双向通信的协议分层的首要原则是什么？

Q6-2　在 TCP/IP 协议族中，当我们考虑应用层的逻辑连接时，发送方和接收方网站的相同对象是什么？

Q6-3　使用 TCP/IP 协议族的一台主机和另一台主机通信时，在以下各层中发送或接收的数据单元分别是什么?

    a. 应用层   b. 网络层   c. 数据链路层

Q6-4   下列哪个数据单元以帧来封装?

    a. 用户数据报   b. 数据报   c. 段

Q6-5   下列哪个数据单元从用户数据报解封?

    a. 数据报   b. 段   c. 消息

Q6-6   下列哪个数据单元有应用层的消息加上第四层的头?

    a. 帧   b. 用户数据报   c. 位

Q6-7   在以下各层中各使用何种地址(标识符)类型?

    a. 应用层   b. 网络层   c. 数据链路层

Q6-8   在周末,Alice 经常要通过她的笔记本电脑访问保存在办公室台式机上的文件。上周她在办公室台式机上安装了一个 FTP 服务器程序的副本,在家里的笔记本电脑上安装了 FTP 客户机程序的副本。她很失望周末无法访问到她的文件。这可能出现什么差错了?

Q6-9   大多数安装在个人计算机上的操作系统带有几个客户端进程,但通常没有服务器进程,请解释原因。

Q6-10   新的应用程序将会使用客户机 – 服务器模式设计。如果仅有少量消息需要在客户机和服务器之间交换,且不用担心消息丢失或损坏,你推荐哪种传输层协议呢?

Q6-11   为什么网络层的职责是路由?换言之,为什么路由不能在传输层或数据链路层实现?

Q6-12   请区分网络层的通信和数据链路层的通信。

Q6-13   什么是拨号调制解调器技术?列出本章讨论过的通用调制解调器标准,给出它们的数据速率。

Q6-14   为什么蓝牙通常被称为无线个域网(WPAN),而不是无线局域网?

Q6-15   当频率给定时,如何求正弦波的周期?

Q6-16   以下哪个物理量用于度量信号的值?

    a. 振幅   b. 频率   c. 相位

Q6-17   定义模拟传输。

Q6-18   在 TCP/IP 协议族中,传输介质在什么位置?

Q6-19   指出传输介质两大类别的名称。

Q6-20   导向介质的三大类别是什么?

练习题

P6-1   回答以下有关图 6-5 所示从 Maria 到 Ann 通信时的问题:

    a. 在 Maria 的站点,由第一层到第二层提供了什么服务?

    b. 在 Ann 的站点,由第一层到第二层提供了什么服务?

P6-2   回答以下有关图 6-5 所示从 Maria 到 Ann 通信时的问题:

    a. 在 Maria 的站点,由第二层到第三层提供了什么服务?

    b. 在 Ann 的站点,由第二层到第三层提供了什么服务?

P6-3   假设连接到因特网的主机在 2010 年是 5 亿台。这个数字以每年 20% 的速度增长,到 2020 年主机数量是多少?

P6-4   假设系统使用 5 个协议层。如果应用程序创建了一个 100 字节的消息,并且每层(包括第一层和第五层)添加一个 10 字节的报头到数据单元中,该系统的效率(应用层的字节数与要传输的字节数的比率)如何?

P6-5   与下列 TCP/IP 协议族一或多层相匹配的是:

    a. 线路的确定   b. 连接到传输介质   c. 为最终用户提供服务

P6-6   与下列 TCP/IP 协议族一或多层相匹配的是:

a. 创建用户数据报　　　b. 负责处理毗邻节点间的帧

c. 把比特转换为电磁信号

P6-7　在我们生活的很多方面都能发现协议分层，例如航空旅行。设想你假期要去度假胜地旅行。在当地机场起飞之前你需要办些手续，到度假胜地机场落地后也需要办些手续。请指出用于往返旅行的协议分层，使用诸如行李检查/认领、登机/出机、起飞/降落。

P6-8　在因特网中，我们把局域网技术更新了。TCP/IP协议族的哪些层需要变更？

P6-9　比较16位IP地址（0～65 535）和32位IP地址（0～4 294 967 295）的范围，为什么我们需要IP地址有如此大的范围，但端口号范围却相对较小呢？

P6-10　使用二进制表示法，重写以下地址：

　　　a. 110.11.5.88　　　　b. 12.74.16.18　　　　c. 201.24.44.32

P6-11　使用带点的十进制表示法，重写以下IP地址：

　　　a. 01011110 10110000 01110101 00010101　　b. 10001001 10001110 11010000 00110001

　　　c. 01010111 10000100 00110111 00001111

P6-12　下列以太网地址等价的十六进制形式是什么？

　　　　　　　01011010 00010001 01010101 00011000 10101010 00001111

P6-13　一个设备以1000 bps的速率发送数据。

　　　a. 发送10位用多长时间？　　　　　　　b. 发送一个字符（8位）用多长时间？

　　　c. 发送100 000个字符的文件用多长时间？

操作系统

这是本书讨论计算机软件的第一章。在本章中，我们将展示操作系统在计算机中的作用。

目标

通过本章的学习，学生应该能够：

- 理解操作系统在计算机中的作用；
- 给出操作系统的定义；
- 理解把操作系统调入内存的自举过程；
- 列出操作系统的组成部分；
- 讨论操作系统中内存管理器的作用；
- 讨论操作系统中进程管理器的作用；
- 讨论操作系统中设备管理器的作用；
- 讨论操作系统中文件管理器的作用；
- 理解三种常见操作系统 UNIX、Linux 和 Windows 的主要特点。

7.1 引言

计算机系统是由两个主要部分组成的：硬件和软件。硬件是计算机的物理设备。软件则是使得硬件能够正常工作的程序的集合。计算机软件分成两大类：操作系统和应用程序（图 7-1）。应用程序使用计算机硬件来解决用户的问题。另一方面，操作系统则控制计算机系统用户对硬件的访问。

图 7-1　计算机系统

7.1.1 操作系统

操作系统是一个非常复杂的系统，因此很难给予它一个普遍认同的简单定义。在这里列举一些常见的定义：

- 操作系统是介于计算机硬件和用户（程序或人）之间的接口。
- 操作系统是一种用来使得其他程序更加方便有效运行的程序（或程序集）。
- 操作系统作为通用管理程序管理着计算机系统中每个部件的活动，并确保计算机系统中的硬件和软件资源能够更加有效地使用。当出现资源使用冲突时，操作系统应能够及时处理，排除冲突。

> 操作系统是计算机硬件和用户（程序和人）之间的接口，它使得其他程序更加方便有效地运行，并能方便地对计算机硬件和软件资源进行访问。

操作系统的两个主要设计目标：

- 有效地使用硬件。
- 容易地使用资源。

7.1.2 自举过程

基于上面的定义,操作系统为其他程序提供支持。例如,它负责把其他程序装入内存,以便运行。但是,操作系统本身也是程序,它需要被装入内存和运行,这个困境如何解决呢?

如果使用 ROM 技术把操作系统存储(由制造商完成)在内存中,这个问题就能解决。CPU(参见第 5 章)的程序计数器可以被设置为这个 ROM 的开始处。当计算机被加电时,CPU 从 ROM 中读取指令,执行它们。但这种解决方案是非常低效的,因为内存的很大一部分需要由 ROM 构成,而不能被其他程序使用。如今的技术是仅需要分配小部分的内存给部分操作系统。

如今使用的解决方案采用两阶段过程。很小一部分内存用 ROM 构成,其中存有称为自举程序的小程序。当计算机被加电时,CPU 计数器被设置为自举程序的第一条指令,并执行程序中的指令。这个程序唯一的职责就是把操作系统本身(需要启动计算机的那部分)装入 RAM 内存。当装入完成后,CPU 中的程序计数器就被设置为 RAM 中操作系统的第一条指令,操作系统就被执行。图 7-2 说明了自举过程。

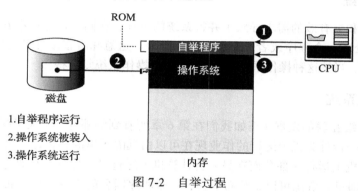

图 7-2   自举过程

7.2   演化

操作系统已经经历了很长的一段发展历程,我们将在下面加以总结。

7.2.1   批处理系统

批处理系统设计于 20 世纪 50 年代,目的是控制大型计算机。当时计算机十分庞大,用穿孔卡片进行输入数据,用行式打印机输出结果,用磁带设备作为辅助存储介质。

每个运行的程序叫作一个作业。想要运行程序的程序员通过穿孔卡片将程序和数据输入计算机,并向控制器发出作业请求。穿孔卡片由操作员处理。如果程序运行成功,打印结果将传给程序员,如果不成功,则报错。

这个时代的操作系统非常简单:它们只保证计算机所有资源被从一个作业转换到另一个作业。

7.2.2   分时系统

为了有效使用计算机资源,多道程序的概念被引入。它可以将多个作业同时装入内存,并且仅当该资源可用时分配给需要它的作业。例如,当一个程序正使用输入/输出设备时,

CPU 则处于空闲状态，并可以供其他程序使用。我们将在本章后面详细介绍多道程序。

多道程序带来了分时的概念：资源可以被不同的作业分享。每个作业可以分到一段时间来使用资源。因为计算机运行速度很快，所以分时系统对于用户是隐藏的，每个用户都感觉整个系统在为自己服务。

最终利用分时技术的多道程序极大地改进了计算机的使用效率。但是，它们需要有一个更加复杂的操作系统，它必须可以调度：给不同的程序分配资源并决定哪一个程序什么时候使用哪一种资源。在这个时代中用户和计算机的关系也改变了。用户可以直接与系统进行交互而不必通过操作员。一个新的术语——进程也随之产生。一个作业是一个要运行的程序，一个进程则是在内存中等待分配资源的程序。

7.2.3 个人系统

当个人计算机产生后，需要有一类适合这类计算机的操作系统。于是，**单用户操作系统**就应运而生了，如 DOS（磁盘操作系统）。

7.2.4 并行系统

人们对更快和更有效的需求导致了**并行系统**的设计：在同一计算机中安装了多个 CPU，每个 CPU 可以处理一个程序或者一个程序的一部分。这意味着很多任务可以并行地处理而不再是串行处理。当然这种操作系统要比单 CPU 的操作系统复杂得多。

7.2.5 分布式系统

网络化和网络互联的发展（正如我们在第 6 章所看到的那样）扩大了操作系统的内涵。一个以往必须在一台计算机上运行的作业现在可以由远隔千里的多台计算机共同完成。程序可以在一台计算机上运行一部分而在另一台计算机上运行另一部分，只要它们通过网络（例如因特网）连接即可。资源可以是分布式的，一个程序需要的文件可能分布在世界的不同地方。**分布式系统**结合了以往系统的特点和新的功能，例如安全控制。

7.2.6 实时系统

实时系统是指在特定时间限制内完成任务。它们被用在实时应用程序中，这些应用程序监控、响应或控制外部过程或环境。在交通控制、病人监控或军事控制系统中可以找到实时系统的例子。应用程序有时可以是作为大系统一部分的嵌入式系统，如汽车中的控制系统。

实时操作系统的需求通常与通用系统的需求是不同的。由于这个原因，在本章中我们不讨论它们。

7.3 组成部分

现在的操作系统十分复杂，它必须可以管理系统中的不同资源。它像是一个有多个上层部门经理的管理机构，每个部门经理负责自己的部门管理，并且相互协调。现代操作系统至少具有以下 4 种功能：内存管理、进程管理、设备管理、文件管理。就像很多组织有一个部门不归任何经理管理一样，操作系统也有这样一个部分，称为用户界面或**命令解释程序**，它负责操作系统与外界的通信。图 7-3 显示了操作系统的组成部分。

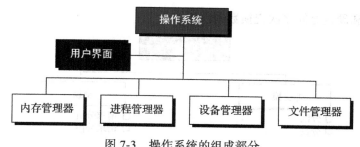

图 7-3   操作系统的组成部分

7.3.1   用户界面

每个操作系统都有**用户界面**，即指用来接收用户（进程）的输入并向操作系统解释这些请求的程序。一些操作系统（比如 UNIX）的用户界面，被称作**命令解释程序**（shell）。在其他操作系统中，则被称为窗口，以指明它是一个由菜单驱动的并有着 GUI（**图形用户接口**）的部件。

7.3.2   内存管理器

现在计算机操作系统的一个重要职责是**内存管理**。计算机中存储器的容量近年来得到激增，同样所处理的程序和数据也越来越大。内存分配必须进行管理以避免"内存溢出"的错误。操作系统按照内存管理可以分为两大类：单道程序和多道程序。

1. 单道程序

单道程序属于过去，但它还是值得学习，因为它有助于理解多道程序。在单道程序中，大多数内存用来装载单一的程序（我们考虑数据作为程序的一个部分被程序处理），仅仅一小部分用来装载操作系统。在这种配置下，整个程序装入内存运行，运行结束后，程序区域由其他程序取代（图 7-4）。

图 7-4   单道程序

这里内存管理器的工作是简单明了的，即将程序载入内存、运行它、再装入新程序。但是，在技术方面仍然有很多问题：

- 程序必须能够载入内存。如果内存容量比程序小，程序将无法运行。
- 当一个程序正在运行时，其他程序不能运行。一个程序在执行过程中经常需要从输入设备得到数据，并且把数据发送至输出设备。但输入 / 输出设备的速度远远小于 CPU，所以当输入 / 输出设备运行时，CPU 处于空闲状态。而此时由于其他程序不在内存中，CPU不能其服务。这种情况下 CPU 和内存的使用效率很低。

2. 多道程序

在**多道程序**下，同一时刻可以装入多个程序并且能够同时被执行。CPU 轮流为其服务。图 7-5 给出了多道程序的内存分配。

从 20 世纪 60 年代开始，多道程序已经经过了一系列改进，如图 7-6 所示。

图 7-5   多道程序

我们将在下面几节对每种模式进行简要讨论。有两种技术属于非交换范畴，这意味着程序在运行期间始终驻留在内存中。另外两种技术属于交换范畴。也就是说，在运行过程中，程序可以在内存和硬盘之间多次交换数据。

图 7-6 多道程序的类型

分区调度

多道程序的第一种技术称为**分区调度**。在这种模式中，内存被分为不定长的几个分区。每个部分或分区保存一个程序。CPU 在各个程序之间交替服务。它由一个程序开始，执行一些指令，直到有输入 / 输出操作或者分配给程序的时限到达为止。CPU 保存最近使用的指令所分配的内存地址后转入下一个程序。对下一个程序采用同样的步骤反复执行下去。当所有程序服务完毕后，再转回第一个程序。当然，CPU 可以进行优先级管理，用于控制分配给每个程序的 CPU 时间（图 7-7）。

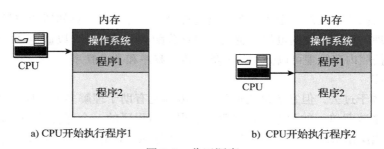

a) CPU开始执行程序1   b) CPU开始执行程序2

图 7-7 分区调度

在这种技术下，每个程序完全载入内存，并占用连续的地址。分区调度改进了 CPU 的使用效率，但仍有以下一些问题：

- 分区的大小必须由内存管理器预先决定。如果分区小了，有的程序就不能载入内存。如果分区大了，就会出现空闲区。
- 即使分区在刚开始时比较合适，但随着新程序的交换载入内存后有可能出现空闲区。
- 当空闲区过多时，内存管理器能够紧缩分区并删除空闲区和创建新区，但这将增加系统额外开销。

分页调度

分页调度提高了分区调度的效率。在分页调度下，内存被分成大小相等的若干个部分，称为帧。程序则被分为大小相等的部分，称为页。页和帧的大小通常是一样的，并且与系统用于从存储设备中提取信息的块大小相等（图 7-8）。

页被载入内存中的帧。如果一个程序有 3 页，它就在内存中占用 3 个帧。在这种技术下，程序在内存中不必是连续的：两个连续的页可以占用内存中不连续的

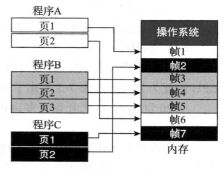

图 7-8 分页调度

两个帧。分页调度对分区调度的优势在于，一个需要 6 个帧的程序可以代替两个各占有不连续的 3 个帧的程序。而不必等到有 6 个连续的帧出现后再载入内存。

分页调度在一定程度上提高了效率，但整个程序仍需要在运行前全部载入内存。这意味着在只有 4 个不连续帧时，一个需要 6 个空闲帧的程序是不能载入的。

请求分页调度

分页调度不需要程序装载在连续的内存中，但仍需要程序整体载入内存中运行。请求分页调度改变了后一种限制。在**请求分页调度**中，程序被分成页，但是页可以依次载入内存、运行，然后被另一个页代替。换句话说，内存可以同时载入多个程序的页。此外，来自同一个程序的连续页可以不必载入同一个帧，一个页可以载入任何一个空闲帧。图 7-9 显示了请求分页调度的一个例子。两页来自程序 A，一页来自程序 B，一页来自程序 C，这 4 页在内存中。

请求分段调度

类似于分页调度的技术是分段调度。在分页调度中，不像程序员以模块来考虑程序，程序实际是分为大小相等的页。你将在后面的章节中看到，程序通常由主程序和子程序组成，在**请求分段调度**中，程序将按程序员的角度划分成段，它们载入内存中、执行，然后被来自同一程序或其他程序的模块所代替。图 7-10 显示了请求分段调度的一个例子。因为在内存中的段是等长的，所以段的一部分可能是空的。

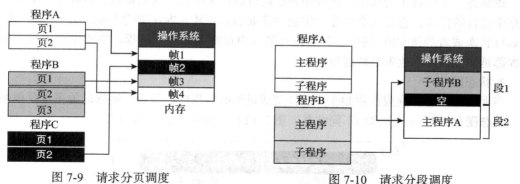

图 7-9　请求分页调度　　　　　　　　　图 7-10　请求分段调度

请求分页和分段调度

请求分页和分段调度结合了两者的优点以提高系统效率。一个段也许太大而不能载入内存中的空闲区。内存可以分成很多帧，一个模块可以分成很多页，依次装入内存运行。

3. 虚拟内存

请求分页调度和请求分段调度意味着当程序运行时，一部分程序驻留在内存中，一部分则放在硬盘上。这就意味着，例如，10 MB 内存可以运行 10 个程序。每个程序 3 MB，一共 30 MB。任一时候 10 个程序中 10 MB 在内存中，还有 20 MB 在磁盘上。这里实际上只有 10 MB 内存但却有 30 MB 的**虚拟内存**。如图 7-11 所示展示了这个概念。虚拟内存意味着请求分页调度、请求分段调度，或两种都有，如今几乎所有的操作系统都使用了该技术。

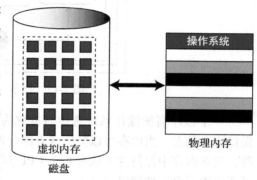

图 7-11　虚拟内存

7.3.3 进程管理器

操作系统的第二个功能是进程管理，在介绍该概念之前，我们先定义一些术语。

1. 程序、作业和进程

现代操作系统关于指令集有三个术语：程序、作业和进程。尽管这些术语比较模糊，并且不同的操作系统对于它们的定义并不一致，我们还是可以作出非正式的定义。

程序

程序是由程序员编写的一组稳定的指令，存在磁盘（或磁带）上，它可能会也可能不会成为作业。

作业

从一个程序被选中执行，到其运行结束并再次成为一个程序的这段过程中，该程序称为**作业**。在整个过程中，作业可能会或不会被执行，或者驻留在磁盘上等待调入内存，或者在内存中等待 CPU 执行，或者驻留在硬盘或内存中等待一个输入 / 输出事件，或者在内存中等待直到被 CPU 运行。在所有这些情况下程序才称为作业。当一个作业执行完毕（正常或不正常），它又变成程序代码并再次驻留在硬盘中，操作系统不再支配该程序。需要注意的是，每个作业都是程序，但并不是所有的程序都是作业。

进程

进程是一个运行中的程序。该程序开始运行但还未结束。换句话说，进程是一个驻留在内存中运行的作业，它是从众多等待作业中选取出来并装入内存中的作业。一个进程可以处于运行状态或者等待 CPU 调用。只要作业装入内存就成为一个进程。需要注意的是，每个进程都是作业，而作业未必是进程。

2. 状态图

当明白程序怎样变成作业和作业怎样变成进程时，程序、作业、进程的关系也就很明显了。**状态图**显示了每个实体的不同状态，图 7-12 中用框线将这三者分开。

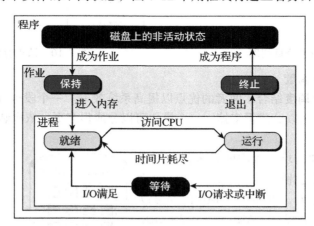

图 7-12　程序、作业和进程分界状态图

一个程序当被操作系统选中时就成为作业并且成为**保持状态**。直至它载入内存之前都保持这个状态。当内存可以整体或者部分地载入这个程序时，作业转成就绪状态，并变成进程。它在内存中保持这个状态直至 CPU 运行它；这时它转成运行状态。当处于运行状态后，可能出现下面三种情况之一：

- 进程运行直至它需要 I/O 资源。
- 进程可能耗尽所分配的时间片。
- 进程终止。

在第一种情况下，进程进入**等待状态**直至输入 / 输出结束。在第二种情况下，它直接进入就绪状态。在第三种情况下，它进入**终止状态**，并且不再是进程。进程进入终止状态前在运行、等待、就绪状态中转换。注意，如果系统使用虚拟内存，并且需要在内存中将程序交换出或换入，状态图可能更加复杂。

3. 调度器

将一个作业或进程从一个状态改变为另一个状态，进程管理器使用了两个**调度器**：作业调度器和进程调度器。

作业调度器

作业调度器将一个作业从保持状态转入就绪状态，或是从运行状态转入终止状态。换句话说，作业调度器负责从作业中创建一个进程和终止一个进程。图 7-13 给出了作业调度器的状态关系框图。

进程调度器

进程调度器将一个进程从一个状态转入另一个状态。当一个进程等待某事件发生时，它使这一进程从运行状态进入等待状态。当事件发生时，进程将从等待状态进入就绪状态。当一个进程所分配的时间片用完时，这个进程将从运行状态进入就绪状态。当 CPU 准备执行这

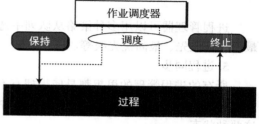

图 7-13　作业调度器

个进程时，进程调度器将让这个进程从就绪状态进入执行状态。图 7-14 给出了进程调度器的状态关系框图。

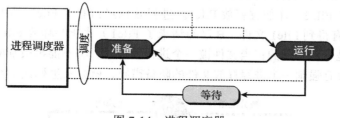

图 7-14　进程调度器

其他调度器

一些操作系统使用其他类型的调度器使进程之间的转换更为有效。

4. 队列

状态图显示了一个作业或进程从一个状态进入另一个状态。事实上，会有很多的作业和进程相互竞争计算机资源。例如，当一些作业进入内存时，其他的就必须等待直到有了可用空间。或者当一个进程正在使用 CPU 时，其他进程就必须等待直到 CPU 空闲为止。为处理多个进程和作业，进程管理器使用**队列**（等待列表）。与每一作业或进程相关的是存有这些作业和进程信息的**作业控制块**或**进程控制块**。进程管理在队列中存储的不是作业或进程，而是作业或进程控制块。作业和进程仍保存在内存或硬盘中；它们因为太大而无法被复制到队列中。这些作业控制块或进程控制块就是等待中的作业和进程的代表。

一个操作系统有很多个队列。例如，图 7-15 给出的作业和进程在三个队列里循环：作业队列、就绪队列和 I/O 队列。作业队列用来保存那些等待内存的作业。就绪队列用来保存那些已经在内存中准备好运行但在等待 CPU 的进程。I/O 队列用来保存那些正在等待 I/O 设备的进程（这里可以有多个 I/O 队列，每一个对应一个输入 / 输出设备，这里为了简单只画出一个）。

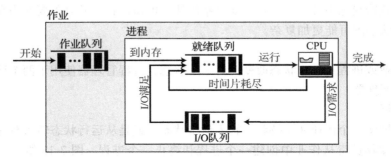

图 7-15　进程管理队列

进程管理器可以用多种策略从队列中选择下一个作业或进程，可以是先入先出（FIFO）、最短长度优先、最高优先级等。

5. 进程同步

所有的进程管理的思想都是使得拥有不同资源的不同进程同步。只要资源可以被多个用户（进程）同时使用，那么它就可能有两种有问题的状态：死锁和饥饿。下面简略说明一下这两种状态。

死锁

我们先不给出**死锁**的正式定义，先看一个例子。假定有两个进程 A 和 B，进程 A 已经占有了一个名为 File1 的文件（File1 已经分配给了 A），而它只有得到另一个名为 File2 的文件（A 已经请求了 File2）才能够释放 File1。进程 B 已经占有了 File2 文件（File2 已经分配给了 B），而它只有得到 File1 文件（B 已经请求了 File1）才能够释放 File2。在大多数操作系统中，文件都是不可共享的；当文件被一个进程使用时，将不能再被别的进程使用。在这种情况下，如果没有强制一个进程释放文件的防备措施，就会发生死锁（图 7-16）。

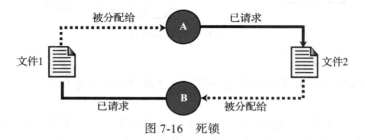

图 7-16　死锁

图 7-17 用窄桥来模拟死锁。窄桥的情况与死锁类似，因为资源（桥的一端）被一辆车占用，该车只有到达桥的另一端才会释放资源，而此时另一端正被另一辆车占用着。反之亦然。

死锁发生在操作系统允许一个进程运行，而不用首先检查它所必需的资源是否准备好，是否允许这个进程占有资源直到它不需要为止。操作系统中需要有一些措施来防止死锁。一种解决方法是当所需资源不空闲时，不允许进程运行。但后面会发现这样做将导致另一种问题。另一种解决方法是限制进程占有资源的时间。

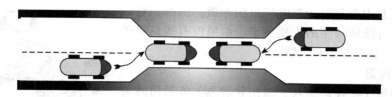

图 7-17 在桥上的死锁

当操作系统没有对进程的资源进行限制时将会发生死锁。

死锁不是经常发生，死锁发生需要 4 个必要条件：

- **互斥**。一个资源只能被一个进程占有；
- **资源占有**。一个进程占有一个资源，即使在获取其他资源之前无法使用它；
- **抢先**。操作系统不能临时对资源重新分配；
- **循环等待**。所有的进程和资源包含在一个循环里，如图 7-16 所示。

所有 4 个条件都是死锁发生所必需的。但是它们只是必要条件（不是充分条件），也就是说对于死锁来说它们必须同时出现，但它们并不一定能引起死锁。换句话说，如果它们其中之一没有出现，死锁不会发生。这样就给我们提供了一种方法来防止或避免死锁：不让它们中的某一条件发生。

饥饿

饥饿是一种与死锁相反的情况。它发生在当操作系统对进程分配资源有太多限制的时候。例如，假使一个操作系统中规定一个进程只有在所需的所有资源都为其占有时才能执行。

在图 7-18 中，假设进程 A 需要两个文件 File1 和 File2。File1 正在被进程 B 使用，File2 正在被进程 E 使用。进程 B 将首先终止并释放 File1，但进程 A 一直不能执行是因为 File2 一直不被释放。与此同时，进程 C 由于只需要 File1 而被允许执行。这时进程 E 终止且释放 File2，但进程 A 还是不能执行，因为 File1 正被使用。

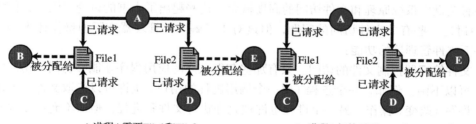

a) 进程A需要File1和File2   b) 进程A仍然需要File1和File2

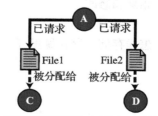

c) 进程A仍然需要File1和File2（饥饿）

图 7-18 饥饿

Edsger Dijkstra 介绍过一个经典的饥饿问题。五个哲学家围坐在一个圆桌前（图 7-19），每个哲学家需要用两只筷子来吃碗里的米饭。然而，有一只或两只筷子可能被邻座的人使用了。如果没有两只筷子同时可用，有一位哲学家将饥饿。

图 7-19   哲学家吃饭问题

6. 设备管理器

设备管理器（或者是输入 / 输出管理器）负责访问输入 / 输出设备。在计算机系统中输入 / 输出设备存在着数量和速度上的限制。由于这些设备与 CPU 和内存比起来速度要慢很多，所以当一个进程访问输入 / 输出设备时，在该段时间内这些设备对其他进程而言是不可用的。设备管理器负责让输入 / 输出设备使用起来更有效。

对设备管理器细节的讨论需要掌握有关操作系统原理的高级知识，这些都不在本书讨论之列。但是我们可以在这里简要地列出设备管理器的功能。

- 设备管理器不停地监视所有的输入 / 输出设备，以保证它们能够正常运行。管理器同样也需要知道何时设备已经完成一个进程的服务，而且能够为队列中下一个进程服务。
- 设备管理器为每一个输入 / 输出设备维护一个队列，或是为类似的输入 / 输出设备维护一个或多个队列。例如，如果系统中有两台高速打印机，管理器能够分别用一个队列维护一个设备，或是用一个队列维护两个设备。
- 设备管理器控制用于访问输入 / 输出设备的不同策略。例如，可以用先入先出法来维护一个设备，而用最短长度优先来维护另一个设备。

7.3.4   文件管理器

现今的操作系统使用文件管理器来控制对文件的访问。对文件管理器细节的讨论同样需要掌握有关操作系统原理和文件访问的高度概念，这些超出了本书的讨论范围。我们将在第 13 章中讨论一些有关文件访问的问题，但这对于了解文件管理器实际的操作还不够。下面简述一下文件管理器的功能：

- 文件管理器控制文件的访问。只有那些获得允许的应用程序才能够访问，访问方式也可以不同。例如，一个进程（或一个调用进程的用户）也许可以读取文件，但却不允许写（改变）操作。另一个进程也许被允许执行文件和进程，但却不允许读取文件的内容。
- 文件管理器管理文件的创建、删除和修改。
- 文件管理器可以给文件命名。
- 文件管理器管理文件的存储：怎样存储，存在哪里等。
- 文件管理器负责归档和备份。

7.4   主流操作系统

在这一节，我们将介绍一些常用的操作系统，以促进将来的学习。我们选择三种计算机用户熟悉的操作系统：UNIX、Linux 和 Windows。

7.4.1　UNIX

UNIX 是由贝尔实验室的计算机科学研究小组的 Thomson 和 Ritchie 在 1969 年首先开发出来的。从那时起，UNIX 经历了许多版本。它是一个在程序设计员和计算机科学家中较为流行的操作系统。它是一个非常强大的操作系统，有三个显著的特点。第一，UNIX 是一个可移植的操作系统，它可以不经过较大的改动而方便地从一个平台移植到另一个平台。原因是它主要是由 C 语言编写的（而不是特定于某种计算机系统的机器语言）。第二，UINX 拥有一套功能强大的工具（命令），它们能够组合起来（在可执行文件中被称为脚本）去解决许多问题，而这一工作在其他操作系统中则需要通过编程来完成。第三，它具有设备无关性，因为操作系统本身就包含了设备驱动程序，这意味着它可以方便地配置来运行任何设备。

UNIX 是多用户、多道程序、可移植的操作系统，它被设计来方便编程、文本处理、通信和其他许多希望操作系统来完成的任务。它包含几百个简单、单一目的的函数，这些函数能组合起来完成任何可以想象的处理任务。它的灵活性通过它可以用在三种不同的计算环境中而得到证明，这三种环境为：单机个人环境、分时系统和客户/服务器系统。

UNIX 是多用户、多道程序、可移植的操作系统，它被设计用来方便编程、文本处理、通信。

UNIX 结构

UNIX 由 4 个主要部分构成：内核、命令解释器、一组标准工具和应用程序。这些组成部分显示在图 7-20 中。

内核

内核是 UNIX 系统的心脏。它包含操作系统最基本的部分：内存管理、进程管理、设备管理和文件管理。系统所有其他部分均调用内核来执行这些服务。

命令解释器

命令解释器是 UNIX 中用户最可见的部分。它接收和解释用户输入的命令。在许多方面，这使它成为 UNIX 结构的最重要的组成部分。它肯定也是用户最知道的部分。为了在系统做任何事情，我们必须向命令解释器输入命令。如果命令需要一个工具，命令解释器将请求内核执行该工具。如果命令需要一个应用程序，命令解释器需要内核运行它。有些操作系统（如 UNIX）有几种不同的命令解释器。

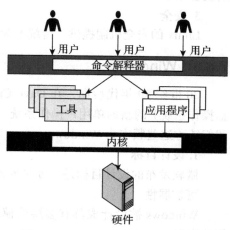

图 7-20　UNIX 操作系统的组成部分

工具

UNIX 中有几百个工具。**工具**是 UNIX 标准程序，它为用户提供支持过程。常用的三个工具是：文本编辑器、搜索程序和排序程序。

许多系统工具实际上复杂的应用程序。例如，UNIX 的电子邮件系统被看成一个工具，就像三种常见文本编辑器：vi、emacs 和 pico。所有这 4 个工具本身都是大的系统。其他工具是简短函数。例如，list（ls）工具显示磁盘目录中的文件。

应用

UNIX 的应用是指一些程序，它们不是操作系统发布中的标准部分。它们是由系统管理员、专职程序员或用户编写的，提供了对系统的扩展能力。事实上，许多标准工具自多年前都是作为应用出现的，后来被证明非常有用，现在就成了系统的一部分。

7.4.2　Linux

在 1991 年，芬兰 Helsinki 大学的学生 Linus Torvalds 开发了一个新的操作系统，这就是如今所知的 Linux。初始内核（与 UNIX 小子集相似）如今成长为全面的操作系统。1997年发布的 Linus 2.0 内核成为商业操作系统，它具有传统 UNIX 的所有特性。

1. 组成

Linux 有下列组成部分。

内核

内核负责处理所有属于内核的职责，如内存管理、进程管理、设备管理和文件管理。

系统库

系统库含有一组被应用程序使用的函数（包括命令解释器），用于与内核交互。

系统工具

系统工具是使用系统库提供的服务，执行管理任务的各个程序。

2. 网络功能

Linux 支持第 6 章中讨论的标准因特网协议。它支持三层：套接字接口、协议驱动和网络设备驱动。

3. 安全

Linux 的安全机制提供了传统上为 UNIX 定义的安全特性。如身份验证和访问控制。

7.4.3　Windows

20 世纪 80 年代后期，在 Dave Cutler 的领导下，微软开始开发替代 MS-DOS（微软磁盘操作系统）的新的单用户操作系统。Windows 就是结果。后来又有几个 Windows 的版本，我们统称这些版本为 Windows。

1. 设计目标

微软发布的设计目标是：可扩展性、可移植性、可靠性、兼容性和性能。

可扩展性

Windows 被设计成具有多层的模块化体系结构。意图是允许高层随时间而改变，而不影响底层。

可移植性

像 UNIX 一样，Windows 是用 C 或 C++ 编写的，这个语言是独立于它所运行的计算机的机器语言的。

可靠性

Windows 被设计成能处理包括防止恶意软件的错误条件。

兼容性

Windows 被设计成能运行为其他操作系统编写的程序，或 Windows 早期版本。

性能

Windows 被设计成对运行在操作系统顶部的应用程序，具有快速响应时间。

2. 体系结构

Windows 使用层次体系结构，如图 7-21 所示。

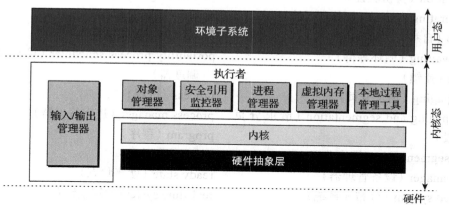

图 7-21 Windows 的体系结构

HAL

硬件抽象层（HAL）为上层隐藏了硬件的差异。

内核

内核是操作系统的心脏。它是面向对象软件的一个片段。该面向对象的软件把任何实体都看成对象。

执行者

Windows 执行者为整个操作系统提供服务。它由 6 个子系统构成：对象管理器、安全引用监控器、进程管理器、虚拟内存管理器、本地过程调用工具和 I/O 管理。大多子系统是我们前面讨论操作子系统中所熟悉的。有些子系统（像对象管理器）被加到 Windows 中，是因为它的面向对象的本质。执行者运行在内核态（特权）。

环境子系统

这些子系统被设计用来允许 Windows 运行那些为 Windows、其他操作系统或 Windows 早期版本设计的应用程序。运行为 Windows 设计的应用的本地子系统称为 Win32。环境子系统运行在用户态（无特权）。

7.5 章末材料

推荐读物

有关本章所讨论主题的更详细资料，可以参考下列书籍：

- Bic, L. and Shaw, A. *Operating Systems Principles*, Upper Saddle River, NJ: Prentice-Hall, 2003
- McHoes, A. and Flynn, I. *Understanding Operating Systems*, Boston, MA: Course Technology, 2007
- Nutt, G. *Operating Systems*: *A Modern Perspective*, Reading, MA: Addison-Wesley, 2001
- Silberschatz, A. and Galvin, P. *Operating System Concepts*, New York: Wiley, 2004

关键术语

authentication（身份验证）

batch operating system（批处理系统）

bootstrap（自举）

circular waiting（循环等待）

deadlock（死锁）

demand paging（请求分页）

demand paging and segmentation（请求分页和分段）

demand segmentation（请求分段）

device manager（设备管理器）

distributed system（分布式系统）

emacs

frame（帧）

graphical user interface（GUI，图形用户界面）

hardware abstraction layer（HAL，硬件抽象层）

hold state（保持状态）

job（作业）

job scheduler（命令调度器）

kernel（内核）

Linux

memory management（内存管理）

Microsoft Disk Operating System（MS-DOS，微软磁盘操作系统）

monoprogramming（单道程序）

multiprogramming（多道程序）

mutual exclusion（互斥）

no preemption（不可抢占）

operating system（操作系统）

page（页）

paging（分页）

parallel system（并行系统）

partitioning（分区）

pico

portability（可移植性）

portability process scheduler（可移植性进程调度器）

process（进程）

process manager（进程管理器）

program（程序）

queue（队列）

ready state（就绪状态）

real-time system（实时系统）

reliability（可靠性）

resource holding（资源占有）

running state（运行状态）

scheduler（调度器）

scheduling（调度）

shell（命令解释器）

single-user operating system（单一用户操作系统）

software（软件）

starvation（饥饿）

state diagram（状态图）

terminated state（终止状态）

time sharing（分时）

UNIX

user interface（用户界面）

utility（工具）

vi

virtual memory（虚拟内存）

waiting state（等待状态）

Windows

小结

- 操作系统是计算机硬件和用户间的接口。它方便程序的执行和对硬软件资源的访问。操作系统的两个主要设计目标是硬件的高效使用和资源的方便使用。
- 操作系统经历了一个很长的演化历史：批处理系统、分时系统、单用户系统、并行系统和分布式系统。现代操作系统至少有 4 个功能区域：内存管理器、进程管理器、设备管理器、文件管理器，操作系统还提供用户界面。

- 现代操作系统的第一职责是内存管理。内存分配必须由操作系统控制。内存管理技术可以分成两类：单道程序和多道程序。在单道程序中，内存的大部分容量都为一个程序独享。在多道程序中，多个程序同时在内存中。
- 现代操作系统的第二职责是进程管理。进程是运行的程序。进程管理使用调度器和队列来管理进程。进程管理涉及具有不同资源的不同进程间的同步问题。这可能潜在地造成资源死锁和饥饿。死锁是指一个进程由于其他进程无限制地使用资源导致无法运行的情况。饥饿是指一个进程由于资源分配限制太多而不能执行的情况。
- 现代操作系统的第三职责是设备或 I/O 管理。
- 现代操作系统的第四职责是文件管理。操作系统使用文件管理器控制对文件的访问。只有进程或用户被允许访问指定文件时，访问才被允许。访问的类型可以改变。
- 具有一些类似性的两个常见的操作系统是 UNIX 和 Linux。UNIX 是多用户、多进程、可移植的操作系统，它由四部分构成：内核、命令解释器、一组标准工具和应用程序。Linux 由三部分构成：内核、系统工具和系统库。
- 微软流行的操作系统家族是 Windows。Windows 是面向对象的、多层的操作系统。它使用多层，包括硬件抽象层（HAL）、执行层和环境子系统层。

7.6 练习

小测验

在本书网站上提供了一套与本章相关的交互式试题。强烈建议学生在做本章练习前首先完成相关测验以检测对本章内容的理解。

复习题

Q7-1　应用程序和操作系统的不同点是什么？

Q7-2　操作系统的组成是什么？

Q7-3　单道程序和多道程序之间有何区别？

Q7-4　分页调度与分区调度有什么差别？

Q7-5　为什么请求分页调度比常规页面调度更有效率？

Q7-6　程序和作业之间有何联系？作业和进程之间有何联系？程序和进程之间的联系又如何？

Q7-7　程序驻留在哪里？作业驻留在哪里？进程驻留在哪里？

Q7-8　作业调度器和进程调度器有什么区别？

Q7-9　为什么操作系统需要队列？

Q7-10　死锁和饥饿有何区别？

练习题

P7-1　一个计算机装有一个单道程序的操作系统。如果内存容量为 64 MB，操作系统需要 4 MB 内存，那么该计算机执行一个程序可用的最大内存为多少？

P7-2　若操作系统自动分配 10 MB 内存给数据，重做第 P7-1 题。

P7-3　一个单道程序的操作系统执行程序时平均访问 CPU 要 10 微秒，访问 I/O 设备要 70 微秒，CPU 空闲时间为百分之多少？

P7-4　一个多道程序的操作系统用一个适当的分配计划把 60 MB 内存分为 10 MB、12 MB、18 MB、20 MB。第一个程序运行需要 17 MB 内存，使用了第三分区。第二个程序运行需要 8 MB 内存，使用了第一分区。第三个程序运行需要 10.5 MB，使用了第二分区。最后，第四个程序运行需要 20 MB 内存，使用了第四分区。那么总共使用了多少内存？总共浪费了多少内存？内存的浪费率是多少？

P7-5   如果所有的程序都需要 10 MB 内存，重做第 P7-4 题。

P7-6   一个多道程序的操作系统使用分页调度。可用内存为 60 MB，分为 15 个帧，每一帧大小为 4 MB。第一个程序需要 13 MB，第二个程序需要 12 MB，第三个程序需要 27 MB。

   a. 第一个程序需要用到多少帧？   b. 第二个程序需要用到多少帧？

   c. 第三个程序需要用到多少帧？   d. 有多少个帧没有用到？

   e. 总共浪费的内存是多少？   f. 内存的浪费率是多少？

P7-7   一个操作系统使用的虚拟内存，但执行的时候需要所有的程序驻留在物理内存中（没有分页调度或分段调度）。物理内存大小为 100 MB，虚拟内存为 1 GB。有多少 10 MB 大小的程序可以同时运行？它们之中有多少可以随时驻留在内存中？多少则必须要存在磁盘里？

P7-8   进程在下面的情况下处于什么状态？

   a. 进程在使用 CPU   b. 进程结束打印，等待 CPU 再次调用

   c. 进程因为时间片用尽而被终止   d. 进程从键盘读取数据

   e. 进程打印数据

P7-9   三个进程（A、B 和 C）同时运行，进程 A 占用 File1 但需要 File2。进程 B 占用 File3 但需要 File1。进程 C 占用 File2 但需要 File3。为这几个进程画一个框图。这种情况是不是死锁？

P7-10   三个进程（A、B 和 C）同时运行，进程 A 占有 File1，进程 B 占有 File2 但需要 File1，进程 C 占有 File3 但需要 File2。为这几个进程画一个框图。这种情况是不是死锁？如果不是，说明进程怎样最后完成它们的任务。

算 法

本章首先介绍算法的概念，算法即分步骤解决问题的过程。然后讨论那些用来开发算法的工具。最后，列举一些常见的迭代和递归算法的例子。

目标

通过本章的学习，学生应该能够：

- 定义算法，并与问题求解关联；
- 定义三种结构（顺序、选择和循环），并描述它们在算法中的作用；
- 描述 UML 图和当表示算法时它们是如何使用的；
- 描述伪代码和当表示算法时它们是如何使用的；
- 列出基本算法和它们的应用；
- 描述排序的概念，理解三种原始排序算法背后的机制；
- 描述搜索的概念，理解两种常见搜索算法背后的机制；
- 定义子算法和它们与算法的关系；
- 区分迭代和递归算法。

8.1 概念

本节将给出算法的非正式定义，然后通过一个例子来详细讲述算法的概念。

8.1.1 非正式定义

算法的一种非正式定义如下：

> **算法是一种逐步解决问题或完成任务的方法。**

按照这种定义，算法完全独立于计算机系统。更特别的是，还应该记住算法接收一组**输入数据**，同时产生一组**输出数据**（图 8-1）。

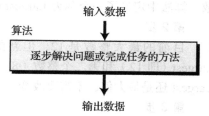

图 8-1　计算机使用的算法的非正式定义

8.1.2 示例

下面用一个例子来对这种简单的定义进行分析。我们要生成从一组正整数中找到最大整数的一个算法。这个算法应该能从一组任意整数（5、1000、10 000、1 000 000 等）中找出其最大值。这个算法必须具有通用性并与整数的个数无关。

很明显，要完成从许多整数（例如，100 万个）中找到最大值的这个任务不可能（由一个人或一台计算机）只用一步完成。算法必须一个个地测试每一个整数。

要解决这个问题，可以用一种直接的方法。先用一组少量的整数（例如 5 个），然后将这种解决方法扩大到任意多的整数。其实对 5 个整数所采取的解决方法的原理和约束条件与对 1 000 个或 1 000 000 个整数采取的是一样的。可以假设，即使是 5 个整数的例子，算法也必须一个接一个地处理那些整数。看到第一个整数，并不知道剩下的整数的值。等处理完第一个整数，算法才开始处理第二个整数，依次进行。图8-2展示了解决这个问题的一种方法。

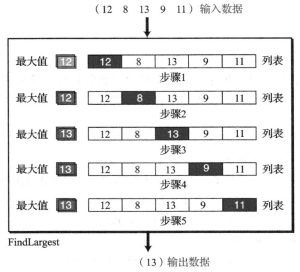

图 8-2 找到 5 个整数之中的最大值

我们称这个算法为求最大值算法（FindLargest）。每个算法都有自己不同于其他算法的名字。这个算法接收一组 5 个整数作为输入，然后输出其中的最大值。

1. 输入

这个算法需要输入一组 5 个整数。

2. 过程

在这个算法中为求最大值采取了下面 5 个步骤：

第 1 步

在这一步中，算法首先检查第一个整数（12）。因为还没有检查其他的整数（第一步只检查了第一个整数，其他的会在以后检查），所以当前的最大值（到目前为止）就是第一个整数。算法中定义了一个称为 Largest 的变量，并把第一个整数（12）赋给了它。

第 2 步

目前的最大整数是 12，但新的数字可能会成为新的 Largest。算法把上一步得到的 Largest（即 12）和第二个整数（8）比较。发现目前的 Largest 大于第二个整数，也就是说，Largest 还是最大值，不需要改变。

第 3 步

目前的最大整数还是 12，但是新的整数（13）大于 Largest。这就意味着目前 Largest 的值是无效的，而应该由第三个整数（13）代替。算法把 13 赋给 Largest，然后进入下一步。

第 4 步

该步中最大整数并没有改变，因为当前 Largest 比第四个整数（9）大。

第 5 步

该步中最大整数并没有改变，因为当前 Largest 比第五个整数（11）大。

3. 输出

因为已经没有其他数需要处理，所以算法输出的 Largest 值是 13。

8.1.3　定义动作

图 8-2 并没有说明每一步究竟做了什么工作。可以改变测试数据了解更多的细节。例如，第 1 步，把 Largest 设为第一个整数的值。第 2 步到第 5 步，依次把当前处理的整数与 Largest 的值进行比较。如果当前整数大于 Largest，则把它赋给 Largest（图 8-3）。

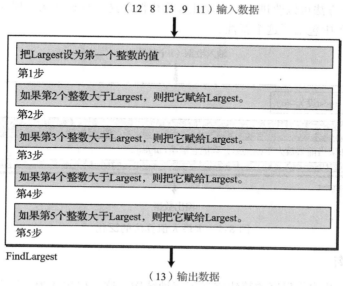

（12　8　13　9　11）输入数据

图 8-3　定义 FindLargest 算法中的动作

8.1.4　细化

为了使算法能在所有的程序中应用，还需要进行细化。现在有两个问题，首先，第 1 步中的动作与其他步骤中不一样。其次，第 2 步到第 5 步中的程序描述语言不同。我们只要很简单地改进一下算法就可解决以上两个问题。把第 2 步到第 5 步的程序段都写成"如果当前整数大于 Largest，那么当前整数就成为 Largest"。第一步不同于其他步是因为那时 Largest 还没有初始化。如果开始就把 Largest 初始化成 –∞（负无穷），那么第一步就可写成和其他步一样，所以，增加一个新的步骤，可称为第 0 步，也就是表明它要在处理任何其他整数之前完成。

图 8-4 显示了改进后的程序步骤。因为步骤都是一样的，所以做了省略。

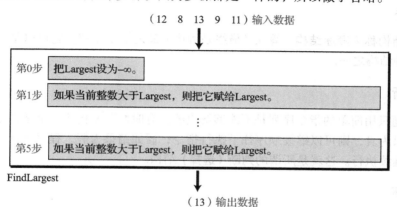

（12　8　13　9　11）输入数据

（13）输出数据

图 8-4　细化的 FindLargest 算法

8.1.5 泛化

可以把这个算法泛化吗？假使要从 n 个正整数中找到最大值，n 的值可能是 1 000 或 1 000 000，或者更多。当然，可以按照图 8-4 所示重复每一步。但是如果将算法改变成程序，就必须编写 n 步操作！

有一种更好的方法可以改进它。只要让计算机循环这个步骤 n 次。现在我们已经在算法图形表示（图 8-5）中包括了这个特性。

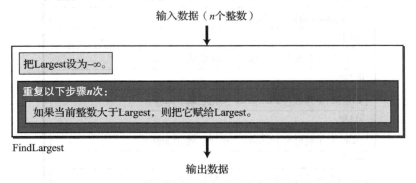

图 8-5　求最大值算法的泛化

8.2　三种结构

计算机专家为结构化程序或算法定义了三种结构。这种想法认为程序必定是由**顺序**、**判断（选择）**和**循环**（图 8-6）这三种结构组成的。已经证实其他结构都是不必要的。仅仅使用这三种结构就可以使程序或算法容易理解、调试或修改。

图 8-6　三种结构

8.2.1 顺序

第一个结构称为**顺序结构**。算法（最终是程序）都是指令序列。它可以是一个简单指令或是其他两种结构之一。

8.2.2 判断

有些问题只用简单的指令序列是不能够解决的。有时候需要检测一个条件是否满足。假如测试的结果为真，则可以继续顺序往下执行指令；假如结果为假，程序将从另外一个顺序结构的指令继续执行。这就是所谓的**判断（选择）**结构。

8.2.3 循环

在有些问题中，相同的指令序列需要重复。可以用**重复**或**循环**结构来解决这个问题。从指定的整数集中求最大整数的算法就是这种结构。

8.3　算法的表示

到目前为止，我们已经使用图来表示算法的基本概念。在最近几十年中，还出现了其他几种用来表示算法的工具。这里将介绍 UML 和伪代码这两种工具。

8.3.1　UML

统一建模语言（UML）是算法的图形表示法。它使用"大图"的形式掩盖了算法的所有细节，只显示算法从开始到结束的整个流程。

在附录 B 中有 UML 的具体说明。这里只给出三种结构的 UML 表示（图 8-7）。注意，UML 很灵活，正如附录 B 中所展示的那样。如果在假的部分没有操作，那么判断结构就能简化。

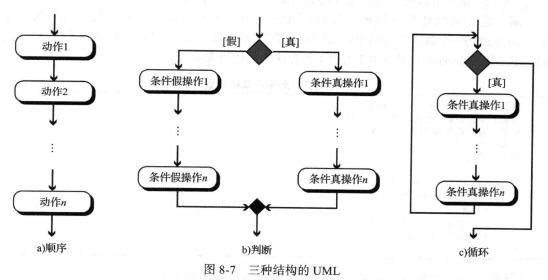

图 8-7　三种结构的 UML

8.3.2　伪代码

伪代码是算法的一种类似英语的表示法。现在还没有伪代码的标准。有些人使用得过细，有些人则使用得过粗。有些人用一种很像英语的代码，有些人则用和 Pascal 编程语言相似的语法。在附录 C 中有伪代码的具体说明。这里只演示伪代码是如何表示三种结构的（如图 8-8 所示）。

图 8-8　用伪代码表示三种结构

例 8-1 用伪代码写出求两个整数之和的算法。

解 这个简单的问题只要用顺序结构就可以解决。注意,同时还给该算法命名,定义算法的输入,并在结尾用一条返回指令来返回和(算法 8.1)。

算法8.1 计算两个整数之和

```
算法：SumOfTwo (first, second)
目的：求两整数之和
前提：给定两个整数 (first 和 second)
后续：无
返回：和的值
{
    sum ← first + second
    return sum
}
```

例 8-2 编写可以把一组不同的成绩分成及格或不及格的算法。

解 这个问题如果仅用顺序结构将无法完成,另外还需要判断结构。计算机给出0～100 之间的一个数,如果这个数大于或等于 70 则返回"及格"(pass),如果小于 70 则返回"不及格"(nopass)。算法 8.2 给出了该算法的伪代码表示。

算法8.2 及格/不及格分级

```
算法：Pass/NoPass(score)
目的：给定分数，创建及格 / 不及格等级
前提：给定要被改成等级的分数
后续：无
返回：等级
{
    if (score ≥ 70)
        grade ← "pass"
    else
        grade ← "nopass"
    return grade
}
```

例 8-3 编写将数字型成绩(整数)变为字母等级成绩的算法。

解 这个问题需要多个判断。算法 8.3 中的伪代码显示的是一种解决方法(并不是最好的方法,但却是最容易理解的方法)。同样,计算机给出0～100 之间的一个任意数,算法必须把它划分到正确的字母等级中去(A、B、C、D 或 F)。

算法8.3 赋予字母等级成绩

```
算法：LetterGrade(score)
目的：给定分数，找到相应字母等级
前提：给定数字分数
后续：无
返回：字母等级
{
    if (100 ≥ score ≥ 90)
        grade ← 'A'
    if (89 ≥ score ≥ 80)
        grade ← 'B'
    if (79 ≥ score ≥ 70)
        grade ← 'C'
    if (69 ≥ score ≥ 60)
        grade ← 'D'
```

```
    if (59 ≥ score ≥ 0)
        grade ← 'F'
    return grade
}
```

注意：这里 if 语句不需要 else 语句，因为如果条件不成立并不需要做什么。

例 8-4　编写从一组整数中求最大数的算法，该组整数的数目事先并不知道。

解　使用图 8-5 中介绍的概念编写出解决该问题的算法（见算法 8.4）。

算法8.4　求一组整数中的最大数

```
算法：FindLargest(list)
目的：求一组整数中的最大值
前提：给定一组整数
后续：无
返回：最大整数
{
    largest ← -∞
    while (more integers to check)
    {
        current ← next integer
        if(current > largest)
            largest ← current
    }
    return largest
}
```

例 8-5　写从一组整数前 1 000 个整数中求最小值的算法。

解　这里需要用一个计数器来计数。把这个计数器初始化为 1，每循环一次就对它加 1。当计数器大于 1 000 时，退出循环（参见算法 8.5）。注意，列表中有超过 1 000 个整数，但我们需要求前 1 000 个整数中的最小值。

算法8.5　求前1 000个整数中的最小整数

```
算法：FindSmallest(list)
目的：求前 1000 个整数中的最小整数，并返回
前提：给定一组超过 1000 个整数的数
后续：无
返回：最小整数
{
    smallest ← + ∞
    counter ← 1
    while(counter ≤ 1000)
    {
        current ← next integer
        if(current<smallest)
            smallest ← current
        counter ← counter+1
    }
    return smallest
}
```

8.4　更正式的定义

既然我们讨论了算法的概念并且给出了它的表示，下面给出算法更为正式的定义。

算法是一组明确步骤的有序集合，它产生结果并在有限的时间内终止。

下面详细解释一下这个定义。

8.4.1 定义良好

算法必须是一组定义良好且有序的指令集合。

8.4.2 明确步骤

算法的每一步都必须有清晰、明白的定义。如果某一步是将**两个整数相加**，那么必须定义相加的两个整数和加法符号，相同的符号不能在某处用作加法符号，而在其他地方用作乘法符号。

8.4.3 产生结果

算法必须产生结果，否则该算法就没有意义。结果可以是返回给调用算法的数据或其他效果（如打印）。

8.4.4 在有限的时间内终止

算法必须能够终止（停机）。如果不能（例如，无限循环），说明不是算法。第 17 章将讨论**可解问题**与**不可解问题**。你将会看到，可解问题的解法形式为一个可终止的算法。

8.5 基本算法

有一些算法在计算机科学中应用非常普遍，我们称之为"基本"算法。这里将讨论一些最常用的算法。讨论只是概括性的，具体的实现则取决于采用何种语言。

8.5.1 求和

计算机科学中经常用到的一种算法是**求和**。你可以容易地实现两个或三个整数的相加，但是怎样才能实现一系列整数相加呢？答案很简单：在循环中使用加法操作（见图 8-9）。

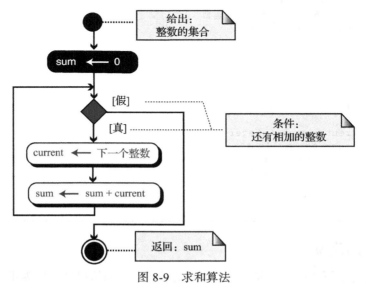

图 8-9 求和算法

求和算法可分为三个逻辑部分：

1）将和（sum）初始化。

2）循环，在每次迭代中将一个新数加到和（sum）上。

3）退出循环后返回结果。

8.5.2 乘积

另一个常用算法是求出一系列整数的**乘积**。方法也很简单：在循环中使用乘法操作（见图 8-10）。乘法算法有三个逻辑部分：

1）将乘积（product）初始化。

2）循环，在每次迭代中将一个新数与乘积（product）相乘。

3）退出循环后返回结果。

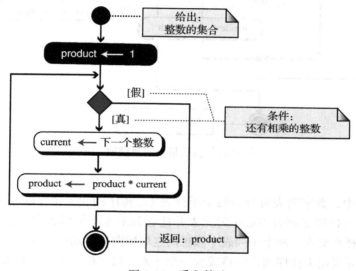

图 8-10 乘积算法

例如，上面的算法通过较小的改动可以用来计算 x^n（留作练习）。另一个例子，即采用同样的算法可以实现整数的阶乘运算。这个将在本章后面介绍。

8.5.3 最大和最小

本章开头讨论了求一组整数中最大值的算法。它的思想是通过一个判断结构求出两个数中的较大值。如果把这个结构放在循环中，就可以求出一组数中的最大值。

求一组整数中的最小值和上面的方法相似，只有两个小小的不同。首先，用判断结构求出两个整数中的较小值。其次，在初始化时使用一个很大的而不是非常小的整数。图 8-11 展示了从整数列表中找到最小值的算法。从整数列表中找到最大值的算法的图与其类似，留作练习。

8.5.4 排序

计算机科学中的一个最普遍应用是**排序**，即根据数据的值对它们进行排列。人们的周围充满了数据，如果这些数据都是无序的，可能会花很多时间去查找一条简单信息。想象一下，在一个没有排序的电话本中查找某人的电话号码是多么困难的一件事。

本节将介绍三种排序算法：选择排序、冒泡排序、插入排序。这三种方法是当今计算机科学中使用的快速排序的基础。

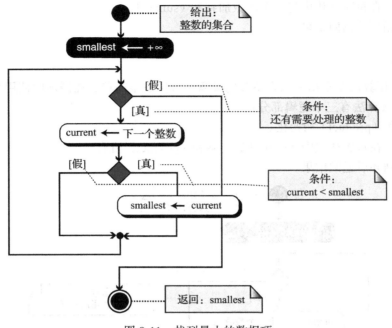

图 8-11　找到最小的数据项

1. 选择排序

在**选择排序**中，数字列表可分为两个子列表（已排序的和未排序的），它们通过假想的一堵墙分开。求未排序子列表中最小的元素并把它和未排序子列表中的第一个元素进行交换，经过每次选择和交换，两个子列表中假想的这堵墙向前移动一个元素，这样每次排序列表中将增加一个元素而未排序列表中将减少一个元素，每次把一个元素从未排序列表移到已排序列表就完成了**一轮排序**。一个含有 n 个元素的数字列表需要 $n-1$ 轮排序来完成数据的重新排列。选择排序的流程图如图 8-12 所示。

图 8-12　选择排序

图 8-13 给出了对 6 个整数进行排序的步骤。该图显示出了在排序列表和未排序列表之间的那堵墙在每轮中是如何移动的。仔细体会该图，就可以看到经过 5 轮后完成对列表的排序，轮数比该列表中元素的个数少 1。因此，如果使用循环控制排序，那么循环的次数是列表中的元素个数减 1。

选择排序算法

该算法使用两重循环，外层循环每次扫描时迭代一次，内层循环在未排序列表中求最小的元素。图 8-14 给出了选择排序算法的 UML 图，内层循环在图中并没有明显地显示出来，但循环中的第一条指令本身就是一个循环。我们把循环的演示留给读者作为练习。

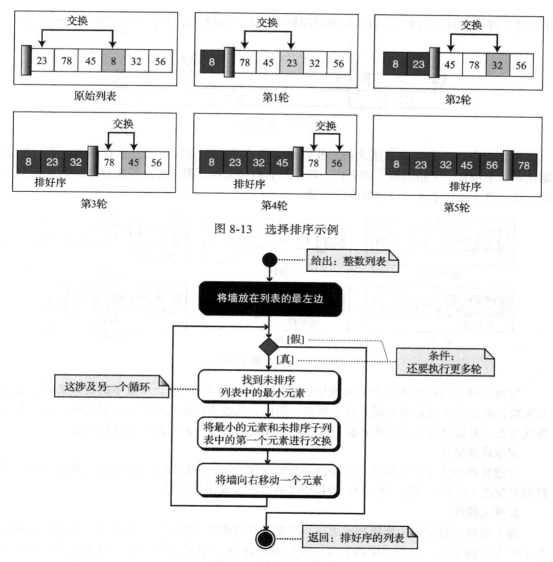

图 8-13　选择排序示例

图 8-14　选择排序算法

2.冒泡排序

在**冒泡排序**方法中，数字列表被分为两个子列表：已排序的和未排序的。在未排序子列表中，最小的元素通过**冒泡**的方法选出来并移到已排序子列表中。当把最小的元素移到已排序列表后，墙向前移动一个元素，使得已排序元素的个数增加 1，而未排序元素的个数减少 1。每次元素从未排序子列表中移到已排序子列表中，便完成一轮（见图 8-15）。一个含有 n 个元素的列表，冒泡排序需要 $n-1$ 轮来完成数据排序。

图 8-16 给出了每一轮后墙移动一个元素的过程。第一轮，从 56 开始并把它与 32 比较，因为它不小于 32 所以墙没有移动。继续下一个元素，都未发生变化直到 45 和 8 进行比较，由于 8 比 45 小，这两个元素进行位置交换。继续下一个元素，因为 8 向后移动一个元素，所以它现在和 78 比较，显然这两个元素需交换位置。最后，8 和 23 比较并交换位置。经过一系列交换，8 被放置在第一个位置，并且墙向前移动了 1 个位置。这个算法就是因其中数

字（这个例子中的 8 ）向列表的开始或顶部移动的方式就像水泡从水中冒出的样子而得名。

图 8-15   冒泡排序

注意，在墙到达列表末尾之前，我们已经停止了，因为列表已经是有序的。我们总是能在算法中包含一个指示器，如果在一轮中没有数据交换，那就停止按轮排序。通过减少步数，这个事实能用来改善冒泡排序的性能。

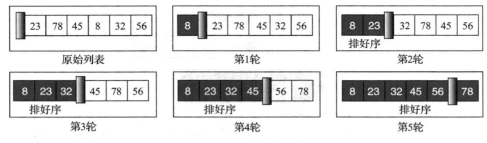

图 8-16   冒泡排序示例

冒泡排序在最初被编写为将列表中的最大元素"向下冒泡"。从效率的观点来看，无论是大数冒泡还是小数冒泡并没有什么区别。然而，从连贯性的观点来看，采用同一工作方式将使得在三种排序方法之间比较较为容易。因此我们选择每轮对最小值进行冒泡。

冒泡排序算法

冒泡排序也使用两重循环，外层循环每轮迭代一次；内层循环的每次迭代则将某一元素冒泡至顶部（左部）。我们把 UML 图和伪代码留给读者作为练习。

3. 插入排序

插入排序是最常用的排序技术之一，经常在扑克牌游戏中使用。玩家将拿到的每张牌插入手中合适的位置，以便手中的牌以一定的顺序排列。（扑克牌排序是一种使用两个标准进行排序的例子：匹配和等级。）

在插入排序中，和本章中讨论的其他两种排序方法一样，排序列表被分为两部分：已排序的和未排序的。在每轮，把未排序子列表中的第一个元素转移到已排序子列表中，并且插入合适的位置（见图 8-17）。可以看到，一个含有 n 个元素的列表至少需要 $n-1$ 轮排序。

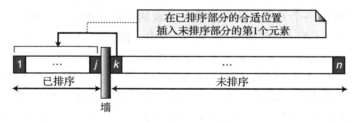

图 8-17   插入排序

图 8-18 演示了对列表中的 6 个数进行插入排序的过程。每轮中，当从未排序子列表中

删除一个元素并插入已排序子列表中时墙便移动一个元素。

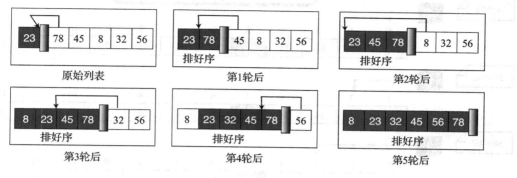

图 8-18　插入排序示例

插入排序算法

插入排序算法的设计类似于选择排序算法和冒泡排序算法的模式。外层循环每轮都迭代，内层循环则寻找插入的位置。我们将 UML 图和伪代码留给读者作为练习。

4. 其他排序算法

这里讨论的三种排序算法是效率最低的排序算法，如果要排序的列表中有多于几百个元素，那么不应该使用这些算法。在这里讨论这些算法只是出于学习的目的，但它们不实用。在一本导论书中讨论这些排序算法有几个原因：

- 它们是最简单的算法，容易理解和分析。
- 它们是更高效算法的基础，如**快速排序**、**堆排序**、Shell **排序**、**桶排序**、**合并排序**和**基排序**等。

大多数这些高级排序算法在关于数据结构的图书中有讨论。

为什么会有这么多的排序算法？原因就在于需要排序的数据的类型。一种算法对部分排序的数据很有效，而另一种算法对完全未排序的数据很有效。为了决定哪种算法更适合特定的程序，需要一种叫作算法复杂度的度量。第 17 章将讨论这个问题，但是彻底理解则需要学习程序设计和数据结构方面的额外课程。

8.5.5　查找

在计算机科学里还有一种常用的算法叫作**查找**，是一种在列表中确定目标所在位置的算法。在列表中，查找意味着给定一个值，并在包含该值的列表中找到第一个元素的位置。对于列表有两种基本的查找方法：**顺序查找**和**折半查找**。**顺序查找**可以在任何列表中查找，折半查找则要求列表是有序的。

1. 顺序查找

顺序查找用于在无序列表中查找。一般来说，可以用这种方法来查找较小的列表或不常用的列表。其他情况下，最好的方法是首先将列表排序，然后使用后面将要介绍的折半查找进行查找。

顺序查找是从列表起始处开始查找，当找到目标元素或确信查找目标不在列表中时，查找过程结束。图 8-19 演示了查找数值 62 的步骤。查找算法需要被设计成：当找到目标或到达列表末尾时算法就停止。

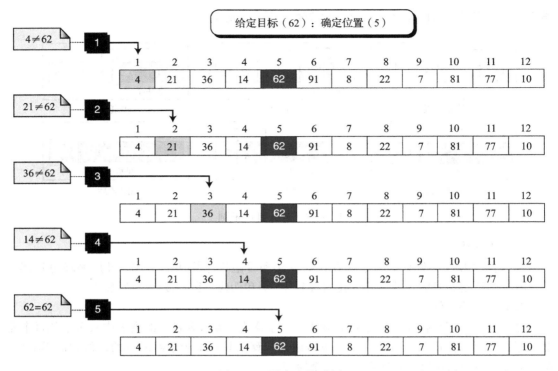

图 8-19　顺序查找示例

2. 折半查找

　　顺序查找算法是很慢的。如果列表里有 100 万个元素，在最坏的情况下需要进行 100 万次比较。如果这个列表是无序的，则顺序查找是唯一的方法。如果这个列表是有序的，那么就可以使用一个更有效率的方法，称为**折半查找**。一般来说，程序员在列表很大时使用折半查找。

　　折半查找是从一个列表的中间元素来测试的，这将能够判别出目标在列表的前半部分还是后半部分。如果在前半部分，就不需要查找后半部分。如果在后半部分，就不需要查找前半部分。换句话说，可以通过判断减少一半的列表。

　　重复这个过程直到找到目标或者确定目标不在这个列表里。图 8-20 给出了如何在 12 个数字的列表中找到目标 22，其中使用了三个引用：first、mid、last。

　　1）开始时，first 为 1，last 为 12。使 mid 在中间位置，（1+12）/2 或 6。现在比较目标（22）与在位置 6 的数（21）。目标比它大，所以忽略前半部分。

　　2）将 first 移动到 mid 的后面，即位置 7。使 mid 在第二个一半的中间，（7+12）/2或 9。现在比较目标（22）与位置 9 的数（62）。目标比它小，所以忽略（62）以后的数。

　　3）将 last 移动到 mid 的前面，即位置 8。重新计算 mid 为（8+7）/2 或 7。比较目标（22）与位置 7 的数（22）。由于找到了目标，此时算法结束。

　　折半查找算法需要设计成：找到元素或者目标不在列表中算法停止。从这个算法也能看出：当目标不在列表中时，last 的值就变成小于 first 的值，这不正常的条件让我们知道什么时候退出循环。

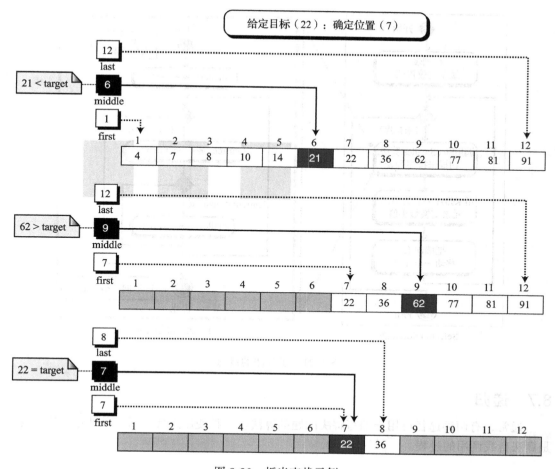

图 8-20　折半查找示例

8.6　子算法

根据在 8.2 节描述过的三种编程结构，可以为每一个可解的问题创建算法。结构化编程的原则要求将算法分成几个单元，称为**子算法**。每个子算法依次又分为更小的子算法。一个好的例子是图 8-14 中的选择排序算法。在未排序的子列表中求最小的整数是一个独立的任务，它能被看成一个子算法（图 8-21）。在每次迭代中，算法 SelectionSort 调用子算法 FindSmallest。

使用子算法至少有两个优点：

- 程序更容易理解。仔细查看 SelectionSort 算法，很快便可以发现任务（在未排序列表中求最小的整数）重复执行了。
- 子算法可在主算法中的不同地方调用，而无须重写。

8.6.1　结构图

程序员使用的另一个编程工具就是**结构图**。结构图是一种高级设计工具，它显示了算法和子算法之间的关系。它一般在设计阶段使用，而不是在编程阶段。附录 D 将简要讨论结构图。

SelectionSort算法　　FindSmallest算法

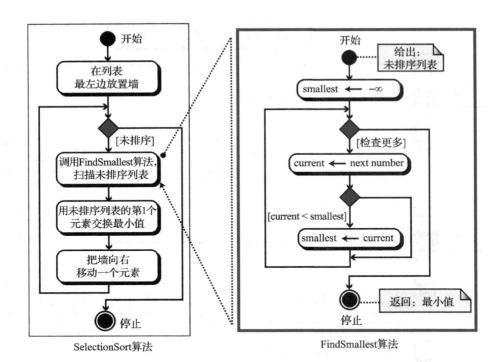

图 8-21　子算法的概念

8.7　递归

通常，有两种途径可用于编写解决问题的算法。一种使用迭代，另一种使用**递归**。**递归**是算法自我调用的过程。

8.7.1　迭代的定义

学习一个简单的例子，考虑一个阶乘的计算。阶乘的因子是从 1 到该数的整数。**迭代**的定义如图 8-22 所示。如果算法的定义不涉及算法本身，则算法是迭代的。

8.7.2　递归的定义

每一个算法出现在它本身的定义中，该算法就是递归定义的。例如，阶乘函数可以如图 8-23 所示递归定义。

$$\text{Factorial}(n) = \begin{bmatrix} 1 & \text{若 } n = 0 \\ n \times (n-1) \times (n-2) \quad \cdots \quad 3 \times 2 \times 1 & \text{若 } n > 0 \end{bmatrix}$$

图 8-22　阶乘的迭代定义

$$\text{Factorial}(n) = \begin{bmatrix} 1 & \text{若 } n = 0 \\ n \times \text{Factorial}(n-1) & \text{若 } n > 0 \end{bmatrix}$$

图 8-23　阶乘的递归定义

图 8-24 给出了用递归分解阶乘（3）。如果仔细研究该图，便会发现递归解决问题有两条途径。首先将问题从高至低进行分解，然后从低到高解决它。

由这个例子看，似乎递归计算花费时间更长且更困难。那为什么我们要用递归呢？虽然递归在使用笔和纸来解决问题时看起来很困难，但如果使用计算机则变得更简单和优美。而且，递归对于编程人员和程序阅读者在概念上很容易理解。

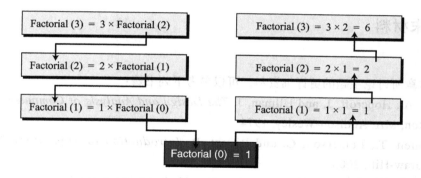

图 8-24 阶乘问题的递归解决步骤

1. 迭代解法

让我们用迭代算法来求解阶乘问题。这个算法通常包含一个循环，如算法 8.6 所示。

算法8.6 阶乘迭代算法

```
算法：Factorial(n)
目的：使用循环求一个整数的阶乘
前提：给定n
后续：无
返回：n!
{
    F ← 1
    i ← 1
    while(i ≤ n)
    {
      F ← F × i
      i ← i+1
    }
    return F
}
```

2. 递归解法

阶乘问题的递解法如算法 8.7 所示。它不需要循环，但递归概念本身包含了重复。在递归算法里，阶乘算法调用自己。

算法8.7 阶乘递归算法

```
算法：Factorial(n)
目的：使用递归求一个整数的阶乘
前提：给定n
后续：无
返回：n!
{
    if(n=0)
      return 1
    else
      return n × Factorial(n-1)
}
```

8.8 章末材料

推荐读物

有关本章所讨论主题的更详细资料，可以参考下列书籍：

- Aho, A., Hopcroft, J. and Ullman, J. *The Design and Analysis of Computer Algorithms*, Boston, MA: Addison-Wesley, 1974
- Cormen, T., Leiserson, C. and Rivest, R. *Introduction to Algorithms*, New York: McGraw-Hill, 2003
- Gries, D. *The Science of Programming*, New York: Springer, 1998
- Tardos, E. and Kleinberg, J. *Algorithm Design*, Boston, MA: Addison-Wesley, 2006
- Roberts, E. *Thinking Recursively*, New York: Wiley, 1998

关键术语

algorithm（算法）	repetition（循环）
binary search（折半查找）	searching（查找）
bubble sort（冒泡排序）	selection（选择）
decision（判断）	selection sort（选择排序）
input data（输入数据）	sequence（顺序）
insertion sort（插入排序）	sequential search（顺序查找）
loop（循环）	sorting（排序）
output data（输出数据）	structure chart（结构图）
product（乘积）	subalgorithm（子算法）
pseudocode（伪代码）	summation（求和）
recursion（递归）	Unified Modeling Language（UML，统一建模语言）

小结

- 非正式地讲，算法是一步一步解决问题或完成任务的方法。更正式地来说，算法定义为一组明确步骤的有序集合，它产生结果并在有限的时间内终止。
- 计算机科学家已经为结构化程序或算法定义了三种结构：**顺序**、**判断**（选择）和**重复**（循环）。
- 有几种工具能用来表示算法：UML、伪代码和结构图。UML 是算法的图形化表示；伪代码是算法类似英语的表示；结构图是显示算法和子算法间关系的高级设计工具。
- 在计算机科学中，有几种算法得到普遍使用，以至于它们被看成是基本算法。本章讨论其中最常见的算法：**求和**、**乘积**、**求最小值与最大值**、**排序**和**查找**。
- 在计算机科学中，最常见的一种应用就是排序，它是数据根据其值的大小进行排序的过程。我们介绍了三种原始但基本的排序算法：**选择排序**、**冒泡排序**和**插入排序**。这三种排序算法是如今计算机科学中快速排序的基础。
- 计算机科学中另一种常见的算法是查找。它是在一组对象中找到目标位置的过程。列表有两种基本查找方法：**顺序查找**和**折半查找**。顺序查找可以在任意列表中定位数据项；而折半查找需要列表是排序的。

- 结构化编程的原则要求算法被分解成称为**子算法**的小单元。每个子算法依次又可以分成更小的子算法。

- 通常，有两种方法编写求解问题的算法：一种是使用**迭代**；另一种是使用**递归**。任何时候只要算法的定义不涉及算法本身，它就是迭代的。任何时候只要算法出现在它的定义中，算法就是递归定义的。

8.9 练习

小测验

在本书网站上提供了一套与本章相关的交互式试题。强烈建议学生在做本章练习前首先完成相关测验以检测对本章内容的理解。

复习题

Q8-1 算法的正式定义是什么？

Q8-2 给出用于结构化程序设计中的三种结构的定义。

Q8-3 UML 图与算法有何关系？

Q8-4 伪代码与算法有何关系？

Q8-5 排序算法的用途是什么？

Q8-6 本章有哪三种基本排序算法？

Q8-7 查找算法的用途是什么？

Q8-8 本章讨论的基本查找算法主要有哪两种？

Q8-9 给出迭代过程的定义和一个例子。

Q8-10 给出递归过程的定义和一个例子。

练习题

P8-1 使用求和算法，画一张表，显示下面的列表中每个整数被处理后的和值。

> 20 12 70 81 45 1 3 81

P8-2 使用乘积算法，画一张表，显示下面的列表中每个整数被处理后的乘积值。

> 2 12 8 11 10 5 20

P8-3 使用 FindLargest 算法，画一张表，显示下面的列表中每个整数被处理后的 Largest 的值。

> 18 12 8 20 10 32 5

P8-4 使用 FindSmallest 算法，画一张表，显示下面的列表中每个整数被处理后的 Smallest 的值。

> 18 3 11 8 20 1 2

P8-5 使用选择排序算法，手工排序下列数据列表并借助表给出每轮所做的工作。

> 14 7 23 31 40 56 78 9 2

P8-6 使用冒泡排序算法，手工排序下列数据列表并借助表给出每轮所做的工作。

> 14 7 23 31 40 56 78 9 2

P8-7 使用插入排序算法，手工排序下列数据列表并借助表给出每轮所做的工作。

> 7 23 31 40 56 78 9 2

P8-8 一个列表包含以下元素。前两个元素已经使用选择排序算法排好序了，那么在进行了选择排序的三轮后列表中的元素排序结果如何？

> 7 8 26 44 13 23 98 57

P8-9 一个列表包含以下元素。前两个元素已经使用冒泡排序算法排好序了，那么在进行了冒泡排序的三轮后列表中的元素排序结果如何？

$$7 \quad 8 \quad 26 \quad 44 \quad 13 \quad 23 \quad 57 \quad 98$$

P8-10　一个列表包含以下元素。前两个元素已经使用插入排序算法排好序了，那么在进行插入排序的三轮后列表中的元素排序结果如何？

$$3 \quad 13 \quad 7 \quad 26 \quad 44 \quad 23 \quad 98 \quad 57$$

P8-11　一个列表包含以下元素。使用折半查找算法，跟踪查找 88 的步骤，要求给出每一步中 first、mid 和 last 的值。

$$8 \quad 13 \quad 17 \quad 26 \quad 44 \quad 56 \quad 88 \quad 97$$

P8-12　一个列表包含以下元素。使用折半查找算法，跟踪查找 20 的步骤，要求给出每一步中 first、mid 和 last 的值。

$$17 \quad 26 \quad 44 \quad 56 \quad 88 \quad 97$$

P8-13　使用 8.5.1 节中的图 8-19（顺序查找），显示查找目标 11（不在列表中）的所有步骤。

P8-14　使用 8.5.5 节中的图 8-20（折半查找），显示查找目标 17（不在列表中）的所有步骤。

P8-15　应用阶乘算法的迭代定义，当求 6！（6 的阶乘）的值时，显示每一步中 F 的值。

P8-16　应用阶乘算法的递归定义，当求 6！的值时，显示每一步中 F 的值。

P8-17　用伪代码写出一个递归算法，使用图 8-25 中的定义，求两整数的最大公约数（gcd）。在这个定义中，表达式 "$x \bmod y$" 意思是 x 除以 y，取余数作为操作的值。

$$\gcd(x, y) = \begin{bmatrix} x & \text{若 } y = 0 \\ \gcd(y, x \bmod y) & \text{其他} \end{bmatrix}$$

图 8-25　问题 P8-17

P8-18　使用图 8-25 中的定义，求下列值：

a. gcd(7, 41)　　　　b. gcd(12, 100)　　　　c. gcd(80, 4)　　　　d. gcd(17, 29)

P8-19　用伪代码写一递归算法，使用图 8-26 中的定义，求一次从 n 个对象中取 k 个对象的组合。

$$C(n, k) = \begin{bmatrix} 1 & \text{若 } k = 0 \text{ 或 } n = k \\ C(n - 1, k) + C(n - 1, k - 1) & \text{若 } n > k > 0 \end{bmatrix}$$

图 8-26　问题 P8-18

P8-20　使用图 8-26 中的定义，求下列值：

a. C(3, 2)　　　　b. C(5, 5)　　　　c. C(2, 7)　　　　d. C(4, 3)

P8-21　斐波那契序列（Fib(n)）被用在科学和数学上，如图 8-27 所示。用伪代码写一递归算法，求 Fib(n) 的值。

$$Fib(n) = \begin{bmatrix} 0 & \text{若 } n = 0 \\ 1 & \text{若 } n = 1 \\ Fib(n) = Fib(n - 1) + Fib(n - 2) & \text{若 } n > 1 \end{bmatrix}$$

图 8-27　问题 P8-21

P8-22　使用图 8-27 中的定义，求下列值：

a. Fib(2)　　　　b. Fib(3)　　　　c. Fib(4)　　　　d. Fib(5)

P8-23　画出使用两个循环的选择排序算法的 UML 图。嵌套循环用来在未排序的子列表中找出最小的元素。

P8-24　画出使用两个循环的冒泡排序算法的 UML 图。嵌套循环用来在未排序的子列表中交换相邻的数据项。

P8-25　画出使用两个循环的插入排序算法的 UML 图。嵌套循环用来在排序的子列表中做插入工作。

P8-26　画出使用子算法的冒泡排序算法的 UML 图。子算法对未排序的子列表进行冒泡排序。

P8-27　画出使用子算法的插入排序算法的 UML 图。子算法对排序的子表做插入工作。

P8-28　用伪代码写出 8.5.1 节图 8-9 中的 UML 图的算法。

P8-29　用伪代码写出 8.5.5 节图 8-10 中的 UML 图的算法。

P8-30　用伪代码写出使用两个嵌套循环的选择排序算法。

P8-31　用伪代码写出使用子算法的选择排序算法，子算法是在未排序的子列表中求最小的整数。

P8-32　用伪代码写出使用两个嵌套循环的冒泡排序算法。

P8-33　用伪代码写出使用子算法的冒泡排序算法，子算法是在未排序的子列表中做冒泡工作。

P8-34　用伪代码写出使用两个嵌套循环的插入排序算法。

P8-35　用伪代码写出使用子算法的插入排序算法，子算法是在未排序的子列表中做插入工作。

P8-36　用伪代码写出顺序查找算法，包含如果目标找到或找不到时算法的终止条件。

P8-37　用伪代码写出折半查找算法，包含如果目标找到或找不到时算法的终止条件。

P8-38　使用乘积算法的 UML 图，画图计算 x^n 的值，x 和 n 是两个给定的整数。

P8-39　用伪代码写一算法，求 x^n 的值，x 和 n 是两个给定的整数。

程序设计语言

第 8 章讨论了算法，显示了如何用 UML 或伪代码编写算法解决问题。本章将学习能实现伪代码的编程语言，或者是能实现解决方案的 UML 描述的编程语言。本章并不是要教会一种特殊的编程语言，而是旨在比较和对照不同的语言。

目标

通过本章的学习，学生应该能够：

- 描述从机器语言到高级语言的编程语言演化；
- 理解如何使用解释器或编译器将高级语言中的程序翻译成机器语言；
- 区分 4 种计算机语言模式；
- 理解过程式模式和在模式中程序单元与数据项间的交互；
- 理解面向对象模式和在这种模式中程序单元与对象间的交互；
- 定义函数式模式，理解它的应用；
- 定义声明式模式，理解它的应用；
- 定义过程式和面向对象语言中的常见概念。

9.1 演化

对计算机而言，要编写程序就必须使用计算机语言。**计算机语言**是指编写程序时，根据事先定义的规则（**语法**）而写出的预定语句集合。计算机语言经过多年的发展已经从**机器语言演化**到**高级语言**。

9.1.1 机器语言

在计算机发展的早期，唯一的**程序设计语言**是**机器语言**。每台计算机有其自己的机器语言，这种机器语言由 "0" 和 "1" 序列组成。在第 5 章中，我们看到在一台原始假想的计算机中，我们需要用 11 行代码去读两个整数、把它们相加并输出结果。当用机器语言来写时，这些代码行就成了 11 行二进制代码，每一行 16 位，如表 9-1 所示。

表 9-1 两个整数相加的机器语言代码

十六进制	机器语言代码	十六进制	机器语言代码
$(1FEF)_{16}$	0001 1111 1110 1111	$(3201)_{16}$	0011 0010 0000 0001
$(240F)_{16}$	0010 0100 0000 1111	$(2422)_{16}$	0010 0100 0010 0010
$(1FEF)_{16}$	0001 1111 1110 1111	$(1F42)_{16}$	0001 1111 0100 0010
$(241F)_{16}$	0010 0100 0001 1111	$(2FFF)_{16}$	0010 1111 1111 1111
$(1040)_{16}$	0001 0000 0100 0000	$(0000)_{16}$	0000 0000 0000 0000
$(1141)_{16}$	0001 0001 0100 0001		

机器语言是计算机硬件唯一能理解的语言，它由具有两种状态的电子开关构成：关（表

示 0）和开（表示 1）。

计算机唯一识别的语言是机器语言。

虽然用机器语言编写的程序真实地表示了数据是如何被计算机操纵的。但它至少有两个缺点：首先，它依赖于计算机。如果使用不同的硬件，那么一台计算机的机器语言与另一台计算机的机器语言就不同。其次，用这种语言编写程序是非常单调乏味的，而且很难发现错误。现在我们将机器语言时代称为编程语言的**第一代**。

9.1.2　汇编语言

编程语言中接下来的演化是伴随着用带符号或助记符的指令和地址代替二进制码而发生的。因为它们使用符号，所以这些语言首先被称为**符号语言**。这些助记符语言后来就被称为汇编语言。假想计算机用于替代机器语言的**汇编语言**（如表 9-2 所示）显示在程序 9.1 中。

表 9-2　两个整数相加的汇编语言代码

汇编语言代码			说　　明
LOAD	RF	Keyboard	从键盘控制器中取数，存到寄存器 F 中
STORE	Number1	RF	把寄存器 F 中的内容存到 Number1 中
LOAD	RF	Keyboard	从键盘控制器中取数，存到寄存器 F 中
STORE	Number2	RF	把寄存器 F 中的内容存到 Number2 中
LOAD	R0	Number1	把 Number1 中的内容存入寄存器 0 中
LOAD	R1	Number2	把 Number2 中的内容存入寄存器 1 中
ADDI	R2	R0　R1	把寄存器 0 和寄存器 1 相加，结果放入寄存器 2 中
STORE	Result	R2	把寄存器 2 的内容存入 Result 中
LOAD	RF	Result	把 Result 中的值放入寄存器 F 中
STORE	Monitor	RF	把寄存器 F 中的值存入显示控制器中
HALT			停止

称为**汇编程序**的特殊程序用于将汇编语言代码翻译成机器语言。

9.1.3　高级语言

尽管汇编语言大大提高了编程效率，但仍然需要程序员在所使用的硬件上花费大部分精力。用符号语言编程也很枯燥，因为每条机器指令都必须单独编码。为了提高程序员效率以及从关注计算机转到关注要解决的问题，促进了**高级语言**的发展。

高级语言可移植到许多不同的计算机，使程序员能够将精力集中在应用程序上，而不是计算机结构的复杂性上。高级语言旨在使程序员摆脱汇编语言烦琐的细节。高级语言同汇编语言有一个共性：它们必须被转化为机器语言，这个转化过程称为**解释**或**编译**（本章后面介绍）。

数年来，人们开发了各种各样的语言，最著名的有 BASIC、COBOL、Pascal、Ada、C、C++ 和 Java。程序 9-1 显示了两个整数相加的 C++ 语言代码。虽然程序看起来有点长，但有些代码行是文档（注释）。

程序9-1　C++中的加法程序

```
/*      This program reads two integers from keyboard and prints their sum.
        Written by:
        Date:
*/
#include<iostream>
using namespace std;
int main()
{
        // Local Declarations
        int number 1;
        int number 2;
        int result;
        // Statements
        cin >> number 1;
        cin >> number 2;
        result = number 1 + number 2;
        cout << result;
        return 0;
}// main
```

9.2　翻译

当今程序通常是用一种高级语言来编写。为了在计算机上运行程序，程序需要被翻译成它要运行在其他的计算机的机器语言。高级语言程序被称为**源程序**。被翻译成的机器语言程序称为**目标程序**。有两种方法用于翻译：**编译**和**解释**。

9.2.1　编译

编译程序通常把整个源程序**翻译**成目标程序。

9.2.2　解释

有些计算机语言使用**解释器**把源程序翻译成目标程序。解释是指把源程序中的每一行翻译成目标程序中相应的行，并执行它的过程。但是，我们需要意识到在解释中的两种趋势：在 Java 语言之前被有些程序使用的和 Java 使用的解释。

1. 解释的第一种方法

在 Java 语言之前的有些解释式语言（如 BASIC 和 APL）使用一种称为解释的**第一种方法**的解释过程，因为缺少其他任何的名字，所以称为解释的第一种方法。在这种解释中，源程序的每一行被翻译成被其使用的计算机上的机器语言，该行机器语言被立即执行。如果在翻译和执行中有任何错误，过程就显示消息，其余的过程就被中止。程序需要被改正，再次从头解释和执行。第一种方法被看成是一种慢的过程，这就是大多数语言使用编译而不是解释的原因。

2. 解释程序的第二种方法

随着 Java 的到来，一种新的解释过程就被引入了。Java 语言能向任何计算机移植。为了取得可移植性，源程序到目标程序的翻译分成两步进行：编译和解释。Java 源程序首先被编译，创建 Java 的**字节代码**，字节代码看起来像机器语言中的代码，但不是任何特定计算机的目标代码，它是一种虚拟机的目标代码，该虚拟机称为 Java 虚拟机或 JVM。字节代码然后能被任何运行 JVM 模拟器的计算机编译或解释，也就是运行字节代码的计算机只需要 JVM 模拟器，而不是 Java 编译器。

9.2.3　翻译过程

编译和解释的不同在于，编译在执行前翻译整个源代码，而解释一次只翻译和执行源代码中的一行。但是，两种方法都遵循图 9-1 中显示的相同的翻译过程。

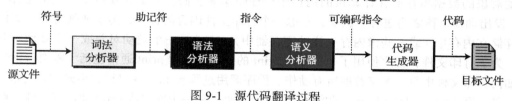

图 9-1　源代码翻译过程

1. 词法分析器

词法分析器一个符号接一个符号地读源代码，创建源语言中的助记符表。例如，5 个符号 w、h、i、l、e 被读入，组合起来就形成了 C、C++ 或 Java 语言中的助记符 while。

2. 语法分析器

语法分析器分析一组助记符，找出指令。例如，语法分析器使用助记符 "x" "=" "0" 创建 C 语言中的赋值语句 "x = 0"。在第 18 章中讨论语言识别时，我们将更详细地讨论词法分析器和语法分析器的功能。

3. 语义分析器

语义分析器检查语法分析器创建的句子，确保它们不含有二义性。计算机语义通常是无二义性的，这意味着这一步骤或者是在翻译器中被省略，或者是其责任被最小化。第 18 章也详细讨论语义分析。

4. 代码生成器

在无二义性指令被语义分析器创建之后，每条指令将转化为一组程序将要在其上运行的计算机的机器语言。这个是由**代码生成器**完成的。

9.3　编程模式

当今计算机语言按照它们使用的解决问题的方法来分类。因此，模式是计算机语言看待要解决问题的一种方式。计算机语言可分成 4 种模式：**过程式**（强制性）、**面向对象**、**函数式**和**声明式**。图 9-2 总结了这些范式。

图 9-2　编程语言分类

9.3.1　过程式模式

在**过程式模式**（或**强制性模式**）中，我们把程序看成是操纵**被动对象**的**主动主体**。我们在日常生活中遇到许多被动对象：石头、书、灯等。一个被动对象本身不能发出一个动作，但它能从主动主体接收动作。

过程式模式下的程序就是主动主体，该主体使用称为**数据**或**数据项**的被动对象。作为被动对象的数据项存储在计算机的内存中，程序操纵它们。为了操纵数据，主动主体（程序）发出动作，称之为**过程**。例如，考虑一个打印文件内容的程序，为了能被打印，文件需要存储在内存中（或一些像内存一样的寄存器中）。文件是一个被动对象或一个被动对象集合。为了打印文件，程序使用了一个称为 print 的过程。过程 print 通常包括了需要告诉计算机如何打印文件中每一个字符的所有动作。程序**调用**过程 print。在过程式模式中，对象（**文件**）和过程（print）是完全分开的实体。对象（**文件**）是一个能接收 print 动作或其他一些动作（如**删除**、**复制**等）的独立实体。为了对文件应用这些动作中的任何一个，我们需要一个作用于文件的过程。过程 print（或**复制**或**删除**）是编写的一个独立实体，程序只是触发它。

为了避免每次需要打印文件时都编写一个新过程，我们可以编写一个能打印任何文件的通用过程。当写这个过程时，对文件名的每个引用都被诸如 F、FILE 之类的符号替代。当过程被调用（触发）时，我们传递实际要打印的文件名给过程，这样可以编写一个过程 print，在程序中调用两次，打印不同的文件。图 9-3 显示了程序如何能调用不同的预定义过程，打印或删除不同的目标文件。

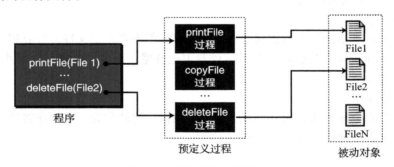

图 9-3　过程式模式的概念

我们需要把过程与程序触发区分开。程序不定义过程（后面解释），它只触发或调用过程。过程必须已经存在。

当使用过程式高级语言时，程序仅由许多过程调用构成，除此之外没有任何东西。这不是显而易见的，但即使使用像加法运算符（+）这样的简单数学运算符时，我们也是正在使用一个过程调用一个已经编写的过程。例如，当使用表达式 A+B 将两个对象 A 和 B 的值相加时，我们就是在调用过程 add，传递两个对象的名字给过程。过程 add 需要两个操作对象。它把两个对象的值相加，返回结果。换言之，表达式 A+B 是 add（A，B）的缩写。语言的设计者编写了这些过程，我们才能调用它。

如果我们考虑过程和操作对象，那么过程式模式的概念就变得更为简单，且容易理解。这种模式的程序由三部分构成：对象创建部分、一组过程调用和每个过程的一组代码。有些过程在语言本身中已经被定义。通过组合这些代码，开发者可以建立新的过程。

图 9-4 显示了过程式程序的三个组成部分。在语言中也有额外的助记符用来界定或组织

调用，但这个图中并没有显示出来。

一些过程式语言

在过去的几十年中，一些高级强制性（过程式）语言发展
起来，如 FORTRAN、COBOL、Pascal、C 和 Ada。

FORTRAN

FORTRAN（FORmula TRANslation），　　由 Jack Backus
领导下的一批 IBM 工程师所设计，于 1957 年变成商用的。
FORTRAN 是第一代高级语言。在过去的 40 年中，FORTRAN
经历了多个版本：FORTRAN、FORTRAN Ⅱ、FORTRAN Ⅳ、
FORTRAN 77、FORTRAN 99 和 HPF（高性能 FORTRAN）。

图 9-4　过程式程序的组成部分

最新版本（HPF）用于高速多处理器计算机系统。FORTRAN 所具备的一些特征使得 40 年后
它仍然是科学或工程应用中的理想语言。这些特征概括如下：

- 高精度算法。
- 处理复杂数据的能力。
- 指数运算（a^b）。

COBOL

COBOL（COmmon Business-Oriented Language）由一批计算机专家在美国海军的 Grace
Hopper 指导下设计出来。COBOL 有一个特定的设计目标：作为商业编程语言使用。商业环
境中的问题完全不同于工程环境中的问题。商业中程序设计的要求概括如下：

- 快速访问文件和数据库。
- 快速更新文件和数据库。
- 生成大量的报表。
- 界面友好的格式化的输出。

Pascal

Pascal 由 Niklaus Wirth 于 1971 年在瑞士的苏黎世发明，根据 17 世纪发明 Pascaline 计
算器的法国数学家、哲学家 Blaise Pascal 来命名。Pascal 设计时有一个特定目标：通过强调
结构化编程方法来教初学者编程。尽管 Pascal 成为学术中最流行的语言，但它从未在工业中
达到同等流行的程度。现在的**过程式语言**归功于该语言。

C

C 语言是由贝尔实验室的 Dennis Ritchie 在 20 世纪 70 年代初期发明的。最初用于编写
操作系统和系统软件（UNIX 操作系统的大部分是用 C 编写的）。后来，由于以下原因而在
程序员中流行：

- C 有一个结构化的高级编程语言应有的所有高级指令，使程序员无须知道硬件细节。
- C 也具有一些低级指令，使得程序员能够直接、快速地访问硬件。相对于其他高级语
  言，C 更接近于汇编语言，这使得它对系统程序设计员来说是一种好语言。
- C 是非常有效的语言，指令短。这种简洁吸引了想编写短程序的程序员。

Ada

Ada 是根据 Lord Byron 的女儿 Augusta Ada Byron 和助手 Charles Babbage（分析引擎
的发明者）的名字来命名的。Ada 是为美国国防部（DoD）而开发的，并成为所有 DoD 承包
人使用的统一语言。Ada 有 3 个特征使其成为 DoD 和工业的流行语言：

- Ada 有其他过程式语言那样的高级指令。
- Ada 有允许实时处理的指令，从而便于过程控制。
- Ada 具有并行处理能力，可以在具有多处理器的主机上运行。

9.3.2 面向对象模式

面向对象模式处理活动对象，而不是被动对象。我们在日常生活中遇到许多活动对象：汽车、自动门、洗盘机等。在这些对象上执行的动作都包含在这些对象中：对象只需要接收合适的外部刺激来执行其中一个动作。

回到我们在过程式模式中的例子，在面向对象模式中的文件能把所有的被文件执行的过程（在面向对象模式中称为方法）打包在一起，这些过程有打印、复制、删除等。在这种模式中的程序仅仅向对象发送相应请求（打印、复制、删除等），文件就会被打印、复制或删除。图 9-5 说明了这样的概念。

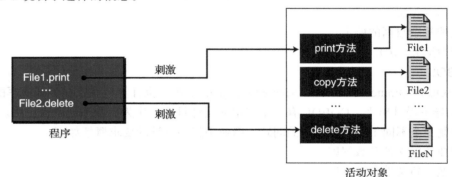

图 9-5　面向对象模式的概念

这些方法被相同类型的所有对象共享，也被从这些对象继承的其他对象共享，如后面将讨论的。如果程序要打印文件 File1，它只需要发送活动对象所需的刺激，文件 File1 就被打印。

比较过程式模式和面向对象模式（图 9-3 和图 9-5），我们看出过程式模式中的过程是独立的实体，但面向对象模式中的方法是属于对象领地的。

1. 类

如图 9-5 所示，相同类型的对象（如文件）需要一组方法，这些方法显示了这类对象对来自对象"领地"外的刺激的反应。为了创建这些方法，面向对象语言，如 C++、Java 和 C#（读作" C sharp"）使用称为**类**的单元，如图 9-6 所示。程序单元的准确格式因不同的面向对象语言而不同（参见附录 F）。

2. 方法

总体上，方法的格式与有些过程式语言中用的函数非常相似。每个**方法**有它的头、局部变量和语句。这就意味着我们对过程式语言所讨论的大多数特性都可以应用在为面向对象程序所写的方法上。换言

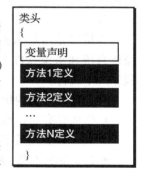

图 9-6　类的组成

之，我们可以认为面向对象语言实际上是带有新的理念和新的特性的过程式语言的扩展。例如，C++ 语言就是一个面向对象的 C 语言的扩展。C++ 语言甚至可以作为不需要或极少使用对象的过程式语言使用。Java 语言是 C++ 的扩展，但它是一个完全的面向对象的语言。

3. 继承性

在面向对象模式中，作为本质，一个对象能从另一个对象继承。这个概念被称为**继承性**。当一般类被定义后，我们可以定义继承了一般类中一些特性的更具体的类，同时这些类具有一些新特性。例如，当一个**几何形状**类被定义后，我们就可以定义称为**矩形**的类。矩形是具有额外特性的几何形状。

4. 多态性

多态性意思是"许多形状"。在面向对象模式中的多态性是指我们可以定义一些具有相同名字的操作，而这些操作在相关类中做不同的事情。例如，我们定义了两个类：矩形和圆，都是从几何形状类继承下来的。我们定义名字都为 area 的两个操作，一个在矩形类中；一个在圆类中。它计算矩形或圆的面积。两个操作有相同的名字，但做不同的事情，因为计算矩形的面积和计算圆的面积需要不同的操作数和操作。

5. 一些面向对象语言

人们已经发明了一些**面向对象语言**。我们简要讨论其中两种语言的特性：C++ 和 Java。

C++

C++ 语言是由贝尔实验室 Bjarne Stroustrup 等人开发出来的，是比 C 语言更高级的一种计算机编程语言。它使用**类**来定义相似对象的通用属性以及可以应用于它们本身的各种操作。例如，程序员可以定义一个**几何体**类（Geometrical Shapes）和所有二维图形所共用的属性，如中心、边数等。这个类也可以定义出可以应用于几何体本身的操作（函数或方法），例如，计算并打印出面积、周长、中心点的坐标等。一个程序可以创建不同几何体类的对象，每个对象有不同的中心点和边数。程序可以为每个对象计算并打印出面积、周长和中心坐标等。

C++ 语言的设计遵循三条基本原则特性：**封装**、**继承**和**多态**。

Java

Java 是由 Sun Microsystems 公司开发的，它在 C 和 C++ 的基础上发展而来，但是 C++ 的一些特性（如多重继承等）从语言中被移除，从而使 Java 更健壮。另外，该语言是完全面向类操作的。在 C++ 中，你甚至可以不用定义类就能解决问题。而在 Java 中，每个数据项都属于一个类。

Java 中的程序可以是一个应用程序也可以是一个**小程序**。应用程序是指一个可以完全独立运行的程序。小程序则是嵌入在超文本标记语言（参见第 6 章）中的程序，存储在服务器上并由浏览器运行。浏览器也可以把它从服务器端下载到本地运行。

在 Java 中，应用程序（或小程序）是类以及类实例的集合。Java 自带的丰富**类库**是它的有趣特征之一。尽管 C++ 也提供类库，但在 Java 中用户可以在提供的类库基础上构建新类。

在 Java 中，程序的执行也是独具特色的。构建一个类并把它传给编译器。由编译器来调用类的方法。Java 的另一大有趣的特点是**多线程**。线程是指按顺序执行的动作序列。C++ 只允许单线程执行（整个程序作为单线程），但是 Java 允许多线程执行（几行代码同时执行）。

9.3.3　函数式模式

在**函数式模式**中程序被看成是一个数学函数。关于这一点，**函数**是把一组输入映射到一组输出的黑盒子（图 9-7）。

例如，**求和**可以被认为是具有 n 个输入和 1 个输出的函数。该函数实现 n 个输入值相加得到总和并最终输出求和结果。**函数式语言**主要实现下面的功能：

图 9-7　函数式语言中的函数

- 函数式语言预定义一系列可供任何程序员调用的原始（原子）函数。
- 函数式语言允许程序员通过若干原始函数的组合创建新的函数。

例如，定义一个称为 first 的原始函数，由它来完成从一个数据列表中抽取第一个元素的功能。再定义另一个函数 rest，由它完成从一个数据列表中抽取出除第一个元素以外的所有元素。通过两个函数的组合使用，可以在一个程序中定义一个函数来完成对第三个元素的抽取，如图 9-8 所示。

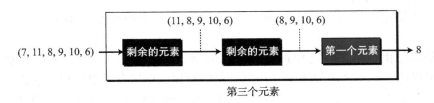

图 9-8　提取列表中的第三个元素

函数式语言相对过程式语言具有两方面优势：它支持模块化编程并且允许程序员使用已经存在的函数来开发新的函数。这两个因素使得程序员能够编写出庞大而且不易出错的程序。

一些函数式语言

我们以 LISP 和 Scheme 为例来简要介绍函数式语言。

LISP

表处理解释语言（LISt Programming，LISP）是 20 世纪 60 年代早期由麻省理工学院科研小组设计开发的。它是一种把表作为处理对象的语言。

Scheme

表处理解释语言没有统一标准化。不久之后，就有许多不同的版本流传于世。实际使用的标准是由麻省理工学院在 20 世纪 70 年代早期开发的，称为 Scheme。

Scheme 语言定义了一系列原始函数来解决问题。函数名和函数的输入列表写在括号内，结果是一个可用于其他函数输入的列表。例如，有一个函数 car，用来从列表中取出第一个元素。第二个函数 cdr 用来从列表中取出除第一个元素以外的所有元素。两个函数如下：

```
(car 2 3 7 8 11 17 20)→2
(cdr 2 3 7 8 11 17 20)→3 7 8 11 17 20
```

现在可以通过组合这两个函数来完成从列表中取出第三个元素的函数。

```
(car ( cdr ( cdr list ) ) )
```

如果将上面的函数应用于列表 2 3 7 8 11 17 20，结果是取出 7。我们来分析一下，最里面的括号取出列表 3 7 8 11 17 20。中间一层括号取出列表 7 8 11 17 20。再通过函数 car 取出该列表的第一个元素 7。

9.3.4 声明式模式

声明式模式依据逻辑推理的原则响应查询。它是在由希腊数学家定义的规范的逻辑基础上发展而来的，并且后来发展成为一阶谓词演算（first-order predicate calculus）。

逻辑推理以推导为基础。逻辑学家根据已知正确的一些论断（事实），运用逻辑推理的可靠的准则推导出新的论断（事实）。例如，逻辑学中著名的推导原则如下：

```
If ( A is B ) and ( B is C ), then ( A is C )
```

将此原则应用于下面的事实：

事实1: Socrates is a human   → A is B
事实2: A human is mortal   → B is C

我们可以推导出下面的事实：

事实3: Socrates is mortal   → A is C

程序员需要学习有关主题领域的知识（知道该领域内的所有已知的事实）或是向该领域的专家获取事实。程序员还应该精通如何逻辑上严谨地定义准则。这样程序才能推导并产生新的事实。

声明性语言也有自身的缺憾，那就是有关特殊领域的程序由于要收集大量的事实信息而变得非常庞大。这也是说明性程序迄今为止只局限于人工智能等领域的原因。我们将在第18章进一步讨论逻辑。

Prolog

最著名的声明性语言是 Prolog（PROgramming in LOGic），它是由法国人 A. Colmerauer 于 1972 年设计开发的。Prolog 中的程序全部由事实和规则组成。例如，关于人类最初事实可陈述如下：

```
human (John)
mortal (human)
```

用户可以进行询问：

```
? -mortal (John)
```

程序会响应 yes。

9.4　共同概念

在这一节，我们通过对一些过程式语言的快速浏览，发现共同的概念。这些概念中的一些对大多数面向对象语言也适用，这是因为当创建方法时面向对象模式使用过程式模式。

9.4.1　标识符

所有计算机语言的共同特点之一就是都具有**标识符**，即对象的名称。标识符允许给程序中对象命名。例如，计算机中每一个数据都存储在一个唯一的地址中。如果没有标识符来符号化代表数据的位置，你就不得不去了解并直接使用数据的地址来操纵它们。取而代之，只要简单给出数据的名字就可以让编译器去跟踪数据实际存放的物理地址。

9.4.2　数据类型

数据类型定义了一系列值及应用于这些值的一系列操作。每种数据类型值的集合称为数据类型的域。大多数语言都定义了两类数据类型：简单数据类型和复合数据类型。

1. 简单数据类型

简单数据类型（有时称为原子类型、基本类型、标量类型或内建类型）是不能分解成更小数据类型的数据类型。强制性语言已经定义一些**简单数据类型**：

- 整数类型是不包括小数部分的完整的数。整数的取值范围依赖于语言。有些语言支持多种整数大小。
- 实数类型是带小数部分的数字。
- 字符类型是被语言使用的潜在字符集中的符号，例如，ASCII 或 Unicode。
- 布尔类型是只取两个值（真或假）的数据类型。

2. 复合数据类型

复合数据类型是一组元素，其中每个元素都是简单数据类型或复合数据类型（这是递归定义）。大多数语言定义了如下的复合数据类型：

- 数组是一组元素，其中每个元素具有相同类型。
- 记录是一组元素，其中的元素可以具有不同的类型。

9.4.3 变量

变量是存储单元的名字。如第 5 章讨论过的，每个内存单元在计算机中都有一个地址。虽然计算机内部使用地址，但对程序员而言却十分不方便，首先，程序员不知道内存中数据项的相对地址。其次，数据项在内存中可能占据多个地址。名字（作为地址的替代）使程序员解放出来，只需在程序如何执行的层次上考虑。程序员可以使用一个变量，（如 score）来保存测试中得到的整型数值。既然变量含有一个数据项，那它就有类型。

1. 变量声明

大多数过程式语言和面向对象语言要求变量在使用前被声明。声明警告计算机被赋予名字和类型的变量将在程序中使用。计算机预留出要求的存储区域，并命名它。我们在前一节讨论过，声明是对象创建的一部分。例如，在 C、C++ 和 Java 中，我们可以定义三种变量数据类型——字符、整数和实数，它们显示如下：

```
char C;
int num;
double result;
```

第一行声明了一个具有字符类型的变量 C；第二行声明整数类型变量 num；第三行声明实数类型变量 result。

2. 变量初始化

虽然存储在变量中的数据值在程序执行过程中可能改变，但大多数过程式语言允许变量在它声明时进行初始化。初始化就是在变量中存储一个值。下面显示了变量如何同时被声明和初始化。

```
char C='Z';
int num=123;
double result=256,782;
```

9.4.4 字面值

字面值是程序中使用的预定义的值。例如，当半径存储在变量 r 中，需要计算圆的面积时，可以使用表达式 $3.14 \times r^2$，其中 π (pi) 的近似值就是被用作字面值。在大多数程序设计语言中，可以有整数、实数、字符和布尔字面值，还可以有字符串字面值。为了把字符和字符串字面值从变量名和其他对象中区分开，大多数语言要求字符字面值被括在单引号中，如 'A'，而字符串字面值被括中双引号中，如 "Anne"。

9.4.5 常量

字面值被看作一种不好的编程实践，除非我们能确信字面值的值将不会随时间而改变（如几何中 π 的值）。但是，大多数字面值都会随时间而改变它的值。例如，销售税今年是 8%，明年可能就不相同。当我们写程序计算事物的费用时，我们就不应该在程序中使用字面值。

```
cost ← price × 1.08
```

由于这个原因，大多数编程语言定义**常量**。常量（像变量一样）是一个可以存储值的命名的位置。但值在程序开始处被定义后就不能改变。但是，如果下一年我们需要再次使用这个程序，可以只改变程序开始处的一行：常量的值。例如，在 C 或 C++ 程序中，税率能在开始处被定义，而在程序中被使用。

```
const float taxMultiplier = 1.08;
...
cost = price * taxMultiplier;
```

注意常量（像变量一样）有类型。当常量被声明时，要定义它的类型。

9.4.6 输入和输出

几乎所有的程序都需要输入和（或）输出数据。这些操作将比较复杂，尤其是对大的文件进行操作时。大多数程序设计语言使用一些预先定义好的函数完成输入和输出。

1. 输入

数据或通过语句，或通过预先定义的函数来完成**输入**。C 语言有几个输入函数。例如，scanf 函数用来从键盘读取数据并格式化，把它存储在一个变量中。下面是一个例子：

```
scanf("%d", &num);
```

当程序遇到该函数指令时，程序等待用户输入一个整数。然后将这个值存储在变量 num 中。%d 告诉用户程序需要一个整型数值。

2. 输出

数据或通过语句，或通过预先定义的函数来完成**输出**。C 语言有几个输出函数。例如，printf 函数能够在显示器上输出一个字符串。程序员可以将一个或几个变量变为字符串的一部分。下面的语句表示在文本字符串的末尾显示一个变量的值。

```
printf("The value of the number is : %d" , num) ;
```

9.4.7 表达式

表达式是由一系列操作数和运算符简化后的一个单一数值。例如，下面是一个值为 13 的表达式：

```
2 * 5 + 3
```

1. 运算符

运算符是用来完成一个动作的特定语言的语法记号。最为熟悉的一些运算符都是从数学中得到的。例如，乘法（＊）是一个运算符，表示两个数相乘。每一种语言都有运算符，并且它们在语法或规则等方面的使用是严格定义的。

算术运算符被用在大多数语言中。表 9-3 显示了一些用于 C、C++ 和 Java 中的算术运算符。

表 9-3　算术运算符

运　算　符	定　　义	例　　子
+	加	3+5
–	减	2-4
*	乘	Num*5
/	除（商）	Sum/Count
%	除（余数）	Count%4
++	递增（变量值加 1）	Count++
--	递减（变量值减 1）	Count--

关系运算符用于比较两个数据的大小关系。关系运算符的结果是逻辑值（true 或 false）。C、C++ 和 Java 语言使用 6 种关系运算符，如表 9-4 所示。

表 9-4　关系运算符

运　算　符	定　　义	例　　子
<	小于	Num1<5
<=	小于等于	Num1<=5
>	大于	Num2>3
>=	大于等于	Num2>=3
==	等于	Num1==Num2
!=	不等于	Num1!=Num2

逻辑运算符是逻辑值（true 或 false）组合后得到的一个新值。C 语言使用如表 9-5 所示的 3 种逻辑运算符。

表 9-5　逻辑运算符

运　算　符	定　　义	例　　子
!	非	!(Num1<Num2)
&&	与	(Num1<5)&&(Num2>10)
||	或	(Num1<5)||(Num2>10)

2. 操作数

操作数接收一个运算符的动作。对于任何一个运算符可能有 1、2 或更多个操作数。举个算术的例子，除法运算的操作数是被除数和除数。

9.4.8　语句

每条**语句**都使程序执行一个相应动作。它被直接翻译成一条或多条计算机可执行的指令。例如，C、C++ 和 Java 定义了许多类型的语句。在本节中我们将对其中一些加以讨论。

1. 赋值语句

赋值语句给变量赋值。换言之，它存储一个值在变量中，该变量是在声明部分已经被创建的。在我们的算法中，使用符号"←"定义赋值。大多数语言（像 C、C++ 和 Java）使用"="来赋值。其他语言（像 Ada 或 Pascal）使用":="来赋值。

2. 复合语句

复合语句是一个包含 0 个或多个语句的代码单元。它也被称为块。复合语句使得一组语句成为一个整体。复合语句一般包括一个左大括号、一个可选语句段以及一个右大括号。下面是一个复合语句的例子。

```
{
    x = 1 ;
    y = 20 ;
}
```

3. 控制语句

控制语句是语句的集合，它在过程式语言中作为一个程序执行。语句通常是一句接一句被执行的。但是，有时需要改变这种顺序的执行。例如，去重复一句或一组语句，两组语句的执行依赖于布尔值。在计算机机器语言中，为这种背离顺序执行所提供的指令称为 jump 指令，这在第 5 章简要讨论过。早期的强制性语言使用 go to 语句来模拟 jump 指令。虽然如今 go to 还能在一些强制性语言中看到，但结构化编程原则不倡导使用它。相反，结构化编程强烈推荐使用三种结构：顺序、选择和循环，正如我们在第 8 章中讨论的。强制性语言中的控制语句与选择和循环有关。

- 大多数强制性语言都有两路和多路选择语句。两路选择通过 if-else 语句取得；多路选择通过 switch（或 case）语句取得。图 9-9 显示了 if-else 语句的 UML 图和代码。在 if-else 语句中，如果条件为真，语句 1 被执行，而如果条件为假，语句 2 被执行。语句 1 和语句 2 都可以是任何类型的语句，包括空语句或复合语句。图 9-9 还显示了 switch（或 case）语句的代码。C 的值决定了语句 1、语句 2 或语句 3 中哪一个被执行。

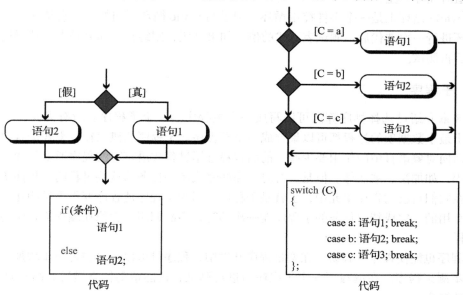

图 9-9   两路和多路判断

- 我们在第8章讨论过循环结构。大多数强制性语言都定义了1～3个能实现循环的循环语句。C、C++ 和 Java 定义了 3 个循环语句，但它们都可以使用 while 循环来模拟（图 9-10）。

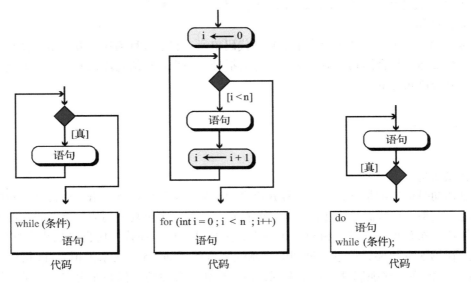

图 9-10　3 种类型的循环

C 语言中主要的重复语句是 while 循环。while 循环是一个预先检查的循环，它检查测试表达式的值。如果值为真，则进入循环迭代一次，然后再检测。while 循环被认为是事件控制循环。循环将一直持续到一个事件发生，即将被测表达式的值从真变为假。

for 循环同样也是一个先测试循环。但是与 while 循环不同的是，它是一个计数器控制循环，计数器被初始化为一个初值，然后在每一次迭代中增加（或减少）。当计数器的值达到预定值时循环终止。

do-while 循环也是一个事件控制循环，但是与 while 循环不同的是，它是一个后测试循环。循环进行一次迭代后，测试表达式的值。如果是假，则终止。如果是真，就再进行一次循环而后再测试。

9.4.9　子程序

第 8 章介绍过选择排序算法可以写成一个主程序和一个**子程序**。所有需要在未排序列表中找出最小数据项的过程都可以聚合成一个子程序。子程序的概念在过程式语言中极其重要，在面向对象语言中的作用要少些。前面解释过用过程式语言写的程序通常是预先定义的一组过程，如加法、乘法等。但是，有时，那些完成单一任务的这些过程的子集能集合在一起，放在它们自己的程序单元中，也就是子程序。因为子程序使程序变得更结构化，所以这是非常有用的。完成特定任务的子程序能一次编写，多次调用。就像在编程语言中的预定义过程一样。

子程序也能使程序更容易。在增量程序开发中，程序员可以通过在每一步增加一个子程序一步步测试程序。在编写下一个子程序前进行测试，这能帮助检查错误。图 9-11 说明了子程序的概念。

1. 局部变量

在过程式语言中，就像主程序一样，子程序能调用预定义的过程，在局部对象上操作。当子程序每次被调用时，这些局部对象或**局部变量**被创建，当控制从子程序返回时被销毁。局部对象属于子程序。

2. 参数

子程序仅仅作用于局部变量是非常少见的。大多数时候主程序需要子程序作用于由主程序创建的一个对象或一组对象。

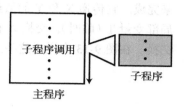

图 9-11　子程序的概念

在这种情况下，程序和子程序使用**参数**。在主程序中称为**实际参数**，在子程序中称为形式参数。程序可以通过下列两种方法之一来给子程序传递参数：

- 传值
- 传引用

下面解释它们。

传值

在**传值**参数中，主程序和子程序创建两个不同的对象（变量）。在程序中创建的对象属于程序；在子程序中创建的对象属于子程序。因为作用域不同，所以相应的对象可以有相同的名字或不同的名字。主程序和子程序的通信是单方向的，从主程序到子程序。主程序传递实际参数的值，存储到子程序中相应的形式参数中。从子程序到主程序没有参数的通信。

例 9-1　假定子程序是为主程序完成打印的。当每次主程序需要打印值时，它把值传递给子程序并打印出来。主程序有它自己的变量 X，子程序也有它自己的变量 A。从主程序传递给子程序的是变量 X 的值。这个值被存储在子程序的变量 A 中，子程序随后要打印它（图 9-12）。

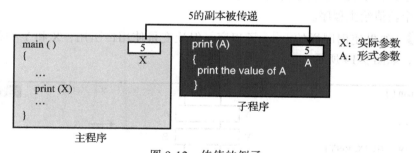

图 9-12　传值的例子

例 9-2　在例 9-1 中，既然主程序是发送一个值到子程序，那么为了这个目的就不需要一个变量：主程序可以仅发送一个字面值给子程序。换言之，主程序可以用 print(X) 或 print(5) 调用子程序。

例 9-3　传值在现实生活中的一个类推是：当一位朋友需要借或读一本你写的有价值的书。因为书是珍贵的，或可能已售完，你把书复印了一份，送给了你的朋友。任何对副本的损坏都不会影响你的书。

传值有个优点：子程序接收的仅仅是个值。它不能改变（有意的或无意的）主程序中变量的值。但是，当程序实际上要求子程序这样做时，子程序不能改变主程序中变量的值就变成了缺点。

例 9-4   假定主程序有两个变量 X 和 Y，需要交换它们的值。主程序调用子程序 swap 来完成。它传递 X 和 Y 的值给子程序，它们被存储在两个变量 A 和 B 中。swap 子程序使用局部变量 T（临时），交换 A 和 B 中的两个值。但 X 和 Y 中的原始值保留原样：它们并没有交换。在图 9-13 中说明这些。

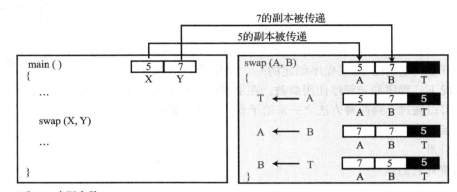

X和Y：实际参数
A和B：形式参数
T：局部（临时）参数

图 9-13   传值不起作用的例子

传引用

传引用被设计来允许子程序改变主程序中变量的值。在传引用中，变量（实际上它是内存的地址）被主程序和子程序共享。相同的变量可能在主程序和子程序中有不同的名字，但两个名字是指向同一个变量。我们可以形象地把传引用看成是有两个门的盒子，一个开在主程序；另一个开在子程序。主程序可以把值留在盒子里给子程序，子程序可以改变这个原始的值，并留个新值给主程序。

例 9-5   如果使用同样的 swap 子程序，但让变量使用传引用，X 和 Y 中的两个值实际上被交换，如图 9-14 所示。

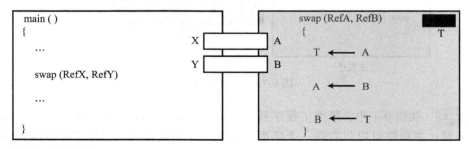

X和Y：实际参数
A和B：形式参数
T：局部（临时）参数

图 9-14   传引用的例子

3. 返回值

子程序可以被设计成返回一个值或几个值。这是预定义过程被设计的方法。当使用表达式 C ← A + B 时，实际上调用过程 add(A, B)，该过程返回一个值，并存储在变量 C 中。

4. 实现

子程序概念在不同的语言中被不同地实现。在 C 和 C++ 中，子程序被实现为函数。

9.5　章末材料

推荐读物

有关本章所讨论主题的更详细资料，可以参考下列书籍：

- Cooke, D. A. *Concise Introduction to Computer Languages*, Pacfic Grove, CA: Brooks/ Cole, 2003
- Tucker, A. and Noonan, R. *Programming Languages: Principles and Paradigms*, Burr Ridge, IL: McGraw-Hill, 2002
- Pratt, T. and Zelkowitz, M. *Programming Languages, Design and Implementation*, Englewood Cliffs, NJ: Prentice-Hall, 2001
- Sebesta, R. *Concepts of Programming Languages*, Boston, MA: Addison-Wesley, 2006

关键术语

actual parameter（实际参数）

Ada

applet（小程序）

arithmetic operator（算术运算符）

assembler（汇编程序）

assembly language（汇编语言）

assignment statement（赋值语句）

bytecode（字节码）

C++ language（C++ 语言）

C language（C 语言）

class（类）

code generator（代码生成器）

COmmon Business-Oriented Language （COBOL 语言）

compilation（编译）

complier（编译器）

composite type（复合类型）

compound statement（复合语句）

computer language（计算机语言）

constant（常量）

data type（数据类型）

declarative language（声明性语言）

declarative paradigm（声明式模式）

expression（表达式）

formal parameter（形式参数）

FORmula TRANslation（FORTRAN）

functional language（函数式语言）

functional paradigm（函数式模式）

high-level language（高级语言）

identifier（标识符）

imperative language（命令式语言）

imperative paradigm（命令式模式）

inheritance（继承）

input（输入）

interpretation（解释）

interpreter（解释器）

Java

lexical analyzer（词法分析器）

LISt Programming Language（LISP，表处理 编程语言）

literal（字面量）

local variable（局部变量）

logical operator（逻辑运算符）

machine language（机器语言）

method（方法）

multithreading（多线程）

object-oriented language（面向对象语言）

object-oriented paradigm（面向对象模式）

object program（目标程序）

operator（操作数）

operator（运算符）

output（输出）

parameter（参数）

Pascal

pass by reference（传引用）

pass by value（传值）

procedural paradigm（过程式模式）

Programming in LOGic（PROLOG）

programming language（编程语言）

relational operator（关系运算符）

Scheme

semantic analyzer（语义分析器）

simple type（简单类型）

source program（源程序）

statement（语句）

subprogram（子程序）

symbolic language（符号语言）

syntax（语法）

syntax analyzer（语法分析器）

token（助记符）

translator（翻译器）

variable（变量）

小结

- 计算机语言是一组预定义的单词，按照预定义的规则（语言的语法），这些单词被组合进一个程序中。经过多年的发展，计算机语言已经从机器语言演化到高级语言。计算机能理解的唯一语言是机器语言。

- 高级语言对许多不同的计算机是轻便的，它允许程序员专注于应用，而不是计算机组织的复杂性。

- 为了在计算机上允许一个程序，程序需要被翻译成计算机本地的机器语言。高级语言程序称为源程序。翻译过来的机器语言程序称为目标程序。两种方法被用来翻译：编译和解释。编译器把整个源程序翻译成目标程序，解释是指一行接一行地把源程序的每一行翻译成相应目标程序行，并执行它们的过程。

- 翻译过程使用词法分析器、语法分析器、语义分析器和代码生成器来产生助记符表。

- 模式描述了计算机语言被用来处理要解决问题的方法。我们把计算机语言分成 4 种模式：过程式、面向对象、函数式和声明式。过程式模式把程序看作操作被动对象的活动对象。FORTRAN、COBOL、Pascal、C 和 Ada 都是过程式语言的例子。面向对象模式处理活动对象，而不是被动对象。C++ 和 Java 是常见的面向对象语言。在函数式模式中，程序被看作数学函数。在上下文中，函数是把一组输入映射到一组输出的黑盒子。LISP 和 Scheme 是常见的函数式语言。声明式模式使用逻辑推理原则来回答问题。一个最有名的声明式语言是 PROLOG。

- 在过程式和面向对象语言中的一些常见概念有：标识符、数据类型、变量、字面值、常量、输入和输出、表达式和语句。大多数语言使用两类控制语句：判断和循环。子程序是过程式语言间的共同概念。

9.6 练习

小测验

在本书网站上提供了一套与本章相关的交互式试题。强烈建议学生在做本章练习前首先完成相关测验以检测对本章内容的理解。

复习题

Q9-1　汇编语言与机器语言有哪些区别？

Q9-2　汇编语言与高级语言有哪些区别？

Q9-3　哪种计算机语言与计算机直接相关，并被计算机理解？

Q9-4　区分编译和解释。

Q9-5　列出编程语言翻译中的 4 个步骤。

Q9-6　列出 4 种常见的计算机语言模式。

Q9-7　比较和对照过程式模式与面向对象模式。

Q9-8　定义面向对象语言中的类和方法，这两个概念间的联系是什么？它们与对象概念间的联系又是什么？

Q9-9　定义函数式模式。

Q9-10　定义声明式模式。

练习题

P9-1　声明 C 语言中的三个整型变量。

P9-2　声明 C 语言中的三个实数变量，用三个值初始化它们。

P9-3　声明 C 语言中分别为字符型、整型和实数的三个常量。

P9-4　解释为什么常量必须在声明时进行初始化。

P9-5　找出下列 C 语言代码段中 statement 被执行的次数。

```
A=5
while (A<8)
{
    statement;
    A = A + 2;
}
```

P9-6　找出下列 C 语言代码段中 statement 被执行的次数。

```
A=5
while (A<8)
{
    statement;
    A=A-2;
}
```

P9-7　找出下列 C 语言代码段中 statement 被执行的次数。

```
for (int i=5; i<20; i++)
{
    statement;
    i=i+1;
}
```

P9-8　找出下列 C 语言代码段中 statement 被执行的次数。

```
A=5
do
{
    statement;
    A = A + 1;
} while(A<10)
```

P9-9   用 do-while 循环写出练习 P9-6 中的代码。

P9-10 用 do-while 循环写出练习 P9-7 中的代码。

P9-11 用 while 循环写出练习 P9-7 中的代码。

P9-12 用 for 循环写出练习 P9-8 中的代码。

P9-13 用 for 循环写出练习 P9-6 中的代码。

P9-14 用 while 循环写出一个从不执行它的循环体的代码段。

P9-15 用 do 循环写出一个从不执行它的循环体的代码段。

P9-16 用 for 循环写出一个从不执行它的循环体的代码段。

P9-17 用 while 循环写出一个永不停止的代码段。

P9-18 用 do 循环写出一个永不停止的代码段。

P9-19 用 for 循环写出一个永不停止的代码段。

P9-20 在下列代码中，找到所有的字面值：

```
C=12*A+4*(B-5)
```

P9-21 在下列代码中，找到变量和字面值：

```
Hello="Hello";
```

P9-22 用 switch 语句改写下列代码段：

```
if(A==4)
{
    statement1;
}
else if(A==6)
{
    statement2;
}
else if(A==8)
{
    statement3;
}
else
{
    statement4;
}
```

P9-23 如果子程序 calculate(A, B, S, P) 接收 A 和 B 的值，计算它们的和 S 与乘积 P，哪个变量要用传值？哪个变量需要用传引用？

P9-24 如果子程序 smaller(A, B, S) 接收 A 和 B 的值，找出两个中较小的，哪个变量要用传值？哪个变量需要用传引用？

P9-25 如果子程序 cube(A) 接收 A 的值，计算它的立方（A3），给 A 传递参数时是用传值还是用传引用？

P9-26 如果子程序需要从键盘上接收 A 的值，并把它返回给主程序，给 A 传递参数时是用传值还是用传引用？

P9-27 如果子程序需要在监视器上显示 A 的值，给 A 传递参数时是用传值还是用传引用？

软件工程

这一章介绍软件工程的概念。我们以软件生命周期为起点，接着说明用于开发过程的两个模型：瀑布模型和增量模型。然后简要讨论开发过程的 4 个阶段。软件工程是建立在这样的基础之上，即利用合理的工程方法和原则来获得在真实机器上工作的可靠软件。这个定义出自 1969 年第一届国际软件工程会议，恰巧是第一台计算机诞生 30 年之际。

目标

通过本章的学习，学生应该能够：

- 理解软件工程中的软件生命周期的概念；
- 描述两种主要的开发过程模型——瀑布模型和增量模型；
- 理解分析阶段，描述在分析阶段两种独立的方法——面向过程分析和面向对象分析；
- 理解设计阶段，描述在设计阶段两种独立的方法——面向过程设计和面向对象设计；
- 描述实现阶段，识别该阶段中的质量问题；
- 描述测试阶段，区分白盒测试和黑盒测试；
- 识别软件工程中文档的重要性，区分用户文档、系统文档和技术文档。

10.1 软件生命周期

软件生命周期是软件工程中的一个基础概念。软件和其他的产品一样，周期性地重复着一些阶段（图 10-1）。

软件最初由开发者小组开发。通常，在它需要修改之前会使用一段时间。由于软件中会发现错误、设计改变规则或公司本身发生变化，这些都导致需要经常修改软件。为长久使用考虑软件应该被修改。使用和修改，这两个步骤一直进行下去直到软件过时。"过时"意味着因效率低下、语言过时、用户需求的重大变化或其他因素而导致软件失去它的有效性。

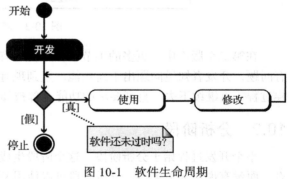

图 10-1　软件生命周期

10.1.1 开发过程模型

虽然软件工程涉及图 10-1 中的所有三个过程，但本章我们只讨论**开发过程**，它在图 10-1 中处于循环流程之外。在软件生命周期中，开发过程包括 4 个阶段：分析、设计、实现和测试。开发过程有多种模型，这里我们讨论最常见的两种：瀑布模型和增量模型。

1. 瀑布模型

软件开发过程的一种非常流行的模型就是众所周知的**瀑布模型**（图 10-2）。在这种模型中，开发过程只有一个方向的流动。这意味着前一个阶段不结束，后一个阶段不能开始。

例如，整个工程的分析阶段应该在设计阶段开始前完成。整个设计阶段应该在实现阶段开始前完成。

瀑布模型既有优点，也有缺点。优点之一就是在下一个阶段开始前每个阶段已经完成。例如，在设计阶段的小组能准确地知道他们要做什么，因为他们有分析阶段的完整结果。测试阶段能测试整个系统，因为整个系统已经完成。但是，瀑布模型的缺点是难以定位问题：如果过程的一部分有问题，必须检查整个过程。

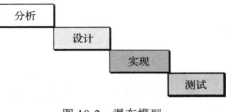

图 10-2   瀑布模型

2. 增量模型

在**增量模型**中，软件的开发要经历一系列步骤。开发者首先完成整个系统的一个简化版本，这个版本表示了整个系统，但不包括具体的细节。图 10-3 显示了增量模型的概念。

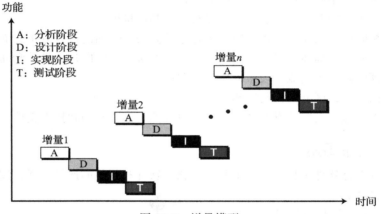

图 10-3   增量模型

在第二个版本中，更多的细节被加入，而有些还没完成，然后再次测试系统。如果这时有问题，开发者知道问题出于新功能。直到现有系统工作正确后，他们才增加新的功能。这样过程一直继续下去，直到要求的功能全部被加入。

10.2   分析阶段

整个开发过程始于**分析阶段**，这个阶段生成规格说明文档，这个文档说明了软件要做什么，而没有说明如何去做。分析阶段可以使用两种独立的方法，它们依赖于实现阶段使用的是过程编程语言，还是面向对象语言。本节简单地讨论这两种方法。

10.2.1   面向过程分析

如果实现阶段使用过程式语言，那么**面向过程分析**（也称为结构化分析或经典分析）就是分析阶段使用的方法。这种情况下的规格说明可以使用多种建模工具，但我们只讨论其中少数几个。

1. 数据流图

数据流图显示了系统中数据的流动。它们使用 4 种符号：方形盒表示数据源或数据目的，带圆角的矩形表示过程（数据上的动作）。末端开口的矩形表示数据存储的地方，箭头表示数据流。

图 10-4 显示了一个小旅馆中预订系统的简单版本，它接收潜在客户通过因特网的预订，根据房间是否空闲确认或拒绝预订。

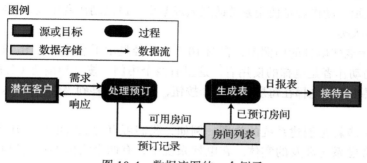

图 10-4　数据流图的一个例子

这个图中的过程之一（处理预订）就是使用预订文件，接受或拒绝预订。如果预订被接受，它将被记录在预订文件中。

2. 实体关系图

分析阶段使用的另一个建模工具是**实体关系图**。因为这个图也用于数据库的设计，所以我们将在 14 章中讨论它。

3. 状态图

状态图（参见附录 B）提供了另外一种有用的工具，它通常用于当系统中的实体状态在响应事件时将会改变的情况下。作为状态图的一个例子，我们显示了单人电梯的操作。当楼层按钮被按时，电梯将按要求的方向移动，在到达目的地之前，它不会响应其他任何请求。

图 10-5 显示了该老式电梯的状态图。电梯可以是三种状态的一种：上升、下降或停止。每种状态在状态图中用圆角矩形表示。当电梯处在停止状态时，它接受请求。如果请求的楼层与当前的楼层相同，那请求被忽略，电梯保持停止状态；如果请求的楼层高于当前楼层，电梯开始上升；如果请求的楼层低于当前楼层，电梯开始下降。一旦开始移动，电梯将一直保持在一种移动状态中，直至到达请求的楼层。

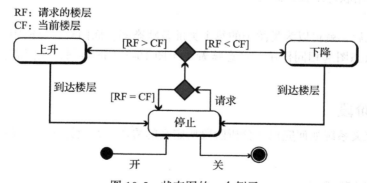

图 10-5　状态图的一个例子

10.2.2　面向对象分析

如果实现使用面向对象语言，那么**面向对象分析**就是分析过程使用的。这种情况下的规格说明文档可以使用多种工具，但我们只讨论其中少数几种。

1. 用例图

用例图给出了系统的用户视图：它显示了用户与系统间的交互。用例图使用 4 种组件：系统、用例、动作者和关系。系统（用矩形表示）执行功能。系统中的行动由用例显示，它用圆角的矩形表示。动作者是使用系统的某人或某事。虽然动作者用线条人物来表示，但它们并不需要表示人类。

图 10-6 显示老式电梯的用例图，在图 10-5 中已经显示了它的状态图。这个图中的系统是电梯。唯一的动作者是电梯的使用者。这里有两个用例：按电梯按钮（在每层的大厅）和在电梯内按楼层按钮。电梯在每层只有一个按钮，它给电梯移到该层的信号。

2. 类图

分析的下一步就是创建系统的**类图**。例如，我们可以为老式电梯创建类图。为了做这些，我们需要考虑系统涉及的实体。在电梯系统中，有两个实体类：按钮和电梯本身。但是，有两种不同类型的按钮：在走廊里的电梯按钮和在电梯里的楼层按钮。那么这似乎是我们有一个按钮的类和从该按钮类继承的两个类：电梯按钮类和楼层按钮类。图 10-7 显示了我们为电梯问题创建的第一个类图。

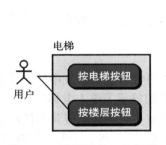

图 10-6 用例图的一个例子

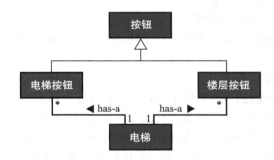

图 10-7 类图的一个例子

注意：电梯按钮类和楼层按钮类是按钮类的子类。但是，电梯类与两个按钮类（电梯按钮和楼层按钮）间的关系是一对多关系（参见附录 B）。电梯系统的类图当然是可以扩展的，但我们把这个留给软件工程方面的书。

3. 状态图

类图完成之后，就可以为类图中的每个类准备**状态图**。面向对象分析中的状态图与面向过程分析中的状态图起相同作用。这意味着对于图 10-7 中的类图，我们需要一个有 4 个状态的图。

10.3 设计阶段

设计阶段定义系统如何完成在分析阶段所定义的需求。在设计阶段，系统所有的组成部分都被定义。

10.3.1 面向过程设计

在**面向过程设计**中，我们既要设计过程，也要设计数据。我们讨论一类注重过程的设计方法。在面向过程设计中，整个系统被分解成一组过程或模块。

1. 结构图

在面向过程设计中，说明模块间关系的常用工具是**结构图**。例如，图 10-5 显示的状态图的电梯系统可以设计成一组模块，这些模块显示在图 10-8 中的结构图中。结构图将在附录 D 中讨论。

2. 模块化

模块化意味着将大项目分解成较小的部分，以便能够容易理解和处理。换言之，模块化意味着将大程序分解成能互相通信的小程序。前一节讨论的结构图显示了电梯系统中的模块化。当系统被分解成模块时，主要关心两点：耦合和内聚。

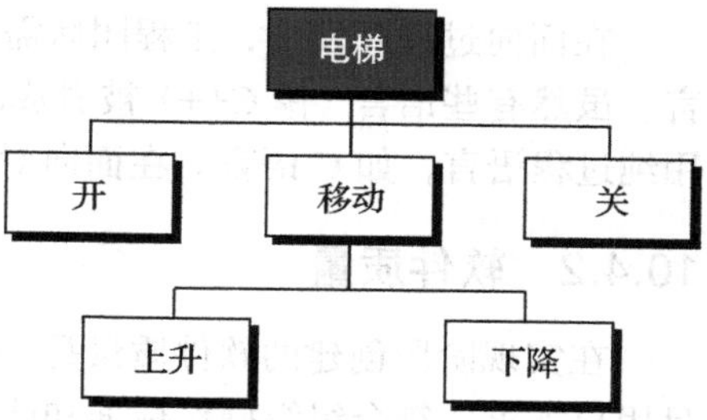

图 10-8　结构图

耦合

耦合是对两个模块互相绑定紧密程度的度量。越紧耦合的模块，它们的独立性越差。既然目标是为了让模块尽可能地独立，你需要让它们松散耦合。至少有三条理由说明松散耦合是希望的：

- 松散耦合的模块更可能被重用；
- 松散耦合的模块不容易在相关模块中产生错误；
- 当系统需要修改时，松散耦合的模块允许我们只修改需要改变的模块，而不会影响到不需要改变的模块。

软件系统中模块间的耦合必须最小化。

内聚

模块化的另一个问题是内聚。**内聚**是程序中处理过程相关紧密程度的度量。我们需要尽可能最大化软件系统模块间的内聚。

软件系统中模块间的内聚必须最大化。

10.3.2　面向对象设计

在**面向对象设计**中，设计阶段通过详细描述类的细节来继续。就像第 9 章提到的，类是由一组变量（属性）和一组方法组成。面向对象设计阶段列出这些**属性**和方法的细节。图 10-9 显示了在老式电梯设计中使用的 4 个类的细节。

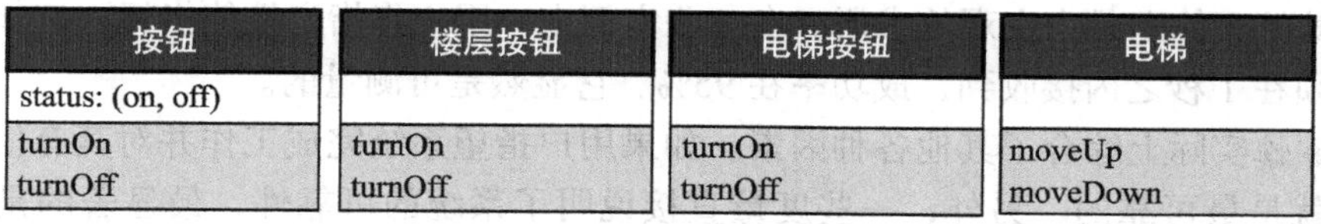

按钮	楼层按钮	电梯按钮	电梯
status: (on, off)			
turnOn turnOff	turnOn turnOff	turnOn turnOff	moveUp moveDown

图 10-9　带有属性和方法类的一个例子

10.4　实现阶段

在瀑布模型中，设计阶段完成之后，**实现阶段**就可以开始了。在这个阶段，程序员为面向过程设计中的模块编写程序或者编写程序单元，实现面向对象设计中的类。在每种情况中，都有一些我们需要提及的问题。

10.4.1 语言的选择

在面向过程开发中，工程团队需要从第 9 章所讨论的面向过程语言中选择一个或一组语言。虽然有些语言（像 C++）被看成既是面向过程的，又是面向对象的语言，但通常实现使用纯过程语言，如 C 语言。在面向对象的情况下，C++ 和 Java 的使用都很普遍。

10.4.2 软件质量

在实现阶段创建的软件质量是一个非常重要的问题。具有高质量的软件系统是一个能满足用户需求、符合组织操作标准和能高效运行在为其开发的硬件上的一个软件。但是，如果我们需要取得高质量的软件系统，那么必须能定义质量的一些属性。

软件质量因素

软件质量能够划分成三个广义的度量：可操作性、可维护性和可迁移性。每个度量如图 10-10 所示还可以展开。

图 10-10　质量因素

可操作性

可操作性涉及系统的基本操作。就像图 10-10 中显示的一样，可操作性有多种度量方法：准确性、高效性、可靠性、安全、及时性和适用性。

- 不准确的系统比没有系统更糟糕。任何被开发的系统都必须经过系统测试工程师和用户检测。准确性能够通过诸如故障平均时间、每千行代码错误数以及用户请求变更数这样的测量指标来度量。
- 高效性大体上是个主观的术语。在一些实例中，用户将指定性能指标，例如实时响应必须在 1 秒之内接收到，成功率在 95%。它显然是可测量的。
- 可靠性实际上综合了其他各种因素。如果用户指望系统完成工作并对其有信心，这时它就是最可靠的。另外，一些度量直接说明了系统的可靠性，最显著的是故障平均时间。
- 一个系统的安全性是以未经授权的人得到系统数据的难易程度为参照的。尽管这是个主观的领域，但仍然有可核查的清单帮助评估系统的安全性。例如，系统有并且需要密码来验证用户吗？
- 在软件工程中，及时性意味着几件不同的事情。系统及时传递它的输出了吗？对于在线系统，响应时间满足用户的需求了吗？
- 适用性是另一个很主观的领域。对适用性的最好度量方法是观察用户，看他们是如何正在使用这个系统的。用户访谈能够常常发现系统适用性上的问题。

可维护性

可维护性以保持系统正常运行并及时更新为参照。很多系统需要经常修改，这不是因为它们不能很好地运行而是因为外部因素的改变。例如，一个公司的工资单系统就不得不经常修改以满足政府法律和规则的改变。

- 可变性是个主观因素。但是，一个有经验的项目领导可以估计出多长时间需要发生一次改变请求。如果持续时间太长可能是因为系统很难改变。这一点对于老系统特别正确。今天在这个领域有很多软件度量工具来估算程序的复杂性和结构。
- 可修正性的一种度量是恢复正常的平均时间，也就是当程序发生故障后使程序恢复运行所花费的时间。虽然它是反应性定义，但目前还没有手段来预测从故障中改正程序需要花多长时间。
- 用户经常要求在系统中进行变动。适应性是个定性的属性，试图度量进行这些变动的难易程度。如果一个系统需要完全重写程序来进行改变，那它就没有灵活性。
- 你可能会认为可测试性是个很主观的领域，但测试工程师有包含各种因素的检测清单来评估系统的可测试性。

可迁移性

可迁移性是指把数据和（或）系统从一个平台移动到另一个平台并重用代码的能力。在很多情况下，这不是一个很重要的因素。另一方面，如果你编写具用通用性的软件，那么可迁移性就很关键了。

- 如果编写的函数可以在不同的程序和不同的项目中使用，那么它具有很好的重用性。好的程序员建立函数库以便在解决类似的问题时能够重用这些函数。
- 互用性是发送数据给其他系统的能力。在当今高度集成的系统中，这是非常需要的属性。事实上，它已经变得如此重要以至操作系统现在都支持系统之间传递数据的能力，例如在文字处理软件和电子数据表之间传递数据。
- 可移植性是一种把软件从一个硬件平台转移到另一个硬件平台的能力。

10.5　测试阶段

测试阶段的目标就是发现错误，这就意味着良好的测试策略能发现最多的错误。有两种测试：**白盒测试**和**黑盒测试**（图 10-11 ）。

图 10-11　软件测试

10.5.1　白盒测试

白盒测试（或**玻璃盒测试**）是基于知道软件内部结构的。测试的目标是检查软件所有的部分是否全部设计出来。白盒测试假定测试者知道有关软件的一切。在这种情况下，程序就像玻璃盒子，其中的每件事都是可见的。白盒测试由软件工程师或一个专门的团队来完成。使用软件结构的白盒测试需要保证至少满足下面 4 条标准：

- 每个模块中的所有独立的路径至少被测试过一次。
- 所有的判断结构（两路的或多路的）每个分支都被测试。
- 每个循环被测试。

- 所有数据结构都被测试。

在过去，已经有多种测试方法，我们只讨论其中的两种：基本路径测试和控制结构测试。

1. 基本路径测试

基本路径测试是由 Tom McCabe 提出的。这种方法创建一组测试用例，这些用例执行软件中的每条语句至少一次。

> **基本路径测试是一种软件中每条语句至少被执行一次的方法。**

基本路径测试使用图论（参见第 12 章）和圈复杂性找到必须被走过的独立路径，从而保证每条语句至少被执行一次。

例 10-1 为了给出基本路径测试的理念和找到部分程序中的独立路径，假定系统只由一个程序构成，程序只有一个单循环，它被用 UML 图显示在图 10-12 中。

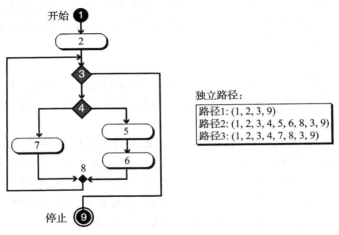

图 10-12 基本路径测试的一个例子

在这个简单的程序中，有 3 条独立路径。第一条是循环被跳过的情况。第二条是通过判断结构的右分支，循环被执行一次。第三条是通过判断结构的左分支，循环被执行一次。如果有更多的重复，那创建的路径是不独立于这三条路径的：如果我们把 UML 图改成流程图，这个是可以证明的，但我们必须把证明留给关于软件工程的书。设计测试用例的理念就是覆盖基本路径集中的所有 3 条路径，这样所有语句至少被执行一次。

2. 控制结构测试

控制结构测试比基本路径测试更容易理解并且包含基本路径测试，这种方法使用下面将要简要讨论的不同类的测试。

条件测试

条件测试应用于模块中的条件表达式，简单条件是关系表达式，而复合条件是简单条件和逻辑运算符（参见第 9 章）的组合。条件测试用来检查是否所有的条件都被正确设置。

数据流测试

数据流测试是基于通过模块的数据流的。这种测试选择测试用例，这些用例涉及检查被用在赋值语句左边的变量的值。

循环测试

循环测试使用测试用例检查循环的正确性。所有类型的循环（while、do 和 for）被仔细测试。

10.5.2　黑盒测试

黑盒测试在不知道程序的内部也不知道程序是怎样工作的情况下测试程序。换言之，程序就像看不见内部的黑盒。黑盒测试按照软件应该完成的功能来测试软件，如它的输入和输出。下面介绍几种黑盒测试方法。

1. 穷尽测试

最好的黑盒测试方法就是用输入域中的所有可能的值去测试软件。但是，在复杂的软件中，输入域是如此巨大，这样做常常不现实。

2. 随机测试

在随机测试中，选择输入域的值的子集来测试，子集选择的方式（值在输入域上的分布）是非常重要的。在这种情况下，随机数生成器是非常有用的。

3. 边界值测试

当遇到边界值时，错误经常发生。例如，一个模块定义它的输入必须大于或等于 100，那这个模块用边界值 100 来测试就非常重要。如果模块在边界值出错，那有可能就是模块代码中的有些条件，例如，$x \geqslant 100$ 被写成 $x > 100$。

10.6　文档

软件的正确使用和有效维护离不开文档。通常软件有三种独立的文档：用户文档、系统文档和技术文档。注意，文档是一个持续的过程。如果软件在发布之后有问题，也必须写文档。如果软件被修改，那么所有的修改和与原软件包间的关系都要被写进文档。只有当软件包过时后，编写文档才停止。

> 文档是一个持续的过程。

10.6.1　用户文档

为了软件包正常运行，传统上称为用户手册的文档对用户是必不可少的。它告诉用户如何一步步地使用软件包。它通常包含一个教程指导用户熟悉软件包的各项特性。

一个好的用户手册能够成为一个功能强大的营销工具。用户文档在营销中的重要性再强调也不过分。手册应该面向新手和专业用户。配有好的用户文档必定有利于软件的销量。

10.6.2　系统文档

系统文档定义软件本身。撰写系统文档的目的是让原始开发人员之外的人能够维护和修改软件包。系统文档在系统开发的所有 4 个阶段都应该存在。

在分析阶段，收集的信息应该仔细地用文档记录。另外，系统分析员应该定义信息的来源。需求和选用的方法必须用基于它们的推论来清楚表述。

在设计阶段，最终版本中用到的工具必须记录在文档中。例如，如果结构图修改了多次，那么最终的版本要用完整的注释记录在案。

在实现阶段，代码的每个模块都应记录在文档中。另外，代码应该使用注释和描述头尽可能详细地形成自文档。

最后,开发人员必须仔细地形成测试阶段的文档。对最终产品使用的每种测试,连同它的结果都要记录在文档中。甚至令人不快的结果和产生它们的数据也要记录在案。

10.6.3 技术文档

技术文档描述了软件系统的安装和服务。安装文档描述了软件如何安装在每台计算机上,如服务器和客户端。服务文档描述了如果需要,系统应该如何维护和更新。

10.7 章末材料

推荐读物

有关本章所讨论主题的更详细资料,可以参考下列书籍:

- Braude, E. *Software Engineering—An Object-Oriented Perspective*, New York: Wiley, 2001
- Gustafson, D. *Software Engineering*, New York: McGraw-Hill, 2002
- Lethbridge, T. and Laganiere, R. *Object—Oriented Software Engineering*, New York: McGraw-Hill, 2005
- Pressman, R. *Software Engineering: A Practitioner's Approach*, New York: McGraw-Hill, 2005
- Schach, S. *Object-Oriented and Classical Software Engineering*, New York: McGraw-Hill, 2007

关键术语

analysis phase(分析阶段)

attribute(属性)

basis path testing(基本路径测试)

black-box testing(黑盒测试)

class diagram(类图)

cohesion(内聚)

control structure testing(控制结构测试)

cohesion(耦合)

data flow diagram(数据流图)

design phase(设计阶段)

development process(开发过程)

entity-relationship diagram(实体关系图)

glass-box testing(白盒测试)

implementation phase(实现阶段)

incremental model(增量模型)

maintainability(可维护性)

modularity(模块化)

object-oriented analysis(面向对象分析)

object-oriented design(面向对象设计)

operability(可操作性)

procedure-oriented analysis(面向过程分析)

procedure-oriented design(面向过程设计)

software engineering(软件工程)

software lifecycle(软件生命周期)

software quality(软件质量)

state chart(状态图)

state diagram(状态图)

structure chart(结构图)

technical documentation(技术文档)

testability(可测试性)

testing phase(测试阶段)

transferability(可迁移性)

use-case diagram(用例图)

waterfall model(瀑布模型)

white-box testing(白盒测试)

小结

- 软件生命周期是软件工程中的基本概念，像许多产品一样，软件也经历一个重复阶段的周期。

- 在软件生命周期中，开发过程包括 4 个阶段：分析、设计、实现和测试。在这些阶段中都有一些相关的模型被使用。我们讨论两种最通用的：瀑布模型和增量模型。

- 整个开发过程始于分析阶段，这个阶段产生了规格说明文档，这个文档说明了软件要做什么，而没有说明如何去做。分析阶段可以使用两种方法：面向过程分析和面向对象分析。

- 设计阶段定义了系统如何完成在分析阶段所定义的。在面向过程设计中，整个工程被分解成一组过程或模块。在面向对象设计中，设计阶段通过详细列出类中的细节而继续。

- 模块化是将大程序分解成能理解和容易处理的小程序。当系统被分解成模块时，有两个问题很重要：耦合和内聚。耦合是对两个模块互相绑定紧密程度的度量。在软件系统中的模块间的耦合必须最小化。内聚是程序中处理过程相关紧密程度的度量。在软件系统中的模块间的内聚必须最大化。

- 在实现阶段，程序员为面向过程设计中的模块编写代码或编写程序单元，实现面向对象设计的类。

- 软件质量非常重要。软件质量能够划分成三个广义的度量：可操作性、可维护性和可迁移性。

- 测试阶段的目标就是发现错误，有两类测试：白盒测试和黑盒测试。白盒测试（或玻璃盒测试）是基于知道软件的内部结构的。白盒测试假定测试者知道一切。黑盒测试在不知道内部是什么，也不知道它是如何工作的情况下测试软件。

10.8　练习

小测验

在本书网站上提供了一套与本章相关的交互式试题。强烈建议学生在做本章练习前首先完成相关测验以检测对本章内容的理解。

复习题

Q10-1　定义"软件生命周期"。

Q10-2　区分瀑布模型和增量开发模型。

Q10-3　软件开发的 4 个阶段是什么？

Q10-4　说明分析阶段的目标，描述此阶段中的两种趋势。

Q10-5　说明设计阶段的目标，描述此阶段中的两种趋势。

Q10-6　描述模块化，说出与模块化有关的两个问题。

Q10-7　描述耦合和内聚之间的区别。

Q10-8　说明实现阶段的目标，描述此阶段中的质量问题。

Q10-9　说明测试阶段的目标，列出两类测试。

Q10-10　描述白盒测试和黑盒测试之间的区别。

练习题

P10-1   在第 9 章中，我们解释了常量的使用比字面值更受欢迎。这种偏好对软件生命周期的影响是什么？

P10-2   在第 9 章中，我们说明了模块间的通信可以通过传值或传引用来进行。哪一种提供了模块间更少的耦合？

P10-3   在第 9 章中，我们说明了模块间的通信可以通过传值或传引用来进行。哪一种提供了模块间更多的内聚？

P10-4   画出一个简单图书馆的用例图。

P10-5   画出一个小杂货店的用例图。

P10-6   显示简单数学公式 $x + y$ 的数据流图。

P10-7   显示简单数学公式 $x \times y + z \times t$ 的数据流图。

P10-8   显示图书馆的数据流图。

P10-9   显示小杂货店的数据流图。

P10-10   创建练习题 P10-8 的结构图。

P10-11   创建练习题 P10-9 的结构图。

P10-12   显示固定容量的堆栈（参见第 12 章）的状态图。

P10-13   显示固定容量的队列（参见第 12 章）的状态图。

P10-14   创建图书馆的类图。

P10-15   创建小杂货店的类图。

P10-16   显示练习题 P10-14 中类的细节。

P10-17   显示练习题 P10-15 中类的细节。

P10-18   一个程序的输入由 1000 到 1999 范围（包含）中的三个整数构成。求出测试这些数字的所有组合的穷尽测试的数目。

P10-19   列出练习题 P10-18 中所需要的边界值测试。

P10-20   一个随机数生成器能生成 0 到 0.999 间的一个数。该随机数生成器是如何用来做练习题 P10-18 中所描述的系统的随机测试的？

数据结构

在前面的章节中，我们使用变量来存储单个实体，尽管单变量在程序设计语言中被大量使用，但它们不能有效地解决复杂问题。本章将介绍数据结构，它是第 12 章抽象数据类型（Abstact Data Type，ADT）的前奏。

数据结构利用了有关的变量的集合，而这些集合能够单独或作为一个整体被访问。换句话说，一个数据结构代表了有特殊关系的数据的集合。本章将讨论三种数据结构：数组、记录和链表，大多的编程语言都隐式实现了前两种而第三种则通过指针和记录来模拟。

目标

通过本章的学习，学生应该能够：

- 定义数据结构；
- 把数组定义为数据结构，并说明它是如何用于存储数据项列表的；
- 区分数组的名字和数组中元素的名字；
- 描述为数组定义的操作；
- 把记录定义为数据结构，并说明它是如何用于存储属于单个数据元素的属性；
- 区分记录的名字和它的域的名字；
- 把链表定义为数据结构，并说明它是如何用指针来实现的；
- 描述为链表定义的操作；
- 比较和区分数组、记录和链表；
- 说明数组、记录和链表的应用。

11.1 数组

假设有 100 个分数，我们需要读入这些数，处理它们并打印。同时还要求将这 100 个分数在处理过程中保留在内存中。可以定义 100 个变量，每个都有不同的名字，如图 11-1 所示。

但是定义 100 个不同的变量名带来了其他问题，我们需要 100 个引用来读它们；需要 100 个引用来处理它们；需要 100 个引用来写它们。图 11-2 给出了说明这个问题的示意图。

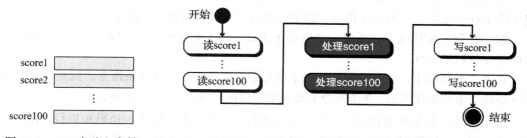

图 11-1　100 个独立变量　　　　　图 11-2　处理 100 个独立变量

即使是处理这些数目相对较小的分数，我们需要的指令数目也是无法接受的。为了处理大量的数据，需要一个数据结构，如数组。

数组是元素的顺序集合，通常这些元素具有相同的数据类型。我们可以称数组中的元素为第一个元素、第二个元素等，直到最后一个元素。如果将 100 个分数放进数组中，可以指定元素为 scores[1]、scores[2]，等等。索引表示元素在数组中的顺序号，顺序号从数组开始处计数。数组元素通过索引被独立给出了地址（图 11-3），这个数组整体上有个名称——scores，但每个数可以利用它的索引来单独访问。

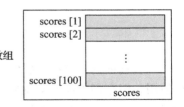

数组

图 11-3　带索引的数组

我们可以使用循环来读写数组中的元素，也可以使用循环来处理元素。现在我们可以不管要处理的元素是 100 个、1000 个或 10 000 个，循环使得处理它们变得容易。我们可以使用一个整数变量来控制循环，只要变量的值小于数组中元素的个数，那还在循环体里面（图 11-4）。

我们是从 1 开始索引的，但有些现代语言（如 C、C++ 和 Java）是从 0 开始索引的。

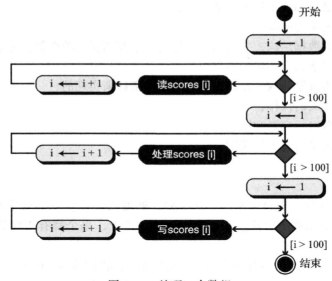

图 11-4　处理一个数组

例 11-1　比较处理图 11-2 中的 100 个独立元素所需的指令条数和处理图 11-4 中的数组中的 100 个元素所需的指令条数。假定处理每个分数只需要一条指令。

解　在第一种情况下，需要 100 条指令去读；100 条指令去写；100 条指令去处理。总共的指令条数是 300。

在第二种情况下，有三个循环，每个循环中有两条指令，共 6 条指令。但是，我们还需要 3 条指令来初始化索引，3 条指令来检查索引的值，所以总共有 12 条指令。

例 11-2　如果使用数组，计算机需要执行的周期次数（取数、译码和执行阶段）并没有减少，周期的次数实际上还增加了，因为我们有额外的初始化、增量和测试索引的值的负担。但是我们关心的不是周期的次数，而是我们需要写的程序的行数。

例 11-3   在计算机科学中，有一个很大的问题就是程序的重用性，例如，如果数据项的数目改变了，程序中有多少需要修改的地方。假定我们写了两个程序分别处理图 11-2和图 11-4 中的分数，如果分数的数目由 100 变成 1000，我们需要在每个程序中做多少修改？

在第一个程序中，需要增加 3×900=2700 条指令；在第二个程序中，只需要修改三个条件（I>100 到 I>1000）。我们实际上能修改图 11-4 中的流程图，使得要修改的数目为 1。

11.1.1　数组名与元素名

在一个数组中，有两种标识符：数组的名字和各个元素的名字。数组名是整个结构的名字，而元素的名字允许我们查阅这个元素。在图 11-3 的数组中，数组的名字是 scores，而每个元素的名字是这个名字后面跟索引，如 scores[1]、scores[2] 等。在本章中，我们大部分需要的是元素的名字，但是，在有些语言（如 C）中，也需要使用数组的名字。

11.1.2　多维数组

到目前为止，我们所讨论的都是**一维数组**，因为数据仅是在一个方向上线性组成。许多的应用要求数据存储在多维中。常见的例子如表格，就是包括行和列的数组。图 11-5 给出了一个表格，通常称为**二维数组**。

图 11-5 中数组包含了一个班级的学生成绩。这个班级有 5 位学生，每个学生有 4 种测验的不同成绩。变量 scores[2][3] 显示了第二个学生在第三次测验中的成绩。把成绩组织成二维数组有助于教师发现每个学生的平均成绩（行值上的平均）和每次测验的平均成绩（列值上的平均），还有所有测验的平均成绩（整表的平均）。

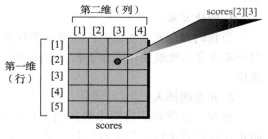

图 11-5　二维数组

多维数组（多于二维的数组）也是可以的。但是，在本书中我们不讨论多于二维的数组。

11.1.3　存储配置

一维数组的索引直接定义了元素在实际存储上的相对位置。但是二维数组表示行和列。在内存中如何存储每个元素取决于计算机，大多数计算机使用**行主序存储**，其中数组的一个整行在内存上存储在下一个行之前。但是计算机也可以使用**列主序存储**，其中一个整列在内存上存储在下一个列之前。图 11-6 显示了一个二维数组以及它是如何以行主序存储和列主序存储的。行主序存储更常见些。

图 11-6　数组的存储配置

例 11-4   我们在内存上有一个二维数组 students。数组是 100×4 的（100 行和 4 列）。假定元素 students[1][1] 是存储在存储介质上，地址为 1000，每个元素只占一个存储地址，求元素 students[5][3] 的地址。计算机使用行主序存储。

解 假定每个元素只占一个存储地址，我们能使用下列公式找到元素的地址：

$$y = x + \text{Cols} \times (i-1) + (j-1)$$

这里 x 表示开始地址，Cols 表示数组中列的数目，i 表示元素的行号，j 表示元素的列号，而 y 就是要找的地址。在本例中，x 为 1000，Cols 为 4，i 为 5，j 为 3，要找的 y 是：

$$y = x + \text{Cols} \times (i-1) + (j-1) = 1000 + 4(5-1) + (3-1) = 1018$$

因为我们的元素是处在第 5 行和第 3 列上，所以我们的答案是有道理的。在这个元素的前面有 4 行，占据了 16（4×4）个存储地址。第 5 行的前两列也占据了两个地址。这就意味着在目标元素前的所有元素占据了 18 个存储地址。如果第一个元素占据的地址为 1000，那么目标元素占据的地址就是 1018。

11.1.4 数组操作

虽然我们能应用一些为数组中每个元素定义的通常操作（参见第 4 章），但我们还能定义一些把数组作为数据结构的操作，数组作为结构的常用操作有：查找、插入、删除、检索和遍历。

1. 查找元素

当我们知道元素的值时，经常需要找到元素的序号。这种操作在第 8 章讨论过。我们可以对未排序的数组使用顺序查找，对排序的数组使用折半查找。下面三种操作都要使用查找操作。

2. 元素的插入

通常，计算机语言要求数组的大小（数组中元素的个数）在程序被写的时候就被定义，防止在程序的执行过程中被修改。最近，有些语言允许可变长数组。即使语言允许可变长数组，在数组中插入一个元素仍需要十分小心。

尾部插入

如果插入操作在数组尾部进行，而且语言允许增加数组的大小，那么可以很容易完成这个操作。例如，如果一个数组中有 30 个元素，我们把数组的大小增到 31，并把新数据项作为第 31 项插入。

开始或中间插入

如果插入是在数组的开始或中间，过程就是冗长的和花费时间的。当我们需要在一个有序的数组中插入一个元素时，这就发生了。就像前面描述的，首先查找数组。找到插入的位置后，插入新的元素。例如，如果要在 30 个元素的数组中插入一个新的元素，作为第 9 个元素，那么 9～30 的元素应该同数组尾部移动一个元素，以留出第 9 个元素的位置用来插入。下面显示了需要被应用于数组的部分伪代码：

```
i ← 30
while (i ≥ 9)
{
    array[i+1] ← array[i]
    i ← i - 1
}
array[i] ← newValue
```

注意，移位需要在数组的尾部进行，以防止元素值的丢失。代码首先把第 30 个元素的值复制到第 31 个元素中，接着复制第 29 个元素的值到第 30 个元素中，以此类推。当代码离开循环时，第 9 个元素的值已经复制到第 10 个元素中。最后一行把新数据项的值复制到第 9 个元素中。

3. 元素的删除

在数组中删除一个元素就像插入操作一样冗长和棘手。例如，如果要删除第 9 个元素，则需要把第 10 个元素到第 30 个元素向数组的开始位置移动一个位置。我们把这个操作的伪代码留作练习，它与增加一个元素相似。

4. 检索元素

检索操作就是随便地存取一个元素，达到检查或复制元素中的数据的目的。与插入和删除操作不同，当数据结构是数组时，检索是一个容易的操作。实际上，数据是随机存取结构，这意味着数组的每个元素可以随机地被存取，而不需要存取该元素前面的元素或后面的元素。例如，如果需要检索数组中的第 9 个元素的值，只用一条指令就能做到。显示如下：

```
RetrieveValue ← array[9]
```

5. 数组的遍历

数组的遍历是指被应用于数组中每个元素上的操作，如读、写、应用数学的运算等。

算法 11.1 给出了求数组中元素的平均值的例子，数组的元素是实数。算法首先使用循环求出元素的和，循环结束后，求得平均值，它是和除以元素的个数。注意：为了正确计算和，在循环前，需要设置为和 0.0。

算法11.1   计算数组中元素的平均值

```
算法：ArrayAverage(Array,n)
目的：求平均值
前提：给定一个数组 Array 和元素的个数 n
后续：无
返回：平均值
{
    sum ← 0.0
    i ← 1
    while (i ≤ n)
    {
        sum ← sum + Array[i]
        i ← i + 1
    }
    average ← sum / n
    Return(average)
}
```

11.1.5   字符串

字符串是字符的集合，不同的语言对于字符串的处理并不相同。在 C 语言中，一个字符串指的是由字符构成的数组；在 C++ 中，字符串即可以指字符构成的数组，也可以指一种名叫 string 的数据类型；在 Java 中，字符串是一种数据类型。

11.1.6   数组的应用

考虑一下前一节所讨论的操作，就给出了数组应用的提示。如果有一个表，在表创建后有大量的插入和删除操作要进行，这时就不应该使用数组。当删除和插入操作较少，而有大量的**查找**和**检索**操作时，这时比较适合使用数组。

> 当需要进行的插入和删除操作数目较少，而需要大量的查找和检索操作时，数组是合适的结构。

11.2   记录

记录是一组相关元素的集合，它们可能是不同的类型，但整个记录有一个名称。记录中的每个元素称为域。域是具有含义的最小命名数据。它有类型且存在于内存中。它能被赋值，反之也能够被选择和操纵。域不同于变量主要在于它是记录的一部分。

图 11-7 中给出了两个记录的实例。第一个例子是 fraction 记录，它有两个域，都是整型。第二个例子是 student 记录，它有三个域，包含了两种不同的数据类型。

> 记录中的元素可以是相同类型或不同类型，但记录中的所有元素必须是关联的。

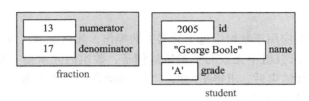

图 11-7   记录

记录中的数据必须都与一个对象关联。在图 11-7 中，fraction 中的整数都属于同一个 fraction 对象，而第二个例子的数据则都与 student 关联。（注意我们把字符串放在双引号之间，而单个字符放在单引号之间，这个是大多数编程语言通常使用的。）

11.2.1   记录名与域名

就像数组一样，在记录中也有两种标识符：记录的名字和记录中各个域的名字。记录的名字是整个结构的名字，而每个域的名字允许我们存取这些域。例如，图 11-7 的 student 记录中，记录的名字是 student，域的名字是 student.id、student.name 和 student.grade。大多数编程语言使用点（.）来分隔结构（记录）名和它成员（域）的名字。这是我们在本书中的约定。

> **例 11-5**   下面显示了图 11-7 中的域值是如何被存储的。

```
student.id ← 2005 student.name ← "G. Boole" student.grade ← 'A'
```

11.2.2   记录与数组的比较

我们可以从概念上对数组和记录进行比较。这样有助于我们理解什么时候应该使用数组，什么时候应该使用记录。数组定义了元素的集合，而记录定义了元素可以确认的部分。例如，数组可以定义一个班级的学生（40 位学生），而记录定义了学生不同的属性，如标识、姓名或成绩等。

11.2.3　记录数组

如果我们需要定义元素的集合，且同时需要定义元素的属性，那么可以使用记录数组。例如，在一个有 30 位学生的班级中，我们可以有一个 30 个记录的数组，每个记录表示一位学生。图 11-8 显示了一个具有 30 个称为 students 的学生记录的数组。

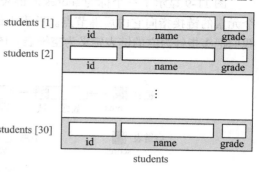

图 11-8　记录数组

在记录数组中，数组的名字定义了整个结构，作为一个整体的学生组。为了定义每个元素，我们需要使用相应的索引。为了定义元素的部分（属性），我们需要使用点运算符。换言之，首先定义元素，然后才能定义元素的部分。因此，第 3 个学生的标识被定义为：

```
(student[3]).id
```

注意，我们使用了括号来强调首先这个特别的学生要被选择，然后才是这个学生的标识。换言之，括号告诉我们索引运算符要先于点运算符。在某些语言中，这里是不需要括号的，因为这种优先已经在语言本身中建立了。但使用括号能总是保证这样的优先。

> **例 11-6**　下面显示了我们是如何访问学生数组中的每个记录域，并在其中存入值的。

```
(student[1]).id←1001    (student[1]).name←"J.Aron"    (student[1]).grade←'A'
(student[2]).id←2007    (student2).name←"F.Bush"      (student[2]).grade←'F'
...                      ...                            ...
(student[30]).id←3012   (student[30]).name←"M.Blair"  (student[30]).grade←'B'
```

> **例 11-7**　但是，我们通常是使用循环来读记录数组中的数据的。算法 11.2 显示了这个过程的部分伪代码。

算法11.2　读学生记录的部分伪代码

```
i ← 1
while (i < 31)
{
    read(student[i]).id
    read(student[i]).name
    read(student[i]).grade
    i ← i + 1
}
```

11.2.4　数组与记录数组

数组和记录数组都表示数据项的列表。数组可以被看成是记录数组的一种特例，其中每个元素是只带一个域的记录。

11.3　链表

链表是一个数据的集合，其中每个元素包含下一个元素的地址；即每个元素包含两部分：数据和链。数据部分包含可用的信息，并被处理。链则将数据连在一起，它包含一个指明列表中下一个元素的**指针**（地址）。另外，一个指针变量标识该列表中的第一个元素。列表的名字就是该指针变量的名字。

图 11-9 显示了一个称为 scores 的链表，它含有 4 个元素。除最后一个元素外，其他每个元素的链接指向它的后继节点。链表中最后一个元素包含一个**空指针**，表示链表的结束。我们把头指针为空的链表定义为空链表。图 11-9 显示了一个空链表的例子。

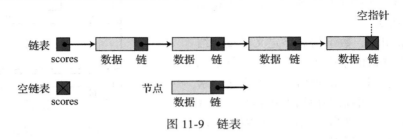

图 11-9　链表

链表中的元素习惯上称为节点，链表中的**节点**是至少包括两个域的记录：一个包含数据，另一个包含链表中下一个节点的地址（链接）。图 11-9 也显示了节点。

在对链表进行进一步讨论前，我们需要解释一个在图 11.9 中的记号。使用连线显示两个节点间的连接。线的一端有一箭头，线的另一端是一实心圆。箭头表示箭头所指节点的地址副本。实心圆显示了地址的副本存储的地方（图 11-10）。图 11-10 中还显示了我们可以把地址的副本存在多于一个的位置。例如，图 11-10 显示了两个地址副本被存储在两个不同位置。理解这些概念有助于我们更好地理解链表上的操作。

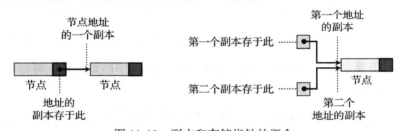

图 11-10　副本和存储指针的概念

11.3.1　数组与链表

数组和链表都能表示内存中的数据项列表。唯一的区别在于数据项连接在一起的方式。在记录数组中，连接工具是索引。元素 scores[3] 与元素 scores[4] 相连，因为整数 4 是紧跟在整数 3 后面的。在链表中，连接工具是指向下一元素的链（指针或下一元素的地址）。图 11-11 比较了 5 个整数列表的两种表示。

数组的元素在内存中是一个接一个中间无间隔存储的，即列表是连续的。而链表中的节点的存储中间是有间隔的：节点的链部分把数据项"胶"在一起。换言之，计算机可以选择连续存储它们或把节点分布在整个内存中。这样有一个优点：在链表中进行的插入和删除操作更容易些，只需改变指向下一元素地址的

scores	
scores [1]	66
scores [2]	72
scores [3]	74
scores [4]	85
scores [5]	96

a)数组表示

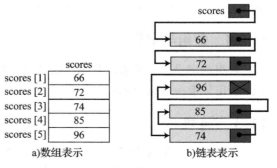

b)链表表示

图 11-11　数组与链表

指针。但是，这带来了额外的开销：链表的每个节点有一个额外的域，存放内存中下一节点的地址。

11.3.2 链表名与节点名

就像数组与记录一样，我们需要区分链表名和节点名（链表中的元素）。一个链表必须要有一个名字。

链表名是头指针的名字，该头指针指向表中第一个节点。另一方面，节点在链表中并没有明显的名字，有的只是隐含的名字。节点的名字与指向节点的指针有关。不同的语言在处理指针与指针所指节点间的关系时是不同的。我们使用在 C 语言中使用的约定。例如，如果指向节点的指针称为 p，我们称节点为 *p。因为节点是一记录，我们能使用节点的名字来存取节点中的域。例如，指针 p 所指节点的数据部分和链部分分别为 (*p).data 和 (*p).link。这种命名约定隐含着一个节点可以有多于一个的名字。图 11-12 显示了链表名和节点名。

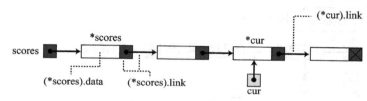

图 11-12   链表名与节点名

11.3.3 链表操作

我们为数组定义的操作同样可以应用于链表。

1. 查找链表

链表的查找算法只能是顺序的（参见第 8 章），因为链表中的节点没有特定的名字（不像数组中的元素），这个名字可以通过折半查找找到。但是，既然链表中的节点没有名字，那我们使用两个指针：pre（先前的）和 cur（当前的）。

在查找开始时，pre 指针为空，cur 指针指向第一个节点。查找算法向表的尾部方向移动两个指针。图 11-13 显示了在极端情况下这两个指针在表中的移动，这种极端情况是：目标值比表中任何值都大。例如，在 5 个节点的表中，假定目标值是 220，它比表中任何值都大。

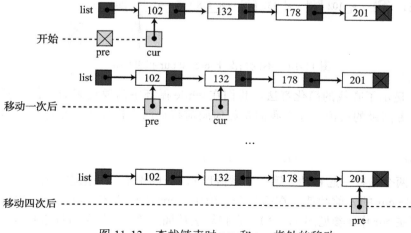

图 11-13   查找链表时 pre 和 cur 指针的移动

　　但是，可能发生其他情况，如目标值可能会比第一个节点中的数据值小，或者等于某个节点中的数据值等。但是，在所有情况下，当查找结束时，cur 指针指向停止查找的节点，pre 指针指向先前的节点。如果目标被找到，cur 指针指向含有目标值的节点；如果目标未找到，cur 指针指向一个值大于目标值的节点。换言之，既然表是有序的，可能很长，所以如果我们坚信传递了目标值，那我们永远不允许两个指针达到表的末端。查找算法使用一个标记（一个只能取真值或假值的变量）。当目标被找到时，标记设为真；当目标未找到时，标记设为假。当标记为真时，cur 指针指向目标值；当标记为假时，cur 指针指向比目标值大的值。

　　图 11-14 显示了一些不同的情况。在第一种情况中，目标是 98。这个值在表中不存在，而且比表中任何值都小。所以当 pre 是空，cur 指向第一个节点时，算法就停止了。因为值未找到，所以标记的值为假。在第二种情况中，目标是 132，它是第二个节点的值。当 cur 指针指向第二个节点，pre 指针指向第一个节点时，算法停止了。因为目标被找到，所以标记的值为真。在第三种和第四种情况中，目标都没有找到，所以标记的值为假。

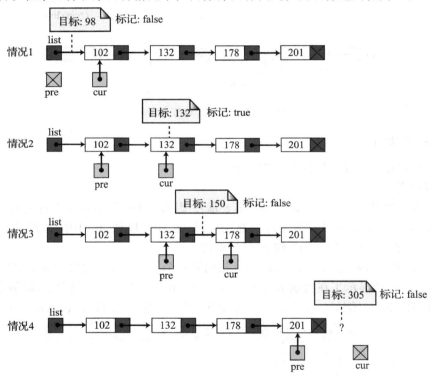

图 11-14　不同情况下 pre 和 cur 指针的值

　　算法 11.3 显示了查找的简化算法。我们在 while 循环中需要更多的条件，但我们把这些留给了链表更高级的讨论。注意我们是如何向前移动两个指针的。在每一步移动中，我们有：

```
pre ← cur        和        cur ← (*cur).link
```

　　这保证了两个指针一起移动。第一个赋值形成 cur 的副本，并把它保存在 pre 中，这意味着 pre 取的是 cur 的先前的值。在第二个赋值中，cur 所指的节点被选择，它的链域的值被复制，存储在 cur 中（参见图 11-12）。查找算法被插入算法（如果目标未找到）和删除算法（如果目标找到）使用。

算法11.3　查找链表

```
算法: SearchLinkedList
目的: 使用两个指针 pre 和 cur 查找链表
前提: 链表（头指针）和目标值
后续: 无
返回: pre 和 cur 指针的位置和标记的值
{
    pre ← null
    cur ← list
    while (target < (*cur).data)
    {
        pre ← cur
        cur ← (*cur).link
    }
    if ((*cur).data = target) flag ← true
    else flag ← false
}
```

2. 插入节点

在插入链表之前，我们首先要使用查找算法。如果查找算法的返回值为假，将允许插入；否则终止插入算法，因为我们不允许重复值的数据。可能会发生以下 4 种情况：

- 在空表中插入。
- 在表的开始处插入。
- 在表的末尾插入。
- 在表中间插入。

插入空表

如果表是空（list=null），新数据项被作为第一个元素插入。一条语句能做这工作：

```
list ← new
```

开始处插入

如果查找算法返回的标记为假，pre 指针的值为空，那数据就需要插在表的开始处。需要两条语句来做这工作：

```
(*new).link ← cur          和          list ← new
```

第一条赋值语句使得新节点成为原先第一个节点的前驱。第二条语句使得新连接的节点成为第一个节点。图 11-15 显示了这种情况。

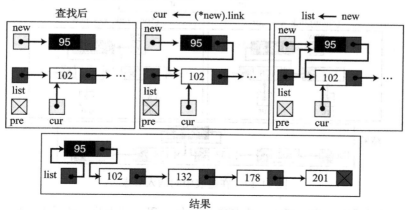

图 11-15　在链表开始处插入节点

末尾处插入

如果查找算法返回的标记为假，cur 指针的值为空，那数据就需要插在表的末尾。需要两条语句来做这工作：

(*pre).link ← new   和   (*new).link ← null

第一条赋值语句把新节点与原先最末节点连接在一起。第二条语句把新连接的节点变成最末节点。图 11-16 显示了这种情况。

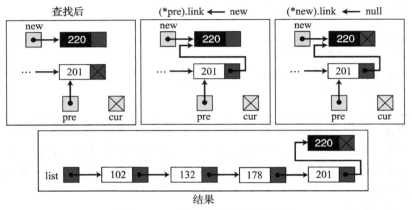

图 11-16　在链表末尾处插入节点

中间插入

如果查找算法返回的标记值为假，两个指针都不为空，那新数据就需要插在表的中间。需要两条语句来做这工作：

(*new).link ← cur   和   (*pre).link ← new

第一条赋值语句把新节点与它的后继连接在一起。第二条语句把新节点与它的前驱连接在一起。图 11-17 显示了这种情况。

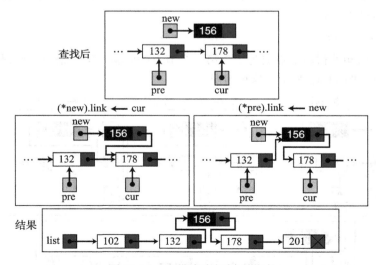

图 11-17　在链表中间插入节点

算法 11.4 显示了在链表中插入一个新节点的伪代码。其中第一段是给一空表插入节点。

算法11.4　在链表中插入节点

```
算法：InsertLinkedList(list,target,new)
目的：在查找链表找到合适位置后，在链表中插入节点
前提：链表和要插入的目标数据
后续：无
返回：新链表
{
    searchlinkedlist(list, target, pre, cur, flag)
    // Given target and returning pre, cur, and flag
    if (flag = true)                // No duplicate
    {
        return list
    }
    if (list = null)                // Insert into empty list
    {
        list ← new
    }
    if (pre = null)                 // Insertion at the beginning
    {
        (*new).link ← cur
        list ← new
        return list
    }
    if (cur = null)                 // Insertion at the end
    {
        (*pre).link ← new
        (*new).link ← null
        return list
    }
    (*new).link ← cur               // Insertion in the middle
    (*pre).link ← new
    return list
}
```

3. 删除节点

在链表中删除节点之前，我们要先应用查找算法。如果查找算法返回的标记是真（节点找到），我们可以从链表中删除该节点。但是，删除操作比插入操作简单些，因为我们只要两种情况：删除首节点和删除其他任何节点。换言之，删除末节点和删除中间节点可以由同一过程完成。

删除首节点

如果 pre 指针为空，首节点将被删除。cur 指针指向首节点，删除由一条语句完成：

```
list ← (*cur).link
```

该语句把第二个节点与表指针连接在一起，这意味着首节点被删除。图 11-18 显示了这种情况。

删除中间或末尾节点

如果两个指针都不为空，那要删除的节点或者是中间节点，或者是末尾节点。cur 指针指向相应的节点，可以通过一条语句完成删除：

```
(*pre).link ← (*cur).link
```

该语句把后继节点与前驱节点连接在一起，这意味着当前节点被删除。图 11-19 显示了

这种情况。

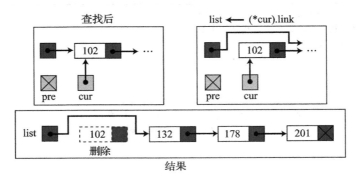

图 11-18 删除链表中的首节点

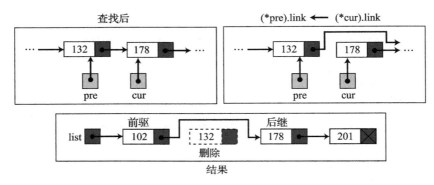

图 11-19 在链表中间或末尾删除节点

算法 11.5 显示了删除节点的伪代码。算法比插入一条语句要简单，我们只要两种情况，每种情况只需一条语句。

算法11.5 在链表中删除节点

```
算法: DeleteLinkedList(list,target)
目的: 在查找链表找到正确节点后，在链表中删除节点
前提: 链表和要删除的目标数据
后续: 无
返回: 新链表
{
    // Given target and returning pre, cur, and flag
    searchlinkedlist(list, target, pre, cur, flag)
    if (flag = false)
    {
        return list              // The node to be deleted not found
    }
    if (pre = null)              // Deleting the first node
    {
        list ← (*cur).link
        return list
    }
    (*pre).link ← (*cur).link  // Deleting other nodes
    return list
}
```

4. 检索节点

检索就是为了检查或复制节点中所含数据的目的而随机访问节点。在检索之前，链表需要被查找。如果找到数据，那它被检索，否则过程终止。检索只使用 cur 指针，它指向被查找算法找到的节点。算法 11.6 显示了检索节点中的数据的伪代码。该算法比插入和删除算法简单得多。

算法11.6　在链表中检索节点

```
算法：RetrieveLinkedList(list,target)
目的：在查找链表找到正确节点后，在节点中检索数据
前提：链表（头指针）和要检索的目标数据
后续：无
返回：返回检索到的数据
{
    searchlinkedlist(list, target, pre, cur, flag)
    if (flag = false)          // The node not found
    {
            return error
    }
    return (*cur).data
}
```

5. 遍历链表

为了遍历链表，我们需要一个"步行"指针，当元素被处理时，它从一个节点移到另一个节点。开始遍历时，我们把步行指针指向链表中的首节点，然后使用循环，直到所有数据都被处理。每次循环处理当前节点，然后把步行指针指向下一个节点。当最后一个节点被处理完时，步行指针变为空，循环终止（图 11-20）。

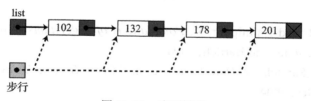

图 11-20　遍历链表

算法 11.7 显示了遍历链表的伪代码。

算法11.7　遍历链表

```
算法：TraverseLinkedList(list)
目的：遍历链表，处理每个数据项
前提：链表（头指针）
后续：无
返回：表
{
    walker ← list
    while (walker ≠ null)
    {
        Process (*walker).data
        walker ← (*walker).link
    }
    return list
}
```

11.3.4 链表的应用

当需要对存储数据进行许多插入和删除时，链表是一种非常高效的数据结构。链表是一种动态的数据结构，其中表从没有节点开始，然后当需要新节点时，它就逐渐增长。与数组的情况相比，节点很容易被删除，不需要移动其他节点。例如，链表可以应用于包含学校学生的记录。每季或每学期，新生进入学校，而有些学生离开学校或毕业。

链表可以无限增长，也可以缩短为空表。额外的开销是为每个节点含有一个额外的域。但是对于需要经常查找的数据来说，链表不是一个好的候选者。这就陷入了进退两难的境地，因为每个删除或插入操作都需要查找。在下一章中，我们可以看到一些抽象数据类型，它们既有数组对于查找的优点，也有链表对于插入和删除的优点。

如果需要大量的插入和删除，那么链表是合适的结构，但查找一个链表比查找一个数组要慢。

11.4 章末材料

推荐读物

有关本章所讨论主题的更详细资料，可以参考下列书籍：

- Gilberg, R. and Forouzan, B. *Data Structures-A Pseudocode Approach with C,* Boston, MA: Course Technology, 2005
- Goodrich, M. and Tamassia, R. *Data Structures and Algorithms in Java*, New York: Wiley, 2005
- Neapolitan, R. and Naimipour, K. *Foundations of Algorithms Using* C++ *Pseudocode*, Sudbury, MA: Jones and Bartlett, 2004
- Main, M. and Savitch, W. *Data Structures and Other Objects Using* C++, Reading, MA: Addison-Wesley, 2004
- Standish, T. *Data Structures, Algorithms, and Software Principles*, Reading, MA:Addison-Wesley, 1994

关键术语

array（数组）

column-major storage（列主序存储）

data structure（数据结构）

field（域）

index（索引）

link（链）

linked list（链表）

multidimensional array（多维数组）

node（节点）

null pointer（空指针）

one-dimensional array（一维数组）

pointer（指针）

record（记录）

retrieval（检索）

row-major storage（行主序存储）

searching（查找，搜索）

two-dimensional array（二维数组）

string（字符串）

小结

- 数据结构使用相关变量的集合，这些变量可以被单独存取或被整体存取。换言之，数据结构表示一组共享指定关系的数据项。在本章中，我们讨论了三种数据结构：数组、记录和链表。

- 数组是通常具有相同类型的元素的顺序集合。使用索引访问数组中的元素。在数组中，有两种不同类型的标识符：数组的名字和每个元素的名字。

- 许多应用需要数据以多于一维的形式存储。一个常见的例子是表，它是由行和列构成的数组。二维数组在内存中可以使用行主序存储或列主序存储，第一种更为常见。

- 作为一种结构的数组上的常见操作有：查找、插入、删除、检索和遍历。当删除和插入的量较小，而需要大量的查找和**检索**时，数组是一种合适的结构。数组通常是一种静态数据结构，所以当数据项的数目固定时，数组就更为合适。

- 记录是一个相关元素的集合，这些元素可能是不同的类型，但整个记录有一个名称。记录中的每个元素称为一个域。域是记录中有意义的命名数据的最小元素。

- 字符串是字符的集合，在某些语言中作为数组被使用，而在另一些语言中作为一种数据结构。

- 链表是一个有序数据的集合，其中每个元素包含下一个元素的位置（地址）。每个元素包含两个部分：数据和链。数据部分含有有用的信息：要处理的数据。链用于将数据链在一起。

- 为数组定义的操作都可以应用于链表。当数据将要进行大量的插入和删除时，链表是非常高效的结构。链表是一种动态的数据结构，其中表可以从无节点开始，当需要新的节点时，表逐渐增长。

11.5 练习

小测验

在本书网站上提供了一套与本章相关的交互式试题。强烈建议学生在做本章练习前首先完成相关测验以检测对本章内容的理解。

复习题

Q11-1 给出数据结构的三种类型名称。

Q11-2 数组元素和记录元素的区别是什么？

Q11-3 数组元素和链表元素的区别是什么？

Q11-4 为什么用索引而不是下标来标注数组元素？

Q11-5 数组元素在内存中如何存储？

Q11-6 记录中域的定义是什么？

Q11-7 在链表中节点的域是什么？

Q11-8 链表中指针的功能是什么？

Q11-9 如何指向链表中的第一个节点？

Q11-10 链表中最后一个节点的指针指向什么？

练习题

P11-1 两个数组 A 和 B，各有 10 个整数，要求测试数组 A 中每个元素是否与数组 B 中对应元素相等，写出该算法。

P11-2 写出一个算法，要求倒序排列数组中元素，即最后一个变成第一个，倒数第二个成为第二个，以此类推。

P11-3 写出一个算法，要求打印出具有 R 行和 C 列的二维数组中的内容。

P11-4 写出一个算法，在具有 N 个元素的数组上应用顺序查找。

P11-5 写出一个算法，在具有 N 个元素的数组上应用折半查找。

P11-6 写出一个算法，在有序的数组中插入一个元素，算法必须调用查找算法找到插入的位置。

P11-7 写出一个算法，在有序的数组中删除一个元素，算法必须调用查找算法找到插入的位置。

P11-8 写出一个算法，给数组中的每个元素乘以一个常数。

P11-9 写出一个算法，要求将一分数（Fr1）加到另一分数（Fr2）上。

P11-10 写出一个算法，要求从一分数（Fr2）中减去另一分数（Fr1）。

P11-11 写出一个算法，要求一分数（Fr1）乘以另一分数（Fr2）。

P11-12 写出一个算法，要求用分数（Fr2）除分数（Fr1）。

P11-13 画出一个示意图，显示数据部分是学生记录的链表，记录中有标识（id）、姓名（name）和成绩（grade）。

P11-14 显示链表的删除算法（11.3.3 节中的算法 11.4）是如何删除链表中唯一的一个节点的。

P11-15 显示链表的插入算法（11.3.3 节中的算法 11.3）是如何在空链表中插入一个节点的。

P11-16 显示我们如何使用插入算法（11.3.3 节中的算法 11.3）从零开始建立一链表。

P11-17 写一个算法，求出数字链表中数字的平均数。

P11-18 如果我们对图 11-9 的链表应用下列语句，将会发生什么？

```
scores ← (*scores).link
```

P11-19 如果我们对图 11-13 的链表应用下列语句，将会发生什么？

```
cur ← (*cur).link    和    pre ← (*pre).link
```

抽象数据类型

在这一章中，我们讨论抽象数据类型（ADT），这是一种比我们在第 11 章所讨论的数据结构处于更高抽象层的数据类型。ADT 使用数据结构来实现。在本章的开始首先对抽象数据类型做一个简短的背景介绍，然后给出定义并提出模型。接着讨论各种不同的抽象数据类型，例如，栈、队列、广义线性表、树、二叉树、二叉搜索树和图。

目标

通过本章的学习，学生应该能够：

- 说明抽象数据类型（ADT）的概念；
- 说明栈、栈上的基本操作、它们的应用以及它们是如何实现的；
- 说明队列、队列上的基本操作、它们的应用以及它们是如何实现的；
- 说明广义线性表、广义线性表上的基本操作、它们的应用以及它们是如何实现的；
- 说明一般的树及其应用；
- 说明二叉树（一种特殊的树）及其应用；
- 说明二叉搜索树（BST）及其应用；
- 说明图及其应用。

12.1 背景

使用计算机进行问题求解意味着处理数据。为了处理数据，我们需要定义数据类型和在数据上进行的操作。例如，要求一个列表中的数字之和，我们应该选择数字的类型（整数或实数）和定义运算（加法）。数据类型的定义和应用于数据的操作定义是**抽象数据类型**（ADT）背后的一部分概念，以隐藏数据上的操作是如何进行的。换言之，ADT 的用户只需要知道对数据类型可用的一组操作，而不需要知道它们是如何应用的。

12.1.1 简单抽象数据类型

许多编程语言已经定义了一些简单的抽象数据类型作为语言的组成部分。例如，C 语言定义了称为整数的简单抽象数据类型。这种类型的抽象数据类型是带有预先定义范围的整数。C 还定义了可以在这种数据类型上应用的几种操作（加、减、乘、除等）。C 显式地定义了整数上的这些操作和我们期望的结果。写 C 程序来进行两个整数相加的程序员应该知道整数的抽象数据类型和可以应用于该抽象数据类型的操作。

但是，程序员不需要知道这些操作是如何实现的。例如，程序员使用表达式 $z \leftarrow x + y$，希望 x 的值（整数）被加到 y 的值（整数）上。结果被命名为 z（整数）。程序员不需要知道加法是如何进行的。在前一章我们学习了计算机是如何执行加法运算的：把两个整数以补的格式存储在内存地址中，把它们装入 CPU 的寄存器中，进行二进制相加，把结果回存到另一个内存地址中。但是，程序员不必知道这些。C 语言中的整数就是一个带有预定义操作的简单抽象数据类型。程序员不必关注操作是如何进行的。

12.1.2 复杂抽象数据类型

几种简单的抽象数据类型（如整数、实数、字符、指针等）已经被实现，在大多数语言中它们对用户是可用的。但是许多有用的复杂抽象数据类型却没有实现。就像我们在这一章中将要看到的，我们需要表抽象数据类型、栈抽象数据类型、队列抽象数据类型等。要提高效率，应该建立这些抽象数据类型，将它们存储在计算机库中，以便使用。例如，表的使用者只需要知道该表上有哪些可用的操作，而不需要知道这些操作是如何进行的。

因此，对于一个 ADT，用户不用关心任务是如何完成的，而是关心能做什么。换言之，ADT 包含了一组允许程序员使用的操作的定义，而这些操作的实现是隐藏的。这种不需详细说明实现过程的泛化操作称为抽象。我们抽取了过程的本质，而隐藏了实现的细节。

> **抽象概念意味着：**
> **1. 知道一个数据类型能做什么。**
> **2. 如何去做是隐藏的。**

12.1.3 定义

让我们正式地定义抽象数据类型。抽象数据类型就是与对该数据类型有意义的操作封装在一起的数据类型。然后，用它封装数据和操作并对用户隐藏。

> **抽象数据类型：**
> **1. 数据的定义。**
> **2. 操作的定义。**
> **3. 封装数据和操作。**

12.1.4 抽象数据类型的模型

抽象数据类型的模型如图 12-1 所示。图中不规则轮廓中的阴影区域表示模型。在这个抽象区域内部是该模型的两个部分：数据结构和操作（公有的和私有的）。应用程序只能通过接口访问公有操作。接口是公有操作和将数据传给这些操作或从这些操作返回的列表。私有操作是抽象数据类型内部用户使用的。数据结构（如数组、链表）在抽象数据类型里面，被公有和私有操作使用。

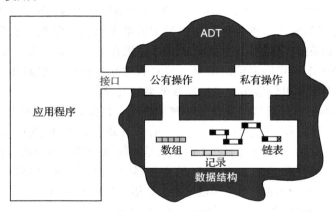

图 12-1　ADT 模型

虽然公有操作和接口应该独立于实现，但私有操作依赖于抽象数据类型实现时所选择的数据结构。当我们讨论某些抽象数据类型时，将详细说明这个问题。

12.1.5　实现

计算机语言不提供抽象数据类型包。要使用抽象数据类型，首先要实现它们，把它们存储在库中。本章主要介绍一些常见的抽象数据类型及其应用。但是，我们也为对此有兴趣的读者提供了每个抽象数据类型实现的简单讨论。我们把实现的伪码算法作为挑战练习。

12.2　栈

栈是一种限制**线性表**，该类列表的添加和删除操作只能在一端实现，称为"栈顶"。如果将一系列数据插入栈中，然后移走它们，那么数据的顺序将被倒转。数据插入时的顺序为5，10，15，20，移走后顺序就变成20，15，10，5。这种倒转的属性也正是栈被称为后进先出（LIFO）数据结构的原因。

人们在日常生活中使用不同类型的栈，比如说一堆硬币或一堆书。任何只能在顶部添加或移除物体的情况都是栈。如果想移除任何不是顶部的物体，则首先必须移除其上面的所有物体。图 12-2 给出了栈的三个示例。

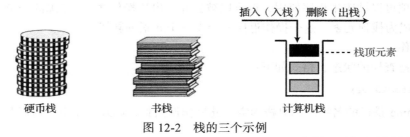

图 12-2　栈的三个示例

12.2.1　栈的操作

尽管栈有很多操作，但基本操作有 4 种：建栈、入栈、出栈和空。下面定义它们。

1. 建栈操作

建栈操作创建一个空栈，格式如下：

```
stack(stackName)
```

stackName 是要创建栈的名字。这个操作返回一个空栈。图 12-3 显示了这个操作的图形表示。

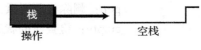

图 12-3　建栈操作

2. 入栈操作

入栈操作在栈顶添加新的元素，格式如下：

```
push(stackName, dataItem)
```

stackName 是栈的名字，dataItem 是要插在栈顶的数据。入栈后，新的元素称为栈顶元素。这个操作返回一个 dataItem 插在顶端的新栈。图 12-4 显示了这个操作的图形表示。

3. 出栈操作

出栈操作将栈顶元素移走，格式如下：

```
pop(stackNmae,dataItem)
```

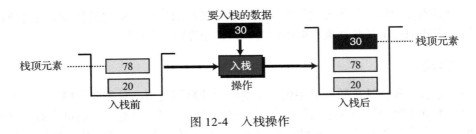

图 12-4 入栈操作

stackName 是栈的名字，dataItem 是从栈中移走的数据。图 12-5 显示了这个操作的图形表示。

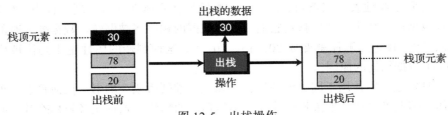

图 12-5 出栈操作

删除的项可以被应用程序使用，也可以被丢弃。出栈操作之后，在删除之前，栈顶元素下面的项就成为栈顶元素。这个操作返回一个少一个元素的新栈。

4. 空操作

空操作检查栈的状态，格式如下：

```
empty(stackName)
```

stackName 是栈的名字。如果栈为空，此操作返回真；如果栈非空，返回假。

12.2.2 栈的抽象数据类型

我们把栈定义成如下的抽象数据类型：

栈的抽象数据类型

定义： 一种只能在一端存取的数据项表，该端称为栈顶。

操作： stack：建立一个空栈。

push：在栈顶插入一个元素。

pop：删除栈顶元素。

empty：检查栈的状态。

例 12-1 图 12-6 显示了在栈 S 上应用先前定义的操作的算法片段。第 4 个操作在试图弹出栈顶元素前检查栈的状态，栈顶元素的值存储在变量 x 中，但是，我们并没有使用这个值，它将在算法结束时自动被丢弃。

12.2.3 栈的应用

栈的应用可分为 4 大类：倒转数据、配

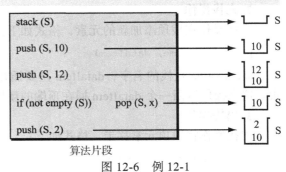

算法片段

图 12-6 例 12-1

对数据、数据延迟使用和回溯步骤。下面我们讨论前面的两种。

1. 倒转数据

倒转数据需要一组给定的数据项，重新排序，使得首尾元素互换，中间的所有元素也相应地进行交换。例如：表（2，4，7，1，6，8）变成表（8，6，1，7，4，2）。

例 12-2　在第 2 章（2.2.6 节中的图 2-6）中，我们给出了一个简单的 UML 图，把一个整数从十进制转换成任意进制。虽然算法非常简单，但如果打印它们创建的倒排整数的数字，我们将得到倒排顺序的数字。任何计算机语言中的打印指令都是从左到右打印字符的，但算法是从右到左建立数字的。我们使用栈的倒转特性（LIFO 结构）来解决这个问题。

算法 12.1 显示了把十进制转化为二进制和打印结果的伪代码。

算法12.1　例12-2

```
算法: DecimalToBinary(number)
目的: 打印与给定的整数（绝对值）等价的二进制数
前提: 给出要转化的整数（数字）
后续: 二进制整数被打印
返回: 无
{
    stack(S)
    while(number ≠ 0)
    {
        remainder ← number mod 2
        push(S, remainder)
        number ← number / 2
    }
    while(not empty(S))
    {
        pop(S,x)
        print(x)
    }
    return
}
```

现在先创建一个空的栈，然后使用 while 循环创建二进制位，我们不是打印出它们，而是把它们压入栈中。当所有的二进制位都被创建后，退出循环。现在我们使用另外一个循环从栈中弹出二进制位，并打印它们。注意，二进制位是按它们创建的相反顺序打印出来的。

2. 配对数据

我们经常需要在表达式中进行一些字符的配对。例如，当用计算机语言写一个数学表达式时，我们经常使用括号来改变运算符的优先级。由于第二个表达式中的括号，下面两个表达式的计算结果不同：

$$3 \times 6+2 = 20 \qquad 3 \times (6+2) = 24$$

在第一个表达式中，乘法运算符的优先级比加法的要高（它被先计算）。在第二个表达式中，括号忽略了优先级，因此先计算加法。当输入一个带有许多括号的表达式时，我们经常忘记括号的配对。编译程序的一个作用就是为我们做这样的检查。编译程序使用栈来检查所有的开括号是否与闭括号配对。

例 12-3　算法 12.2 显示了如何检查所有开括号是否与闭括号配对。

算法12.2   例12-3

```
算法：CheckingParentheses (expression)
目的：检查表达式中括号的配对情况
前提：给出要检查的表达式
后续：如果有不配对的括号，则给出错误消息
返回：无
{
    stack(S)
    while(more character in the expression)
    {
        Char ← next character
        if(Char='(')
        {
            push(S,Char)
        }
        else
        {
            if(Char=')')
            {
                if(empty (S))
                {
                print(unmatched opening parenthesis)
                }
                else
                {
                pop(S,x)
                }
            }
        }
    }
    if(not empty(S))
    {
        print(a closing parenthesis not matched)
    }
    return
}
```

12.2.4 栈的实现

在这一节中，我们描述栈抽象数据类型实现背后的总体概念。在抽象数据类型层次上，我们使用栈及其 4 个操作（stack、push、pop 和 empty）；在实现的层次上，我们需要选择数据结构来实现它们。栈抽象数据类型可以使用数组也可以使用链表来实现。图 12-7 显示了一个有 5 个数据项的栈抽象数据类型的例子。图中还显示了我们是如何实现栈的。

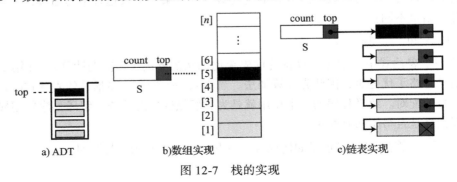

图 12-7 栈的实现

　　在数组实现中，我们有带有两个域的记录。第一个域用来存储关于数组的信息：把它当作计数域，在任何时刻其中显示的是栈中数据项的数目。第二个域是一个含有栈顶元素索引的整数。注意数组是颠倒显示的，这是为了与链表实现相匹配。

　　链表的实现是相似的：有一个具有栈名字的额外节点。这个节点也有两个域：一个计数器和一个指向栈顶元素的指针。

算法

　　可以用伪代码写出每种实现定义的 4 种操作。在第 11 章中显示了处理数组和链表的算法，这些算法可以被修改成栈中我们需要的 4 种算法：stack、push、pop 和 empty。这些算法甚至比第 11 章中那些算法更简单，因为插入和删除只在栈顶进行。我们把这些算法的编写留作练习。

12.3　队列

　　队列是一种线性表，该表中的数据只能在称为**尾部**的一端插入，并且只能在称为**头部**的一端删除。这些限制确保了数据在队列中只能按照它们存入的顺序被处理。换言之，队列就是**先进先出**（FIFO）结构。

　　队列是日常生活中常见的。一队在车站等公共汽车的人就是一个队列，等待电话接线员回复的一系列电话是一个队列，等待计算机处理的一系列等待任务也是一个队列。

　　图 12-8 给出了两个队列：一个是人的队列，另一个是计算机队列。无论是人还是数据，都是从尾部进入了队列，并都要等到到达队列头部（队首）才能被处理，一旦到达队列的头部，就离开队列并接受服务。

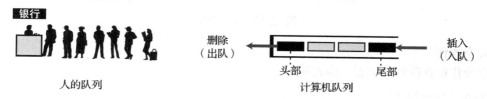

图 12-8　队列的两个代表

12.3.1　队列的操作

　　尽管我们可以为队列定义许多操作，但有 4 个是基本的：**建队列、入队、出队和空**，定义如下。

1. 建队列操作

建队列操作建立一个空队列，格式如下：

```
queue(queueName)
```

queueName 是建立的队列的名字。这个操作返回一个空队列。图 12-9 显示了这个操作的图形化表示。

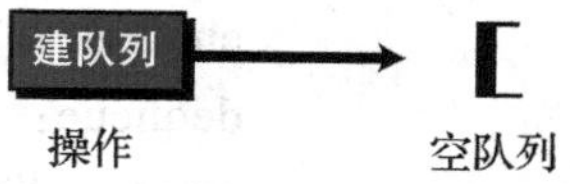

2. 入队操作

入队操作在队列的尾部插入一个数据项，格式如下：

```
enqueue(queueName, dataItem)
```

queueName 是队列的名字，dataItem 是要在队列尾部插入的数据。入队操作后，新数据

图 12-9　建队列操作

项就成了队列的最后一项。这个操作返回一个 dataItem 插在队列尾部的新队列。图 12-10 显示了这个操作的图形化表示。

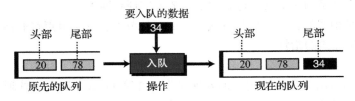

图 12-10   入队操作

3. 出队操作

出队操作删除队列头部的数据项，格式如下：

```
dequeue(queueName, dataItem)
```

queueName 是队列的名字，dataItem 是从队列中删除的数据。被删除的数据项可以被应用程序使用，也可以被直接丢弃。出队操作后，紧跟在队首的数据项就成了队首元素。这个操作返回少一个元素的新队列。图 12-11 显示了这个操作的图形化表示。

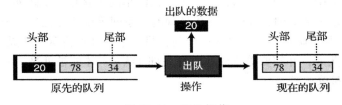

图 12-11   出队操作

4. 空操作

空操作检查队列的状态，格式如下：

```
empty(queueName)
```

queueName 是队列的名字。如果队列为空，则这个操作返回真，否则返回假。

12.3.2   队列的抽象数据类型

我们定义队列的抽象数据类型如下：

> **队列的抽象数据类型**
> 定义：   队列是一种线性表，该表中的数据只能在称为头部的一端删除，并且只能在称为尾部的一端插入。
> 操作：   queue：创建一个空的队列。
> enqueue：在尾部插入一个元素。
> dequeue：在头部删除一个元素。
> empty：检查队列的状态。

例 12-4   图 12-12 显示了应用原先定义在队列 Q 上的操作的算法片段。第 4 个操作在队首出队前检查队列的状态。队首元素的值被存储在变量 x 中，但是，我们并不使用它，在算法片段结束时，它将被自动丢弃。

12.3.3 队列的应用

　　队列是最常用的数据处理结构之一。事实上，在所有的操作系统和网络中都有队列的身影，在其他技术领域更是数不胜数。例如，队列应用于在线电子商务应用程序，如处理用户需求、作业和指令。在计算机系统中，需要用队列来完成对作业或系统设备（如打印池）的处理。

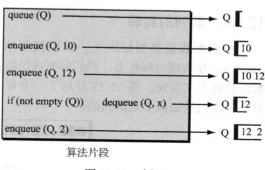

算法片段

图 12-12　例 12-4

　　例 12-5　通过数据的一些特性，队列可以用于组织数据库。例如，假设在计算机中有一有序的数据表，数据分成两类：小于 1000 和大于 1000。我们可以使用两个队列分隔这个类别，并同时维护它们所在类别中的数据顺序。算法 12.3 显示了这个操作的伪代码。

算法12.3　例12-5

```
算法: Categorizer(list)
目的: 把数据分成两类，建立两个分离的表
前提: 给定原始表
后续: 打印两个表
返回: 无
{
   queue(Q1)
   queue(Q2)
   while(more data in the list)
   {
      if(data < 1000)
      {
         enqueue(Q1, data)
      }
      if(data≥1000)
      {
         enqueue(Q2, data)
      }
   }
   while(not empty(Q1))
   {
      dequeue(Q1, x)
      print(x)
   }
   while(not empty(Q2))
   {
      dequeue(Q2, x)
      print(x)
   }
   return
}
```

　　例 12-6　队列的另一个常用应用是调节和建立数据的快速生成和缓慢消费间的平衡。例如，假设 CPU 与打印机相连，打印机的速度是不能跟 CPU 的速度相比的。如果 CPU 等

待打印机去打印 CPU 生成的数据，那么 CPU 将要空闲好长时间。解决方法就是队列，CPU 生成队列能容纳的数据块，并把这些数据块放入队列中。CPU 现在就腾出来去做其他工作了。数据块慢慢地被从队列中取出，并慢慢地被打印。用作这种目的的队列通常称为假脱机队列。

12.3.4 队列的实现

在抽象数据类型层次上，我们使用队列及其 4 个操作（queue、enqueue、dequeue 和 empty）；在实现的层次上，我们需要选择数据结构来实现它们。队列抽象数据类型可以使用数组或链表来实现。图 12-13 显示了一个有 5 个数据项的队列抽象数据类型的例子。图中还显示了我们是如何实现队列的。

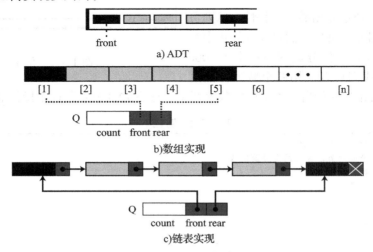

图 12-13 队列的实现

在数组实现中，我们有带有三个域的记录。第一个域用来存储关于队列的信息：把它当作计数域，在任何时刻其中显示的是队列中数据项的数目。第二个域是一个含有队首元素索引的整数。第三个域也是一个整数，它含有队尾元素的索引。

链表的实现是相似的：我们有一个有队列名字的额外节点。这个节点也有三个域：一个计数器、一个指向队首元素的指针和一个指向队尾元素的指针。

算法

可以用伪代码写出我们为每种实现定义的 4 种操作。在第 11 章中显示了处理数组和链表的算法，这些算法可以被修改成队列中我们需要的 4 种算法：queue、enqueue、dequeue 和 empty。这些算法甚至比第 11 章中那些算法更简单，因为插入只在队尾进行，而删除只在队首进行。我们把这些算法的编写留作练习。

12.4 广义线性表

前两节中介绍的栈和队列都是限制线性表。广义线性表是像插入和删除等操作可以在其中任何地方进行的表，可以在表头、表中间或表尾。图 12-14 显示了一个广义线性表。

广义线性表

图 12-14 广义线性表

我们把**广义线性表**定义成具有如下特性的元素集合：

- 元素具有相同的类型。
- 元素顺序排列，这意味着有第一个元素和最后一个元素。
- 除第一个元素外每个元素都有唯一的前驱，除最后一个元素外每个元素都有唯一的后继。
- 每个元素是一个带有关键字域的记录。
- 元素按关键字值排序。

12.4.1　广义线性表的操作

虽然可以定义许多广义线性表的操作，但本章仅讨论 6 种常用的操作：建表、插入、删除、检索、遍历和空。

1. 建表操作

建表操作建立一个空表，格式如下：

```
list(listName)
```

listName 是要建立的广义线性表的名字。这个操作返回一个空表。

2. 插入操作

既然我们假定广义线性表中的数据是已排序的，那么插入就必须在保持元素顺序的方式下进行。为了判定元素的插入位置，就需要查找了。但是，查找是在实现层次上进行的，而不是在抽象数据类型层次上。另外，为了简单起见，我们假设在广义线性表中不允许重复的数据。因此，我们把元素插在能保持关键字顺序的地方。格式如下：

```
insert(listName, element)
```

图 12-15 图形化地显示了插入操作。

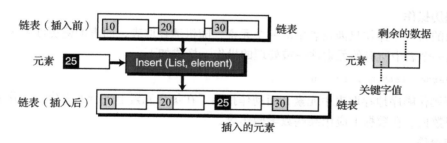

图 12-15　插入操作

3. 删除操作

从广义表中删除数据也需要查找表，以找到删除数据在表中的位置（图 12-16）。当数据的位置被找到后，删除操作就能进行了。格式如下：

```
delete(listName, target, element)
```

target 是与表中元素的关键字具有相同类型的数据值。如果关键字值与目标相等的元素被发现，这个元素将被删除。图 12-16 图形化地显示了**删除操作**。

注意，这个操作返回被删除的元素，如果我们需要改变某些域的值，并把数据项重新插入表中，那么这个返回值就是需要的。我们并没有在表上定义任何改变域值的操作。

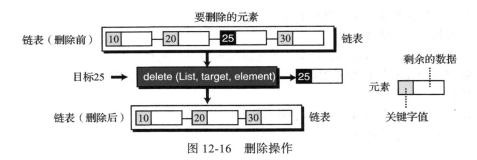

图 12-16　删除操作

4. 检索操作

检索的意思是单个元素的存取。像插入和删除操作一样，广义表首先被查找，数据被发现，才能被检索。格式如下：

```
retrieve(listName, target, element)
```

target 是与表中元素的关键字具有相同类型的数据值。图 12-17 图形化地显示了检索操作。如果关键字值与目标相等的元素被发现，这个元素的副本被检索，该元素还留在表中。

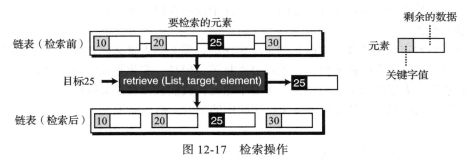

图 12-17　检索操作

5. 遍历操作

前面的每一个操作只涉及表中的一个元素，随机地存取表，而表的**遍历**涉及表的顺序存取。这是一个表中所有的元素逐一被处理的操作。格式如下：

```
traverse(listName, action)
```

遍历操作顺序地存取表中元素，而动作指明了在每个元素上进行的操作。动作的一些例子是打印数据、在数据上应用某些数学操作等。

6. 空操作

空操作检查表的状态，格式如下：

```
empty(listName)
```

listName 是表的名字，如果表是空的，该操作返回真，如果表非空，则返回假。

12.4.2　广义线性表的抽象数据类型

广义线性表的抽象数据类型定义如下：

广义线性表的抽象数据类型

定义：　一个有序的数据项表，所有的项具有相同类型。

操作：　**list**：创建一个空表。

insert：在表中插入一个元素。

delete：从表中删除一个元素。

retrieve：从表中检索一个元素。

traverse：顺序地遍历表。

empty：检查表的状态。

例 12-7　图 12-18 显示了在表 L 上应用前面定义的操作的算法片段。注意第 3 个操作把新数据插在了正确的位置，因为插入操作调用了实现层次上的查找算法，找到了新数据应该被插入的位置。

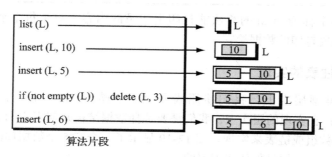

图 12-18　例 12-7

第 4 个操作要求从表中删除数据项 3。它调用了空操作来确保表是非空的。由于表是非空的，操作可以进行。但是，当它调用实现层次的查找算法时，在表中并没有找到数据项。因此，表就无变化地被返回了。最终，最后一个操作把 6 插在合适的位置上。

12.4.3　广义线性表的应用

广义线性表可应用于元素被随机存取或顺序存取的情况。例如，在大学里，线性表可以用来存储每个学期入学的学生信息。

例 12-8　假设一个大学有一个广义线性表，表中存有关于学生的信息，每个数据元素是一个带有三个域的记录：ID、Name 和 Grade。算法 12.4 显示了一个帮助教授修改学生成绩的算法。删除操作从表中删除一个元素，这样才允许程序修改成绩。插入操作把修改的元素插回表中。元素含有学生的整个记录，目标是用来查找表的 ID。

算法12.4　例12-8

```
算法：ChangeGrade(StudentList, target, grade)
目的：修改学生的成绩
前提：给定学生表和成绩
后续：无
返回：无
{
    delete(StudentList, target, element)
    (element.data).Grade ← grade
    insert(StudentList, element)
    return
}
```

例 12-9　继续例 12-8，假设辅导教师在学期末要打印所有学生的记录。算法 12.5 能做这个工作。

算法12.5 例12-9

```
算法：PrintRecord(StudentList)
目的：打印 StudentList 中的所有学生的记录
前提：给定学生列表
后续：无
返回：无
{
    traverse(StudentList, Print)
    return
}
```

我们假定有一个称为 Print 的算法能打印出记录的内容。对于每个节点，表遍历调用 Print 算法，并传递要打印的数据给它。

12.4.4　广义线性表的实现

在抽象数据类型层次上，我们使用表及其 6 个操作（list、insert、delete、retrieve、traverse 和 empty）；在实现的层次上，我们需要选择数据结构来实现它们。广义线性表抽象数据类型可以使用数组或链表来实现。图 12-19 显示了一个有 5 个数据项的表抽象数据类型的例子。图中还显示了我们是如何实现表的。

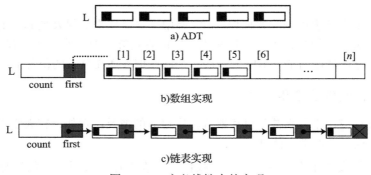

图 12-19　广义线性表的实现

在数组实现中，我们有带有两个域的记录。第一个域用来存储关于数组的信息：把它当作计数域，其中显示的是表中当前数据项的数目。第二个域是一个含有表中首元素索引的整数。链表的实现是相似的：我们有一个具有表名字的额外节点。这个节点也有两个域：一个计数器和一个指向首元素的指针。

算法

可以用伪代码写出每种实现定义的 6 种操作。在第 11 章中显示了处理数组和链表的算法，这些算法稍做修改，就成为我们所需要的表的算法。我们把这些算法的编写留作练习。

12.5　树

树包括一组有限的元素，称为**节点**（或顶点），同时包括一组有限的有向线段，用来连接节点，称为**弧**。如果树是非空的，其中有一个节点没有进入的弧，该节点称为**根**。树中的其他节点都可以沿着从根开始的唯一**路径**到达，该路径是指一系列相邻连接的节点序列。树的结构通常被画成上下颠倒，根在顶部（见图 12-20）。

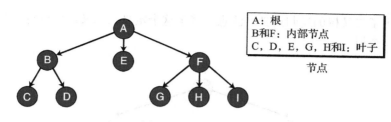

图 12-20　树的示意图

我们可以把树中的顶点分成三类：**根**、**叶子**和**内部节点**。

表 12-1 显示了每种节点允许的外出弧和进入弧的数目。

表 12-1　每种节点允许的外出弧和进入弧的数目

节点类型	进入弧	外出弧
根	0	0 或更多
叶子	1	0
内部节点	1	1 或更多

从一给定节点可以直接到达（通过一个弧）的节点称为**子节点**，从其出发子节点可以直接到达的节点称为**双亲**。具有相同双亲的节点称为**兄弟节点**。节点的子孙是指从该节点出发可以到达的所有节点，而从其出发所有的子孙都可以到达的节点称为**祖先**。树中每个节点都可能有**子树**。

每个节点的子树含有子节点中的一个和这个子节点的所有子孙。图 12-21 显示了图 12-20 中树的所有子树。

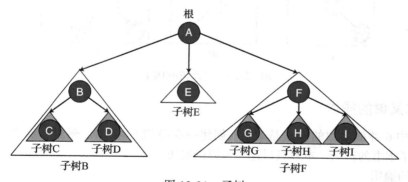

图 12-21　子树

虽然树在计算机科学中有许多应用，如索引文件等，但它们的研究超出了本书的范围。我们把树的介绍作为一种特殊的树——二叉树的前奏。

12.5.1　二叉树

二叉树是一棵树，且其中没有一个节点所含有的子树的个数超过两个。换句话说，任一节点只能有 0、1 或 2 棵子树。这些子树被描述为左子树和右子树。图 12-22 给出了一棵有两棵子树的二叉树。注意每一棵子树本身也是一棵二叉树。

二叉树的递归定义

在第 8 章中，我们介绍了算法的递归定义。我们也能递归定义一个结构或一个抽象数据类型。下面给出了二叉树的递归定义。注意，基于这个定义，二叉树可以有一个根，而每棵子树也可以有一个根。

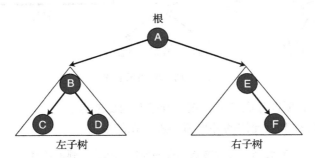

图 12-22 二叉树

二叉树是一棵空树或由一个根节点和两棵子树构成，而每棵子树也是二叉树。

图 12-23 显示了 8 棵树，第一棵是空二叉树（有时称为零二叉树）。

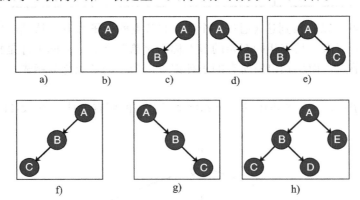

图 12-23 二叉树的例子

12.5.2 二叉树的操作

二叉树中 6 种最常用的操作是建树（创建一棵空树）、插入、删除、检索、空和遍历，前 5 种超出了本书的范围。本节只讨论二叉树的遍历。

二叉树的遍历

二叉树遍历要求按照预定的顺序处理每一个节点且仅处理一次。两种常用的遍历次序是深度优先和广度优先。

深度优先遍历

给定一棵由根、左子树、右子树构成的二叉树，我们可以定义 6 种不同的**深度优先遍历**次序。计算机科学家已经在文献中定义了其中三种的标准名称，另外三种没有名称但很容易导出。图 12-24 中给出了标准遍历。

- **前序遍历**。在**前序遍历**中，根首先被访问，接着是左子树，最后是右子树。前缀 pre 表示根在子树前面被处理。

- **中序遍历**。在**中序遍历**中，先处理左子树，然后是根，最后是右子树。前缀 in 表示根在子树之间被处理。

- **后序遍历**。在**后序遍历**中，根在左、右子树都处理完后才处理。前缀 post 表示根在子树之后被处理。

a)前序遍历　　　　　　b)中序遍历　　　　　　c)后序遍历

图 12-24　二叉树的深度优先遍历

例 12-10　　图 12-25 显示了我们使用前序遍历访问树中的每个节点。图中还显示了行走次序。在前序遍历中，当我们从左边经过一个节点时，访问该节点。节点被访问的顺序是：A、B、C、D、E、F。

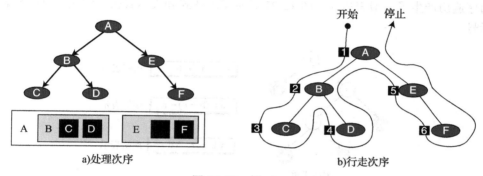

a)处理次序　　　　　　　　　　　　b)行走次序

图 12-25　例 12-10

广度优先遍历

在二叉树的**广度优先遍历**中，先处理节点的子节点，然后进行下一层。就像在深度优先遍历中一样，我们也可以用行走来跟踪遍历。

例 12-11　　图 12-26 显示了我们使用广度优先遍历访问树中的每个节点。图中还显示了行走的次序。遍历的顺序是：A、B、E、C、D、F。

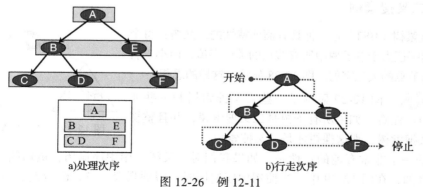

a)处理次序　　　　　　　　　　　　b)行走次序

图 12-26　例 12-11

12.5.3　二叉树的应用

二叉树在计算机科学中有许多应用，本节只介绍其中的两种：赫夫曼编码和表达式树。

1. 赫夫曼编码

赫夫曼编码是一种压缩技术，它使用二叉树来生成一个符号串的可变长度的二进制编码。我们将在第 15 章中详细讨论赫夫曼编码。

2. 表达式树

一个算术表达式可以用三种格式来表示：**中缀**、**后缀**、**前缀**。在中缀表示中，操作符是处于两个操作数中间的；在后缀表示中，操作符是处于两个操作数之后的；在前缀表示中，操作符是处于两个操作数之前的。对于两个操作数 A 和 B 的加法运算，这些格式显示如下：

前缀：+ A B　　　　　　中缀：A + B　　　　　　后缀：A B +

虽然我们在编程语言中使用中缀表示，但编译程序经常在计算表达式之前需要把它们转变为后缀表示。进行转换的一种方法就是建立**表达式树**。在表达式树中，根和内部节点是操作符，而叶子是操作数。三种标准的遍历（图 12-24 中前序、中序和后序）表示了三种不同的表达式格式：**中缀**、**后缀**、**前缀**。中序遍历产生了中缀表达式；后序遍历产生了后缀表达式；前序遍历产生了前缀表达式。图 12-27 显示了表达式和表达式树。注意只有中缀表示法需要括号。

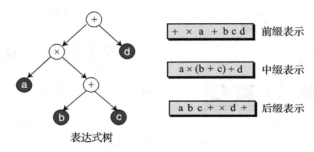

图 12-27　表达式树

12.5.4　二叉树的实现

二叉树可以使用数组或链表来实现。对于删除和插入操作，链表实现的效率要高，所以更为流行。

12.5.5　二叉搜索树

二叉搜索树（BST）是一种具有额外特性的二叉树：每个节点的关键字值大于左子树中所有节点的关键字值，而小于右子树中所有节点的关键字值。图 12-28 显示了这样的思想。

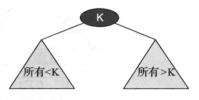

图 12-28　二叉搜索树（BST）

例 12-12　图 12-29 显示了一些二叉搜索树和一些非二叉搜索树。注意，如果所有子树是二叉搜索树，并且整棵树也是二叉搜索树，那这棵树才是二叉搜索树。

BST 的一个非常有趣的特性是：如果我们对二叉树应用中序遍历，被访问的元素以升序排列。例如，在图 12-29 中，当使用中序遍历时，得到列表：（3，6，17）、（17，19）和（3，6，14，17，19）。

二叉搜索树（BST）的中序遍历创建了一个升序列表。

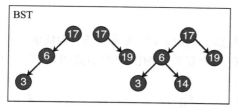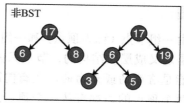

图 12-29　例 12-12

BST 的另一个有趣的特性是：我们能对二叉搜索树使用在第 8 章中使用的折半查找。图 12-30 显示了 BST 搜索的 UML 图。

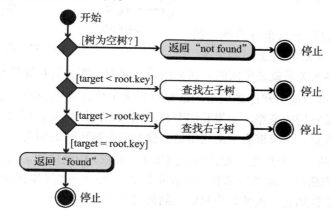

图 12-30　二叉搜索树的中序遍历

1. 二叉搜索树的抽象数据类型

二叉树的抽象数据类型与我们为具有相同操作的广义线性表所定义的抽象数据类型相似。事实上，如今 BST 表比广义线性表更为常见，因为 BST 的查找效率比广义线性表要高，广义线性表中只能使用顺序查找，而 BST 中可以使用折半查找。

2. 二叉搜索树的实现

BST 可以使用数组或链表来实现。但是，链表结构更为常见并且效率更高。线性实现使用带有两个指针的节点：左指针和右指针。左指针指向左子树，右指针指向右子树。如果左子树为空，则左指针也为空；如果右子树为空，则右指针也为空。像广义线性表的链表实现一样，BST 的链表实现也使用一个与 BST 具有相同名字的虚构节点。该虚构节点的数据部分含有关于树的信息，如树中的节点数目。指针部分指向树的根。图 12-31 显示了一棵二叉搜索树，其中每个节点的数据域是一个记录。

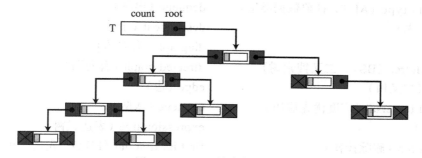

图 12-31　二叉搜索树的实现

12.6 图

图是由一组节点（称为顶点）和一组顶点间的连线（称为**边**或**弧**）构成的一种抽象数据类型。树是定义成层次结构的，节点只能有一个双亲，而图中的节点可以有一个或多个双亲。图可能是有向的或无向的。在**有向图**中，连接两个顶点的边都有从一个顶点到另一个顶点的方向（在图中用箭头表示）。在**无向图**中，边是没有方向的。图 12-32 显示了一个有向图（a）和一个无向图（b）的例子。

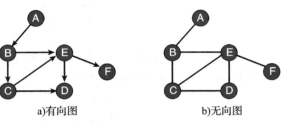

a)有向图　　　　　　b)无向图

图 12-32　图

图中的顶点可以代表对象或概念，边或弧可以代表这些对象或概念间的关系。如果图是有向的，那么关系就是单向的；如果图是无向的，那么关系就是双向的。

例 12-13　城市的地图和连接城市的道路可以表示成计算机中的一个无向图。城市是顶点，无向边是连接它们的道路。如果我们要显示出城市间的距离，可以使用加权图，其中的每条边都有一个权重，该权重表示由这条边连接的两个城市间的距离。

例 12-14　图的另一个应用是在计算机网络（第 6 章）中的应用。顶点可以代表节点或集线器，边可以代表路由。每条边都有一个权重，表示从一个集线器到相邻集线器的代价。路由器能使用图算法找到它与包的最终目的地间的最短路径。

12.7 章末材料

推荐读物

有关本章所讨论主题的更详细资料，可以参考下列书籍：

- Gilberg, R. and Forouzan, B. *Data Structures-A Pseudocode Approach with C*, Boston, MA: Course Technology, 2005
- Goodrich, M. and Tamassia, R. *Data Structures and Algorithms in Java*, New York: Wiley, 2005
- Nyhoff, L. *ADTs, Data Structures, and Problem Solving with* C++, Upper Saddle River, NJ: Prentice-Hall, 2005

关键术语

abstract data type（ADT，抽象数据类型）	dequeue（出队）
ancestor（祖先）	descendent（子孙）
arc（弧）	diagraph（有向图）
binary search tree（BST，二叉搜索树）	directed graph（有向图）
binary tree（二叉树）	edge（边）
breadth-first traversal（广度优先遍历）	enqueue（入队）
child（孩子）	expression tree（表达式树）
delete operation（删除操作）	first in, first out（FIFO，先进先出）
depth-first traversal（深度优先遍历）	front（头部）

general linear list（广义线性表）

graph（图）

Huffman coding（赫夫曼编码）

infix（中缀）

inorder traversal（中序遍历）

interface（接口）

internal node（内部节点）

last in, first out（LIFO，后进先出）

leaf（叶子）

linear list（线性表）

node（节点）

parent（双亲）

path（路径）

pop（出栈）

postfix（后缀）

postorder traversal（后序遍历）

prefix（前缀）

preorder traversal（前序遍历）

push（入栈）

queue（队列）

rear（尾部）

root（根）

sibling（兄弟）

stack（栈）

subtree（子树）

traversal（遍历）

tree（树）

undirected graph（无向图）

vertex（顶点）

小结

　　虽然多种简单数据类型在所有的编程语言中已经被实现，但是大多数语言并没有定义复杂的数据类型。抽象数据类型（ADT）是一个定义新数据类型、定义该数据类型的操作以及封装数据和操作的包。

- 栈是一种限制线性表，该列表中的添加和删除被限制在称为栈项的一端进行。如果我们把一系列数据项插入栈中，然后又移除它们，那么数据的次序就被颠倒了。这个倒排的属性就是栈被称为后进先出（LIFO）的原因。我们定义栈的 4 种基本操作：建栈、入栈、出栈和空。

- 队列是一种线性表，且数据的插入只能在称为尾部的一端进行，而数据的删除只能在称为头部的另一端进行。这种限制保证了通过队列数据被处理的次序就是数据被接收的次序。换言之，队列是一种先进先出（FIFO）结构。我们为队列定义了 4 种基本操作：建队列、入队、出队和空。广义线性表是一种像插入和删除等操作可以在表中任意位置进行的表，可以在头部、中间或尾部。我们为广义线性表定义了 6 种操作：建表、插入、删除、检索、遍历和空。

- 树包括一组有限的元素，称为节点（或顶点）。同时包括一组有限的有向线段，用来连接节点，称为弧。如果树非空，则有一个没有进入弧的节点称为根。二叉树是其中没有节点而有多于两棵子树的树。换言之，节点只能有 0 棵、1 棵或 2 棵子树。二叉树的遍历要求以预定的顺序访问树的每一个节点且仅访问一次。遍历序列的两种主要方法是深度优先和广度优先。二叉搜索树（BST）是一种具有额外特性的二叉树：每个节点的关键字值大于左子树中所有节点的关键字值，而小于右子树中所有节点的关键字值。

- 图是由一组节点（称为顶点）和一组顶点间的连线（称为边或弧）构成的一种抽象数据类型。树是定义成层次结构的，节点只能有一个双亲，而图中的节点可以有一个或多个双亲。图可能是有向的或无向的。

12.8 练习

小测验

在本书网站上提供了一套与本章相关的交互式试题。强烈建议学生在做本章练习前首先完成相关测验以检测对本章内容的理解。

复习题

Q12-1 什么是抽象数据类型？在抽象数据类型中，什么是已知的？什么是隐藏的？

Q12-2 什么是栈？本章定义的栈的 4 种基本操作是什么？

Q12-3 什么是队列？本章定义的队列的 4 种基本操作是什么？

Q12-4 什么是广义线性表？本章定义的广义线性表的 6 种基本操作是什么？

Q12-5 定义一棵树，区分树和二叉树，区分二叉树和二叉搜索树。

Q12-6 二叉树的深度优先遍历和广度优先遍历有何不同？

Q12-7 什么是图？有向图和无向图的区别是什么？

Q12-8 列出栈和队列的一些应用。

Q12-9 列出广义线性表的一些应用。

Q12-10 列出二叉树和二叉搜索树的一些应用。

练习题

P12-1 写出一个算法的片段，使用 while 循环清空栈 S2 中的内容。

P12-2 写出一个算法的片段，用一个 while 循环把栈 S1 的内容移到栈 S2。操作后栈 S1 的内容为空。

P12-3 写出一个算法的片段，用一个 while 循环把栈 S1 的内容复制给栈 S2。操作后栈 S1 和栈 S2 的内容应该相同。

P12-4 写出一个算法的片段，用一个 while 循环连接栈 S1 的与栈 S2，并且连接后栈 S2 中的元素位于栈 S1 的顶端。栈 S2 应为空。

P12-5 给出执行下列算法片段后栈 S1 的内容以及变量 x 和 y 的值。

```
stack(S1)
push(S1, 5)
push(S1, 3)
push(S1, 2)
if(not empty(S1))
{
  pop(S1, x)
}
if(not empty(S1))
{
  pop(S1, y)
}
push(S1, 6)
```

P12-6 回文是一种顺读与倒读结果一致的字符串。例如，如果忽略其中的空格，以下就是回文：

```
Able was I ere I saw Elba
```

写出一种算法，用栈来测试字符串是否是回文。

P12-7 用伪代码写出一种用来比较两个栈中内容的算法。

P12-8 用一个 while 循环来清空队列 Q 的内容。

P12-9 用一个 while 循环把队列 Q1 的内容移动到队列 Q2。操作后队列 Q1 应该为空。

P12-10　用一个 while 循环把队列 Q1 的内容复制到队列 Q2。操作后队列 Q1 和队列 Q2 的内容应该相同。

P12-11　用一个 while 循环把队列 Q2 的内容连接到队列 Q1 的内容的后面。连接后，队列 Q2 的内容应该位于队列 Q1 的尾部。队列 Q2 应该为空。

P12-12　写出用来比较两个队列的算法。

P12-13　找出下列二叉树的根：

　　　a. 后序遍历树：FCBDG　　　　b. 前序遍历树：IBCDFEN　　　　c. 后序遍历树：CBIDFGE

P12-14　一棵二叉树有 10 个节点。树的中序遍历和前序遍历如下。画出这棵树。

　　　前序：JCBADEFIGH

　　　中序：ABCEDFJGIH

P12-15　一棵二叉树有 8 个节点。中序遍历和后序遍历如下。画出这棵树。

　　　后序：FECHGDBA

　　　中序：FECABHDG

P12-16　一棵二叉树有 7 个节点。中序遍历和后序遍历如下。你能画出这棵树吗？如果不能，说明理由。

　　　后序：GFDABEC

　　　中序：ABDCEFG

P12-17　用伪代码创建抽象数据类型包，使用数组作为数据结构，实现本章为栈定义的 4 种操作。

P12-18　用伪代码创建抽象数据类型包，使用链表作为数据结构，实现本章为栈定义的 4 种操作。

P12-19　用伪代码创建抽象数据类型包，使用数组作为数据结构，实现本章为队列定义的 4 种操作。

P12-20　用伪代码创建抽象数据类型包，使用链表作为数据结构，实现本章为队列定义的 4 种操作。

P12-21　用伪代码创建抽象数据类型包，使用数组作为数据结构，实现本章为广义线性表定义的 6 种操作。

P12-22　用伪代码创建抽象数据类型包，使用链表作为数据结构，实现本章为广义线性表定义的 6 种操作。

文 件 结 构

在这一章中，我们将讨论文件的结构。基于不同的应用，使用多种方法，文件被存储在辅助存储设备中。我们还将讨论单个记录是如何被检索的。本章是下一章的前序，下一章将讨论相关文件的集合（称为*数据库*）是如何组织和存取的。

目标
通过本章的学习，学生应该能够：
- 定义两类存取方法：顺序存取和随机存取；
- 理解顺序文件的结构和它们是如何更新的；
- 理解索引文件的结构和索引文件与数据文件间的关系；
- 理解散列文件背后的概念，说出一些散列方法；
- 描述地址冲突和它们是如何解决的；
- 定义目录和它们是如何用来组织文件的；
- 区分文本文件和二进制文件。

13.1　引言

文件存储在**辅助存储设备**或**二级存储设备**中。两种最常见的二级存储设备是磁盘和磁带。文件在二级存储设备中是可读写的。文件也可以以计算机只能写不能读的形式存在。例如，在系统监视器上显示的信息，就是一种类似于发送到打印机的数据形式的文件。广义上，键盘也是文件，虽然它并不能存储数据。

按照我们的意图，文件是数据记录的集合，每一个记录都由一个或多个域组成。就像第11 章中定义的一样。

在设计一个文件时，关键问题是如何从文件中检索信息（一个特定的记录）。有时需要一个接一个地处理记录，有时又需要快速存取一个特定的记录而不用检索前面的记录。存取方法决定了怎样检索记录：*顺序的*或者*随机的*。

13.1.1　顺序存取

如果需要顺序地存取记录（一个接一个，从头到尾），则使用**顺序文件**结构。

13.1.2　随机存取

如果想存取某一特定记录而不用检索其之前的所有记录，则使用允许随机存取的文件结构。有两种文件结构都允许**随机存取**：索引文件和散列文件。文件结构的分类方法参见图 13-1。

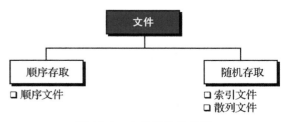

图 13-1　文件结构的分类

13.2　顺序文件

顺序文件是指记录只能按照顺序从头到尾一个接一个地进行存取。图 13-2 给出了一个顺序文件的设计。记录被一个接一个地存储到辅助存储器（磁带或磁盘）中，并在最后的记录加上 EOF（文件末尾）的标志。操作系统没有有关记录地址的信息，它只知道记录是一个挨着一个存取的。

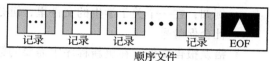

图 13-2　顺序文件

算法 13.1 显示了顺序文件中的记录是如何处理的，我们一个接一个地处理记录，当操作系统处理完最后一个记录时，检测到 EOF 标签并退出循环。

算法13.1　顺序文件中记录处理的伪代码

```
算法：SequentialFileProcessing(file)
作用：处理顺序文件中的所有记录
前提：给定在辅助存储器上的文件的开始地址
后续：无
返回：无
{
    while (Not EOF)
    {
        Read the next record from the auxiliary storage into memory
        Process the record
    }
}
```

顺序文件用于需要从头到尾存取记录的应用。例如，如果公司里每个职员个人资料存储于一个文件中，月底就可以通过**顺序存取**检索每条记录来打印工资。在这里，因为必须处理每一个记录，所以顺序存取比随机存取更简便有效。

然而，顺序文件对随机存取来说效率并不高。例如，如果一个银行的所有客户记录只能被顺序存取，那么一个客户想从自动取款机中提款，就要等到系统从头开始查找直到找到这名客户的信息。如果这个银行有 100 万个客户，系统在查到记录之前平均要检索 50 万个记录。效率是非常低的。

13.2.1　更新顺序文件

顺序文件必须定期更新，以反映信息的变化。更新过程将非常棘手，因为所有记录都要被顺序地检查和更新（必要的话）。

1. 需要更新的文件

和更新程序有关的一共有 4 个文件：新主文件、旧主文件、事务文件和错误报告文件。所有这些文件根据关键字值被分类。图 13-3 是顺序文件更新的图示。在这个图中，包含刚刚讨论过的 4 个文件。虽然我们用了磁带的符号表示文件，但是我们可以很容易用磁盘的符号表示。注意在更新完成之后，新主文件要被送到脱机存储器中去，直到再次需要为止。当文件被更新时，主文件将从脱机存储器中检索返回，成为旧主文件。

- **新主文件**。新的永久数据文件通常称为新主文件。新的主文件里包含大部分当前数据。
- **旧主文件**。它是需要更新的永久文件。即使在更新后，旧主文件作为参考将继续保留。
- **事务文件**。第三种文件是**事务文件**。它包含将要对主文件作的改变。在所有的文件更新中，一共有三种基本类型的改变。添加事务包含将要追加到主文件中的新数据。删除事务把将要从文件中删除的记录标识出来。而更改事务则包含对文件中特定记录的修改。要处理这些事务就需要键。键就是文件中一个或多个能唯一标识数据的字段。例如，在一个关于学生的文件里，键是学生的学号。在一个关于雇员的文件里，键是社会保险号。

- **错误报告文件**。在更新程序中需要的第4个文件是**错误报告文件**。更新过程中难免不出任何错误。当错误发生时，应向用户报告错误。错误报告包括在数据更新时所发现的错误的清单，并且提供给用户以进行纠错操作。下一节描述能导致错误的一些情况。

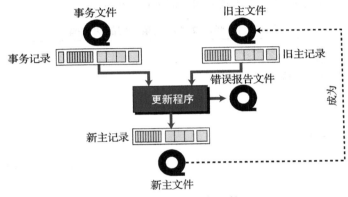

图 13-3　更新顺序文件

2. 文件更新过程

要使文件更新过程有效率，所有文件都必须按同一个键排序。更新过程如图13-4所示。

更新过程要求比较事务文件和主文件中的键，假定在没有错误发生的情况下，更新过程遵循以下步骤：

1）如果事务文件的键小于主文件的键，事务就是一个增加（A），则将事务追加到新主文件中。

2）如果事务文件的键与主文件的相同，则

a. 如果事务是修改（C），则修改主文件数据。

b. 如果事务是删除（D），则将数据从主文件中删除。

3）如果事务文件的键大于主文件的键，将旧主文件记录写入新主文件。

4）有几种情况可能产生一个错误，错误被记录在错误报告文件中：

a. 如果事务定义追加一个旧主文件中已经存在的记录（相同键值）。

b. 如果事务定义删除或修改一个旧主文件中不存在的记录。

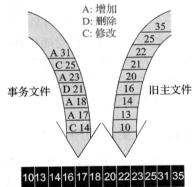

图 13-4　更新过程

13.3　索引文件

在文件中随机存取记录，需要知道记录的地址。例如，一个客户想要查询银行账户。客户和出纳员都不知道客户记录的地址。客户只能给出纳员自己的账号（键）。这里，索引文件可以把账号和记录地址关联起来（图 13-5）。

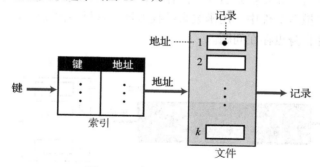

图 13-5　索引文件中的映射

索引文件由数据文件组成，它是带**索引**的顺序文件。索引本身非常小，只占两个字段：顺序文件的键和在磁盘上相应记录的地址。索引基于数据文件的关键字值排序图 13-6 给出了索引文件的逻辑视图。

存取文件中的记录需按以下步骤：

1）整个索引文件都载入内存中（文件很小，只占用很小的内存空间）。

2）搜索项目，用高效的算法（如折半查找法）查找目标键。

3）检索记录的地址。

4）按照地址，检索数据记录并返回给用户。

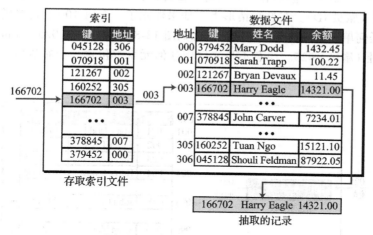

图 13-6　索引文件的逻辑视图

13.3.1　倒排文件

索引文件的好处之一就是可以有多个索引，每个索引有不同的键。例如，职员的文件可以按社会保险号或姓名来检索。这种索引文件被称为**倒排文件**。

13.4　散列文件

在索引文件中，索引将键映射到地址。**散列文件**用一个数学函数来完成映射。用户给出键，函数将键映射成地址，再传送给操作系统，这样就可检索记录了（图 13-7）。

散列文件无须额外的文件（索引）。在索引文件中，必须将文件的索引保存在磁盘上，当需要处理数据文件时，先要把索引导入内存中，搜索索引找到数据记录的地址，再访问数据文件存取记录。在散列文件中，用函数来寻找地址。这里不需要索引和随之而来的所有开销。然而，散列文件自身也存在问题。

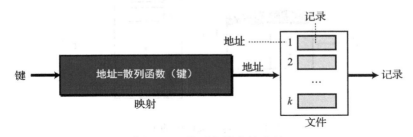

图 13-7　散列文件中的映射

13.4.1　散列方法

在键–地址映射中，可以选择多种**散列方法**中的一种。我们将讨论其中的几种。

1. 直接散列法

在**直接散列**法中，键是未经算法处理的数据文件地址。文件因此必须对每个可能的键都包含一个记录。虽然用直接散列的情况很少，但它非常有用，因为它保证没有其他方法所存在的同义词或冲突问题（本章后面介绍）。

让我们看一个小例子。假如有一个机构，雇员少于 100 名。每个雇员都被分配一个 1 到 100 之间的编号（雇员 ID）。在这种情形下，如果建立了一个有 100 个记录的文件，雇员的编号可以作为任何单独记录的地址。这个概念如图 13-8 所示。键为 025（John Carver）的记录被散列为地址（扇区）025。注意不是文件中任何元素都包含一个雇员信息，有些空间被浪费了。

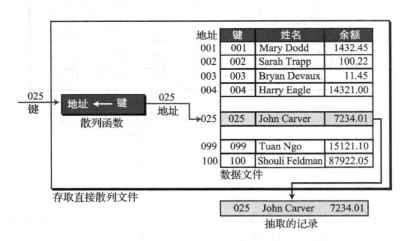

图 13-8　直接散列

虽然这是一种理想的方法，但它的应用非常有限。例如，用社会保险号作为键效率是非常低下的，因为社会保险号有 9 位。这样需要一个有 999 999 999 条记录的巨大文件，但是可能只用到不到 100 条记录。因此，让我们把注意力转到可以把大量可能的键映射为一个小的地址空间的散列技术。

2. 求模法

求模法也称为**除余散列法**，求模方法用文件大小去除键后，将余数加 1 作为地址。下面给出了一个简单散列算法，这里 list_size 是文件中元素的数目。求模运算的结果加 1 是因为我们的表始于 1 而不是 0。

```
address = key mod list_size + 1
```

虽然这个算法适用于任何列表大小，但是一个为素数的列表大小要比其他的列表大小产生更少的冲突。因此只要可能，尽量用素数作为文件的大小。

如果小公司扩大了，很快就会发现雇员不久将超过 100 名。长远起见，创建一个新的可以处理 100 万雇员的雇员编号系统。同时决定提供可以容纳 300 名雇员的数据空间。第一个大于 300 的素数是 307。因此选择 307 作为列表（文件）的大小。新的雇员列表和一些散列地址如图 13-9 所示。在这种情况下，Bryan Devaux，其键为 121267，被散列到地址 003，因为 121267 mod 307 = 2，然后再加 1，就可以得到地址 003。

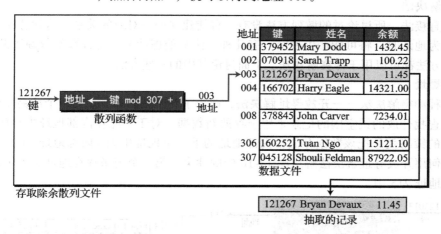

图 13-9　求模

3. 数字析取散列法

如果用**数字析取散列法**，则选择从键中析取的数字作为地址。例如，从 6 位的员工编号中析取 3 位地址（000～999），可以选择（从左数）第一、第三和第四位数作为地址。用图 13-9 中的键把它们散列为如下地址：

```
125870 → 158  122801 → 128  121267 → 112
```

4. 其他方法

还有其他流行的方法，像平方中值法、折叠法、旋转法和伪随机法。我们把这几种方法作为练习。

13.4.2　冲突

通常散列列表中键的数量比在数据文件中的记录数量要多。例如，如果你有一个包含 50 名学生的班级的文件，学生由最后 4 位社会保险号标识，这样在文件中每个元素就有 200 个可能的键（10000/50）。因为在文件中有很多键对应于一个地址。有可能多于一个的键将被散列为文件中的同一个地址。我们把列表中一些映射为同一地址的键称为**同义词**。冲突概念参见图 13-10。

在图 13-10 中，当为两个不同的记录计算地址时，得到相同的地址（214）。显然，两个记录不能储存在同一个地址之中。需要按照下一节所讨论的来解决这种情况。

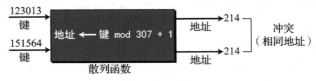

图 13-10   冲突

如果插入列表的实际数据中有两个或多个同义词，将产生冲突。**冲突**的产生是在散列算法为插入键产生地址时，发现该地址已被占用。由散列算法产生的地址称为**内部地址**。包含所有内部地址的区域称为**主区**。当两个键在内部地址上冲突时，必须将其中一个键和数据存放到主区外的另一个地址单元中来解决冲突。

冲突解决法

除了直接法，所讨论过的散列方法没有一种能建立一一对应的关系。这就意味着当新建的键散列为地址时，将可能产生冲突。有几种方法来处理冲突，每种都不依赖于散列算法。任何散列方法都可以用于**冲突解决法**。下面讨论其中的一些方法。

开放寻址

第一种冲突解决法——**开放寻址解决法**，解决了在主区的冲突。当一个冲突发生时，主区地址将查找开放的或空闲的记录来用于存放新数据。对于不能在内部地址中存放的数据，一种简单的策略就是把该数据存储在内部地址的下一个地址中去（内部地址 +1）。图 13-11 展示了如何用开放寻址解决法解决图 13-10 中的冲突。第一个记录存在地址 214 中，下一个记录存在地址 215 中。

图 13-11   开放寻址解决法

链表解决法

开放寻址的一个主要缺点是每个冲突的解决增加了将来冲突的可能性。这个弊端在另一种方法中得到了解决——**链表解决法**。在这种方法中，第一条记录存储在内部地址，但它包含了一个指向下一条记录的指针。图 13-12 展示了用此方法如何解决图 13-10 中冲突的情况。

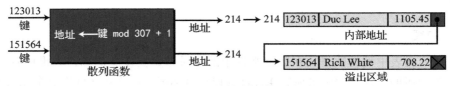

图 13-12   链表解决法

桶散列法

另一种处理冲突的方法是散列到**桶**。图 13-13 展示了如何用**桶散列法**解决图 13-10 中的冲突，桶是一能接纳多个记录的节点。这种方法的缺点是可能有很多浪费的（未占用的）存储单元。

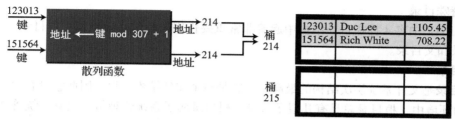

图 13-13　桶散列解决方案

组合方法

有很多方法可以用来解决冲突。正如散列方法一样，复杂的实现方法通常是组合使用多种方法。

13.5　目录

目录是大多数操作系统提供的，用来组织文件。目录完成的功能就像是档案柜中的文件夹一样。但是，在大多数操作系统中，目录被表示为含有其他文件信息的一种特殊文件类型。目录的作用不仅仅像一种索引文件，该索引文件告诉操作系统文件在辅助存储设备上的位置，目录还包含了关于它所包含的文件的其他信息，如：谁有访问文件的权限，文件被创建、存取和修改的日期。

在大多操作系统中，目录被组织成像树的抽象数据类型（ADT），这种抽象数据类型在第 12 章中讨论过，其中除根目录外每个目录都有双亲。包含在另一个目录中的目录称为包含目录的子目录。

13.5.1　UNIX 操作系统中的目录

在 UNIX 中，目录系统的组织如图 13-14 所示。

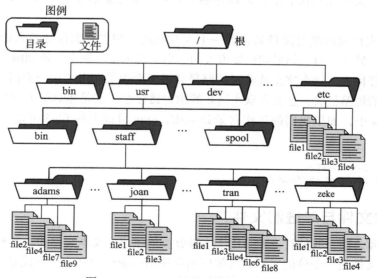

图 13-14　UNIX 目录系统的一个例子

在目录结构的顶部是一个称为根的目录。虽然它的名字是根，但在与目录有关的命令中，它被输入为正斜杠（/）。每个目录可以包含子目录和文件。

1. 特殊目录

在 UNIX 中有 4 种在目录结构中起着非常重要作用的特殊目录类型：根目录、主目录、工作目录和父目录。

根目录

根目录是文件系统层次结构的最高层。它是整个文件结构的根，因此它没有父目录。在 UNIX 的环境中，根目录总是有几层子目录。根目录属于系统管理员，只有系统管理员能修改它。

主目录

当首次登录到系统中，我们使用我们的**主目录**。这个目录包含我们在其中创建的任何文件，还可能包含个人系统文件。主目录也是个人目录结构的开始。每个用户都有一个主目录。

工作目录

工作目录（或**当前目录**）是在用户会话中在任意点我们所"在"的目录。当首次登录后，工作目录就是我们的主目录，如果有子目录，在会话中，当需要时我们总是喜欢从主目录移到一个或多个子目录中。当我们改变了目录，我们的工作目录也自动地改变了。

父目录

父目录是工作目录的直接上层目录。当我们在我们的主目录中时，它的父目录就是系统目录中的一个。

2. 路径和路径名

文件系统的每个目录和文件都必须有一个名字。如果我们仔细检查图 13-14，我们将注意到有些文件与其他目录中的文件具有相同的名字。因此，很显然为了标识它们，我们需要用比文件名多的东西。因此，为了唯一地标识一个文件，我们需要指明从根目录到文件的文件**路径**。文件路径由它的**绝对路径名**来指明，它是斜线字符（/）分隔的所有目录的列表。

一个文件或目录的绝对路径名就像一个人的地址。如果我们仅知道人的名字，并不容易找到这个人。另一方面，如果我们知道人的名字、街地址、城市、州和国家，那么我们能在世界上找到任何人。这个完全或绝对的路径名可能会很长。由于这个原因，UNIX 提供了在特定情况下的短路径名，这就是众所周知的**相对路径名**，它是相对于工作目录的路径。例如，在图 13-14 中，如果我们的工作目录是 staff，joan 目录下的 file3 可以通过相对和绝对路径名被选择：

```
相对路径名：joan/file3
绝对路径名：/usr/staff/joan/file3
```

13.6   文本文件与二进制文件

在结束本章之前，我们讨论两个用于文件分类的术语：文本文件和二进制文件。存储在存储设备上的文件是一个位的序列，可被应用程序翻译成一个文本文件或是二进制文件，如图 13-15 所示。

图 13-15   文件的文本和二进制解释

13.6.1   文本文件

文本文件是一个字符文件。在它们的内存储器格式中不能包含整数、浮点数或其他数据结构。要存储这些类型的数据，必须把它们转换成对应的字符格式。

一些文件只能用字符数据格式。值得注意的是用于键盘、监视器和打印机的文件流（像 C++ 面向对象语言中的输入 / 输出对象）。这也是为什么需要特殊的函数来格式化上述设备的输入或输出数据。

让我们来看这样一个例子，当数据（文件流）传给打印机时，打印机获得 8 位数据，解释成 1 字节。将其译码成打印机的编码系统（ASCII 或 EBCDIC），如果字符属于可打印的种类，它将被打印；否则，将执行另外的操作，如打印空白。然后，打印机将读取下一个 8 位数据，依次重复该过程直到数据流结束。

13.6.2   二进制文件

二进制文件是计算机的内部格式存储的数据集合，在这种定义中，数据可以是整型（包括其他表示成无符号整数的数据类型，例如图像、音频或视频）、浮点型或其他数据结构（除了文件）。

不像文本文件，二进制文件中的数据只有当被程序正确地解释时才有意义。如果数据是文本格式的，就用一个字节来表示一个字符。如果数据是数字格式的，则用两个或是更多字节来表示一个数据项。例如，假如个人计算机要用 2 字节来存储一个整数。当读写整数时，计算机就用 2 字节来表示。

13.7   章末材料

推荐读物

有关本章所讨论主题的更详细资料，可以参考下列书籍：

- Forouzan, B. and Gilberg, R. *Computer Science: A Structured Programming Approach Using C*, Boston, MA: Course Technology, 2007
- Forouzan, B. and Gilberg, R. *UNIX and Shell Programming*, Pacific Grove, CA: Brooks/ Cole, 2003
- Gilberg, R. and Forouzan, B. *Data Structures-A Pseudocode Approach with C*, Boston, MA: Course Technology, 2005

关键术语

absolute pathname（绝对路径名）

access method（存取方式）

auxiliary storage（辅助存储）

binary file（二进制文件）

bucket（桶）

bucket hashing（桶散列法）

collision（冲突）

collision resolution（冲突解决法）

current directory（当前目录）

data file（数据文件）

digit extraction method（数字析取散列法）

direct hashing（直接散列法）

directory（目录）

division remainder method（除余散列法）

error report file（错误报告文件）

hashed file（散列文件）

hashing method（散列方法）

home address（内部地址）

home directory（主目录）

index（索引）

indexed file（索引文件）

inverted file（倒排文件）

key（键）

linked list resolution（链表解决法）

master file（主文件）

modulo division（除余散列法）

new master file（新主文件）

old master file（旧主文件）

open addressing resolution（开放寻址解决法）

parent directory（父目录）

path（路径）

prime area（主区）

random access（随机存取）

relative pathname（相对路径）

root directory（根目录）

secondary storage device（二级存储设备）

sequential access（顺序存取）

sequential file（顺序文件）

synonym（同义词）

text file（文本文件）

transaction file（事务文件）

working directory（工作目录）

小结

- 文件是作为一个单元看待的相关数据的外部集合。文件的主要目的是存储数据。因为当计算机关机后，主存的内容将丢失，所以我们需要文件用更持久的形式存储数据。文件被存储在辅助或二级存储设备上。

- 存取的方法决定了记录如何被检索：顺序的或随机的。如果需要顺序地存取文件，那么使用顺序文件结构；如果需要存取一指定的记录而无须检索出该记录前的所有记录，那么使用随机文件结构。

- 顺序文件是一种在其中每个数据必须按顺序从头到尾一个接一个地进行存取的文件。顺序文件必须周期性地更新，以反映出信息的变化。与更新程序相关联的文件有 4 个：新主文件、旧主文件、事务文件和错误报告文件。

- 为了在文件中随机存取记录，我们需要知道记录的地址。通常有两种文件类型用于随机存取记录：索引文件和散列文件。

- 索引文件由数据文件构成，该数据文件是顺序文件且是一个索引。索引本身是一个只有两个域的非常小的文件，两个域是顺序文件的键和磁盘上相应记录的地址。索引是根据数据文件的键值排序的。在散列文件中，散列函数将键映射成记录地址。

- 散列可以采用多种方法。在直接方法中，键就是地址，不需要任何的算法操作。在求模法中，键被文件的大小除，得到的余数加上 1 就是地址。在数字析取散列法中，选择的数字是从键中被析取出来的，用作地址。

- 在散列过程中，有可能会出现多个键值散列至文件中的相同地址，这样就产生了冲突。我们讨论了几种冲突解决方法：开放寻址解决法、链表解决法和桶散列法。

- 目录是大多数操作系统都提供的用来组织文件的。目录的作用就像文件柜中的文件夹。但是，在大多数操作系统中的目录被表示成为一个包含关于其他文件的信息的特殊文件类型。

- 存储在存储设备中的文件是一个二进制位的序列，它可以被应用程序翻译成文本文件或二进制文件。文本文件是字符的文件。二进制文件是使用计算机内部格式存储的数据集合。

13.8 练习

小测验

在本书网站上提供了一套与本章相关的交互式试题。强烈建议学生在做本章练习前首先完成相关测验以检测对本章内容的理解。

复习题

Q13-1 通常文件有哪两种存取方式？

Q13-2 新主文件和旧主文件之间是什么关系？

Q13-3 在顺序文件更新时，事务文件的作用是什么？

Q13-4 描述随机文件存取的地址函数。

Q13-5 在索引文件中，索引是如何关联数据文件的？

Q13-6 在文件直接散列法中键和地址之间是什么关系？

Q13-7 在文件除余散列法中键和地址之间是什么关系？

Q13-8 在文件数字析取散列法中键和地址之间是什么关系？

Q13-9 给出三种解决冲突的方法。

Q13-10 文本文件和二进制文件之间的区别是什么？

练习题

P13-1 图 13-16 给出了旧主文件和事务文件，找出新主文件。如果有错误，创建错误报告文件。

旧主文件

Key	Name	Pay rate
14	John Wu	17.00
16	George Brown	18.00
17	Duc Lee	11.00
20	Li Nguyen	12.00
26	Ted White	23.00
31	Joanne King	27.00
45	Brue Wu	12.00
89	Mark Black	19.00
92	Betsy Yellow	14.00

事务文件

Action	Key	Name	Pay rate
A	17	Martha Kent	17.00
D	20		
C	31		28.00
D	45		
A	90	Orva Gilbert	20.00

图 13-16 练习题 1

P13-2   为表 13-1 创建索引文件。

表 13-1   练习题 2

Key	Name	Department	Key	Name	Department
123453	John A dam	CIS	077654	Eve Primary	CIS
114237	Ted White	MTH	256743	Eva Lindens	ENG
156734	Jimmy Lions	ENG	423458	Bob Bauer	ECO
093245	Sophie Grands	BUS			

P13-3   一个文件使用求模法，且除数为 41，下列键的地址分别为多少？

　　　　a. 14232　　　　　　b. 12560　　　　　　c. 13450　　　　　　d. 15341

P13-4   在平方中值散列法中，键首先平方，然后取结果的中间值作为地址。用这种方法从下列键中选择地址，用数字 3、4（从左边）。

　　　　a. 142　　　　　　b. 125　　　　　　c. 134　　　　　　d. 153

P13-5   在折叠移位散列法中，键被分成几部分，几部分相加后得到地址。用这种方法从下列键中找出地址。划分键为两位数字部分，再把它们相加得到地址。

　　　　a. 1422　　　　　　b. 1257　　　　　　c. 1349　　　　　　d. 1532

P13-6   在折叠边界散列法中，键将被划分，左边和右边将被倒转并加到地址的中间部分去得到地址。用这种方法从下列键中找出地址。划分键为两位数字部分，倒转第一和第三部分再将它们加起来获得地址。

　　　　a. 142234　　　　　　b. 125711　　　　　　c. 134914　　　　　　d. 153213

P13-7   用求模法从下列键中找到地址，文件大小为 411，如果有冲突，用开放寻址来解决。画一个图给出记录的位置。

　　　　a. 10278　　　　　　b. 08222　　　　　　c. 20553　　　　　　d. 17256

P13-8   用链表解决法在把第 7 题重做一遍。

P13-9   文件处理中的一个常见算法是合并两个按键值排序的顺序文件，产生一个新的顺序文件，也是按键值排序的。如果每个文件在结尾处都有一个虚拟的记录，该虚拟记录具有比文件中任何键值都大的唯一的键值，那么合并算法可以变得非常简单。这唯一的键值被称为哨兵。在这假想的情况下，就没有必要去检查文件的 EOF 标识。画出在这种情况下合并两文件的 UML 图。

P13-10   用伪码写出练习题 P13-9 的算法。

P13-11   如果两个文件有练习题 P13-9 所讨论的哨兵值，画出基于事务文件更新一个顺序文件的 UML 图。

P13-12   用伪码写出练习题 P13-11 的算法。

P13-13   如果在处理过程中我们能人工建立哨兵，那么练习题 P13-9 中假想的情况就可以被应用到真实的情况中（文件带有一个 EOF 标识）。画出合并两个带有 EOF 标识而不是哨兵的顺序文件的 UML 图。

P13-14   用伪码写出练习题 P13-13 的算法。

P13-15   如果两个文件使用 EOF 标识而不是哨兵，画出基于事务文件更新顺序文件的 UML 图。使用练习题 P13-13 中的概念。

P13-16   用伪码写出练习题 P13-15 的算法。

数 据 库

本章我们讨论数据库和数据库管理系统（DBMS）。我们给出数据库管理系统的三层结构，重点讲解**关系数据库**模型并举例说明其操作。接着，介绍一种在关系数据库上使用的语言（结构化查询语言）。最后，简要介绍数据库设计和其他的数据库模型。

目标

通过本章的学习，学生应该能够：

- 定义数据库和数据库管理系统，并描述 DBMS 的组成；
- 描述基于 ANSI/SPARC 定义的 DBMS 的体系结构；
- 定义三种传统的数据库模型：层次、网络和关系；
- 描述关系模型和关系；
- 理解关系数据库中的操作，这些操作在 SQL 中有相应的命令；
- 描述数据库设计的步骤；
- 说明 ERM 和 E-R 图，解释这种模型中的实体和关系；
- 说明正规化的层次和理解正则关系的基本原理；
- 列出除关系模型外其他的数据库类型。

14.1 引言

数据的存储传统上是使用单独的没有关联的文件，有时称为**平面文件**。在过去，组织中的每个应用程序都使用自己的文件。例如，在一所大学中，每个部门可能会有他们自己的文件集合，成绩记录办公室保存了关于学生信息和他们成绩的文件；经济资助办公室保存了他们自己的关于需要经济资助完成学业的学生的文件；调度办公室保存了教授的姓名和他们所教的课程；工资部门保存了他们自己的关于全体教职工（包括教授）的文件，等等。但是，现在所有这些平面文件都被组合成一个实体——一个全大学的数据库。

14.1.1 定义

虽然要给出一个广泛接受的**数据库**定义有一些困难，但我们通常使用下面的定义：

数据库是一个组织内被应用程序使用的逻辑相一致的相关数据的集合。

14.1.2 数据库的优点

与平面文件系统相比，我们可以说出数据库系统的以下几个优点。

1. 冗余较少

平面文件系统中存在着大量的冗余，例如，在关于大学的一个平面文件系统中，教授和学生的名字就保存在多个文件中。

2. 避免不一致性

如果相同的信息被存储在多个地方，那么对数据的任何修改需要在数据存储的所有地方进行。例如，一个女学生结婚了，并接受了她丈夫的姓，那么这个学生的姓需要在所有包含该学生信息的地方做修改。一不小心很容易造成数据的不一致性。

3. 效率

数据库通常比平面文件系统的效率要高得多，因为数据库中一条信息存储在更少的地方。

4. 数据完整性

数据库系统更容易维护数据的完整性（参见第 16 章），因为数据信息存储在更少的地方。

5. 机密性

如果数据是集中存放在一个地方，就更容易维护信息的机密性。

14.1.3 数据库管理系统

数据库管理系统是定义、创建和维护数据库的一种工具。DBMS 也允许用户来控制数据库中数据的存取。数据库管理系统由 5 部分构成：硬件、软件、数据、用户和规程（图 14-1）。

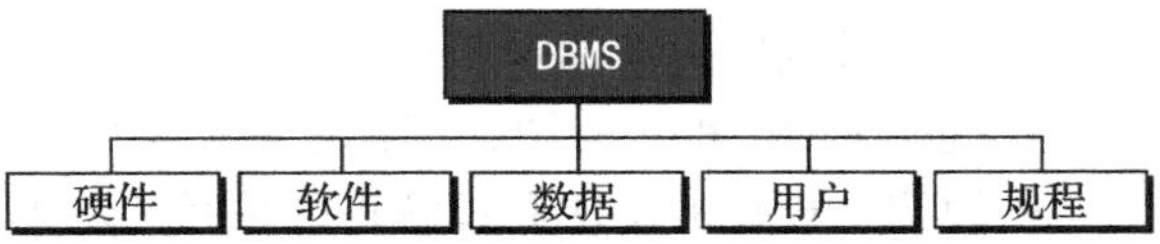

1. 硬件

硬件是指允许存取数据的实际的计算机硬件系统。例如，用户终端、硬盘、主机和工作站，都被认为是 DBMS 的硬件组成部分。

图 14-1 DBMS 组成

2. 软件

软件是指允许用户存取、维护和更新物理数据的实际程序。另外，软件工具还可以控制哪些用户可以对数据库中的哪部分数据进行存取。

3. 数据

数据库中的数据存储在物理存储设备上。在数据库中，数据是独立于软件的一个实体。这种独立使得组织可以在不改变物理数据及其存取方式的情况下，更换所应用的软件。如果组织决定使用数据库管理系统，那么该组织所需要的所有信息必须存放在一个实体中，从而便于 DBMS 中的软件存取。

4. 用户

用户这个术语在数据库管理系统中有广泛的定义。我们可以将用户分为两类：最终用户和应用程序。

最终用户

最终用户指直接从数据库中获取信息的用户。最终用户又可分为两类：数据库管理员（DBA）和普通用户。数据库管理员拥有最大的权限，可以控制其他用户以及他们对数据库的存取。数据库管理员可以将他的一些特权授予其他用户并保留随时收回特权的能力。而另一方面，普通用户只能使用部分数据库和有限的存取。

应用程序

数据库中数据的其他使用者就是**应用程序**。应用程序需要存取和处理数据。例如，工资单应用程序就要存取数据库中的数据来产生月底的工资单。

5. 规程

数据库管理系统的最后一个部分，是必须被明确定义并为数据库用户所遵循的规程或规则的集合。

14.2 数据库体系结构

美国国家标准协会/标准计划和需求委员会（ANSI/SPARC）为数据库管理系统建立了三层体系结构：内层、概念层和外层（图 14-2）。

14.2.1 内层

内层决定了数据在存储设备中的实际位置。这个层次处理低层次的数据存取方法和如何在存储设备间传输字节。换句话说，内层直接与硬件交互。

14.2.2 概念层

概念层定义数据的逻辑视图。在该层中定义了数据模式。数据库管理系统的主要功能（如查询）都在该层。数据库管理系统把数据的内部视图转化为用户所看到的外部视图。概念层是中介层，它使得用户不必与内层打交道。

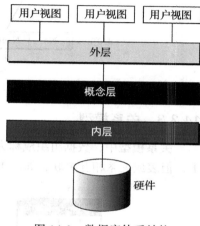

图 14-2　数据库体系结构

14.2.3 外层

外层直接与用户（最终用户或应用程序）交互。它将来自概念层的数据转化为用户所熟悉的格式和视图。

14.3 数据库模型

数据库模型定义了数据的逻辑设计，它也描述了数据的不同部分之间的联系。在数据库设计发展史中，曾使用过三种数据库模型：层次模型、网状模型和关系模型。

14.3.1 层次模型

层次模型中，数据被组织成一棵倒置的树。每一个实体可以有不同的子节点，但只能有一个父节点。层次的最顶端有一个实体，称为根。图 14-3 给出了层次模型的逻辑视图。由于层次模型已经过时，我们不再做过多的叙述。

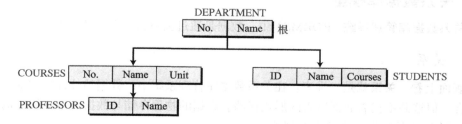

图 14-3　层次模型

14.3.2 网状模型

网状模型中，实体通过图来组织，图中的部分实体可通过多条路径来访问（图 14-4）。这里没有层次关系。由于该模型已经过时，我们也不再做过多的描述。

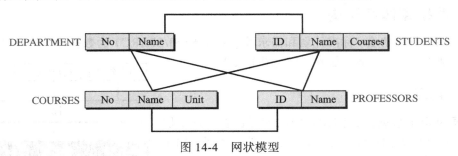

图 14-4 网状模型

14.3.3 关系模型

关系模型中，数据组织成称为关系的二维表，这里没有任何层次或网络结构强加于数据上，但表或关系相互关联，如图 14-5 所示。

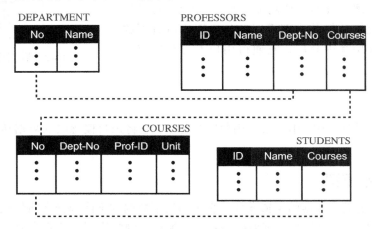

图 14-5 描述大学的关系模型示例

如今，关系模型是数据库设计中最常用的模型。我们将在本章中花费大部分篇幅去介绍它。在本章的最后一节，将简要地介绍另外两种常用的、派生于关系模型的数据库模型：分布式模型和面向对象模型。

14.4 关系数据库模型

在**关系数据库管理系统**（RDBMS）中，数据是通过关系的集合来表示的。

14.4.1 关系

从表面上看，**关系**就是二维表。在关系数据库管理系统中，数据的外部视图就是关系或表的集合，但这并不代表数据以表的形式存储。数据的物理存储与数据的逻辑组织的方式毫无关系。图 14-6 给出了一个关系的例子。

关系数据库管理系统中的关系有下列特征：

- **名称**：在关系数据库管理系统中，每一种关系都具有唯一的**名称**。
- **属性**：关系中的每一列都称为属性，**属性**在表中是列的头（图14-6）。每一个属性表示了存储在该列下的数据的含义。表中的每一列在关系范围内有唯一的名称。关系中属性的总数称为关系的度。图14-6中的关系的度为3，注意属性名并不存储在数据库中，概念层中使用属性给每一列赋予一定的意义。
- **元组**：关系中的行叫**元组**。元组定义了一组属性值。关系中元组的个数叫关系的**基数**。当增加或减少元组时，关系的基数就会改变。这就实现了动态数据库。

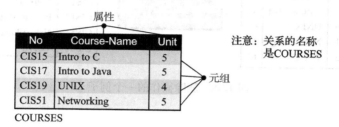

图 14-6　关系的一个例子

14.4.2 关系的操作

在关系数据库中，我们可以定义一些操作来通过已知的关系创建新的关系。本节中共定义了9种操作：插入、删除、更新、选择、投影、连接、并、交和差。我们并不抽象地讨论这些操作，而是把它们描述成在数据库查询语言SQL（结构化查询语言）中的定义。

1. 结构化查询语言

结构化查询语言是美国国标协会（ANSI）和**国际标准化组织**（ISO）用于关系数据库的标准化语言。这是一种描述性（不是过程化）的语言，这意味着使用者不需要一步步地编写详细的程序而只需声明它。结构化查询语言于1979年首次被Oracle公司实现。之后有了更多的新版本。

2. 插入

插入是**一元操作**，它应用于一个关系。其作用是在关系中插入新的元组。插入操作使用如下的格式：

```
insert into RELATION-NAME values (…,…,…)
```

values子句定义了要插入的相应元组的所有属性。例如，图14-7显示了这个操作是如何被应用于一个关系的。注意，在SQL语言中，字符串的值是要用引号括起来的，而数值就不需要。

图 14-7　插入操作的一个例子

3. 删除

删除也是一元操作。根据要求删除表中相应的元组。删除操作使用如下格式：

```
delete from RELATION-NAME where criteria
```

删除的条件是由 where 子句定义的。例如，图 14-8 显示了如何从关系课程（COURSES）中删除一个元组，注意条件是 No = "CIS19"。

图 14-8   删除操作的一个例子

4. 更新

更新也是一元操作，它应用于一个关系，用来更新元组中的部分属性值。更新操作使用如下格式：

```
update RELATION-NAME
set attribute1=value1, attribute2=value2,…
where criteria
```

要改变的属性定义在 set 子句中，更新的条件定义在 where 子句中。例如，图 14-9 显示了一个元组中的 Unit（属性）的数目是如何被更新的。

图 14-9   更新操作的一个例子

5. 选择

选择也是一元操作，它应用于一个关系并产生另外一个新关系。新关系中的元组（行）是原关系元组的子集。选择操作根据要求从原关系中选择部分元组。选择操作使用如下格式：

```
select *
from RELATION-NAME
where criteria
```

星号（*）表示所有的属性都被选择。图 14-10 给出了选择操作的一个例子。该图中给出了一个规模小的院系所提供的课程，选择操作允许用户只选择含有 5 个单元的课程。

6. 投影

投影也是一元操作，它应用于一个关系并产生另外一个新关系。新表中的属性（列）是原关系中属性的子集。投影操作所得到的新关系中的元组属性减少，但元组（行）的数量保持不变。投影操作使用如下的格式：

```
select attribute-list
from RELATION-NAME
```

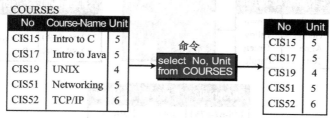

图 14-10　选择操作的一个例子

新关系的列名被显式地列出。图 14-11 给出了一个投影操作的例子，即产生仅两列的一个关系。

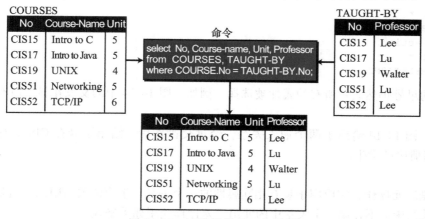

图 14-11　投影操作的一个例子

7. 连接

连接是**二元操作**，它基于共有的属性把两个关系组合起来。连接操作使用如下格式：

```
select attribute-list
from RELATION1,RELATION2
where criteria
```

属性列表是两个输入关系的属性组合。条件明确地定义了作为相同属性的属性。连接操作十分复杂并有很多变化。图 14-12 给出了关系 COURSES 和关系 TAUGHT-BY 的连接，生成了一个信息更加全面的关系，包括教授的名字。这里，共有的属性是课程号（No）。

COURSES

No	Course-Name	Unit
CIS15	Intro to C	5
CIS17	Intro to Java	5
CIS19	UNIX	4
CIS51	Networking	5
CIS52	TCP/IP	6

命令
```
select No, Course-name, Unit, Professor
from COURSES, TAUGHT-BY
where COURSE.No = TAUGHT-BY.No;
```

TAUGHT-BY

No	Professor
CIS15	Lee
CIS17	Lu
CIS19	Walter
CIS51	Lu
CIS52	Lee

No	Course-Name	Unit	Professor
CIS15	Intro to C	5	Lee
CIS17	Intro to Java	5	Lu
CIS19	UNIX	4	Walter
CIS51	Networking	5	Lu
CIS52	TCP/IP	6	Lee

图 14-12　连接操作的一个例子

8. 并

并也是二元操作，它将两个关系合并成一个新的关系。不过这里对两个关系有一个限制，即它们必须有相同的属性。并操作，类似于集合论中的定义，新关系中的每一个元组或者在第一个关系、第二个关系，或者在两个关系中皆有。并操作使用如下格式：

```
select *
from RELATION1
union
select *
from RELATION2
```

这里星号仍然代表所有属性都被选择。例如，图 14-13 给出了两个关系：左上是 CIS15 的花名册，右上是 CIS52 的花名册。结果就是一个关系，关系中列出了所有包含在 CIS15、CIS52 花名册中，或者两个花名册中都有的学生。

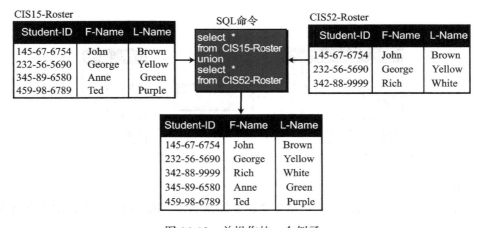

图 14-13   并操作的一个例子

9. 交

交也是二元操作，它对两个关系进行操作，创建一个新关系。和并操作一样，进行交操作的两个关系必须有相同的属性。交操作，类似于集合论中的定义，新关系中的每一个元组必须是两个原关系中共有的成员。交操作使用如下格式：

```
select *
from RELATION1
intersection
select *
from RELATION2
```

这里的星号仍然表示所有的属性被选择。例如，图 14-14 中的交操作显示所有的属性被选择。

例如，图 14-14 给出了两个输入关系，经过交操作后，给出了既在 CIS15 花名册又在 CIS52 花名册中的学生。

10. 差

差也是二元操作，它应用于具有相同属性的两个关系。生成的关系中的元组是那些存在于第一个关系中而不在第二个关系中的元组。差操作使用如下格式：

```
select *
from RELATION1
minus
select *
from RELATION2
```

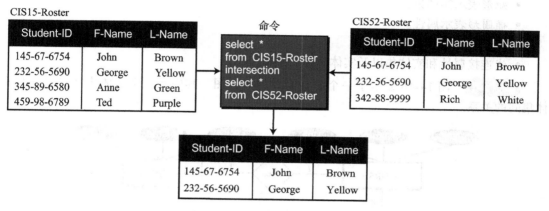

图 14-14　交操作的一个例子

这里星号仍然表示所有的属性被选择。例如，图 14-15 给出了两个输入关系，差操作的结果为那些在 CIS15 花名册而不在 CIS52 花名册中的学生。

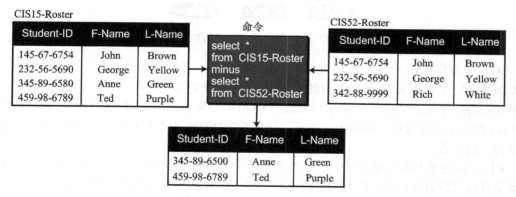

图 14-15　差操作的一个例子

11. 语句的组合

SQL 语言允许我们组合前面介绍的语言，从数据库中抽取出更复杂的信息。

14.5　数据库设计

数据库的设计是一个冗长且只能通过一步步过程来完成的任务。第一步通常涉及与数据库潜在用户的面谈（例如，在一个大学里），去收集需要存储的信息和每个部门的存取需求。第二步就是建立一个**实体关系模型**（ERM），这种模型定义了其中一些信息需要维护的实体、这些实体的属性和实体间的关系。

设计的下一步是基于使用的数据库类型的。在关系数据库中，下一步就是建立基于ERM 的关系和规范化这些关系。在这门介绍性的课程中，我们仅仅给出 ERM 和规范化的一些概念。

14.5.1　实体关系模型

在这一步，数据库设计者建立了**实体关系（E-R）图**来表示那些其信息需要保存的实体和实体间的关系。E-R 图使用了多种几何图形，但这里只使用其中的少部分：

- 矩形表示实体集。
- 椭圆形表示属性。
- 菱形表示关系集。
- 线连接属性和实体集以及实体集和关系集。

例 14-1　　图 14-16 显示了一个非常简单的 E-R 图，其中有三个实体集及其属性和实体集间的关系。

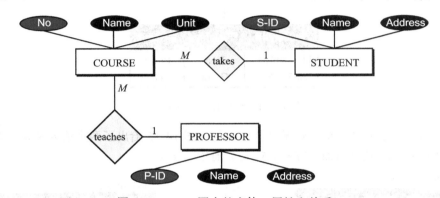

图 14-16　E-R 图中的实体、属性和关系

关系（用菱形表示的）可以是一对一、一对多、多对一和多对多。在图 14-16 中，STUDENT 集合和 COURSE 集合间的关系是一对多的关系（在图中用 1-*M* 来显示），这意味着 STUDENT 集合中的一个学生可以选修 COURSE 集合中的多门课程。如果我们把选课（takes）的关系改成被选（taken）的关系，那么 STUDENT 集合和 COURSE 集合间的关系就是多对一的关系。

图 14-16 中有些属性被隐藏了。在每个集合中都有被看作该集合的关键字的属性。注意关系集合也可以有实体的，但是为了使讨论简明，我们这里的关系并没有显示出属性。

14.5.2　从 E-R 图到关系

在 E-R 图完成后，关系数据库中的关系就能建立了。

1. 实体集上的关系

对于 E-R 图中的每个实体集，我们都创建一个关系（表），这些关系具有 *n* 个列，对应于这个集合所定义的 *n* 个属性。

例 14-2　　我们可以有三个关系（表），分别对应于图 14-16 中所定义的实体集，如图 14-17 所示。

COURSE

No	Name	Unit
⋮	⋮	⋮

STUDENT

S-ID	Name	Address
⋮	⋮	⋮

PROFESSOR

P-ID	Name	Address
⋮	⋮	⋮

图 14-17　对应于图 14-16 中实体集的关系

2. 关系集上的关系

对于 E-R 图中的每个关系集，我们都创建一个关系（表），这个关系中有一个列对应于这个关系所涉及的实体集的关键字，如果关系有属性（本例中没有），这个关系还可以有关系本身的属性对应的列。

例 14-3　图 14-16 中有两个关系集 teaches 和 takes，每一个连接两个实体集，这些关系集的关系被加到先前的实体集关系中，如图 14-18 所示。

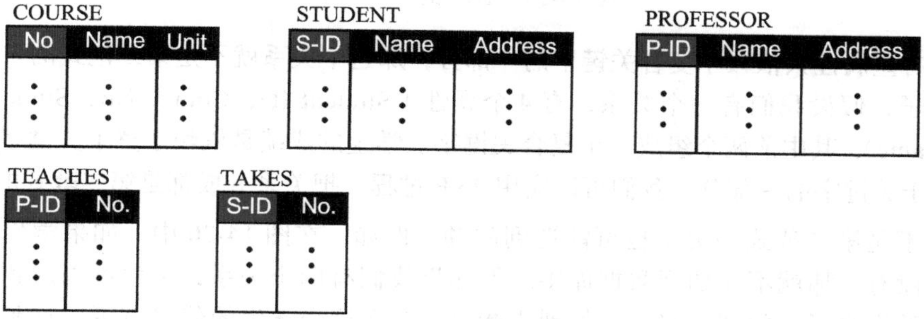

图 14-18　图 14-16 中的 E-R 图对应的关系

14.5.3　规范化

规范化是一个处理过程，通过此过程给定的一组关系转化成一组具有更坚固结构的新关系。规范化允许数据库中表示的任何关系，要允许像 SQL 这样的语言去使用由原子操作组成的恢复操作，要移除插入、删除和更新操作中的不规则，要减少当新的数据类型被加入时对数据库重建的需要。

规范化过程定义了一组层次范式（NF）。多种范式已经被提出，包括 1NF、2NF、3NF、BCNF（Boyce-Codd 范式）、4NF、PJNF（Projection/Joint 范式）和 5NF 等。这些范式（1NF 除外）的讨论涉及函数依赖性的讨论，这是一门理论的学科，超出了本书的范围，这里我们只是从兴趣出发简单地讨论其中的一些。但是，有一点要知道，那就是这些范式形成了一个层次结构，换言之，如果一个数据库中的关系是 3NF，那它首先应该是 2NF。

1. 第一范式（1NF）

当我们把实体或关系转换成表格式的关系时，可能有些关系的行或列的交集有多个值。例如，在图 14-18 的一组关系中，其中有两个关系 teaches 和 takes 就不是第一范式。一个教授可以教授多门课程，而一个学生也可以修多门课程。这两个关系可以通过重复有问题的行来进行规范化。

图 14-19 显示了关系 teaches 是如何规范化的，一个不是第一范式的关系可能会遇到许多问题。例如，如果 ID 为 8256 的教授不再教授课程 CIS15，那我们需要在关系 teaches 中删除这个教授记录的一部分，在数据库系统中，我们总是删除一整条记录，而不是一条记录的一部分。

2. 第二范式（2NF）

在每个关系中，我们需要有一个关键字（称为主键），所有其他的属性（列值）都依赖于它。例如，如果学生的 ID 给定后，就应该有可能找到学生的姓名。但是，当关系是根据 E-R 图建立时，我们可能有一些复合的关键字（两个或两个以上关键字的组合）。在这种情况下，如果每一个非关键字属性都依赖于整个复合关键字，那么这个关系就是第二范式的。

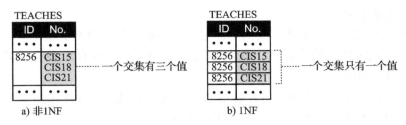

图 14-19   1NF 的一个例子

如果有些属性只依赖于复合关键字的一部分，那这个关系就不是第二范式的。作为一个简单的例子，假设我们有一个关系，有 4 个属性（Student ID，Course No，Student Grade，Student Name），其中前两个组成一个复合关键字。学生的成绩是依赖于整个关键字的，但姓名只依赖于关键字的一部分。我们可以应用 2NF 过程，把关系分成都是第二范式的两部分。

一个不是第二范式的关系也可能遇到问题。例如，在图 14-20 中，如果学生连一门课的成绩都没有，那就不能加到数据库中。但如果我们有两个关系，学生可以加到第二个关系中，当学生修了一门课，完成，得到成绩时，关于这个学生的信息就可以加到第一个关系中。

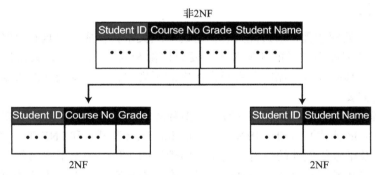

图 14-20   2NF 的一个例子

3. 其他范式

其他范式使用属性间更复杂的依赖关系。我们把这些依赖留给专门介绍数据库的书籍。

14.6   其他数据库模型

关系数据库并不是当今唯一通用的数据库模型。另两种通用模型是：分布式数据库和面向对象数据库。我们这里只简要地介绍这两种模型。

14.6.1   分布式数据库

分布式数据库模型实际上并不是一个新的模型，它是基于关系模型的。只不过，数据库中的数据存储在一些通过因特网（或一些私有的广域网）通信的计算机上。每台计算机（或者站点）拥有部分或全部数据库。换句话说，数据或者是分别存储在每个站点上或者是为每个站点所复制。

1. 不完全的分布式数据库

在**不完全的分布式数据库**中，数据是本地化的。本地使用的数据存储在相应的站点上。

但是，这并不意味着一个站点不能访问存储在其他站点的数据。访问大部分情况下是本地的，但偶尔又是全局的。虽然站点对存储的本地数据具有完全控制权，但是通过因特网或广域网，还存在一个全局的控制。

例如，一家医药公司在许多城市拥有多个站点，每个站点都有一个数据库，存储着自己的雇员信息，但是中心人事部门能控制所有的数据库。

2. 复制式的分布式数据库

在**复制式的分布式数据库**中，每个站点都有其他站点的一个完全副本。对一个站点数据的修改将会在其他站点的副本数据上重复。这样，数据库的安全性就得到了加强。如果系统的一个站点出了问题，用户可访问其他站点的数据。

14.6.2 面向对象数据库

关系数据库具有数据的特定视图，该视图基于该关系数据库的本质（元组和属性）。关系数据库中最小的数据集合就是一个元组与一个属性列的交集。但今天，很多应用程序要求以另一种形式看待数据。有些应用程序则把数据看成结构（见第 11 章），例如由域构成的记录。

面向对象数据库在试图保留关系模型优点的同时允许应用存取结构化数据。在面向对象数据库中，定义了对象和它们的关系。另外，每一个对象可以具有属性并以域的形式表达。

例如在某个组织中，可以定义对象类型，如雇员、部门和客户。雇员类可以定义一个雇员对象的属性（名、姓、社会保险号、薪水等）以及如何存取它们。部门对象可以定义部门的属性以及如何存取它们。另外，数据库还可以建立雇员与部门间的关系（一个雇员在一个部门工作）。

XML

通常用作面向对象数据的查询语言是 XML（Extensible Markup Language）。起初 XML 是用来给文本文档增加标记信息的，但它还应用于数据库查询语言。XML 能用嵌套结构表示数据。

14.7 章末材料

推荐读物

有关本章所讨论主题的更详细资料，可以参考下列书籍：

- Alagic, S. *Relational Database Technology*, New York: Springer, 1986
- Dietrich, S. *Understanding Relational Database Query Language*, Upper Saddle River, NJ: Prentice-Hall, 2001
- Elmasri, R. and Navathe, S. *Fundamentals of Database Systems*, Reading, MA: Addison-Wesley, 2006
- Mannino, M. *Database Application Development and Design*, New York: McGraw-Hill, 2001
- Ramakrishnan, R. and Gehrke, J. *Database Management Systems*, New York: McGraw-Hill, 2003
- Silberschatz, A., Korth, H. and Sudarshan, S. *Databases: System Concepts*, New York: McGraw-Hill, 2005

关键术语

application programs（应用程序）

attribute（属性）

binary operation（二元操作）

cardinality（基数）

conceptual level（概念层）

database（数据库）

database management system（DBMS，数据库管理系统）

database model（数据库模型）

delete operation（删除操作）

difference operation（差操作）

distributed database（分布式数据库）

End users（终端用户）

Entity-Relation Model（E-R，实体关系模型）

Entity-Relation(E-R) diagram（实体关系图）

external level（外层）

flat-files（平面文件）

fragmented distributed database（不完全的分布式数据库）

hierarchical model（层次模型）

insert operation（插入操作）

internal level（内层）

International Organization for Standardiz-

ation（ISO，国际标准化组织）

intersection operation（交操作）

join operation（并操作）

name（姓名）

network model（网络模型）

normal form（NF，范式）

normalization（规范化）

object-oriented database（面向对象数据库）

project operation（投影操作）

relation（关系）

relational database management system（RDB-MS，关系数据库管理系统）

relational model（关系模型）

replicated distributed database（复制式的分布式数据库）

select operation（选择操作）

Structured Query Language（SQL，结构化查询语言）

tuple（元组）

unary operation（一元操作）

union（并操作）

update operation（更新操作）

users（用户）

小结

- 数据库是逻辑上相关的数据集合，而不必是物理上的，它的各个部分在物理上可以是分开的。数据库管理系统定义、创建和维护数据库。

- 美国国家标准协会/标准计划和需求委员会建立了 DBMS 的三层体系结构：内层、概念层和外层。内层决定了数据在存储设备上的实际存储位置；概念层定义了数据的逻辑视图；外层直接与用户交互。

- 传统的三种数据模型是：层次模型、网状模型和关系模型。只有最后一种关系模型仍在使用。

- 在关系模型中，数据在一张称为关系的二维表中组织起来。关系有如下特性：姓名、属性和元组。

- 在一个关系数据库中，我们能定义几个操作，根据现有的关系建立新的关系。在结构化查询语言 SQL 的上下文中，我们提到了 9 种操作：插入、删除、更新、选择、投影、连接、并、交和差。

- 数据库的设计是一个冗长且只能通过一步步过程来完成的任务。第一步通常涉及与数据库潜在用户的面谈，收集需要存储的信息和每个部门的存取需求。第二步就是建立一个实体关系模型，这种模型定义了一些信息需要维护的实体。下一步就是建立基于ERM的关系。

- 规范化是一个处理过程，通过此过程给定的一组关系转化成一组具有更坚固结构的新关系。规范化要允许数据库中表示的任何关系，要允许像SQL这样的语言去使用由原子操作组成的恢复操作，要移除插入、删除和更新操作中的不规则，要减少当新的数据类型被加入时对数据库重建的需要。
- 关系数据库不是当今唯一的数据模型，两个其他常见模型是分布式数据库和面向对象数据库。

14.8　练习

小测验

在本书网站上提供了一套与本章相关的交互式试题。强烈建议学生在做本章练习前首先完成相关测验以检测对本章内容的理解。

复习题

Q14-1　数据库管理系统的5个必要的组成部分是什么？

Q14-2　数据库有哪三种数据库模型？哪种是目前流行的？

Q14-3　什么叫关系数据库中的关系？

Q14-4　在一个关系中，什么称为属性？什么称为元组？

Q14-5　列出关系数据库中的一些一元操作。

Q14-6　列出关系数据库中的一些二元操作。

Q14-7　什么是SQL？什么是XML？哪一个是关系数据库的查询语言？哪一个是面向对象数据库的查询语言？

练习题

图14-21应用于练习题P14-1～P14-5。

A				B			C		
A1	A2	A3		B1	B2		C1	C2	C3
1	12	100		22	214		31	401	1006
2	16	102		24	216		32	401	1025
3	16	103		27	284		33	405	1065
4	19	104		29	216				

图14-21　P14-1～P14-5中的关系

P14-1　有如图14-21所示的关系A、B、C。写出下列SQL语句的结果。

```
select *
from A
where A2=16
```

P14-2　有如图14-21所示的关系A、B、C。写出下列SQL语句的结果。

```
select A1 A2
from A
```

```
where A2=16
```

P14-3 有如图 14-21 所示的关系 A、B、C。写出下列 SQL 语句的结果。

```
select A3
from A
```

P14-4 有如图 14-21 所示的关系 A、B、C。写出下列 SQL 语句的结果。

```
select B1
from B
where B2=216
```

P14-5 有如图 14-21 所示的关系 A、B、C。写出下列 SQL 语句的结果。

```
update C
set C1=37
where C1=31
```

P14-6 用 14.3.3 节中图 14-5 中的模型，利用 SQL 语句生成一个仅含有课程号和每门课程单元的数目的关系。

P14-7 用图 14-5 中的模型，利用 SQL 语句生成一个仅含有学生 ID 和姓名的关系。

P14-8 用图 14-5 中的模型，利用 SQL 语句生成一个仅含有教授姓名的关系。

P14-9 用图 14-5 中的模型，利用 SQL 语句生成一个仅含有系名称的关系。

P14-10 用图 14-5 中的模型，利用 SQL 语句生成一个 ID=2010 的学生所上课程的关系。

P14-11 用图 14-5 中的模型，利用 SQL 语句生成一个 Blake 教授所教课程的关系。

P14-12 用图 14-5 中的模型，利用 SQL 语句生成一个包含 UNITS=3 的课程的关系。

P14-13 用图 14-5 中的模型，利用 SQL 语句生成一个仅包含选学了课程 CIS015 的学生姓名的关系。

P14-14 用图 14-5 中的模型，利用 SQL 语句生成一个包含计算机科学系的系号的关系。

P14-15 下面的关系是属于第一范式（1NF）吗？如果不是，修改该表使它符合 1NF 的标准。

A	B	C	D
1	70	65	14
2	25, 32, 71	24	12, 18
3	32	6, 11	18

P14-16 为一公共图书馆创建 E-R 图，并显示能从这个图中创建的关系略图。

P14-17 为一房地产公司创建 E-R 图，并显示能从这个图中创建的关系略图。

P14-18 为一家航空公司的三个实体 FLIGHT、AIRCRAFT 和 PILOT 建立一个 E-R 图，并显示这个公司的关系略图。

P14-19 使用参考资料或因特网查找关于第三范式（3NF）的资料，在这种范式中涉及了哪种函数依赖？

P14-20 使用参考资料或因特网查找关于 Boyce-Codd 范式（BCNF）的资料，在这种范式中涉及了哪种函数依赖？

数据压缩

近来，技术改变了我们传输和存储数据的方式。例如，光纤电缆使我们能更加快速地传输数据，DVD 技术使得在较小物理媒介上存储大量的数据成为可能。然而，如同生活的其他方面一样，人们的要求也正逐渐增加。今天，人们希望在更短的时间内下载更多的数据。同样，人们也希望能在更小的空间存储更多的数据。

压缩数据通过部分消除数据中内在的冗余来减少发送或存储的数据量。当我们产生数据的同时，冗余也就产生了。通过数据压缩，提高了数据传输和存储的效率，同时保护了数据的完整性。

目标

通过本章的学习，学生应该能够：

- 区分无损压缩和有损压缩；
- 描述游程长度编码和它是如何实现压缩的；
- 描述赫夫曼编码和它是如何实现压缩的；
- 描述 Lempel Ziv 编码以及字典在编码和译码中的作用；
- 描述压缩静止图像的 JPEG 标准背后的主要思想；
- 描述压缩视频的 MPEG 标准背后的主要思想以及它与 JPEG 间的关系；
- 描述压缩音频的 MP3 标准背后的主要思想。

15.1 引言

数据压缩意味着发送或是存储更少的位数。虽然有很多方法用于此目的，但这些方法一般可分为两类：无损压缩和有损压缩。图 15-1 给出了这两类以及每类中常用的一些方法。

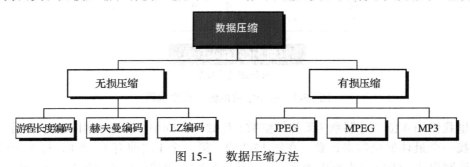

图 15-1　数据压缩方法

我们首先讨论比较简单和容易理解的无损压缩，再介绍复杂些的有损压缩。

15.2 无损压缩方法

在**无损数据压缩**中，数据的完整性是受到保护的。原始数据与压缩和解压后的数据完全一样。因为在这种压缩方法中，压缩和解压算法是完全互反的两个过程，在处理过程中没有数据丢失。冗余的数据在压缩时被移走，在解压时再被加回去。

通常这种方法在不想丢失数据时使用。例如，当压缩文档资料或应用程序时，我们当然不希望丢失其中的数据。

本节中我们将讨论三种无损压缩方法，分别为：游程长度编码、赫夫曼编码、Lempel Ziv 算法。

15.2.1 游程长度编码

游程长度编码也许是最简单的压缩方法，可以用来压缩由任何符号组成的数据。它不需要知道字符出现频率的有关知识（赫夫曼编码则需要），并且当数据中由 0 和 1 表示时十分有效。

这种算法的大致思想是将数据中连续重复出现的符号用一个字符和这个字符重复的次数来代替。例如，AAAAAAAA 可以用 A08 来代替。图 15-2 显示了这种简单压缩方法的一个示例。注意，我们使用固定位数（2 位）的数字来表示数。

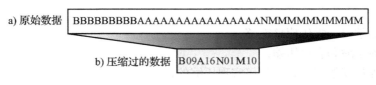

图 15-2　游程长度编码的例子

在位模式中，如果数据只用两种符号（0 和 1），并且一种符号比另一种符号使用更为频繁，那么这种压缩方法就更有效。例如，假设一段数据里面有很多的 0 而 1 很少，那么，就可以通过在发送（或存储）时只标记在两个 1 中间有多少个 0 来减少数据的位数（图 15-3）。

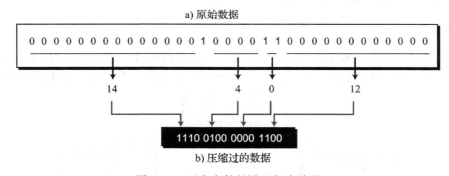

图 15-3　两个字符的游程长度编码

这里我们用 4 位二进制数（无符号整数）计数。实际中，为避免引入额外冗余，我们应该寻找一个最佳的位数来计数。在图 15-3 中，第一个 1 之前有 14 个 0，这 14 个 0 被压缩成二进制模式 1110（二进制中表示 14）。接下来的一组连续的 0 被压缩成 0100，因为有 4 个 0。后面又接着的两个连续的 1，压缩时用 0000 替代。最后数据中的 12 个 0 被压缩成 1100。

注意，用 4 位二进制压缩时，如果连续的 0 多于 15 个，它们将被分为 2 组或者更多的组。例如，连续的 25 个 0 编码为 1111 1010。现在的问题则是：接收者如何知道这是 25 个 0 而不是连续 15 个 0 后接着 1 个 1，然后再接 10 个 0？答案是，如果第一个计数是 1111，我们就默认下一个 4 位模式仍然是用于表示连续 0 的数目。而另一个问题又产生了：假如 2

个 1 之间刚好 15 个 0 时又怎么办呢？这种情况下的模式是 1111 后再紧跟 0000。

15.2.2 赫夫曼编码

在**赫夫曼编码**中，对于出现更为频繁的字符分配较短的编码，而对于出现较少的字符分配较长的编码。例如，假使有一篇文本文件只用到了 5 个字符（A，B，C，D，E）。这里为了讨论的方便只选 5 个字符，但该程序对于字符数目的多少都同样有效。

在给每个字符分配位模式前，首先根据每个字符的使用频率给它们分配相应的权值。在这个例子中，假定字符出现的频率如表 15.1 所示。字符 A 出现的频率为 17%，字符 B 出现的频率为 12%，等等。

表 15-1 字符的出现频率

字符	A	B	C	D	E
频率	17	12	12	27	32

一旦建立了各个字符的权值后，就可以根据这些值构造一棵树。构造树的过程如图 15-4 所示。它遵循以下三个基本步骤：

1）将全部字符排成一排。每个字符现在都是树的最底层节点。

2）找出权值最小的两个节点并由它们合成第三个节点，产生一棵简单的二层树。新节点的权值由最初的两个节点的权值结合而成。这个节点，在叶子节点的上一层，可以再与其他的节点结合。请记住，选择所结合的两个节点的权值和必须比其他所有可能的选择小。

3）重复步骤 2），直到各个层上的所有节点结合成为一棵树。

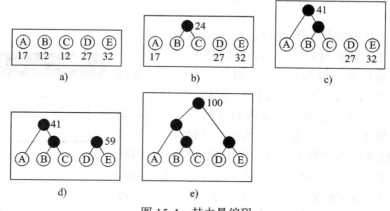

图 15-4 赫夫曼编码

树的构造完成后，利用它来给各个字符分配编码。首先，给每个分支分配 1 位。从根（顶部节点）开始，给左分支分配 0，给右分支分配 1，然后在其他各个节点重复这一模式。

一个字符的编码是这样得到的，首先从根开始，沿着分支到达字符所在的位置。该字符的编码就是所经过的路径上各分支位值的顺序排列。图 15-5 给出了最终的生成树和相对应的编码。注意我们移动了叶子节点以使整棵树更像一棵二叉树。

注意以下编码的要点。首先，出现频率高的字符（A、D 和 E）的编码要比出现频率低的字符（B 和 C）的编码短。这点可以通过比较分配给各个字符的编码适当的位长度看出。其次，在这个编码系统中，没有一个编码是其他编码的前缀。图中 2 位编码 00、10 或者

11，都不是其他两种编码（010，011）中任何一个的前缀。换句话说，不存在一个 3 位编码是以 00、10 或 11 开头的，这个特性使得赫夫曼编码是一种即时的编码。我们将会在讨论赫夫曼编码的编码和译码时解释这个问题。

1. 编码

让我们看看怎样用这 5 个字符的编码压缩文档。如图 15-6 所示是编码前后的文本。

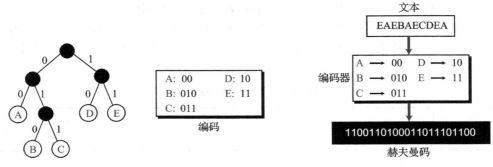

图 15-5   最终树和相对应的编码   图 15-6   赫夫曼编码

这里有两点值得注意。首先注意到，即使是这样小的不切实际的编码压缩也有其意义。如果想在不压缩成赫夫曼编码的情况下就发送这个文本，那么需要给每个字符一个 3 位编码，总共需传送 30 位，而用赫夫曼编码则只发送 22 位。

其次，我们没有在每个字符的编码中间加上分隔符。我们只是一个接一个地写代码。赫夫曼编码的好处就是没有一个编码是其他编码的前缀，这样在编码过程中没有二义性，接收方接收到数据解压缩时也不会产生二义性。

2. 译码

接收方译码十分容易。图 15-7 给出了译码的过程。当接收方收到前 2 位数的时候，它不必等收到下一个位就可以译码。它知道应该译码为 E。其原因是，这两位不是任何 3 位码前缀（没有 11 开头的 3 位码）。同样，当接收方收到下两位时（00）时，它也知道应该翻译为 A。再下两位以同样的方式翻译（11 一定是 E）。然而，当收到第 7 和第 8 位时，计算机知道需要等下一位，因为编码 01 不在编码表里。当收到下一位（0）时，它将这 3 位连在一起（010）翻译为 B。这就是赫夫曼编码称为即时码的原因。译码器可以即时明确地翻译出编码（在最小位数下）。

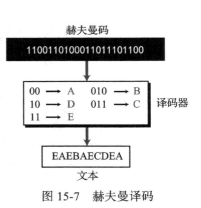

图 15-7   赫夫曼译码

15.2.3   Lempel Ziv 编码

Lempel Ziv（LZ）编码是称为**基于字典的编码**的那一类算法的一个例子它是用其发明者的名字（Abraham Lempel 和 Jacob Ziv）命名的。在通信会话的时候它将产生一个字符串字典（一个表）。如果接收和发送双方都有这样的字典，那么字符串可以由字典中的索引代替，以减少通信的数据传输量。

尽管方案看似简单，但执行起来仍然有些困难。首先，怎样为每一次通信会话产生一个字典（由于字符串的长度不定，很难找到通用的字典）？其次，接收方怎样获得发送方的字典（如果同时发送字典，就增加了额外的数据，这样，与我们压缩的目的是相悖的）？

　　一个实用的算法是 Lempel Ziv（LZ）算法，该算法是基于字典的自适应编码的思想。这种算法有不同的版本（LZ77、LZ78 等）。我们以一个实例来介绍这个算法的基本思想，但不涉及不同版本和实现的具体细节。在例子中，假设要发送的字符串如下所示，选择这个特殊的字符串是为了讨论方便。

BAABABBBAABBBBAA

　　使用 LZ 算法的简单版本，整个过程分为两个阶段：压缩字符串和解压字符串。

1. 压缩

　　这个阶段，需要同时做有两件事：建立字典索引和压缩字符串。算法从未压缩的字符串中选取最小的子字符串，这些子字符串在字典中不存在。然后将这个子字符串复制到字典（作为一个新的记录）并为它分配一个索引值。压缩时，除了最后一个字母之外，其他所有字符被字典中的索引代替。然后将索引和最后一个字母插入压缩字符串。比如 ABBB，在字典中找到 ABB 和它的索引 4，得到的压缩字符串就是 4B。图 15-8 显示了这个过程。

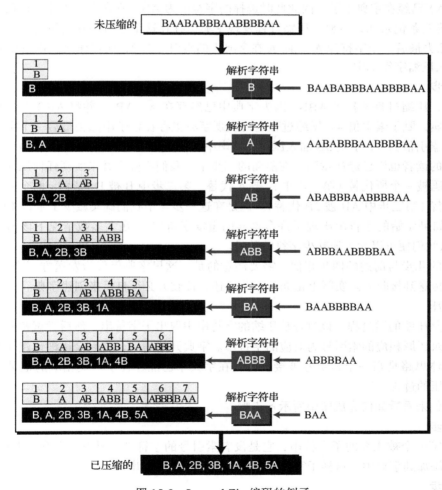

图 15-8　Lempel Ziv 编码的例子

让我们看看这里的几个步骤：

第一步

压缩过程从原始字符串中选择不在字典中的最小子字符串。因字典是空的，最小字符串是单字符（第一个字符是 B）。于是将它作为第一条记录加入字典并赋予索引值 1。这个子字符串不存在子串可以被字典中的索引取代的情况（因为它只有一个字符）。压缩过程将 B 插入压缩字符串。至此，压缩字符串仅有一个字符 B，而未压缩的字符串则由原始的字符串中减去了第一个字符。

第二步

压缩过程选择下一个不在字典中的最小子字符串。这里是 A，压缩过程将 A 作为第二条记录加入字典。这个子字符串也不存在子串可以被字典中的索引取代（它仅有一个字母）。压缩过程将 A 加入压缩字符串。至此，压缩字符串里就有了两个字母 B 和 A（在压缩字符串中，相邻的子字符串之间加逗号以示隔开）。

第三步

压缩过程继续选择下一个不在字典中的最小子字符串。此时的情况与前两步不同，下一个字符（A）已经在字典中了，因此此时选择的字符串为 AB。它在字典中并不存在，于是将 AB 作为第三条记录加入字典。压缩过程发现字典里存在这个字符串除去最后一个字符的子串（AB 除去最后一个字符为 A），而 A 在字典中的索引号为 2，所以压缩过程用 2 代替 A 并将 2B 加入压缩字符串中。

第四步

接着，压缩过程选择了 ABB（因为字典中已经存在 A、AB），并将 ABB 作为第四条记录加入字典，赋予索引值 4。压缩过程这时发现字典里存在该子串除去最后一个字符的子串（AB），其索引值为 3。于是 3B 加入压缩字符串中。

细心的读者也许已经注意到，在前面的三步中，我们实际上并未实现任何压缩。因为一个字符的码被一个所代替（第一步中 A 被 A 代替，第二步中 B 被 B 代替），两个字符被两个字符所代替（第三步中 AB 被 2B 代替）。但是在这一步当中我们确实减少了字数（ABB 变成了 3B），如果原始的字符串出现了许多这样的重复字符串，（在大多数情况下该情况确实存在），那么我们便可以大大地减少字符的数量。

剩下的几步与前述的四步相似。需要注意的是，这里字典仅仅为发送方用来寻找索引，而并没有传送到接收方。实际上正如下一节所述，接收方必须自己来创建字典。

2. 解压

解压是压缩的逆过程。该过程从压缩的字符串中取出子字符串，然后尝试按照字典中所列出的记录还原相应的索引号为对应的字符串。字典开始为空，之后会逐渐地建立起来。该过程的总体思路是当一个索引号被接收时，在字典中已经存在了与其相应的记录。图 15-9 给出了解压的过程。

让我们来看看如何完成图中所示各步骤：

第一步

检验第一个被压缩的子字符串，它是没有索引号的字符 B。因为子字符串不在字典中，因此将其添加到字典中。这样子字符串 B 被插入解压的字符串中。

第二步

检验第二个被压缩的子字符串（A），情况与上一步类似。这样解压的字符串中就有了两个字符（B、A）。字典中此时也有了两条记录。

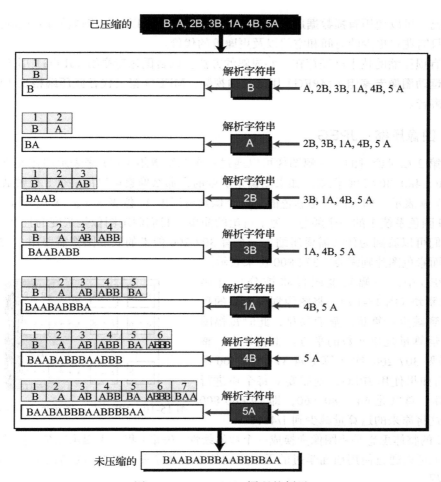

图 15-9   Lempel Ziv 译码的例子

第三步

检验第三个被压缩的子字符串（2B），查找字典，用子字符串 A 代替索引号 2。于是子字符串（AB）就被加到解压的字符串中，并将 AB 添加到字典中。

第四步

检验第四个被压缩的子字符串（3B），查找字典，用子字符串 AB 代替索引号 3。于是子字符串 ABB 就被添加到解压的字符串中，并将 ABB 添加到字典中。

剩下的三步留给读者作为练习。当然我们注意到，这里用 1 或 2 等数字作为索引号。在实际中，为提高效率，索引号是位模式的（长度是变化的）。同样我们也注意到，LZ 编码没有压缩最后一个字符（这意味着降低了压缩的效率）。LZ 编码的一个版本，叫作 Lempel Ziv Welch（LZW）编码，则将这最后的一个字符也压缩了。有关此类算法的讨论我们留给其他专业教科书。

15.3   有损压缩方法

信息的丢失无论在文本文件还是程序文件中都是不能接受的。但是在图片、视频或音频文件中是可以接受的。这是因为我们的眼睛和耳朵并不能够分辨出如此细小的差别。因此对于这些情况，可以使用**有损数据压缩**的方法。这使得我们在以每秒传送数百万位的图像和视频数据时只需花费更少的时间和空间以及更廉价的代价。

有关有损压缩的技术已经存在一些成熟的方法。**联合图像专家组**（JPEG）用来压缩图片和图像，**运动图像专家组**（MPEG）用来压缩视频，**MPEG 第三代音频压缩格式**（MP3）则用来压缩声音。

15.3.1   图像压缩：JPEG

正如第 2 章讨论过的，一幅图像可以通过一个二维数组（表）来表示图像元素（像素），例如，640×480=307 200 像素。如果图像是灰度的，那么像素可以由一个 8 位整数（256 个灰度级别）来表示，如果图像是彩色的，每个像素可以由 24 位表示（3×8 位），其中每 8 位表示 RBG 颜色系统中的一个颜色。为了讨论的简单，我们假定图像是灰度的且有 640×480 像素。我们可以看到为什么需要压缩，一个有 307 200 像素的灰度图像需要用 2 457 600 位来表示，而彩色图片则需要 7 372 800 位来表示。

在 JPEG 中，一幅灰度图像将被分成许多 8×8 的像素块（图 15-10）。将图像划分成块的目的是考虑到减少计算量。显而易见，此时每幅图像的数学运算量是单元数的平方。也就是说，整个图像需要 307 200^2 次运算（94 371 840 000 次运算）。而如果使用 JPEG，则需要对每个块进行 64^2 次运算，总共是 64^2×80×60，即 19 660 800 次运算。这将原来的运算量减少到 1/4800。

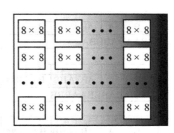

图 15-10   JPEG 灰度图示例，640×480 像素

JPEG 的整体思想是将图像变换成一个数的线性（矢量）集合来揭示冗余。这些冗余（缺乏变化的）可以通过使用前面学过的无损压缩的方法来除去。图 15-11 给出了一个简单版本的处理过程。

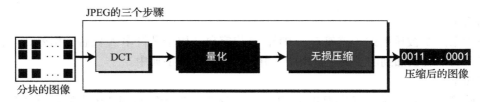

图 15-11   JPEG 处理过程

1. 离散余弦变换

在此步骤中，每个 64 像素块都要用**离散余弦变换**（DCT）进行变换。这种变换改变了 64 个值以使相邻像素之间的关系得以保持，但同时又能够揭示冗余。在附录 G 中给出了相应的公式。$P(x, y)$ 定义了每个块上的值；$T(m, n)$ 则定义了变换后的块的值。

为了理解该变换的本质，让我们研究以下三种情况变换后的结果。

情况 1

在此情况中，图像中每个块都有统一的灰度，每个像素的灰度值是 20。当进行变换后，我们得到第一个像素（左上角）的一个非零值。其余像素的结果为零。这是由于根据公式，$T(0, 0)$ 是其他值的平均值。我们称为 **DC 值**（直流，借用电气工程中的概念）。$T(m, n)$ 中其

余的值称为 **AC 值**，表示像素值的变化。因为这里没有变化，所以其他的值为 0（图 15-12）。

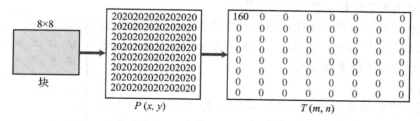

图 15-12　情况 1：统一的灰度类型

情况 2

在第二种情况中，有一个分成两种不同灰度级区域的块。像素的值有一个明显的变化（从 20 到 50）。当做变换时，得到一个 DC 值和非零 AC 值。但此时只有很少的非零值簇绕着 DC 值，其余绝大多数值都是 0（图 15-13）。

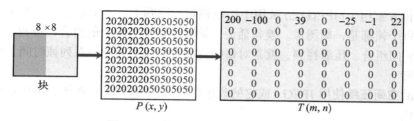

图 15-13　情况 2：两种区域灰度类型

情况 3

在第三种情况中，有一个渐变灰度的块。也就是说，相邻像素值之间没有突变。当做变换时，得到一个 DC 值和许多非零 AC 值（图 15-14）。

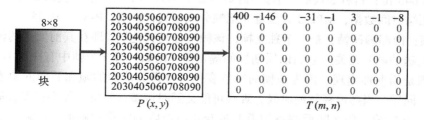

图 15-14　情况 3：渐变灰度类型

从图 15-12、图 15-13 和图 15-14，我们可以叙述如下：
- 转换从 P 表生成 T 表。
- DC 值是像素的平均值。
- AC 值显示变化。
- 邻近像素缺少变化的生成 0。

应注意，DCT 是可逆的。附录 G 同样也给出了逆变换的数学公式。

2. 量化

生成 T 表后，这些值将被量化以减少需要编码的位数。量化过程用一个常量来除位数，然后舍弃小数部分。这样可以更加减少需要编码的位数。在大多数实现方法中，通过一张量化表（8×8）定义了如何量化每个值，其中除数取决于 T 表位置上的值。这样做可以对每一个特殊的应用程序优化位数和 0 的个数。

注意在整个过程中只有量化阶段是不可逆的。在这里所失去的一些信息是不能恢复的。事实上，JPEG 之所以称为有损压缩就是因为量化过程所带来的损失。

3. 压缩

量化后，将表中的值读出并去掉多余的 0。但是，为了把 0 聚集起来，整个压缩过程以 Z 字形按对角线读取表，而不是按行或列。原因是如果图像没有很好的变化，T 表底部的右下角将全为 0。图 15-15 给出了该过程。JPEG 在压缩阶段通常使用游程长度编码来压缩从 Z 字形线性化读取的位模式。

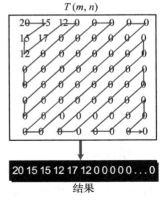

图 15-15 读取表

15.3.2 视频压缩：MPEG

运动图像专家组（MPEG）方法用于压缩视频。原则上，一个运动的图像是一系列快速帧的序列。每个帧都是一幅图像。换句话说，帧是像素在空间上的组合，视频是一幅接一幅发送的帧的时间组合。压缩视频，就是对每帧空间上的压缩和对一系列帧时间上的压缩。

空间压缩

每一帧的**空间压缩**使用 JPEG（或它的改进版）。每一帧都是一幅图，可以单独压缩。

时间压缩

在**时间压缩**中，多余的帧将被丢弃。当我们看电视时，每秒接收 30 帧。但是，大多数连续的帧几乎是一样的。例如，当一个人说话时，大部分帧除了用于表示嘴唇附近的帧的片段不断变化外，与其前面的帧几乎相同。

通过粗略的估算就可以证明视频时间压缩的需要。一个 20:1 的 JPEG 压缩图像每帧需要发送 368 640 位；每秒 30 帧，则每秒需要传送 11 059 200 位，显然我们需要减少该数量。

为了压缩时间数据，MPEG 方法首先把帧分成三类：I- 帧、P- 帧、B- 帧。

- **I- 帧：内部编码帧**，是一个独立帧，该帧与任何其他帧（即在其前发送的帧或者在其后发送的帧）无关。它们以周期性间隔出现（比如：每 9 个帧中有一个 I- 帧）。I- 帧必须是周期性出现，因为该帧的突然变化将使得其前面的帧和后面的帧不能正常显示。同样，当播放视频的时候，观众可能会随时调整接收机。如果仅仅在播放开始时有一个 I- 帧，那么随后调整频道的观众将不能收到完整的画面。I- 帧独立于其他帧之外，而且不能由其他帧构造。

- **P- 帧：预帧**，与前面的 I- 帧或 P- 帧有关联。换句话说，每个 P- 帧都从前面帧变化而来。不过变化不能覆盖大的部分。例如，对于一个快速移动的目标，新变化也许没有记录在 P- 帧中。P- 帧可以通过先前的 I- 帧或 P- 帧产生。P- 帧携带的信息比其他类型的帧少，而且压缩后会更少。

- **B- 帧：双向帧**，与前面和后续的 I- 帧或 P- 帧有关系。换句话说，每个 B- 帧都与过去和将来有关系。注意 B- 帧不会与另一个 B- 帧有关系。

图 15-16 显示了帧的样本序列以及它们是如何构造的。注意一下译码，译码过程应该在 B- 帧之前接收到 P- 帧，基于这个原因，帧发送的顺序与它们显示在接收应用中的顺序不同。帧发送顺序为：I，P，B，B，P，B，B，I。

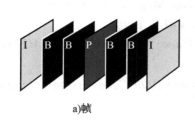

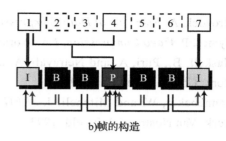

a) 帧　　　　　　　　　　　　　　b) 帧的构造

图 15-16　MPEG 帧

版本

MPEG 有很多版本。上面讨论的是与 MPEG-1 相关的，MPEG-2 是 1991 年引入的，它的能力比 MPEG-1 强，既能用作视频存储，也能用作电视广播，包括高清电视（HDTV）。MPEG 的最近的一个版本称为 MPEG-7，它叫作"多媒体内容描述接口"。MPEG-7 大部分是使用 XML 描述元数据（关于数据的数据）和对视频中所含内容的描述的标准。

15.3.3　音频压缩

音频压缩可以用来处理语音和音乐。对于语音，我们需要压缩一个 64 kHz 的数字化信号，而对于音乐我们需要压缩一个 1.411 MHz 的信号。有两类技术用来进行音频压缩：预测编码和感知编码。

1. 预测编码

在**预测编码**中，样本间的差别被编码，而不是对所有的样本值进行编码。这样压缩方法通常用在语音上。已经定义的标准有：GSM（13 kbps）、G.729（8 kbps）和 G.723.3（6.4 kbps 或 5.3 kbps）。这些技术的详细讨论超过了本书的范围。

2. 感知编码：MP3

用来创建 CD 质量音频最常用的压缩技术是基于**感知编码**技术的。这种类型的音频至少为 1.411 Mbps。所以如果没有压缩，它是不能送到因特网上去的。MP3（MPEG 第三代音频压缩格式）（MPEG 标准的一部分，在视频压缩小节中讨论过）使用的就是这种技术。

感知编码是基于心理声学的，心理声学是一门研究人类是如何感知声音的科学。想法是基于我们听觉系统的瑕疵，有些声音能够掩盖其他声音。掩盖可以发生在频率上和时间上。在**频率掩盖**中，一个频率范围的高的声音可以部分或完全掩盖另一个频率范围的低的声音。例如，在一个有高音重金属演出的房间内，我们就不能听见我们舞伴的说话声。在**时间掩盖**中，即使在高音停止后，它也可以在短时间内降低我们听觉灵敏度。

MP3 使用这两种现象（频率掩盖和时间掩盖）来压缩音频信号。该技术分析音谱并把音谱分成几个组。0 位被赋给了那些频率范围被完全掩盖的，小数值的位被赋给了那些频率范围部分被掩盖的。大数值的位被赋给了那些不被掩盖的。

MP3 有三种速率：96 kbps、128 kbps 和 160 kbps。速率是基于原始模拟音频的频率范围的。

15.4　章末材料

推荐读物

有关本章所讨论主题的更详细资料，可以参考下列书籍：

- Drozdek, A. *Elements of Data Compression*, Boston, MA: Course Technology, 2001
- Symes, P. *Video Compression*, New York: McGraw-Hill, 1998
- Haskell, B., Puri, A. and Netravali, A. *Digital Video: An Introduction to MPEG2*, New York: Chapman and Hall, 1997
- Pennebaker, W. and Mitchell, J. *JPEG Still Image Data Compression Standard*, New York: Van Nostrand Reinhold, 1993

关键术语

AC value（AC 值）

bidirectioinal frame（B-frame，双向帧）

data compression（数据压缩）

DC value（DC 值）

dictionary-based encoding（基于字典的编码）

discrete cosine transform（DCT，离散余弦变换）

frequency masking（频率掩盖）

Huffman coding（赫夫曼编码）

intracoded frame（I-frame，内部编码帧）

Joint Photographic Experts Group（JPEG，联合图像专家组）

Lempel Ziv encoding（Lempel Ziv（LZ）编码）

Lempel Ziv Welch encoding（Lempel Ziv

Welch（LZW）编码）

lossless data compression（无损压缩）

lossy data compression（有损压缩）

Moving Picture Experts Group（MPEG，运动图像专家组）

MPEG audio layer 3（MP3，MPEG 第三代音频压缩格式）

perceptual encoding（感知编码）

predicted frame（P-frame，预帧）

predictive encoding（预测编码）

run-length encoding（游程长度编码）

spatial compression（空间压缩）

temporal compression（时间压缩）

temporal masking（时间掩盖）

小结

- 数据压缩方法分为无损压缩（所有信息都可恢复）和有损压缩（部分信息丢失）。
- 在无损压缩方法中，接收的数据是发送数据的完全复制。三种无损压缩方法分别是游程长度编码、赫夫曼编码和 LZ 编码。
- 在游程长度编码中，重复出现的符号被该符号和表示该符号重复的数字所替换。
- 在赫夫曼编码中，编码的长度是符号频率的函数；出现频率越高的符号相对于出现频率较低的符号编码长度越短。
- 在 LZ 编码中，重复的字符串或字以变量形式保存。字符串或字用变量的索引号代替。LZ 编码在接收方和发送方都需要一个字典和一个算法。
- 在有损压缩中，接收的数据并不需要是所发送数据的完全复制。本章讨论的三种有损压缩方法分别是 JPEG、MPEG 和 MP3。
- 联合图像专家组（JPEG）是一种用来压缩图形和图像的方法。JPEG 过程包括划分块、离散余弦变换、量化以及无损压缩。
- 运动图像专家组（MPEG）是一种用来压缩视频的方法。MPEG 包括空间和时间压缩。前者和 JPEG 相似，后者则去掉了多余的帧。
- MPEG 第三代音频压缩格式（MP3）是 MPEG 标准的一部分。MP3 使用感知编码技术压缩 CD 质量音频。

15.5 练习

小测验

在本书网站上提供了一套与本章相关的交互式试题。强烈建议学生在做本章练习前首先完成相关测验以检测对本章内容的理解。

复习题

Q15-1 数据压缩方法有哪两种类别？

Q15-2 无损压缩和有损压缩有什么不同？

Q15-3 什么是游程长度编码？

Q15-4 LZ 编码方法是怎样减少需要传输的位的数量的？

Q15-5 什么是赫夫曼编码？

Q15-6 字典在 LZ 编码中担当什么角色？

Q15-7 相对于赫夫曼编码，LZ 编码的优点是什么？

Q15-8 有损压缩的三种方法是什么？

Q15-9 什么时候用 JPEG 格式，什么时候用 MPEG 格式？

Q15-10 JPEG 和 MPEG 有什么关系？

Q15-11 在 JPEG 格式中分块有什么作用？

Q15-12 在 JPEG 格式中为什么需要离散余弦变换？

Q15-13 量化对于数据压缩有何贡献？

Q15-14 在 MPEG 压缩中什么是帧？

Q15-15 相对于时间压缩而言空间压缩是什么？

Q15-16 讨论 MPEG 格式中三种不同类型的帧。

练习题

P15-1 对下面的位模式使用游程长度编码方式进行编码，编码长度为 5 位。

18 个 0、11、56 个 0、1、15 个 0、11

P15-2 对下面的位模式使用游程长度编码方式进行编码，编码长度为 5 位。

1、8 个 0、1、45 个 0、11

P15-3 对下面给定频率的字符进行赫夫曼编码。

A（12）、B（8）、C（9）、D（20）、E（31）、F（14）、G（8）

P15-4 对下面字符使用赫夫曼编码，每一个字符有相同的频率（1）。

A、B、C、D、E、F、G、H、I、J

P15-5 下面是赫夫曼编码吗？请解释。

A：0 B：10 C：11

P15-6 下面是赫夫曼编码吗？请解释。

A：0 B：1 C：00 D：01 E：10 F：11

P15-7 对字符串 BAABBBBAACAA 使用下面的赫夫曼编码进行编码。

A：0 B：10 C：11

P15-8 使用下面的赫夫曼编码对 0101000011110 进行译码。

A：0 B：10 C：11

P15-9 使用 Lempel Ziv 方法对信息 BAABBBBAACAA 进行编码，然后对编码消息进行译码，得到源码。

P15-10 如果字典包含 ABB，使用 Lempel Ziv 方法对字符串 AAAABBCCCBBB（消息的一部分）进行编码，并显示字典的最终内容。

P15-11 DCT 的求值需要大量的计算，通常是由计算机程序来进行的，不用 DCT 而使用下列规则转换一个 2×2 的表：

$T(0, 0) = (1/16)[P(0, 0) + P(0, 1) + P(1, 0) + P(1, 1)]$

$T(0, 1) = (1/16)[0.95P(0, 0) + 0.9P(0, 1) + 0.85P(1, 0) + 0.80P(1, 1)]$

$T(1, 0) = (1/16)[0.90P(0, 0) + 0.85P(0, 1) + 0.80P(1, 0) + 0.75P(1, 1)]$

$T(1, 1) = (1/16)[0.85P(0, 0) + 0.80P(0, 1) + 0.75P(1, 0) + 0.70P(1, 1)]$

如果 $P(0, 0)=64$，$P(0, 1)=32$，$P(1, 0)=128$，$P(1, 1)=148$，求 $T(0, 0)$、$T(0, 1)$、$T(1, 0)$ 和 $T(1, 1)$。

安　全

安全这个话题很宽泛并且包括数学中的某些特定领域，比如数论。本章尝试简单地介绍这一话题，并为深入学习准备背景知识。

目标

通过本章的学习，学生应该能够：

- 定义安全目标：机密性、完整性、可用性；
- 区分对称密钥密码和非对称密钥密码以及它们可以达到的机密性程度；
- 描述安全的其他领域：消息完整性、消息验证、数字签名、实体验证和密钥管理；
- 理解防火墙在防止有害消息到达一个系统中的作用。

16.1　引言

我们生活在信息时代，需要保存生活中各方面的信息。换句话说，信息是一种有价值的资产，就像其他资产一样。作为一种资产，信息需要保护，免受攻击。为了安全，信息需要避开未授权的使用（机密性），保护信息不受到未授权的篡改（完整性），并且对于得到授权的实体来说是需要时可用的（可用性）。

在过去 30 年间，计算机网络已经在信息的使用上创造了一场革命。现在的信息是分散的。被授权的人可以通过计算机网络远距离地发送和检索信息。虽然以上提到的三个要求——机密性、完整性和可用性没有改变，但它们现在包括了一些新的内容。信息不仅仅应该在存储时保密，在它从一台计算机传输到另一台计算机时也是有办法保持机密性的。

这一节中，我们先讨论信息安全的三个主要目标，然后将探索攻击是如何威胁这三个目标的。然后我们将讨论和这些**安全目标**有关的安全服务，最后我们将定义两个实现安全目标并且防止攻击的技术。

16.1.1　安全目标

我们将首先讨论三个安全目标：机密性、完整性和可用性。

1. 机密性

机密性也许是信息安全中最通常的方面。我们需要保护机密信息，需要一个组织来看护这些信息，以防那些危及信息机密性的恶意行为。机密性不仅仅适用于信息的存储，在信息的传输中它也得到了应用。当我们将一小段信息发送并存储至远程计算机或从远程计算机上检索一段信息时，需要在传输时对该信息进行隐藏。

2. 完整性

信息需要不停地变化。在一个银行中，当一个客户存钱或取钱时，他的账户余额需要改变。**完整性**的意思是变化只应该由授权的实体通过授权的机制来完成。完整性冲突不一定是由于恶意行为造成的，它也可能是系统中断（例如短路）造成的对信息的一些不希望的改动。

3. 可用性

信息安全的第三个部分是**可用性**。一个组织创建和存储的信息对授权实体来说应该是可用的。如果信息是不可用的，那它就是无用的。信息需要时常改变，这就意味着它必须对那些被授予访问权限的实体是可以访问的。信息的不可用性对组织是有害的，就像缺乏信息的机密性和完整性一样。想象一下，如果客户交易时不能访问他们的账户，这时银行会发生什么。

16.1.2 攻击

三个安全目标（机密性、完整性和可用性）会受到安全攻击的威胁。虽然文献中可能采用不同的方法来对攻击进行分类，但我们在这里将它们按照安全目标分为三类。图 16-1 显示了该分类。

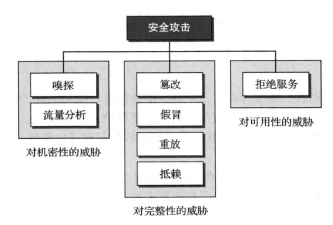

图 16-1　与安全目标有关的攻击分类

1. 威胁机密性的攻击

通常有两种攻击威胁到信息的机密性：**嗅探和流量分析**。

嗅探

嗅探是指对数据的非授权访问或侦听。例如，一个通过因特网传输的文件可能含有机密的信息，一个非授权的实体可能侦听到传输，并为了自己的利益使用其中的内容。为了防止嗅探，可以使用我们下面要讨论的加密技术，以使得数据对侦听者来说难以理解。

流量分析

虽然通过加密技术我们可以使得数据对侦听者来说难以理解，但他们仍然可以通过在线流量监控收集其他类型的信息。例如，他们能找到发送者或接收者的电子地址（如电子邮件地址），收集多对请求和响应，帮助猜测交易的本质。

2. 威胁完整性的攻击

数据的完整性会受到多种攻击的威胁：篡改、假冒、重放和抵赖。

篡改

侦听或访问信息后，攻击者篡改信息，使得信息有利于他们。例如，一个客户可能向银行发送一消息去完成一些交易。攻击者侦听到信息，并为了自己的利益篡改了交易的类型。注意，有时攻击者可能仅仅是删除或延迟了这个消息来危害这个系统或者使他们自己受益。

假冒

当攻击者冒充其他人时，**假冒**或哄骗就发生了。例如，一个攻击者可能盗窃银行卡和银行客户的 PIN 而假装是这个客户。有时攻击者则假冒接收实体。比如，一个用户尝试联系一家银行，但是另一个站点伪装成银行网站并从用户那里得到了一些信息。

重放

重放是另一种类型的攻击。攻击者得到用户发送的消息的副本，过后设法重放它。例如，一个客户向他的银行发送了一条给攻击者付款的请求，攻击者侦听到这个消息，再次发送这条消息，想从银行得到另一次付款。

抵赖

抵赖是一种不同于其他类型的攻击，因为它是由通信双方中的一个来进行的：发送者或接收者。消息的发送者后来可能抵赖他发送了消息；消息的接收者后来也可能抵赖他接收到消息。一个发送者抵赖的例子可能如，一个银行客户要求银行给第三方送钱，但后来他否认自己做过这样的请求。一个接收者抵赖的例子可能如，某人向一制造商购买产品，并电子付款，但制造商后来否认已经收到付款而要求再付。

3. 威胁可用性的攻击

我们在这里只讨论一种威胁可用性的攻击：拒绝服务。

拒绝服务

拒绝服务（DoS）攻击是很常见的，它可能减慢或完全中断系统的服务。攻击者能使用几种策略取得这样的效果。他们可能通过发送大量虚假请求使系统变得非常忙碌而崩溃，或他们可能侦听并删除服务器对客户端的响应，使客户端相信服务器未响应。攻击者也通过侦听客户端的请求，使得客户端多次发送请求导致系统变得非常忙碌。

16.1.3　服务和技术

为了达到安全目标和防止受到安全攻击，ITU-T 定义了一些安全服务的标准。这些服务中的每一个都是为了在维护安全目标时防止一个或多个攻击而设计的。实际完成安全目标需要一些技术手段，现今流行两种技术：一种是非常普通的密码术；一种是特殊的隐写术。

1. 密码术

有些安全服务可以使用密码术来实现。**密码术**（希腊起源的单词）意思是"秘密书写"。但是，我们使用这个词是指为使消息安全并对攻击免疫而进行转换的科学和艺术。虽然在过去密码术只是指使用密钥进行消息的**加密**和**解密**，但如今它被定义成三种不同的机制：对称密钥密码、非对称密钥密码和散列。本章稍后会讨论这三种机制。

2. 隐写术

虽然本章和接下来的部分以密码术作为实现安全机制的一种技术，但另一种过去用于秘密通信的技术现在正在复苏，它就是隐写术。单词**隐写术**（起源于希腊语）意思是"掩饰书写"，而对应的密码术的意思是"秘密书写"。密码术就是通过加密把消息中的内容隐藏起来；而**隐写术**是通过在消息上覆盖其他内容而隐藏消息。隐写术的具体内容将留给该话题的其他书籍讨论。

16.2　机密性

现在我们来看第一个安全目标，机密性。机密性可以通过使用密码达到。**密码术**可以分成两大类：对称密钥密码术和非对称密钥密码术。

16.2.1 对称密钥密码术

对称密钥密码术使用了同一个密钥进行加密和解密，并且这个密钥可以用来进行双向通信，这就是为什么它被称为对称的。图 16-2 显示了对称密钥密码术的基本思想。

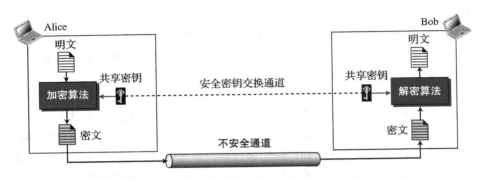

图 16-2　对称密钥密码术的基本思想

对称密钥密码术也称为保密密钥密码术。

在图 16-2 中，Alice 通过一个不安全的通道向 Bob 发送一则消息，假设一个敌手 Eve 在通道上简单地偷听，但她不能理解消息的内容。

从 Alice 到 Bob 的原始消息称为明文，而通过通道发送的消息称为**密文**。为了从明文创建密文，Alice 使用了一个**加密算法**和一个共享密钥。

为了从密文创建明文，Bob 使用了一个**解密算法**和一个相同的密钥。我们把加密和解密算法称为**密码**。**密钥**是密码（一个算法）操作中的一组值（数字）。

注意，对称密钥加密对加密和解密使用一个密钥（密钥本身可以是一串数值）。此外，加密算法和解密算法是互逆的。如果 P 为明文，C 是密文，K 是密钥，加密算法 $E_K(x)$ 从明文建立了密文，而解密算法 $D_K(x)$ 从密文建立了明文。我们推断 $E_K(x)$ 和 $D_K(x)$ 是互逆的：如果对一个输入依次施加 $E_K(x)$ 和 $D_K(x)$，它们的作用会相互抵消。我们有：

$$加密：C = E_K(P) \qquad 解密：P = D_K(C)$$

在这里，$D_K(E_K(x)) = E_K(D_K(x)) = x$。需要强调的是，最好可以将加密和解密算法公开但是把共享密钥保密。这意味着 Alice 和 Bob 需要另外一个（安全的）通道来交换密钥。Alice 和 Bob 可能会面，亲自交换密钥，这里的安全通道就是面对面交换密钥。他们也可以相信第三方给他们的相同的密钥，或者他们可以使用另外一种密码（非对称密码，我们后面会谈到）来建立临时的密钥。

加密可以看作把消息锁进箱子，而解密可以看成打开箱子。在对称密钥加密中，用相同的密钥来锁和打开"箱子"，如图 16-3 所示。在下一节中我们会看到非对称密钥加密需要两个密钥，一个用于上锁而另一个则用于开锁。

图 16-3　对称密钥加密可以看作用相同的密钥上锁和开锁

我们可以把对称密钥密码分成两大类：传统对称密钥密码和现代对称密钥密码。传统密码很简单，面向字符的密码对现在的标准而言是不安全的。另一方面，现代密码是更为安全的复杂的面向位的密码。我们将简单讨论传统密码为讨论更复杂的现代密码做铺垫。

1. 传统对称密钥密码

传统密码属于过去。然而，因为它们被视为现代密码的构成要素，所以我们在这里对其进行简要讨论。更确切地说，我们把传统密码分为替换密码和移位密码。

替换密码

替换密码用一个符号替换另一个符号。如果在明文中的符号是字母表的字符，我们用另一个字符来代替。例如，我们能用字母 D 代替字母 A，用字母 Z 代替字母 T。如果符号是数字（0～9），我们能用 7 代替 3，用 6 代替 2。

替换密码就是用一个符号替代另一个符号。

替换密码主要可以分成单字母密码和多字母密码。

单字母密码

在**单字母密码**中，明文中相同的字符（或符号）在密文中用相同的字符（或符号）替换，与该字符在明文中的位置无关。例如，如果算法定义将明文中所有的字母 A 都替代成为字母 D，那么所有的字母 A 都将换成字母 D。换句话说，明文和密文中的字符关系是一一对应的。

最简单的单字母密码就是**加法密码**（或者**移位密码**）。假设明文由小写字母（a～z）构成，密文中包括大写字母（A～Z），为了使数学的计算操作可以施加在明文和密文上，我们向每一个字母（无论大小写）都进行赋值，如图 16-4 所示。

图 16-4　模 26 中明文和密文字符的表示

在图 16-4 中，每一个字母（无论大小写）都赋予了一个模 26 中的整数。Alice 和 Bob 之间的密钥也是模 26 中的一个整数。加密算法将密钥加上明文字符，解密算法从密文字符上减去密钥得到明文。所有操作都在模 26 中完成。

在加法密码中，明文、密文和密钥都是模 26 中的整数。

历史上，加法密码也被称为移位密码，原因是加密算法可以解释成"向下移位 *key* 个字符"，而解密算法可以解释成"向上移位 *key* 个字符"。尤利乌斯·恺撒（Julius Caesar）与他的军官是使用密钥为 3 的加法密码进行通信的。正是由于这个原因，加法密码有时也称为**恺撒密码**。

例 16-1　使用密钥为 15 的加法密码加密消息"hello"。

解　我们对明文一个字符一个字符地使用加密算法：

明文：h → 07　　　　加密：(07+15) mod 26　　　　密文：22 → W
明文：e → 04　　　　加密：(04+15) mod 26　　　　密文：19 → T
明文：l → 11　　　　加密：(11+15) mod 26　　　　密文：00 → A

明文：1 → 11	加密：(11+15) mod 26	密文：00 → A	
明文：o → 14	加密：(14+15) mod 26	密文：03 → D	

因此密文是"WTAAD"。注意，这个密码是单字母的，因为实例中两个相同的明文字符(1)加密成了相同的字符(A)。

例 16-2 使用密钥为 15 的加法密码解密消息"WTAAD"。

解 我们对密文一个字符一个字符地使用解密算法：

密文：W → 22	解密：(22 → 15) mod 26	明文：07 → h
密文：T → 19	解密：(19 → 15) mod 26	明文：04 → e
密文：A → 00	解密：(00 ～ 15) mod 26	明文：11 → l
密文：A → 00	解密：(00 → 15) mod 26	明文：11 → l
密文：D → 03	解密：(03 → 15) mod 26	明文：14 → o

因此明文是"hello"。注意，这些过程是在模 26 中完成的，所以我们需要向一个负值上加 26(例如，−15 变成 11)。

多字母密码

在**多字母密码**中，字符的每一次出现都使用不同的替换码。明文中字符和密文中字符的关系是一对多，例如，"a"既可以在文本开头加密成"D"，也可以在中间加密成"N"。多字母密码具有可以隐藏原有语言的字母频率的作用，即使通过单字母频率统计都无法破解密文。

为了创造一个多字母密码，我们对每一个密文字符的确定都不仅取决于相对应的明文字符，还与该明文字符在原来文本中的位置有关。这意味着我们的密钥应该是子密钥流，这个子密钥流中的每一个子密钥都在某种程度上取决于使用该子密钥进行加密的明文字符的位置。换句话说，我们需要有一个密钥流 $k=(k_1, k_2, k_3, \cdots)$，在这里 k_i 用来对明文中第 i 项的字符加密并创建密文中的第 i 项字符。

为了更好地解释密钥的位置依赖性，我们先讨论一个叫作自动密钥密码的简单多字母密码。在这个密码中，密钥是一个子密钥流，在这个子密钥流中的每一个子密钥都用来对明文文本中的对应字符进行加密。第一个子密钥是 Alice 和 Bob 事先同意并秘密设定的值，第二个子密钥是明文中第一个字符的值(在 0～25 之间)。第三个子密钥是第二个明文字符的值，以此类推。

$$P=P_1P_2P_3 \cdots \qquad C=C_1C_2C_3 \cdots \qquad k=(k_1, P_1, P_1, \cdots)$$
$$\text{加密：} C_i=(P_i + K_i) \bmod 26 \qquad \text{解密：} P_i=(C_i-k_i) \bmod 26$$

这种密码的名字"自动密钥密码"说明了这些子密钥都是在加密过程中通过明文密码字符自动创建的。

例 16-3 假设 Alice 和 Bob 同意使用一个初始密钥值为 $k_1=12$ 的自动密钥密码，现在 Alice 想发一条叫作"Attack is today"的消息。加密的过程是一个字符接着一个字符进行的，明文中的每一个字符先替换成代表它的整数值。第一个密钥和第一个明文字符的整数值相加以得到第一个密文字符，剩下的密钥在阅读明文字符时产生。注意，由于明文中出现的 3 个"a"和 3 个"t"都是通过不同方式加密的，所以这个密码是多字母密码。

明文	a	t	t	a	c	k	i	s	t	o	d	a	y
P 的值	00	19	19	00	02	10	08	18	19	14	03	00	24
密钥流	**12**	00	19	19	00	02	10	08	18	19	14	03	00

C 的值	12	19	12	19	02	12	18	00	11	7	17	03	24
密文	M	T	M	T	C	M	S	A	L	H	R	D	Y

移位密码

移位密码不是用一个符号代替另一个符号，而是改变符号的位置。明文第一个位置上的符号可能出现在密文的第十个位置上，而明文第八个位置上的符号可能出现在密文的第一个位置上。换言之，移位密码就是符号的重新排序。

移位密码就是符号重新排序。

假设 Alice 需要向 Bob 发送消息"Enemy attacks tonight"。加密和解密的过程见图 16-5。注意，我们在消息的末尾加上一个额外的字符（z）这样字符个数就是 5 的倍数。

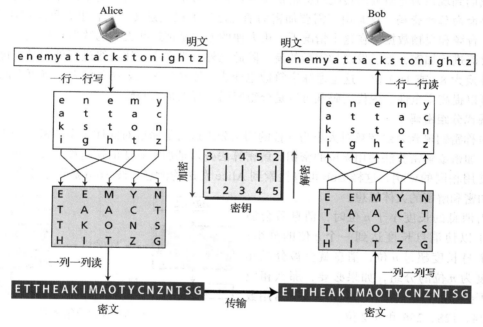

图 16-5　移位密码

第一张表是 Alice 通过一行一行写明文创造的。每一列都利用同一个密钥进行变更。密文通过一列一列读第二张表得到。Bob 将这三步操作反向进行来进行解密。他将密文一列一列写入第一张表格中对每列进行变更，然后一行一行读第二张表。注意，这里用来进行加密和解密的密钥是相同的，但是算法使用密钥的顺序是互逆的。

2. 流密码和分组密码

文献中将对称密码分为两大组：流密码和分组密码。

流密码

在**流密码**中，加密和解密都是一次只对一个符号（例如一个字符或位）进行。我们有一个明文流、一个密文流和一个密钥流。将明文流称为 P，密文流称为 C，密钥流称为 K。

$P=P_1P_2P_3,\cdots$　　$C=C_1C_2C_3,\cdots$　　$K=(k_1,k_2,k_3,\cdots)$

$C_1=E_{k1}(P_1)$　　　$C_2=E_{k2}(P_2)$　　　$C_3=E_{k3}(P_3)\cdots$

分组密码

在**分组密码**中，一组大小为 m（$m>1$）的明文符号被加密在一起，创造一组同样大小的密文。基于定义，在一个分组密码中，整个分组是由一个单独的密钥进行加密，即使这个密钥由多个值构成。在分组密码中，密文的分组取决于整个明文分组。

组合

在实际操作中，每个明文分组是分别加密的，但是同时密钥流被用来对整个消息按照分组依次加密。换句话说，当我们看每一个单独分组时，该密码是分组密码，但是从整个消息来看，这是一个以分组为单位进行加密的流密码。每个分组都使用一个不同的密钥进行加密，这些密钥是在加密进行之前或进行过程中产生的。

3. 现代对称密钥密码

我们到现在为止研究的传统对称密钥密码都是面向字符的密码。由于计算机的进步，我们需要面向位的密码。这是由于需要加密的消息已经不仅仅是文本，它也有可能包括数字、图表、音频和视频数据。在这个情况下，更方便的方法是把这些类型的数据转换成比特流然后再对流进行加密，然后发送加密后的流。除此之外，当文本在比特级进行处理时，每个字符会替换为 8（或 16）位，这也意味字符数也变成了原来的 8（或 16）倍大。将更多的字符混合可以提高安全性。现代密码既可以是分组密码也可以是流密码。

现代分组密码

对称密钥现代分组密码对大小为 n 位的明文分组进行加密或对同样大小的密文分组进行解密。加密或解密算法使用 k 位的密钥。解密算法必须是加密算法的逆运算，并且两个操作必须使用相同的密钥，这样 Bob 可以检索到 Alice 发送的消息。图 16-6 显示了现代分组密码中加密和解密的大体思想。

当消息的长度小于 n 位时，消息后会加上补丁以使消息长度达到一个 n 位的分组；如果消息长度超过 n 位，消息就会被分成几个长度为 n 位的分组，如果必要，那么相应的补丁会添加到最后一个分组上。n 的常用数值是 64、128、256 和 512 位。

图 16-6　现代分组密码

现代流密码

除了现代分组密码以外，我们也可以使用现代流密码。现代流密码和现代分组密码的差别类似于我们在之前部分提到的传统的流密码和分组密码之间的差别。在现代流密码中，加密和解密都是每次对 r 位进行。我们有一个表示为 $P=p_n \cdots p_2 p_1$ 的明文流，一个表示为 $C=c_n \cdots c_2 c_1$，的密文流和一个表示为 $K=k_n \cdots k_2 k_1$ 的密钥流；在这里 p_i、c_i、k_i 都是长度为 r 位的词。加密算法是 $c_i=E(k_i, p_i)$，解密则表现为 $p_i=D(k_i, c_i)$。流密码比分组密码更快，它的硬件实现也更简单一些。当我们需要对二进制流加密并将加密后的流匀速传输时，流密码是一个更好的选择。流密码对于传输中发生的损毁也有更好的免疫能力。

最简单也最安全的同步流密码是吉尔伯特·弗纳姆发明并取得专利的**一次一密乱码**。一次一密乱码每次加密时使用随机选择的密钥流。加密和解密都使用单一的异或操作。基于异或操作的性质，加密和解密的算法互为逆运算。有一点需要重视的是，这个密码中的异或操作一次只用一比特。同样需要重视的是 Alice 还需要一个安全通道来将密钥流序列发给 Bob（图 16-7）。

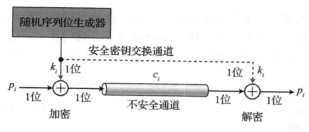

图 16-7　一次一密乱码

一次一密乱码是一个理想化的密码，它很完美，不仅敌手无法猜测密钥或者明文与密码的统计，明文和密文之间也没有任何联系。换句话说，即使明文有某种规律，密文仍然是真正的比特乱码流。除非 Eve 尝试了所有可能的随机密钥流，她不可能强行破解这个密码。同时，当明文的长度为 n 位时，她就需要尝试 2^n 次。然而这就引申出了一个问题，每次当发送者和接收者交流时他们应该如何分享一次一密乱码密钥呢？他们需要通过某种方法在随机密钥上达成共识。因此，这个完美的理想密码很难实现。不过，一次一密乱码也有一些可行但是安全性较低的版本，一个较常见的选择叫作反馈移位寄存器（FSR），不过我们将把有关这个有趣的密码的讨论留给主攻安全方面话题的书籍。

16.2.2　非对称密钥密码术

前一节讨论了对称密钥密码。本节将开始有关非对称密钥密码的讨论。对称和非对称密钥密码平行存在着并继续为社区服务。实际上，我们相信他们可以取长补短，相互补充。

从概念上来说，这两种系统的差别在于它们是如何保守秘密的。在对称密钥密码术中，密码必须在双方之间共享。在非对称密钥密码术中，秘密是个人独有的（非共享的），每个人创造并保守个人的秘密。

在有 n 个人的社区中，$n(n-1)/2$ 个共享的秘密需要对称密钥密码术来完成，如果只有 n 个秘密则使用非对称密钥密码术。对于一个人口为 100 万的社区来说，对称密钥密码术需要 500 万个共享秘密，而非对称密钥密码术只需要 100 万个个人秘密。

对称密钥密码术基于共享保密；非对称密钥密码术基于个人保密。

安全性在加密以外还有其他方面需要非对称密钥密码术，这些方面包括身份验证和数字签名。无论一个应用是否基于个人秘密，我们都需要使用非对称密钥密码术。

与对称密钥密码术基于符号（字符或位）的替换和排列不同，非对称密钥密码术基于数学函数在数字上的应用。在对称密钥密码术中，明文和密文被看作符号的组合，加密和解密是对这些符号的排列或相互替换。在非对称密钥密码术中，明文和密文都是数字，加密和解密的过程是对数字应用数学函数并创造其他数字的过程。

对称密钥密码术对字符进行排列或替换；非对称密钥密码术对数字进行操作。

在非对称密钥密码术中使用两个分开的密钥：**私钥和公钥**。如果把加密和解密想象成带有钥匙的挂锁的锁上和打开，那么用公钥锁上的挂锁只能被相应的私钥打开。图 16-8 中显示如果 Alice 用 Bob 的公钥锁上挂锁，那么只有 Bob 的私钥才能打开它。

从图上可以看出，非对称密钥密码术和对称密钥密码术不同的地方在于它使用不同的密钥：**私钥和公钥**。虽然有些书上会用密钥代替私钥，我们只有在讨论对称密钥密码术时使用术语密钥，私钥和公钥为非对称密钥密码术的特有术语。我们甚至使用不同的符号来表示这三种密钥，换句话说，这是为了说明密钥和私钥是不可互换的，它们属于不同的类型。

图 16-8　非对称密钥密码术中的开锁和上锁

非对称密钥密码有时也称为公钥密码。

1. 主要思想

图 16-9 展示了非对称密钥密码术进行加密时的主要思想。

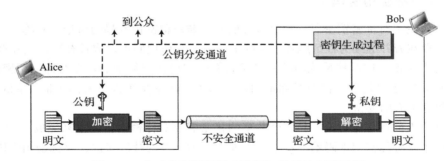

图 16-9　非对称密钥密码术进行加密时的主要思想

图 16-9 说明了几个重要的事实。首先，它强调了密码系统的非对称本性。提供安全的重担落在接收者的肩上，这里是 Bob。Bob 需要创建两个密钥：一个私钥和一个公钥。他有义务把公钥分发给团体。这可以通过公钥分发通道来完成。虽然此通道不需要保证安全，但它必须提供身份验证和数据完整性。Eve 应该不能把她的公钥假装为 Bob 的公钥公布给团体。

其次，非对称密钥密码术意味着 Bob 和 Alice 在双向通信中不能使用同一组密钥。在通信中的每个个体应该创建自己的私钥和公钥。图 16-9 显示了 Alice 使用 Bob 的公钥，发送加密消息给 Bob。如果 Bob 需要回应，那么 Alice 就需要建立她自己的私钥和公钥。

再次，非对称密钥密码术意味着 Bob 只需要一个私钥就能从团体中的任何人那里接收信息。但 Alice 需要 n 个公钥与团体中的 n 个人进行通信，一人一个公钥。总之，Alice 需要一个公钥环。

明文 / 密文

与对称密钥密码术不同，在非对称密钥密码术中，明文和密文被当作整数来对待。在加密之前，消息必须被编码成一个整数（或一组整数），在解密之后整数（或一组整数）必须译码成消息。非对称密钥密码术通常被用来加密或解密小段信息，例如对称密钥密码术中的密码密钥。换句话说，非对称性密钥密码术通常起到辅助目标而不是加密消息的作用。然而，这个辅助目标在当今的密码术中发挥了很重要的作用。

非对称密钥密码术通常用来加密或解密小段信息。

加密 / 解密

在非对称密钥密码术中的加密和解密是作用在表示明文和密文的数字上的数学函数。密文可以被看成 $C = f(K_{public}, P)$，而明文可以看成 $P = g(K_{private}, C)$，其中解密函数 f 只用来加密，而解密函数 g 只用来解密。

两个系统都需要

很重要但有时会被误解的一个事实是：非对称密钥（公钥）密码术的提及不代表着对对称密钥（秘密密钥）密码术需求的减少，因为需要通过数学函数进行加密和解密的非对称密钥密码术比对称密钥密码术慢得多。对称密钥密码术仍然用于对较长消息的加密。在另一方面，对称密钥密码术的速度快也没有减少对非对称密钥密码术的需求。身份验证、数字签名和秘密密钥交换仍然需要用到非对称密钥密码术。这就意味着，我们需要将对称密钥密码术和非对称密钥密码术相互配合使用才能使用到当今安全性的每一个领域。

2. RSA 密码系统

虽然有几种非对称密钥密码系统，但最常用的公钥算法之一是 **RSA 密码系统**（以发明者 Ron Rivest、Shamir 和 Adleman 命名）。RSA 使用两个指数 e 和 d，其中 e 是公钥，d 是私钥。假设 P 代表明文而 C 代表密文，那么 Alice 使用 $C = P^e \bmod n$ 的算法从明文 P 中得到密文 C；Bob 通过 $P = C^d \bmod n$ 来检索 Alice 发送的明文。在密钥生成的过程中创造了一个很大的数作为模数 n。

过程

图 16-10 展示了 RSA 过程的大体思想。

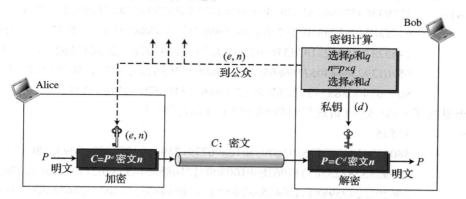

图 16-10　加密、解密和 RSA 中的密钥生成

Bob 选择了两个素数 p 和 q，计算 $n = p \times q$ 和 $\varphi(n) = (p-1) \times (q-1)$。然后 Bob 选择 e 和 d，这样 $(e \times d) \bmod \varphi(n) = 1$。Bob 的公钥是 n 和 e，他的私钥是 d。任何人，包括 Alice，都可以通过 $C = P^e \bmod n$ 加密一条消息并发送给 Bob，而 Bob 则通过 $P = C^d \bmod n$ 来解密消息。像 Eve 这样的窃听者无法在 p 和 q 是很大的数字时破解这则消息（她不知道 d）。

例 16-4　为了进行示范，Bob 选择了 $p = 7$ 和 $q = 11$，计算出 $n = 7 \times 11 = 77$。那么 $\varphi(n) = (7-1)(11-1)$，或者 60。如果他把 e 选择为 13，那么 d 就是 37。注意，$e \times d \bmod 60 = 1$。现在假设

Alice 要向 Bob 发送明文为 5 的信息。她使用公共指数 13 来加密明文 5。该系统不是安全的，因为 p 和 q 很小。

明文：5   密文：26
$C=5^{13}=26 \bmod 77$ $P=26^{37}=5 \bmod 77$
密文：26   明文：5

例 16-5   这里有一个更实际的通过 Java 计算机程序进行计算的例子。我们选择一个 512 位的 p 和 q，计算 n 和 $\phi(n)$。接下来我们选择一个 e 并且计算 d。最后我们展示加密和解密的结果。整数 p 是一个 159 位数的数字：

$p=$ 96130345313583504574191581280615427909309845594996215822583
15087964794045505647063849125716018034750312098666606492420
19180878066742109606335421992666 1209

整数 q 是一个 160 位数的数字：

$q=$ 12060191957231446918276794204450896001555925054637033936061
79832173148214848376465921538945320917522527322683010712069
56046025138871455249690000359660045617

模数 $n=p \times q$。它有 309 位数。

$n=$ 11593504173967614968892509864615887523771457375454144775485
52613761478854083263508172768788159683251684688493006254857 64
11125016241455233918292716250765677272746009708271412773043
49605005563472745666280600999240371029914244722922157727985
31727033839381334692684137327622000966676671831831088373420 8
23444370953

$\phi(n)=(p-1)(q-1)$ 有 309 位数。

$\phi(n)=$ 11593504173967614968892509864615887523771457375454144775485526137
61478854083263508172768788159683251684688493006254857641112501624
14552339182927162537656751054233608492916752034482627988117554787
65701392344440571668658172819609822636107546721186461217135910735
86406140088851702653772772644673410662438576641 28

Bob 选择了 $e=35535$（最理想的是 65537），然后得到 d。

$e=$ 35535

$d=$ 58008302860037763936093661289677917594669062089650962180422866111 3
80593852822358731706286910030021710859044338402170729869087600611 5
30620252495988444804756824096624708148581713046324064407770483313 4
01085094738529564507193677406119732655742423721761767462077637164 2
07600337085333288532144708859551366670294831

Alice 想发送消息 "THIS IS A TEST"，这个消息可以通过 00-26 编码表（26 是空格符）改成一个数值。

$P=$ 1907081826081826190418 19

Alice 的密文通过 $C=P^e$ 计算，如下所示。

$C=$ 47530912364622682720636555061054518094237179607049171652323924305

445296061319932856661784341835911415119741125200568297979457173603610127821884789374156609048002350719071527718591497518846588863210114835410336165789846796838676373376577746562507928052114814184404814184430812773059004692874248559166462108656

Bob 可以利用 $P = C^d$ 将原文从密文中还原出来，如下所示。

$P =$　　　　　　　　　1907081826081826190418 19

解密还原出来的明文是 "THIS IS A TEST"。

3. 应用

虽然 RSA 可以用于对实际消息进行加密和解密，但如果消息很长加密的速度会很慢。因此，RSA 加密适用于短消息。RSA 特定用于数字签名以及其他不需要使用对称密钥来对较短信息进行加密的密码。RSA 也适用于身份验证，这个我们会在本章的后面提到。

16.3　其他安全服务

到目前为止我们研究的密码系统提供了机密性，但在现代通信中，还需要考虑安全的其他方面，比如完整性、消息和实体验证、不可抵赖性和密钥管理。我们将在本节简要讨论。

16.3.1　消息完整性

有些场合我们可能不需要保密，但却需要完整性：消息应该是不受改动的。例如，Alice 可能写一份遗嘱在她死后来分配她的财产，遗嘱不需要被加密，她死之后，任何人能检查它，但是遗嘱的完整性却需要保证。Alice 不希望遗嘱的内容在她不知道的情况下被篡改。

1. 消息和消息摘要

保证文档完整性的一种方法是通过使用指纹。如果 Alice 需要保证她的文档的内容不被篡改，可以在文档的底部印上她的指纹。因为 Eve 不能伪造 Alice 的指纹，所以 Eve 不能篡改文档的内容或创建一个假的文档。为了确保文档没被篡改过，文档上的 Alice 指纹会与文件中的 Alice 指纹进行比较。如果不同，那文档就不是来自 Alice 的。文档和指纹对的电子等价物就是消息和摘要对。为了保证消息完整性，消息要通过一个称为**密码散列函数**的算法。函数建立消息的压缩影像（称为**摘要**），这个影像就像指纹一样使用。为了检查消息或文档的完整性，Bob 再次运行密码散列函数，并比较新摘要与之前的摘要，如果相同，Bob 就能确保原始消息没有被篡改过。图 16-11 展示了该思想。

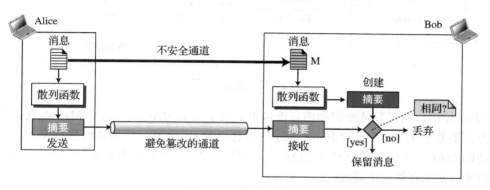

图 16-11　消息和摘要

两对（文档／指纹和消息／消息摘要）是相似的，但有一些区别。文档和指纹在物理上链接在一起。消息和消息摘要可以不链接（或单独发送），最重要的是消息摘要需要保证安全，免受篡改。

消息摘要需要保证安全，免受篡改。

2. 散列函数

散列函数将任意长度的消息加密成为固定长度的消息摘要。所有的散列函数加密都需要从长度不一的消息中创造出长度固定的消息摘要。建造这样一个功能最好由迭代完成，创造一个有着固定输入值并且可以使用必需的次数的函数，而不是使用输入值大小可变的散列函数。这里的固定输入值函数指的是压缩函数，它将 n 位的一串字符压缩并创建成 m 位的字符串，这里的 n 通常大于 m。该方案被称为迭代加密散列函数。

罗恩·李维斯设计的几个散列算法被称为 MD2、MD4 和 MD5，这里的 MD 代表**消息摘要**。最新的版本（MD5）是 MD4 的一个加强版，它可以将消息分成长度为 512 位的分组并创造大小为 128 位的摘要。然而，事实证明大小为 128 位的消息摘要太小了以至于不能阻挡攻击。

因此，为了回应 MD 散列算法的不安全性，安全散列算法诞生了。**安全散列算法**（SHA）是由国家标准与技术研究所（NIST）研制的一个标准。SHA 经过了几个版本。

16.3.2 消息验证

消息摘要可以检验消息的完整性，保证消息没被篡改。为了确保消息的完整性以及数据源的身份验证——这消息是真的来自 Alice 而不是任何其他的人，我们需要在过程中包括一个 Alice 和 Bob 共享的秘密（没有经过 Eve）；我们需要创造一个**消息验证码**（Message Authentication Code，MAC）。图 16-12 展示了这个思想。

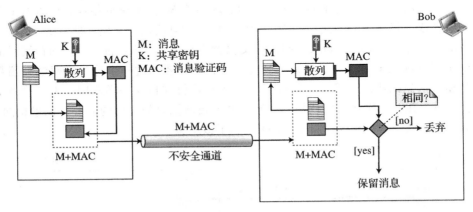

图 16-12 消息验证码

Alice 使用散列函数从密钥和消息连接中创建了一个 MAC，即 h(K+M)。她在不安全的通道上把消息和 MAC 发送给 Bob。Bob 把消息与 MAC 分开，然后从消息和密钥的连接中建立新的 MAC，然后比较新建的 MAC 和收到的 MAC，如果两个 MAC 匹配，那么消息就得到验证，并没有被敌手篡改过。

注意，在这种情况下不需要使用两条通道。消息和 MAC 都是在相同的不安全通道上发送的。Eve 可以看见消息，但她不能伪造一个新的消息来替换，因为她不拥有 Alice 和 Bob 间的密钥，她不能像 Alice 一样创建相同的 MAC。

> **MAC 通过散列函数和密钥的组合来保证消息的完整性和消息验证。**

HMAC

国家标准与技术研究所（NIST）发布了新一代 MAC 标准，通常称为 HMAC（散列消息验证码）。HMAC 的实施比简化的 MAC 更复杂，因此本书不包含此部分内容。

16.3.3　数字签名

保证消息完整性和消息验证（还有更多我们将很快看到的安全服务）的另一种方法是数字签名。MAC 通过密钥来保护消息摘要，数字签名则使用一组公私钥。

> **数字签名使用一组公私钥。**

我们大家都熟悉签名这个概念。当一个人在文档上签名就表示该文档是起源于他或他已同意的。签名对接收者来说是文档来自正确实体的证据。例如，当客户签了一张支票，银行就需要确信支票是客户签署的，而不是其他人。换言之，文档上的签名是身份验证的标记，它验证通过，文档就可信。这里签名概念也可以看作艺术家在画上的签名，艺术上的签名如果得到验证通过，那么这幅画通常也是可验证通过的。

当 Alice 向 Bob 发送消息时，Bob 需要检查发送者的身份，他需要确信消息来自 Alice 而不是 Eve。Bob 可以要求 Alice 对信息进行电子签名。换言之，一个电子签名能证明 Alice 作为消息发送者的身份。我们把这种签名称为**数字签名**。

1. 对比

在普通签名和数字签名间有几点不同。

包含

普通签名是包含在文档里的，是文档的一部分。当我们写支票时，签名就在支票上，而不是一个分开的文档。但是当对文档进行数字签名时，我们把签名作为一个单独的文档来发送。

验证手段

两种签名的第二点不同在于签名验证的方法不同。对于普通签名，当接收者接收到一个文档时，他们比较文档上的签名与文件中的签名，如果相同，文档就是可信的。接收者需要有一个文件上签名的副本来作比较。对于数字签名，接收者接收到消息和签名，签名的副本不再保存，接收者需要应用验证技术来组合消息和签名，从而验证发送者的身份。

关系

对于普通签名来说，签名和文档之间通常是一对多的关系，一个人使用相同的签名签署许多文档。但是对于数字签名来说，签名和消息之间是一对一的关系。每条消息有它自己的签名。一条消息的数字签名不能用在另一条消息上。如果 Bob 从 Alice 处接收到两条消息，一条接着一条，他不能用第一条消息的签名去验证第二条。每条消息都有新的签名。

复制性

两种签名的另一点不同是称为复制性的特质。普通签名允许签署文档的副本与文件中的原始件有点不同。对于数字签名，就没有这样的不同，除非在文档上有时间因子（如时间戳）。例如，假设 Alice 发送文档，指示 Bob 给 Eve 付款，如果 Eve 截获到文档和签名，她可以随后重复这些文档和签名，再次从 Bob 处得到钱。

2. 过程

图 16-13 显示了数字签名的过程。发送者使用签名算法去签署消息，消息和签名被发送给接收者。接收者收到消息和签名，对收到的内容应用**验证算法**，如果结果是真，消息被接受，否则，消息被拒绝。

图 16-13　数字签名过程

普通签名就像属于文档签署者的**私钥**一样。签署者使用它签署文档，没有其他人能有这个签名。文件上的签名副本就像公钥，所以任何人都能使用它通过与原始签名的比较来验证文档。

对于数字签名，签署者使用他（或她）的私钥（应用于一个签名算法）去签署文档。另一方面，验证者使用签署者的公钥（应用于一验证算法）验证文档。

注意，当一个文档被签署，任何人（包括 Bob）都能验证它，因为任何人都能访问 Alice 的公钥。Alice 一定不能用公钥去签署文档，因为任何人都能伪造她的签名。

我们能否用一个密钥（对称的）来签署和验证签名？答案是否定的，有以下几个原因。首先，密钥是只有双方知道的（这个例子中是 Alice 和 Bob）。因此如果 Alice 需要签署另一份文档，并发送给 Ted，那她就需要使用另外的密钥。其次，我们将看到，为一个对话创建密钥涉及验证，而验证要使用数字签名。因此，我们就遇到一个错误的循环。再次，Bob 可以使用他和 Alice 间的密钥签署一个文档，把它发送给 Tde，假装这是来自 Alice 的。

> **数字签名需要公钥系统。签署者用私钥签署，验证者用签署者的公钥验证。**

我们需要区分数字签名中的私钥和公钥以及在为了机密性的密码系统中的公钥和私钥。后者，接收者的公钥和私钥被用在处理过程中，发送者使用接收者的公钥进行加密，接收者使用他自己的私钥进行解密。在数字签名中，发送者的私钥和公钥被使用。发送者使用他（或她）的私钥，而接收者使用发送者的公钥。

> **密码系统使用接收者的私钥和公钥；数字签名使用发送者的私钥和公钥。**

3. 签署摘要

当处理较长消息时，非对称密钥密码系统的效率低下。在数字签名系统中，消息通常较长，但我们不得不使用非对称密钥模式。解决方法是签署消息的摘要，该摘要比消息本身要短得多。一个仔细选择的消息摘要与消息具有一对一的关系。发送者可以签署消息摘要，接收者可以验证消息摘要，两者的效果是相同的。图 16-14 显示了在数字签名系统中摘要的签署。

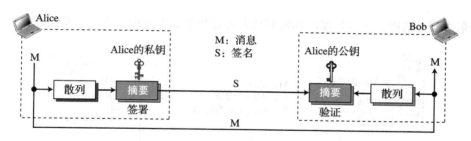

图 16-14　签署摘要

摘要从 Alice 端的消息中制造出来。然后摘要通过了使用 Alice 私钥的签署过程，Alice 把消息和签名发给 Bob。

在 Bob 端，使用相同的公开的散列函数，一个摘要就从接收到的消息中制造出来。应用验证过程。如果可信，消息被接受，否则，消息被拒绝。

4. 服务

我们在本章的开头讨论了几个安全服务，包括消息机密性、消息验证、消息完整性和不可抵赖性。

消息验证

一个安全的数字签名模式就像一个安全的普通签名（也就是说一个人不容易复制）一样能提供消息验证，也称为数据源验证。Bob 能验证 Alice 发送过来的信息是因为在验证过程中使用了 Alice 的公钥。Alice 的公钥不能验证用 Eve 私钥签署的签名。

消息完整性

如果我们签署消息或消息的摘要，消息的完整性就能被保护，因为如果消息改变了，我们就不能得到相同的摘要。当今的数字签名模式在签署和验证算法中使用了散列函数，这样更好地保护了消息的完整性。

不可抵赖性

如果 Alice 签署了一个消息，然后否认它，Bob 能否证明 Alice 实际上是签署了它呢？例如，如果 Alice 向银行（Bob）发送消息，要求从她的账户转 10 000 美元到 Ted 的账户，Alice 能否事后否认她发送过这样的消息？使用我们目前为止介绍的模式，Bob 可能会有一个问题。Bob 必须先保存签名，然后用 Alice 的公钥去建立原始消息，去证明文件中的信息和新创建的消息是相同的。但这样并不可行，因为 Alice 这时可能已经更换了私钥或公钥。她也可以声称含有签名的文件是不可信的。

一个解决方案就是可信的第三方。人们可以在他们之间建立可信中心。在本章的后面，我们将看到受到信任的第三方可以解决有关安全服务和密钥交换的很多问题。图 16-15 展示了一个可靠的第三方如何防止 Alice 抵赖她发过的消息。

在这种模式下，Alice 从她的消息创建一个签名（S_A），发送她的消息、她的标识、Bob 的标识和签名到可信中心。中心在检查 Alice 的公钥是合法的之后，通过 Alice 的公钥验证消息来自 Alice。然后可信中心把带有发送者标识、接收者标识和时间戳的消息的副本保存在档案中。中心使用它的私钥由消息创建另一个签名（S_T），然后中心把消息、新的签名、Alice 的标识和 Bob 的标识发送给 Bob。Bob 使用可信中心的公钥验证信息。

如果将来某个时候 Alice 抵赖她发送的消息，中心就可以显示出保存消息的副本。因为 Bob 的消息是保存在可信中心的消息的一个副本，所以，Alice 将会在争辩中输掉。为了使得任何东西变得机密，一定程度的加密和解密可以加到此模式中，下一节将介绍。

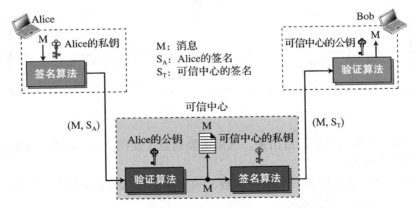

图 16-15   使用可信中心实现不可抵赖性

机密性

数字签名不提供机密通信，如果机密性是需要的，那么消息和签名就要使用对称密钥密码或非对称密钥密码进行加密。

签名人 Alice 首先通过一个商定的散列函数 $D=h(M)$ 从消息中创建一个摘要，然后她通过 $S=D^d \bmod n$ 对摘要签名。这个信息和签名都发送给 Bob。Bob 收到消息和签名后首先通过 Alice 的公共指数 $D'=S^e \bmod n$ 检索摘要，然后他对收到的消息应用散列算法得到 $D=h(M)$。现在 Bob 对比两个摘要 D 和 D'，如果它们相等（在模数代数中），他接受这个消息。

16.3.4   实体验证

实体验证用来使得一方证明另一方标识的一种技术。一个实体可以是一个人、一个过程、一个客户端或一个服务器。身份需要证明的实体称为要求者。试图证明要求者身份的一方称为证明者。

1. 实体验证与消息验证

在消息验证（数据源验证）和实体验证间有两点区别：

1）消息验证（或数据源验证）可能不会发生在实时系统中，而实体验证是会的。在前面的例子中，Alice 发送一条消息给 Bob。在 Bob 验证消息的时候，Alice 可能在或可能不在通信的过程中。在另一方面，当 Alice 要求实体验证时，没有实际消息通信被涉及，直到 Alice 的身份被 Bob 验证。Alice 需要在线参加这个过程。只有她的身份被验证后，消息才能在 Alice 和 Bob 间传输。当一则电子邮件从 Alice 到 Bob，这时需要的是数据源验证；当 Alice 从自动取款机上取现金时，这时需要实体验证。

2）消息验证简单地验证一则消息，这个过程需对每则新的消息重复。实体验证可在整个会话期间内验证要求者。

2. 验证分类

在实体验证中，要求者必须向证明者标识自己。这可以使用下面三种证据中的一种：所知道的、所拥有的或所固有的。

- **所知道的**。这是一种只有要求者知道的秘密，证明者可以通过它来检查要求者。这样的例子有：密码、PIN 码、密钥和私钥。

- **所拥有的**。这种东西能证明要求者的身份。这样的例子有：护照、驾驶证、身份证、信用卡和智能卡。
- **所固有的**。这是要求者内在固有的特性。这样的例子有：普通签名、指纹、声音、面部特征、视网膜模型和手迹。

在这部分我们只讨论第一种验证，所知道的。这种验证通常用作远程（在线）实体验证。另外两个分类则通常在要求者个人出现时使用。

3. 密码

最简单且最古老的实体身份验证的方法是基于密码的身份验证，密码是要求者知道的一些东西。当用户需要访问系统资源时（登录），他就需要一个密码。每个用户都有一个用户标识，这是公开的；还有一个密码，这是私有的。然而，密码在攻击面前很脆弱。密码可能被窃取、截获或猜出等。

4. 质询 – 响应

在密码验证中，要求者通过展示他们知道秘密（密码）来证明他们的身份。但是要求者暴露了这个秘密，就容易受到敌手的截获。在**质询 – 响应身份验证**中，要求者能证明他知道秘密而不需要暴露它。换言之，要求者没有把秘密发送给证明者，但证明者或者有它，或者能找到它。

> 在质询 – 响应身份验证中，要求者证明他们知道秘密，而不需要把秘密暴露给证明者。

质询是一个随时间变化的值，如随机数或一个时间戳，它由证明者发送给要求者。要求者对质询运用一个函数，把结果（称为响应）发送给证明者。响应表明要求者知道秘密。

使用对称密钥密码

有几种方法可以利用**对称密钥加密**来进行质询 – 响应身份验证。这里共享的秘密是要求者和证明者都知道的共享密钥。使用对称密钥密码的作用是对质询应用加密算法。虽然达到这个手段有几种方法，我们只用最简单的一种来给出思想。图 16-16 展示了第一种方法。

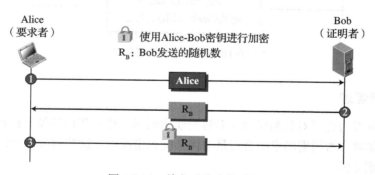

图 16-16　单向对称密钥验证

第一个消息不是质询 – 响应的一部分，他只告知证明者要求者想要进行质询。第二个消息是质询。RB 是证明者（Bob）为了质询要求者随便挑选的随机数（一定数量的缩写）。要求者将随机数通过只有要求者和证明者知道的秘密共享密钥进行加密并将结果发送给证明者。证明者对消息进行解密，如果得到的随机数和证明者发送的相同，Alice 就得到许可进入。

注意在这个过程中，要求者和证明者需要在过程中对他们使用的对称密钥保密。证明者也必须保存给要求者进行鉴别的随机数值直到返回响应。

使用非对称密钥密码

图 16-17 展示了这个方法。我们可以使用非对称密钥密码代替对称密钥密码进行实体验证。在这里秘密必须是要求者的密钥。要求者必须显示她拥有的私钥和所有人都有的公钥相关。也就是说，证明者必须使用要求者的公钥对质询进行加密；然后要求者使用她的私钥对消息解密，对该质询的响应就是解密后的消息。

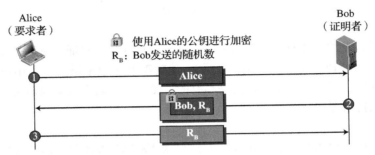

图 16-17   单向非对称密钥验证

使用数字签名

实体验证也可以通过使用数字签名来达到。当数字签名用在实体验证时，要求者使用她的私钥进行签名。在第一种方法中，如图 16-18 所示，Bob 使用明文质询，然后 Alice 签署响应。

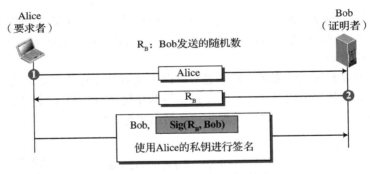

图 16-18   单向数字签名验证

16.3.5   密钥管理

我们在前几节讨论了对称密钥和非对称密钥密码术。然而我们还没有讨论对称密钥密码术中的密钥和非对称密钥密码术中公钥是如何分配和维持的。这节将接触这两个问题。

1. 对称密钥分发

在对大量消息进行加密时，对称密钥密码术的效率比非对称密钥密码术要高，但是，对称密钥密码术需要在双方间共享密钥。

如果 Alice 需要和 N 个人交换机密性消息，她需要 N 个不同的密钥。如果 N 个人需要互相交流呢？如果我们要求每两个人都使用两个密钥进行双向通信，总共需要 $N(N-1)$ 个密钥。如果我们允许利用同一个密钥进行双向通信，只需要有 $N(N-1)/2$ 个密钥来进行对称密钥通信。也就是说，如果 100 万人需要互相通信，每个人几乎要有 100 万个不同的密钥；总共需要 5 亿个密钥。这个通常称为 N^2 问题，因为 N 个实体需要的密钥总数接近于 N^2。

密钥的数目不是唯一问题，密钥的分发是另一个问题。如果 Alice 和 Bob 要进行通信，他们就需要一种方法来交换密钥。如果 Alice 要与 100 万人进行通信，她如何能与 100 万人交换密钥？使用因特网肯定不是一个安全的方法。很显然我们需要一种有效的方法来维护和分发密钥。

密钥分发中心（KDC）

一个实用的解决方案是使用可信第三方，称为**密钥分发中心**（KDC）。为了减少密钥的数量，每个人与 KDC 建立一个共享的密钥。一个密钥建立在 KDC 和每个成员间。现在的问题是 Alice 如何向 Bob 发送机密消息。过程如下：

1）Alice 向 KDC 发送一个请求，说明她需要一个和 Bob 之间的会话（临时的）密钥。

2）KDC 告诉 Bob 关于 Alice 的请求。

3）如果 Bob 同意，一个会话密钥就在二者之间建立了。

密钥的作用是为了使 Alice 和 Bob 在 KDC 得到验证通过，并且防止 Eve 冒充他们中的任何一个，这里的密钥是通过 KDC 建立的。

多个密钥分发中心

当使用同一个密钥分发中心的人数增多时，系统会变得难以管理并导致瓶颈。为了解决这个问题，我们可以拥有多个密钥分发中心。我们将世界划分成区域。每个区域有一个或多个 KDC（备用防止 KDC 故障）。现在如果 Alice 想发机密消息给在另外一个区域的 Bob，Alice 和该区的 KDC 联系，随后和 Bob 所在区域的 KDC 联系。两个 KDC 创造在 Alice 和 Bob 之间使用的密钥。这些可能是本地 KDC、本国的 KDC 或者是国际 KDC。当 Alice 想和居住在另一个国家的 Bob 联系时，她将她的请求发给本地 KDC，本地 KDC 将请求接替至本国 KDC，本国的 KDC 将请求接替至国际 KDC。这个请求就这样接替发送至 Bob 住地的本地 KDC。图 16-19 展示了一个分级多个 KDC 的布局。

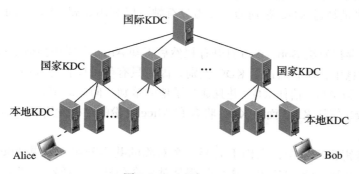

图 16-19 多个 KDC

会话密钥

KDC 为每个成员建立一个密钥，这个密钥只可以在成员和 KDC 之间使用，而不是两个成员之间。如果 Alice 需要和 Bob 秘密通信，她需要一个在她和 Bob 之间的秘密密钥。KDC 可以建立 Alice 和 Bob 之间的会话密钥，通过密钥和中心会话。Alice 和 Bob 的密钥是在会话密钥建立前用来授权 Alice 和 Bob 与中心通信和互相通信的。当通信终止后，会话密钥就不再有效。

> 一个双方间的会话对称密钥只被使用一次。

几种使用前几节谈到的思想来创建会话密钥的方法已经提出。我们在图16-20中展示了最简单的方法。虽然这个方法很基础，但它有助于理解文献中的那些更复杂的方法。

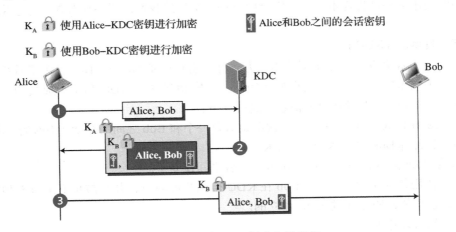

图 16-20　用 KDC 创建会话密钥

1）Alice 发送明文消息到 KDC 来得到她和 Bob 之间的对称会话密钥。这个消息包含她的注册信息（图中的文字 Alice）和 Bob 的身份（图中的文字 Bob）。KDC 不在乎这个消息是不加密公开的。

2）KDC 检索接收到的消息创建**存根**，这个存根使用 Bob 的密钥（KB）进行加密，里面包含 Alice 和 Bob 的身份和会话密钥。存根和会话密钥的副本发送给了 Alice。Alice 收到消息，解密并提取出会话密钥。她无法解密 Bob 的存根，因为存根是给 Bob 的而不是她的。注意，这条消息使用了双重加密——存根是加密的，同时整条消息也是加密的。在第二条信息中，Alice 其实是经过 KDC 鉴别的，因为只有她可以利用她和 KDC 之间的密钥打开整个消息。

3）Alice 将存根发给 Bob，Bob 打开存根然后得知 Alice 需要用会话密钥给他发送消息。注意，在这个消息中，Bob 通过了 KDC 鉴别，因为只有他可以打开存根。因为 Bob 通过了 KDC 的鉴别，所以 Alice 信任 KDC 并且通过了他的鉴别。同样的道理，Alice 也通过了 Bob 的鉴别，因为 Bob 信任 KDC 而且 KDC 将含有 Alice 身份的存根发给了 Bob。

2. 公钥分发

在非对称密钥密码术中，人们不需要一个对称的共享密钥。如果 Alice 想要给 Bob 发送消息，她只要知道 Bob 的公钥，这个公钥是对公众公开的，任何人都可以使用的。如果 Bob 需要向 Alice 发送一消息，他也只需要知道 Alice 的公钥，这个公钥也是任何人都知道的。在公钥密码术中，每个人都隐藏私钥，公开公钥。

在公钥密码术中，每个人有权访问每个人的公钥，公钥对公众可用。

公钥像密钥一样，也需要分发，这样才有用。让我们简单地讨论一下公钥被分发的方法。

公开声明

最朴素的方法是公开地声明公钥。Bob 可以把他的公钥放在网站上，或在地方或国家的报纸上发表声明。当 Alice 需要给 Bob 发送一条机密消息时，她可以从 Bob 的网站上或报纸上得到 Bob 的公钥,或者甚至她可以发送一条消息请求该公钥。但是,这种方法不安全,它可能被伪造。例如,Eve 可能作了这个的公开声明,在 Bob 有行动之前,损坏可能已经造成。Eve 可以愚弄 Alice,让 Alice 发给她一条本来要发送给 Bob 的消息。Eve 也可以用相应的伪造的私钥签署一个文档,使所有人相信这是 Bob 签署的。如果 Alice 直接向 Bob 请求公钥,这种方法也是脆弱的。Eve 可以截获 Bob 的回应,用她自己伪造的公钥来替换 Bob 的公钥。

认证机构

最常用的分发公钥的方法是建立**公钥认证**。Bob 想要两件事情:他想要人们知道他的公钥,他想要没有人接受假冒他的公钥。Bob 可以去**认证机构(CA)**,它是一个把公钥和实体捆绑在一起并处理认证的政府机构。图 16-21 展示了这个概念。

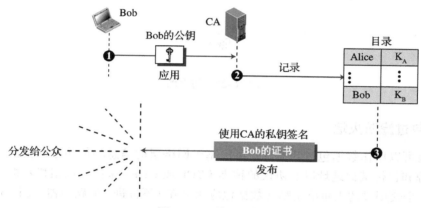

图 16-21 认证机构

CA 本身有一把众所周知的公钥,这把公钥不能伪造。CA 先检查 Bob 的身份,比如通过一张带照片的身份证和其他一些证据。然后,CA 向 Bob 要公钥,并把它写在证书上。为了防止证书本身被伪造,CA 用它的私钥签署证书。现在 Bob 可以上载签署的证书。任何需要 Bob 公钥的人就可以下载签署的证书,并使用中心的公钥来抽取出 Bob 的公钥。

X.509

虽然 CA 的使用可以解决公钥骗局的问题,它也产生了**副作用**。每个证书的格式可能都不一样,如果 Alice 想利用程序来自动下载不同的证书和不同人的消息摘要,这个程序不一定能做到。一个证书的公钥可能是这个格式的而另一个证书的公钥格式可能又不一样,存放公钥的位置可能在这个证书里是第一行,而在另外一个证书里却是第三行。普遍的使用必须依赖通用的格式,为了消除这个副作用,ITU 设计了 X.509,一个在经历部分修改后被因特网广泛接受的建议。X.509 是一个结构化描述证书的方式。它使用叫作 ASN.1(在第 9 章中提过)的一个众所周知的协议,这个协议定义了计算机编程者很熟悉的一些领域。

16.4 防火墙

前面这些安全测试都无法防止 Eve 向系统发送有害信息。我们需要防火墙来控制对系统的访问。**防火墙**是一个安装在组织的内部网络和因特网其他部分之间的设备(通常是一个路由器或计算机)。防火墙是为了推进一些数据包而过滤其他数据包所设计的。图 16-22 展示了一个防火墙。

例如，防火墙可能会过滤所有到来的目标为特定主机或服务器（例如 HTTP）的数据包。防火墙也可以用来阻拦对组织内特定主机或服务的访问。防火墙通常分为包过滤防火墙和代理防火墙。

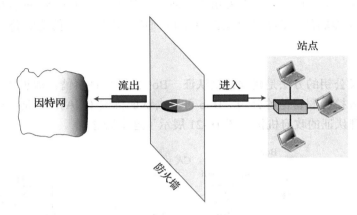

图 16-22　防火墙

16.4.1　包过滤防火墙

防火墙可以用作数据包过滤器。它可以基于网络层的信息和传输层的头部：源和目标 IP 地址，源和目标**端口地址**以及协议的种类（TCP 或 UDP）来推进或阻拦数据包。**包过滤防火墙**是一个使用过滤表单决定哪些数据包应该丢弃（不推进）的路由器。图 16-23 展示了这类防火墙的过滤表格示例。

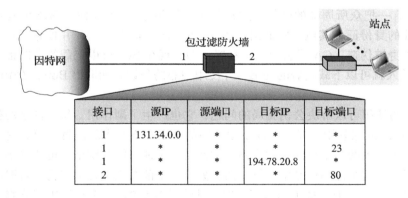

接口	源IP	源端口	目标IP	目标端口
1	131.34.0.0	*	*	*
1	*	*	*	23
1	*	*	194.78.20.8	*
2	*	*	*	80

图 16-23　包过滤防火墙

根据图，以下数据包被过滤：

1）来自网络 131.34.0.0 的数据包被阻拦了（安全预防措施）。注意 * 号代表"任何"。

2）终点为任何国际 TELNET 服务器（端口 23）的外发数据包被阻拦了。

3）到来的目标为内部主机 194.78.20.8 的数据包被阻拦了，该组织希望这个主机只用于内部使用。

4）终点为 HTTP 服务器（端口 80）的外发数据包被阻拦了，该组织不希望雇员浏览因特网。

16.4.2　代理防火墙

包过滤防火墙是基于网络层的有效信息和传输层头部（IP 和 TCP/UDP）建立的。然而，有时我们也需要基于消息自身携带的信息（应用层上）进行过滤。比如，假设一个组织想对其网页试试以下几条政策：只有那些之前与本公司建立商业联系的因特网用户可以访问；其他用户必须阻拦。这个情况下，数据包过滤防火墙就不可行，因为它无法区分到达 TCP 端口 80（HTTP）的不同数据包，必须在应用层（通过 URL）进行测试。

一个解决措施是安装代理计算机（有时也称为**应用网关**），代理计算机位于客户计算机和公司计算机之间。当用户客户进程发送消息时，应用网关运行服务器进程来接收请求。服务器在应用层打开数据包并且查找这个请求是否合法。如果是，那么服务器运行客户端进程并将消息发给公司中真正的服务器，否则这个消息会被丢弃并且错误消息会发给外部用户。通过这个方法，外部用户的请求基于内容在应用层进行筛选。图 16-24 展示了 HTTP 的一个应用网关的实现。

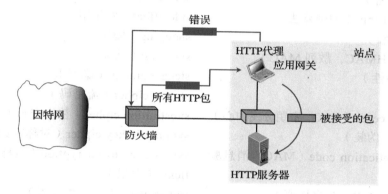

图 16-24　代理防火墙

16.5　章末材料

推荐读物

有关本章所讨论主题的更详细资料，可以参考下列书籍：

- Bishop, M. *Computer Security*, Reading, MA: Addison-Wesley, 2002
- Forouzan, B. *Cryptography and Network Security*, New York: McGraw-Hill, 2007
- Kaufman, C., Perlman, R. and Speciner, M. *Network Security*, Upper Saddle River, NJ:Prentice-Hall, 2002
- Stallings, W. *Cryptography and Network Security*, Upper Saddle River, NJ: Prentice-Hall, 2006

关键术语

additive cipher（加法密码）

application gateway（应用网关）

asymmetric-key cipher（非对称密钥密码术）

autokey cipher（自动密钥密码）

availability（可用性）

block cipher（分组密码）

caesar cipher（恺撒密码）

certification authority（CA，认证机构）

challenge-response authentication（质询－响应认证）

cipher（密码）

ciphertext（密文）

confidentiality（机密性）

cryptographic hash function（密码散列函数）

cryptography（密码学）

decryption（解密）

decryption algorithm（解密算法）

denial of service（DoS，拒绝服务）

digest（摘要）

digital signature（数字签名）

encryption（加密）

encryption algorithm（加密算法）

firewall（防火墙）

hashed MAC（HMAC，散列 MAC）

integrity（完整性）

key（密钥）

key-distribution center（KDC，密钥分发中心）

masquerading（伪装）

message authentication code（MAC，消息验证码）

message digest（MD，消息摘要）

monoalphabetic cipher（单字母密码）

one-time pad（一次一密乱码）

packet-filter firewall（包过滤防火墙）

plaintext（明文）

polyalphabetic cipher（多字母密码）

port address（端口地址）

private key（私钥）

proxy firewall（代理防火墙）

public key（公钥）

public-key certificate（公钥证书）

replaying（重放）

RSA cryptosystem（RSA 密码系统）

secret key（秘密密钥）

Secure Hash Algorithm（SHA，安全散列算法）

security attack（安全攻击）

security goal（安全目标）

shift cipher（移位密码）

side effect（副作用）

snooping（嗅探）

spoofing（欺骗）

steganography（隐写术）

stream cipher（流密码）

substitution cipher（替换密码）

symmetric-key cipher（对称密钥密码术）

symmetric-key encryption（对称密钥加密）

ticket（存根）

traffic analysis（流量分析）

transposition cipher（置换密码）

verifying algorithm（验证算法）

X.509

小结

- 我们提到三个安全目标：机密性、完整性和可用性。我们把对安全的攻击分成三大类：威胁机密性的攻击、威胁完整性的攻击和威胁可用性的攻击。为了取得安全目标和防止相应的攻击，ITU-U（international telecommunication union）定义了下列服务：**数据机密性**、**数据完整性**、身份验证、**不可抵赖**和访问控制。两种技术被用来提供这些服务：密码术和隐写术。

- 对称密钥密码术使用一个密码进行加密和解密。Alice 和 Bob 首先要认可一个共享的秘密，这个秘密构成了他们的密钥。为了发信息给 Bob，Alice 使用密钥加密信息；为了发信息给 Alice，Bob 使用相同的密钥加密信息。传统对称密钥密码是面向字符的，使用两种技术向入侵者隐藏信息：替换和置换。

- 现代对称密钥密码面向二进制位，使用非常复杂的算法来加密和解密二进制位块。非对称密钥密码术使用两个不同的密钥：私钥和公钥。Bob 首先创建一对密钥，然后保存私钥，声明公钥。如果有人需要给 Bob 发送信息，那他就可以使用 Bob 的公钥进行加密，为了阅读信息，Bob 使用他的私钥解密信息。

- 完整性就是保护信息，免受篡改。为了保存信息的完整性，信息要经过一个称为密码散列函数的算法。这个函数创建了信息的压缩影像，称为信息摘要。信息验证代码（MAC）用来提供信息验证。MAC 包含发送者和接收者共享的秘密。数字签名是电子地签署文档的过程。它提供信息完整性、信息验证和不可抵赖。实体验证是一种用来让一方证明另一方身份的技术。实体身份验证使用三类验证：所知道的、所拥有的和所固有的。我们提到了 4 种验证技术：基于密码的、质询－响应、**零知识**和**生物测定法**。

- 对于对称密钥或非对称密钥密码术，双方都需要交换密钥。密钥管理方法允许我们去交换密钥，而不需要面对面地密钥交换。在对称密钥密码术中，实用的解决方案是使用密钥分发中心（KDC）。在非对称密钥密码术中，实用的解决方案是使用由认证机构（CA）认证的证书。

16.6　练习

小测验

在本书网站上提供了一套与本章相关的交互式试题。强烈建议学生在做本章练习前首先完成相关测验以检测对本章内容的理解。

复习题

Q16-1 以下哪种攻击对机密性有威胁？
　　　　a. 嗅探　　　　　　　b. 伪装　　　　　　　　c. 抵赖

Q16-2 以下哪种攻击对完整性有威胁？
　　　　a. 篡改　　　　　　　b. 重复　　　　　　　　c. 拒绝服务

Q16-3 以下哪种攻击对可用性有威胁？
　　　　a. 抵赖　　　　　　　b. 拒绝服务？　　　　　c. 篡改

Q16-4 以下哪个词汇意思是"秘密书写"，哪个是"掩饰书写"？
　　　　a. 密码术　　　　　　b. 隐写术

Q16-5 当密封的信件从 Alice 发给 Bob 时，这是一个使用密码术或隐写术来保障机密性的例子吗？

Q16-6 从 Alice 发给 Bob 的信件使用只有这两人理解的语言写成，这是一个使用密码术或隐写术的例子吗？

Q16-7 Alice 找到一个秘密写给 Bob 的方法。每次她都用一个新的文本，比如报纸上的一篇文章，但会在单词之间插入 1 或 2 个空格，单空格表示二进制 0，双空格表示二进制 1。Bob 抽取这些二进制数码，并用 ASCII 码译解。这是一个使用密码术或隐写术的例子吗？请说明。

Q16-8 Alice 和 Bob 互相交换机密信息。他们共享一个非常大的数字作为双向的加密和解密密钥。这是一个使用对称密钥或非对称密钥密码术的例子吗？请说明。

Q16-9 Alice 加密信息发送给 Bob 以及解密收到 Bob 的信息都使用了同样的密钥。这是一个使用对称密钥或非对称密钥密码术的例子吗？请说明。

Q16-10 区分替换密码和置换密码。

Q16-11 在密码中，所有明文中的 A 变化成密文中的 D 并且所有明文中的 D 变化成密文中的 H。这是一个单字母或多字母的替换密码吗？请说明。

Q16-12 单字母或多字母密码，哪个更容易破解？

Q16-13 假设 Alice 和 Bob 使用模 26 的加法密码算法。入侵者 Eve 要通过尝试所有可能的密钥来破解（蛮力攻击），她要平均尝试多少个密钥？

Q16-14 假设我们有一个 1000 字符的纯文本。按照下列密码，各需要多少密钥来加密或解密这些信息？

    a. 加法密码   b. 单字母密码   c. 自动密钥密码

Q16-15 根据流和密码块的定义，找出下列密码哪个是流密码？

    a. 加法密码   b. 单字母密码   c. 自动密钥密码

Q16-16 如果一次一密乱码（如图 16-7 所示）是最简单和最安全的密码，为什么不一直使用？

Q16-17 为什么你认为非对称密钥密码术只用于少量信息？

Q16-18 在一个非对称密钥密码中，哪个密钥用于加密，哪个密钥用于解密？

    a. 公钥   b. 私钥

Q16-19 在 RSA 密码中，为什么 Bob 不能选择 1 作为公钥 e？

Q16-20 如图 16-12 所示，加入散列函数中的密钥（MAC）扮演了什么角色？请说明。

Q16-21 区别信息验证和实体验证。

Q16-22 Alice 为她发送给 Bob 的信息签名以证明她是该信息的发送者。Alice 需要使用以下哪个密钥？

    a. Alice 的公钥   b. Alice 的私钥

Q16-23 Alice 需要给 50 人的组群发信息。如果 Alice 需要使用信息验证，你推荐以下哪种方式：

    a. MAC   b. 数字签名

Q16-24 数字签名不支持以下哪种服务？

    a. 信息验证   b. 机密性   c. 不可抵赖性

练习题

P16-1 定义以下案例的攻击种类：

    a. 一个学生破墙而入，进入教授办公室，获得下次考试的副本。

    b. 一个学生用 $10 支票购买一本旧书，后来发现该支票结算了 $100 现金。

    c. 一个学生用伪造的电子邮件回复地址每天给学校发送数百份邮件。

P16-2 使用密钥为 10 的加法密码加密明文 "book"，然后解密消息，得到原始明文。

P16-3 使用密钥为 20 的加法密码加密明文 "this is an exercise"，忽略单词间的空格。然后解密消息，得到原始明文。

P16-4 Atbash 是在圣经撰写者中流行的密码。在 Atbash 中，'A' 密写为 'Z'，'B' 密写为 'Y'，以此类推。同样，'Z' 密写为 'A'，'Y' 密写为 'B'，以此类推。假设字母表一分为二，前半字母表中的字母密写为后半字母表的字母，反之亦然。找出加密类型和密钥。使用 Atbash 加密法加密明文 "an exercise"。

P16-5 替换密码不必是字符到字符的转换。在棋盘密码中，明文中的每个字母密写为 2 个整数。密钥是一个 5×5 字符矩阵。明文是矩阵中的字符，密文是行列对应的 2 个整数（在 1～5 之间）。使用棋盘加密法的以下密钥加密明文 "An exercise"。

	1	2	3	4	5
1	z	q	p	f	e
2	y	r	o	g	d
3	x	s	n	h	c

4	w	t	m	i/j	b
5	v	u	l	k	a

P16-6 Alice 在她的计算机上只用加法加密向她的朋友发送消息。她认为如果她把消息加密 2 次就更安全，每次使用一个不同的密钥。她对吗？给出你的解答。

P16-7 有一种攻击称为密文攻击，入侵者可以使用类似加法加密的简单加密法。在这种类型的攻击中，入侵者破解加密，试图找到密钥，最终获得明文。用于攻击密文的方法之一是蛮力方法，入侵者尝试多种密钥不断破解消息，直到消息有意义为止。假设入侵者有密文 "UVACLYZLJBYL"，他使用从 1 开始的密钥尝试破解，直到出现有意义的文字。

P16-8 在移位加密中，加密和解密密钥通常出现在二维表格（数组）中，加密算法由一段软件（程序）实现。

　　a. 显示图 16-5 中加密密钥的数组。提示：每个元素的值可以表示为输入列数字，索引可表示为输出列数字。

　　b. 显示图 16-5 中解密密钥的数组。

　　c. 解释，给出加密密钥，我们如何能找到解密密钥。

P16-9 假设 Bob 使用 RSA 密码系统，选择 $p = 11$，$q = 13$，$d = 7$，下列哪个是公钥 e 的值？

　　a.11　　　　　　　　　　b.103　　　　　　　　　c.19

P16-10 在 RSA 密码系统中，给出 $p = 107$，$q = 113$，$e = 13$，$d = 3653$，使用 00-26 编码表（00 是字母 A，26 是空格符）加密消息 "THIS IS TOUGH"。解密密文，获得原始消息。

P16-11 解释为什么公私钥不能用于创建 MAC。

计 算 理 论

在第 1～16 章中，我们把计算机看成一台问题求解机器。在这一章中，我们回答一些诸如此类的问题：哪些问题可以通过计算机解决？语言之间是否存在优劣？运行一个程序前，是否可以确定该程序将要停止（终止）还是一直运行？用一种特定的语言解决一个问题需要多长时间？为了回答这些问题，我们求助于一门学科：计算理论。

目标

通过本章的学习，学生应该能够：

- 描述我们称为简单语言的编程语言，并定义它的基本语句；
- 在简单语言中，使用简单语言的复合写出宏；
- 描述作为计算机模型的图灵机的构成；
- 使用图灵机，显示简单语言中的简单语句是如何被模拟的；
- 理解邱奇 – 图灵理论和它的含义；
- 定义哥德尔数和它的应用；
- 理解停机问题的概念和问题不可解是如何被证明的；
- 区分可解和不可解问题；
- 区分多项式和非多项式可解问题。

17.1 简单语言

我们可以仅用三条语句来定义一种语言，它们是：**递增语句、递减语句和循环语句**（图 17-1）。在该语言中，只能使用非负整数数据类型。这里不需要其他类型数据，因为本章的目标仅仅是说明计算理论中的一些思想。该语言只使用少数的几个符号，如 "{" 和 "}"。

图 17-1 简单语言中的语句

17.1.1 递增语句

递增语句对变量加 1。其格式显示在算法 17.1 中。

算法17.1 递增语句

```
incr(X)
```

17.1.2 递减语句

递减语句从变量中减 1。其格式显示在算法 17.2 中。

算法17.2 递减语句

```
decr(X)
```

17.1.3　循环语句

循环语句是在变量的值不为 0 时，重复进行一个动作（或一系列动作）。其格式显示在算法 17.3 中。

算法17.3　循环语句

```
while(X)
{
    decr(X)
    Body of the loop
}
```

17.1.4　简单语言的威力

归纳来说，可以证明只使用这三种语句的简单程序设计语言和我们现在使用的任何一种复杂语言（比如 C）一样强大（虽然从效率来说不一定）。为了证明这一点，可以演示一下如何模拟当今流行语言中的某些语句。

1. 简单语言中的宏

我们把每次模拟称为一个**宏**，并且在其他模拟中使用时不需要再重复其代码。一个**宏**（macro，macroinstruction 的简称）是高级语言中的一条指令，它等价于相同语言中的一条或多条指令的特定集合。

第一个宏：X←0

算法 17.4 给出了如何用简单语言的语句来给一变量 X 赋值为 0。有时叫作清空变量。

算法17.4　宏X←0

```
while(X)
{
    decr(X)
}
```

第二个宏：X←n

算法 17.5 给出了如何用简单语言的语句将一正整数赋值给变量 X。首先清空变量 X，然后对 X 递增 *n* 次。

算法17.5　宏X←n

```
X←0
incr(X)
incr(X)
...
incr(X)
// incr(X)语句表明重复n次
```

第三个宏：Y←X

算法 17.6 模拟了简单语言中的宏 Y←X，注意我们可以用额外的代码行来恢复 X 的值。

算法17.6　宏Y←X

```
Y←0
while(X)
{
```

```
        decr(X)
        incr(Y)
    }
```

第四个宏：$Y \leftarrow Y+X$

算法 17.7 模拟了简单语言中的宏 $Y \leftarrow Y+X$，我们同样可以用额外的代码行来恢复 X 的值，使其恢复为原始的值。

算法17.7 宏$Y \leftarrow Y+X$

```
while(X)
{
    decr(X)
    incr(Y)
}
```

第五个宏：$Y \leftarrow Y \times X$

算法 17.8 模拟了简单语言中的宏 $Y \leftarrow Y \times X$。我们可以使用加法宏，因为整数的乘法可以用重复的加法来模拟。注意，我们需要把 X 的值保存在一个临时变量中，因为在每次的加法中，我们需要把 X 的原始值加到 Y 上。

算法17.8 宏$Y \leftarrow Y \times X$

```
TEMP←Y
Y←0
while(X)
{
    decr(X)
    Y←Y+TEMP
}
```

第六个宏：$Y \leftarrow Y^X$

算法 17.9 模拟了简单语言中的宏 $Y \leftarrow Y^X$。我们使用乘法宏来完成它，因为整数的指数可以用重复的乘法来模拟。

算法17.9 宏$Y \leftarrow Y^X$

```
TEMP←Y
Y←1
while(X)
{
    decr(X)
    Y← Y×TEMP
}
```

第七个宏：if X then A

算法 17.10 模拟了简单语言中的第七个宏，这个宏模拟了现代语言中的判断语句（if）。在这个宏中，变量 X 的值只能是 0 或 1 这两个值之间的一个。如果 X 的值不是 0，在循环中 A（一个动作或一系列动作）被执行。但是该循环只执行一次，因为第一轮执行完毕后 X 的值变成 0，从而跳出循环。如果 X 的值是 0，循环被跳过。

算法17.10 宏 if X then A

```
    while(X)
    {
```

```
    decr(X)
    A
}
```

其他宏

很显然，我们需要更多的宏来使简单语言与现代语言相匹配。建立其他宏是可能的，但却并不简单。

2. 输入和输出

在简单语言中，read X 语句可以使用（X←n）来模拟，我们也可模拟输出，即假定程序中使用的最后一个变量保存着将要打印的数据。记住这不是实际的语言，而是仅仅用来证明计算机科学中的一些定理。

17.2　图灵机

图灵机是在 1936 年由 Alan M. Turing 提出用来解决可计算问题的。它是现代计算机的基础。在本章中我们将用图灵机的一个非常简单的版本来说明它是如何工作的。

17.2.1　图灵机组成部件

图灵机由三部分组成：磁带、控制器和读 / 写头（如图 17-2 所示）。

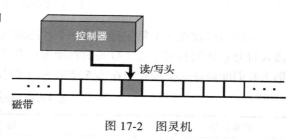

图 17-2　图灵机

1. 磁带

尽管现代计算机中使用的随机存储设备容量是有限的，但我们假定图灵机中的内存是无限的。磁带任何时候只能保存一系列顺序字符，该字符来自计算机所能接收的字符集中。为了我们的目的，假设图灵机只能接收两个符号：空白（b）和数字 1。图 17-3 给出了这种机器磁带记录数据的一个例子。

左手的空白定义了存储在磁带上的非负整数的开始，一个整数用 1 构成的串表示。右手的空白定义了整数的结束。磁带的其他部分包含了空白字符。如磁带上存有多个整数，它们用至少一个空白字符隔开。

此外，还假设磁带处理一元算术中的正整数。在一元算术中，正整数仅由 1 组成。例如，整数 4 表示为 1111（4 个 1），7 表示为 1111111（7 个 1），没有 1 的地方表示 0。

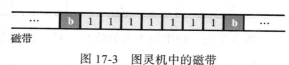

图 17-3　图灵机中的磁带

2. 读 / 写头

读 / 写头任何时刻总是指向磁带上的一个符号，我们称这个符号为当前符号，读 / 写头每次在磁带上读写一个符号。每读写完一次后，它向左移、向右移。读、写和移动都是在控制器指令下进行的。

3. 控制器

控制器是理论上功能作用类似于现代计算机中央处理单元（CPU）的一个部件，它是一个**有限状态自动机**，即该机器有预定的有限个状态并能根据输入从一个状态转移到另一个状态，但任何时候它只能处于这些状态中的一种。

图 17-4 给出了简单控制器作为有限状态自动机控制器的状态转移图。在这个图中，自动机有三个状态（A、B 和 C），虽然控制器通常有很多状态。图中给出了读入字符后所引起状态的改变。每一行上的表达式（x/y/L、x/y/R 和 x/y/N）显示了：控制器读入 x 后，它写符号 y（改写 x），并将读 / 写头移到左边（L）、右边（R）或不动（N）。注意既然磁带上的符号只有空白或数字 1，那么从每个状态出去的路径只有两条：要么读到的是空白符号，要么读到的是数字 1。线（称为转移线）的起点显示的是当前状态，线的末端（箭头）显示的是接下来状态。

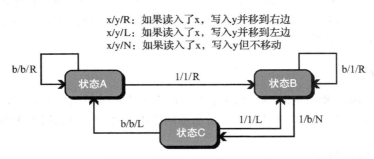

图 17-4 图灵机中的状态转移图

我们可以建立一个每一行代表一个状态的状态转移表（表 17-1）。表有 5 栏：当前状态、读入符号、所写符号、读 / 写头的移动方向和下一个符号。既然机器只能经历有限个状态，那么我们能创建一个像我们在第 5 章中为简单计算机建立的指令集。

表 17-1 状态转移表

当前状态	读	写	移动	下一状态
A	b	b	R	A
A	1	1	R	B
B	b	1	R	B
B	1	b	N	C
C	b	b	L	A
C	1	1	L	B

指令是把一行中的 5 列值放在一起，对于这台初级的机器，我们只有 6 条指令：

1.（A, b, b, R, A）　　　　3.（B, b, 1, R, B）　　　　5.（C, b, b, L, A）
2.（A, 1, 1, R, B）　　　　4.（B, 1, b, N, C）　　　　6.（C, 1, 1, L, B）

例如，第一条指令是说：如果机器处于状态 A，读到了符号 b，它就用一个新的 b 改写符号，读 / 写头向右移到下一个符号上，机器的状态转移到状态 A，也就是保留在相同的状态中。

例 17-1 一个图灵机只有两个状态和如下的 4 条指令：

1.（A, b, b, L, A）　　　　2.（A, 1, 1, R, B）　　　　3.（B, b, b, L, A）
4.（B, 1, b, R, A）

如果机器用图 17-5 所示的配置开始。这是在执行完上一条指令后的机器配置。注意机器只能执行一条指令，它满足当前状态和当前符号。

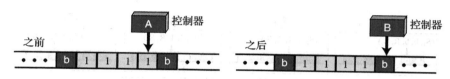

图 17-5   例 17-1

解   机器是处于状态 A，当前符号是 1，这就意味着只有第二条指令（A，1，1，R，B）能被执行。新的配置也在图 17-5 中显示。注意控制器的状态已经变成了 B，读 / 写头已经向右移动了一个符号。

17.2.2   对简单语言的模拟

我们现在能编写程序来实现简单语言的语句了。注意这些语句可以用多种方法来写，为了学习的目的，我们选择了最简单或最方便的，但它们不一定是最好的。

1. 递增语句

图 17-6 显示了 incr(X) 语句的图灵机。控制器有 4 个状态，从 S_1 到 S_4，状态 S_1 是开始状态，状态 S_2 是右移的状态，状态 S_3 是左移的状态，状态 S_4 是停机状态。如果到达停机状态，机器就停止：没有指令从这个状态开始。

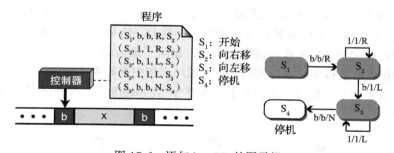

图 17-6   语句 incr(X) 的图灵机

图 17-6 还显示了 incr(X) 语句的程序。它有 5 条指令。过程从 X（要加 1 的数据）左边的空白符号开始，向右移过所有的 1，直到到达 X 右边的空白符号。它把此空白改成 1。它再向左移过所有的 1，直到又一次到达左边的空白。在这点上它停机。注意我们也给出了移动读 / 写头回到 X 左边空白符号的程序，如果在 X 上有多个操作要进行，这个程序是需要的。

例 17-2   显示图灵机如何使 X 递增的，这里 X = 2。

解   图 17-7 展示了解。X 的值（在一元系统中为 11）存储在两个空白符号之间。它使用了 7 个步骤使 X 递增，并且读 / 写头回到原先的位置。第 1 步到第 4 步把读 / 写头移到 X 的末端，第 5 步到第 7 步改变末端的空白和把读 / 写头移回它原先所在的位置。

2. 递减语句

我们使用最小的指令数目来实现 decr(X) 语句。原因是我们在下一条语句（while 循环）中要用到这个语句，它也被用来实现所有的宏。图 17-8 显示了这条语句的图灵机。控制器有三个状态：S_1、S_2 和 S_3。状态 S_1 是开始状态，状态 S_2 是检查语句，它检查当前符号是 1 还是 b。如果是 b，语句进入停机状态；如果下一个符号是 1，第二条语句把它改成 b，然后再进入停机状态。图 17-8 还显示了这条语句的程序。

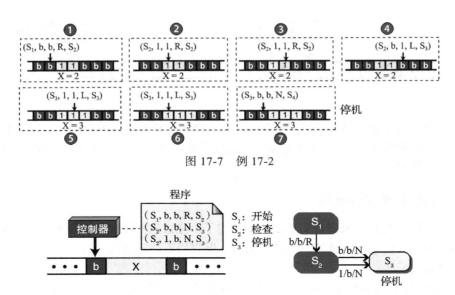

图 17-7 例 17-2

图 17-8 decx(X) 语句的图灵机

例 17-3 显示图灵机如何使 X 递减的，这里 X=2。

解 图 17-9 展示了解。机器从数据左边的空白开始，如果下一个符号为 1，机器把它改成空白。读 / 写头停止在结果数据左边的空白字符上。这是与递增语句中的相同安排。注意，我们可能已经把读 / 写头移到数据的末端，删除了最后的 1，而不是第一个 1。但这个程序比我们的版本要长得多。因为我们在每个循环语句中都需要这条语句，所以我们使用了简短的版本来节省指令的数目。我们在下一节要介绍的 while 循环语句中使用了这条语句的简短版本。

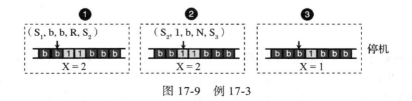

图 17-9 例 17-3

3. 循环语句

为了模拟循环，我们假定 X 和循环体处理的数据存储在磁带上，中间以单个空白符号相隔。图 17-10 显示了通常循环语句的表、程序和状态转移图。

三个状态 S_1、S_2 和 S_3 控制了循环，它通过判断 X 的值，如果 X=0，就退出循环。把这三个状态与图 17-8 中递减语句中使用的三个状态进行比较。状态 M_R 把读 / 写头移过在每次重复中在处理数据开始时定义了数据开始位置的空白符号；状态 M_L 把读 / 写头移过在每次重复中在处理数据结束时定义了 X 的开始位置的空白符号；状态 B_S 定义了循环体的开始状态，而状态 B_H 定义了循环体的停机状态。循环体在这两个状态间可能有几个状态。

图 17-10 还显示了语句的循环性质。状态图本身是一个只要 X 的值不为 0 就重复的循环。当 X 的值变成 0，循环停止，状态 S_3（停机状态）到达了。

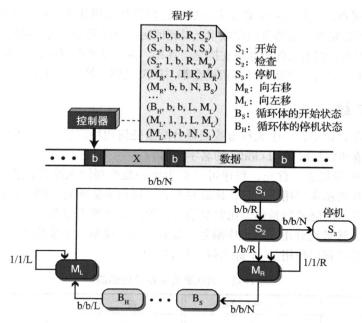

图 17-10   while 循环语句的图灵机

例 17-4   让我们显示一个非常简单的例子。假设我们要模拟第四个宏，Y ← Y+X。像我们前面讨论的一样，这个宏可以用简单语言中的 while 语句来模拟：

```
while (X)
{
    decr(X)
    incr(Y)
}
```

为了使过程简短，我们假设 X=2 和 Y=3。因此，结果是 Y=5。图 17-11 显示了应用宏之前和之后磁带的状态。注意：在这个程序中我们消除了 X 的值，使得过程更简短。但如果我们在磁带上允许其他符号，X 的原始值是可以保存的。

因为 X=2，程序重复两次。第一次重复结束时，X=1，Y=4。第二次重复结束时，X=0，Y=5。

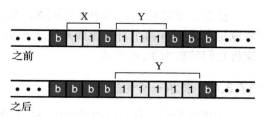

图 17-11   例 17-4 中磁带的配置

17.2.3   邱奇－图灵论题

我们显示了图灵机能模拟简单语言中的三个基本语句。这就意味着图灵机能模拟我们为简单语言定义的所有的宏。那么图灵机是否能解决一台计算机能解决的任何问题？这个问题的答案可以在**邱奇－图灵论题**（Church-Turing thesis）中找到。

> **邱奇－图灵论题**
> 如果存在一个能完成一个符号操纵任务的算法，那么也存在一台完成这个任务的图灵机。

基于这样的观点，能用写一个算法来完成的任何符号操纵任务也可以用图灵机完成。注意这只是论题，不是定理。定理可以在数学上得到证明，但论题却不能。虽然这个论题可能永远得不到证明，但有些强有力的论断在支持它。首先，尚未发现有图灵机不能模拟的算法；其次，所有在数学上已经得到证明的计算机模型都与图灵机模型等价，这个论断是得到证明的。

17.3　哥德尔数

在计算机科学理论中，一个无符号数能被分配给任何用特定语言编写的程序，通常称为**哥德尔数**（用奥地利数学家 Kurt Gödel 的名字命名）。

这种分配有很多优点。首先，程序可以作为单一数据项输入给其他程序。第二，程序可以通过它的整数表示来引用。第三，该编号方式可以用来证明有一些问题计算机并不能解决，从而说明世界上问题的数量远远比曾经编写的程序数量要多得多。

各种各样的方法被设计用来给程序编号。我们用一个简单的变换给用简单语言编写的程序编号。假定简单语言仅使用 15 个标志符（表 17-2）。

表 17-2　简单语言中符号的编码

符　　号	十六进制编码	符　　号	十六进制编码
1	1	9	9
2	2	inr	A
3	3	decr	B
4	4	while	C
5	5	{	D
6	6	}	E
7	7	X	F
8	8		

注意，在这种语言当中仅使用 X，X_1，X_2，$\cdots$，X_9 作为变量。为了将变量编码，将 X_n 看成是由 X 和 n 两个符号组成来处理（X_3 是由 X 和 3 组成）。如果在宏中有其他类型变量，应将它们转换为 X_n 的形式。

17.3.1　表示一个程序

运用这个表，我们可以通过唯一的正整数表示用简单语言编写的任何程序。按照以下步骤进行：

1）将每一个符号用表中所给的对应十六进制代码替代。

2）将最后的结果（十六进制）转化为无符号整数。

例 17-5　对于程序 incr(X) 来说，什么是哥德尔数呢？

解　用对应的十六进制代码替代每个符号：

```
incr X → (AF)₁₆ → 175
```

所以，这个程序可以用数字 175 表述。

17.3.2　翻译一个数字

为了证明编号方式是唯一的，用以下步骤来解释哥德尔数：

1）将数字转换成十六进制数。

2）用表 17-2 将每个**十六进制数**翻译成对应的符号（忽略 0）。

注意，虽然用简单语言编写的一切程序都能用数字表述，但是，并不是所有的数字都能解释为合法程序。转换之后，如果符号不符合语法规则，这个数字就不是有效的程序。

例 17-6　将 3058 翻译成程序。

解　将数字变成十六进制数并用相应的符号代替：

$$3058 \rightarrow (BF2)_{16} \rightarrow \text{decr X 2} \rightarrow \text{decr}(X_2)$$

这意味着在简单语言中的等价代码是 $\text{decr}(X_2)$。注意，在简单语言中，每个程序都包括输入和输出。这意味着程序和它的输入的组合定义了哥德尔数。

17.4　停机问题

几乎所有的简单语言编写的程序都包含某种形式的重复（循环或递归函数）。一个重复结构可能永远都不会结束（停机）；这就是说，一个含有无限循环的程序可以永远运行。例如，下面用简单语言编写的程序可以永不结束。

```
X ← 1
while(X)
{
}
```

一个典型的编程问题是：

> **我们能编写一个程序来测试任何可以用哥德尔数表示的程序是否会终止吗？**

该程序的存在将会节省编程人员的大量时间，运行一个程序而不知道它是否可以终止是一项枯燥乏味的工作。不幸的是，现在已经证明这样的程序不可能存在（编程人员的最大失望）。

17.4.1　停机问题是不可解的

当谈到这样的测试程序不存在而且永远不会存在时，计算机科学家会说："**停机问题**是不可解的"。

证明

下面给出这样的测试程序不存在的一个非正式证明。我们的方法在数学中经常使用：这就是**反证法**。我们假设这样的程序存在，然后证明它的存在将产生一个矛盾，因此它不可能存在。我们用下面三个步骤给出该方法的证明过程。

第一步

在此步骤中假设存在一个命名为 Test 的程序，它能接收其他任何程序，例如 P，用它的哥德尔数表示作为输入，并且输出为 1 或 0。如果 P 终止，则 Test 程序输出为 1；如果 P 不终止，则 Test 程序输出为 0（图 17-12）。

第二步

在这一步中，我们创建另一个程序，叫作 Strange，它由两部分组成：开始为程序

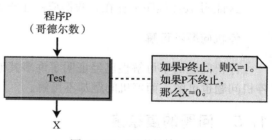

图 17-12　证明的第一步

Test 的副本，末尾是一个空循环（用一个空体循环）。循环用 X 作为测试变量，它实际上是
程序 Test 的输出。这个程序也用 P 作为输入。我们之所以称这个程序为 Strange 是因为：如
果 P 终止，程序的第一部分（Test 程序的副本）输出 1，这个 1 输入循环体，循环不终止
（无限循环），相应的程序 Strange 也不会终止。如果 P 不终止，程序的第一部分（Test 程序
的副本）输出 0。这个 0 输入循环体，循环终止（它现在是一个有限循环，循环从未重复），
随后，程序 Strange 终止。换句话说，我们有以下奇怪的情形：

> 如果 P 终止，Strange 不终止。
> 如果 P 不终止，Strange 终止。

图 17-13 给出证明的第二步。

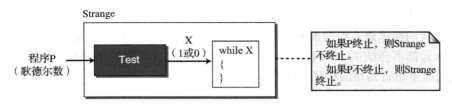

图 17-13　证明的第二步

第三步

编写了 Strange 程序后，我们用程序自身（它的哥德尔数）作为输入来测试它，这是合
法的，因为我们没有给程序 P 任何约束条件。图 17-14 给出了此情况的示意图。

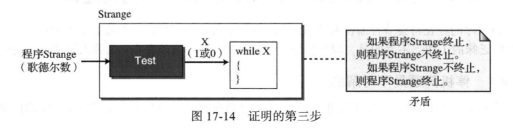

图 17-14　证明的第三步

矛盾

假设程序 Test 存在，我们得到以下矛盾：
如果程序 Strange 终止，则程序 Strange 不终止。
如果程序 Strange 不终止，则程序 Strange 终止。

这证明 Test 程序不存在，我们应停止查找该程序，所以

停机问题不可解。

停机问题的不可解性已经证明了许多其他问题也是不可解的，因为如果它们可解，那么
停机问题也可解，而停机问题却不可解。

17.5　问题的复杂度

既然我们已经证明：至少有一个问题计算机无法解决，那么让我们在这个问题上再进一

步深入。在计算机科学领域，我们可以这么说，一般来说问题可以分为两类：**可解问题**和**不可解问题**。可解问题又可以分为两种：多项式问题和非多项式问题（图 17-15）。

17.5.1　不可解问题

　　无法用计算机解决的问题有无穷无尽，停机问题是其中一个。要证明一个问题是无法解决的，方法是证明如果它可以解决，那么停机问题也同样可以解决，换句话说，证明一个问题能否解决等同于证明停机问题能否解决。

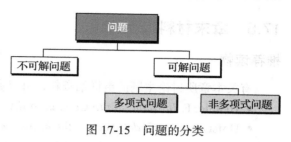

图 17-15　问题的分类

17.5.2　可解问题

　　能够被计算机解决的问题也是无穷无尽，平常我们关心的是：计算机需要花多长时间去解决一个问题。换言之，这个问题有多复杂？

　　问题的复杂度可以用不同的方法衡量，例如，运行时间、需要的内存等。其中一种衡量方法是运行时间，即运行一个程序需要花多长时间？

　　可解问题的复杂度

　　衡量可解问题复杂度的一个方法是找出计算机运行该程序时要执行的运算数量。这样，复杂度问题不是依赖于运行程序的计算机速度，而是依赖于输入的数目。例如，如果程序在处理一个列表（例如对列表中元素进行排序），则复杂度依赖于该列表中元素的数目。

　　大 O 表示法

　　相对于当今计算机的速度，我们关心的是程序总体的数量级而不是精确的数字。例如，如果对两个程序的分析显示：其中一个执行 15 个运算（或一组运算），另一个执行 25 个，它们都运行得很快，以至于看不出有什么不同。但假设运算数量是 15 比 1500，我们就应该考虑它了。

　　效率的简化以**大 O 表示法**最为著名。在这里，只给出该表示法的思想并不深入研究它的正式定义和计算。在该表示法中，运算数量（或一系列相关运算）表示为输入量的函数。符号 $O(n)$ 表示有 n 个输入，执行 n 次运算；符号 $O(n^2)$ 表示有 n 个输入，执行 n^2 次运算。

　　例 17-7　假设编写了三个不同的程序来解决同一问题，第一个程序复杂度为 $O(\log_{10}n)$，第二个程序复杂度是 $O(n)$，第三个程序复杂度是 $O(n^2)$。假设输入为 100 万，那么在一台一条指令执行时间为 1 微秒（每秒 100 万次）的计算机上分别运行它们，各需多少时间呢？

　　解　分析如下：

第一个程序：$n=1\,000\,000$　$O(\log_{10}n) \rightarrow 6$　　　　Time $\rightarrow 6\,\mu s$
第二个程序：$n=1\,000\,000$　$O(n) \rightarrow 1\,000\,000$　　　Time $\rightarrow 1s$
第三个程序：$n=1\,000\,000$　$O(n^2) \rightarrow 10^{12}$　　　　Time $\rightarrow 277\,h$

　　多项式问题

　　如果程序的复杂度为 $O(\log n)$、$O(n)$、$O(n^2)$、$O(n^3)$、$O(n^4)$ 或 $O(n^k)$（k 为常数），则被称为多项式问题。以当今计算机的处理速度，对于一个有合理输入数量的（如从 1 000 到 1 000 000）的**多项式问题**我们都能解决。

　　非多项式问题

　　如果一个程序的复杂度远比多项式问题复杂，例如 $O(10^n)$ 或 $O(n!)$，当输入数很小（小于 100）时，这种问题可以解决。如果输入数很大，则需要坐在计算机面前等上几个月的时间才能看到**非多项式问题**的解决结果。但是，随着计算机处理速度的不断提高，我们也许能在更短的时间内解决非多项式问题。

17.6　章末材料

推荐读物

有关本章所讨论主题的更详细资料，可以参考下列书籍：

- Hennie, F. *Introduction to Computability*, Reading, MA: Addison-Wesley, 1977
- Hofstadter, D. *Gödel, Escher, Bach: An Eternal Golden Braid*, St. Paul, MN: Vintage, 1980
- Hopcroft, J., Motwani, R. and Ullman, J. *Introduction to Automata Theory, Languages, and Computation*, Reading, MA: Addison-Wesley, 2006
- Kfoury, A., Moll, R. and Michael, A. *A Programming Approach to Computability*, New York: Springer, 1982
- Minsky, M. *Computation: Finite and Infinite Machines*, Engelwood Cliffs, NJ: Prentice-Hall, 1967
- Sipser, M. *Introduction to the Theory of Computation*, Boston, MA: Course Technology, 2005

关键术语

big-O notation（大 O 表示法）	loop statement（循环语句）
Church-Turing thesis（邱奇 - 图灵论题）	macro（宏）
controller（控制器）	nonpolynomial problem（非多项式问题）
decrement statement（递减语句）	polynomial problem（多项式问题）
finite state automation（有限状态自动机）	read/write head（读 / 写头）
Gödel number（哥德尔数）	solvable problem（可解问题）
halting problem（停机问题）	Turing machine（图灵机）
hexadecimal digit（十六进制数）	unsolvable problem（不可解问题）
increment statement（递增语句）	

小结

- 我们可以定义一种只有三种语句的计算机语言：递增语句、递减语句和循环语句。递增语句给变量加 1。递减语句给变量减 1。循环语句是在变量的值不为 0 时，重复一个动作或一系列动作。
- 可以证明这种简单的语言能模拟一些流行语言中的多个语句。我们把每个模拟称为为一个宏，它可以在其他模拟中使用，而不需要重复编码。
- 图灵机是为解决可计算问题而设计的，它是现代计算机的基础。图灵机由三部分构成：磁带、控制器和读 / 写头。
- 基于邱奇 - 图灵论题，如果存在一个完成符号操纵任务的算法，那么完成此任务的图灵机也是存在的。

- 在理论计算机科学中，在具体的计算机语言中，一个分配给任何程序的无符号数称为哥德尔数。
- 一个经典的编程问题是能否构造一个可以预言另一程序是否会结束的程序。不幸的是已经证明这样的程序是不存在的，停机问题是不可解的。
- 在计算机科学中，问题可以分成两类：可解问题和不可解问题，可解问题本身可以分为多项式问题和非多项式问题。

17.7　练习

小测验

在本书网站上提供了一套与本章相关的交互式试题。强烈建议学生在做本章练习前首先完成相关测验以检测对本章内容的理解。

复习题

Q17-1　在简单语言中，有三种基本语句是其他语句的基础，说出它们的名字，并描述它们的功能。

Q17-2　说明如何用三种基本语句把一个变量的值赋给另一个变量。

Q17-3　图灵机和简单语言间有何关系？

Q17-4　说明图灵机的组成和每一部件的功能。

Q17-5　图灵机磁带是如何划定数据界限的？

Q17-6　当读/写头完成读或写一个符号后，下一步是什么？

Q17-7　状态转移图与图灵机控制器有何联系？

Q17-8　转移图与转移表有何联系？它们有相同的信息吗？谁包含的信息要多些？

Q17-9　什么是哥德尔数？怎样用哥德尔数证明停机问题是不可解决的？

Q17-10　比较并区分多项式可解问题和非多项式可解问题的复杂度。

练习题

P17-1　重写算法 17.6（$Y \leftarrow X$），使得它能保存 X 的值。

P17-2　重写算法 17.7，使得它在计算 $Z \leftarrow X + Y$ 的同时能保存 X 和 Y 的值。

P17-3　重写算法 17.8，使得它在计算 $Z \leftarrow Y \times X$ 的同时能保存 X 和 Y 的值。

P17-4　重写算法 17.9，使得它在计算 $Z \leftarrow Y^X$ 的同时能保存 X 和 Y 的值。

P17-5　使用前面定义的语句或用简单语言编写的宏来模拟下面的宏：

　　　$Y \leftarrow Y - X$

P17-6　使用前面定义的语句或用简单语言编写的宏来模拟下面的宏（X 只能是 0 或 1）：

```
if (X) then
{
    A₁
}
else
{
    A₂
}
```

P17-7　给定一台带有一条指令（A，1，b，R，B）的图灵机和如下的磁带配置：

```
      ↓
… b 1 1 1 b …
```

显示出磁带的最终配置。

P17-8 给定一台带有一条指令（A，b，b，R，B）的图灵机和如下的磁带配置：

$$\downarrow$$

··· b 1 1 1 b ···

显示出磁带的最终配置。

P17-9 给定一台带有 5 条指令（A，b，b，R，B）、（B，1，#，R，B）、（B，b，b，L，C）、（C，#，1，L，C）、（C，b，b，R，B）的图灵机和如下的磁带配置：

$$\downarrow$$

··· b 1 1 1 b ···

显示出磁带的最终配置。

P17-10 显示给一个二进制中的非负整数加 1 的图灵机的状态图。例如，磁带的内容为 $(101)_2$，它将被改成 $(110)_2$。

P17-11 显示图灵机中对语句 incr(X) 的模拟（如本章定义的），当 X = 0 时，给出正确的答案。

P17-12 显示图灵机中对语句 decr(X) 的模拟（如本章定义的），当 X = 0 时，给出正确的答案。

P17-13 显示图灵机中对循环语句的模拟（如本章定义的），当我们允许使用像 # 这样的其他符号时，该图灵机能改成可以保存 X 的原始值。

P17-14 给出图灵机模拟宏 X ← 0 的状态转移图和程序。

P17-15 给出图灵机模拟宏 Y ← X 的状态转移图和程序。

P17-16 一台图灵机使用单个 1 来表示整数 0，说明整数 n 在此机器上是如何表示的。

P17-17 宏 X_1 ← 0 的哥德尔数是什么？

P17-18 宏 X_2 ← 2 的哥德尔数是什么？

P17-19 宏 X_3 ← X_1 + X_2 的哥德尔数是什么？

人工智能

在本章中，我们将对人工智能（AI）作简单的介绍。首先介绍人工智能的简史和定义，接下来讨论知识表示，它是人工智能中的一个广泛介绍且得到很好发展的领域。然后，我们介绍专家系统，当需要人类专家而专家不可用时，这些系统能代替人类专家工作。接着我们讨论在图像处理和语言分析两个领域中人工智能是如何用来模仿人类行为的。接着，我们说明使用不同的搜索方法，专家系统和平凡系统是如何解决问题的。最后，我们讨论在智能体中神经网络是如何模仿学习过程的。

目标

通过本章的学习，学生应该能够：

- 定义和叙述人工智能的简史；
- 描述知识在智能体中是如何表示的；
- 说明当人类专家不可用时，专家系统是如何使用的；
- 说明如何用人工智能体来模仿人类完成任务；
- 说明专家系统和平凡系统是如何使用不同的搜索方法解决问题的；
- 说明人类的学习过程是如何被模仿的，在一定程度上，使用神经网络创建的电子版神经元称为感知器。

18.1 引言

这一部分我们非正式地定义**人工智能**（AI）这个词，然后给出它的简史。我们同时也定义了**智能体**和它的两大类别。最后我们介绍两种在人工智能中常用的编程语言。

18.1.1 什么是人工智能

虽然人工智能没有公认的定义，但我们采用如下与本章标题相匹配的定义：

> 人工智能是对程序系统的研究，该程序系统在一定程度上能模仿人类的活动，如感知、思考、学习和反应。

18.1.2 人工智能简史

虽然人工智能作为一门独立的学科是相对年轻的，但它还是经历了一段发展的时间。我们可以这样说，当 2400 年前希腊哲学家亚里多斯德发明了逻辑推理这个概念时，人工智能就开始了，接着莱布尼茨和牛顿完成了逻辑语言的定稿。乔治·布尔在 19 世纪逐步提出的布尔代数（附录 E）奠定计算机电子电路的基础。但是，思维计算机的主要思想却来自阿兰·图灵，他提出了图灵测试。"人工智能"这个术语是 John McCarthy（约翰·麦卡思）在 1956 年首次提出的。

18.1.3 图灵测试

在 1950 年，阿兰·图灵提出了**图灵测试**，这个测试提出了机器具有**智能**的一个定义。该测试的方法是，简单地比较人类的智能行为和计算机的智能行为。一个询问者对计算机和人类都提出一组问题，然后，询问者得到两组答案，但他不知道哪一组是来自人类，哪一组来自计算机。在仔细检查两组答案后，如果询问者不能肯定地说出哪一组来自人类，哪一组来自计算机，那么，计算机就通过了具有智能行为的图灵测试。

18.1.4 智能体

智能体是一个能智能地感知环境、从环境中学习并与环境进行交互的系统。智能体可以分成两大类：软件智能体和物理智能体。

1. 软件智能体

软件智能体是一组用来完成特殊任务的程序。例如，有些智能系统能用来整理电子邮件（e-mail），能检查收到的邮件的内容，然后把它们归到不同的类别中（垃圾、不重要、重要、非常重要等）。另外一个软件智能体的例子是搜索引擎，它搜索万维网，发现能提供与查询主题相关信息的网址。

2. 物理智能体

物理智能体（机器人）是一个用来完成各项任务的可编程系统。简单的机器人可以用在制造行业，从事一些日常的工作，如装配、焊接或油漆。有些组织使用移动机器人去做一些日常的分发工作，如分发邮件或明信片到不同的房间。移动机器人可以在水下探测石油。

人型机器人是一种自治的移动机器人，它模仿人类的行为。虽然人型机器人只在科幻小说中流行，但是要使这种机器人能合理地与周围环境交互并从环境里发生的事件中学习，这里面还有很多工作要做。

18.1.5 编程语言

虽然有些通用语言（如 C、C++ 和 Java）能用来编写智能软件，但有两种语言是特别为人工智能设计的，它们是 LISP 和 PROLOG。

1. LISP

LISP（LISt Programming）是约翰·麦卡思在 1958 年发明的，顾名思义，LISP 是一种操纵表的编程语言。LISP 把数据和程序都当成表，这就意味着 LISP 程序能改变它自身。这个特性与智能体的理念相吻合，智能体能从环境中学习并改善自身行为。

但是，LISP 的一个缺点是它的行动迟缓。如果要处理的表比较长，LISP 就变得很慢。另一个缺点是它的语法复杂。

2. PROLOG

PROLOG（PROgraming in LOGic）是一种能建立事实数据库和规则知识库的编程语言。使用 PROLOG 编程能使用逻辑推理来回答那些可以从知识库中推导出来的问题。但是，PROLOG 不是一种效率很高的编程语言，有些复杂问题使用其他语言（如 C、C++ 或 Java）来解决时，效率更高。

18.2 知识表示

如果打算用人工智能体来解决现实世界中的一些问题，那么它必须能表示知识。事实被表示成数据结构后就能被存储在计算机中的程序操纵。这一节，我们描述 4 种常见的知识表示方法：语义网、框架、谓词逻辑和基于规则的系统。

18.2.1　语义网

语义网是 Richard H. Richens 在 20 世纪 60 年代提出的。语义网使用有向图表示知识。正如在第 12 章讨论的，有向图由顶点（node）和边（arc）构成。语义网用顶点代表概念，用边（用箭头表示）表示两个概念间的关系（图 18-1）。

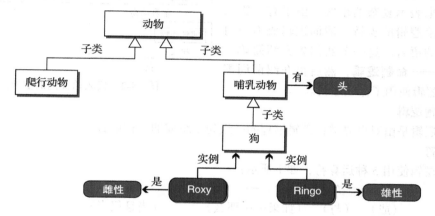

图 18-1　一个简单的语义网

1. 概念

为了给概念一个准确的定义，专家们把概念的定义与集合理论联系起来。因此，概念被看成一个集合或一个子集。例如，"动物"是所有动物的集合，"马"是所有马的集合，也是"动物"的子集。对象是集合中的成员（实例），概念用顶点表示。

2. 关系

在语义网中，关系用边表示。一条边可以定义一个"子类"关系——这条边从子类指向超类。一条边可以定义一个"实例"关系——这条边从实例指向它所属的集合。一条边也可以定义一个对象的属性（颜色、大小……）。最后，一条边可以定义一个对象的所有权，例如拥有另外一个对象。语义网能很好定义的最重要的关系是"继承"。继承关系定义明了这样一个事实：一个类的所有属性将出现在继承的类中。这可以用来从用图表示的知识中推导出新的知识。

18.2.2　框架

框架与语义网紧密相关。在语义网中，图用来表示知识；在框架中，数据结构（记录）用来表示相同的知识。与语义网相比，框架的一个优点是程序更容易处理框架，而不是语义网。图 18-2 显示了如何用框架来实现图 18-1 中的语义网。

1. 对象

语义网中的一个节点变成了一组框架中的一个对象，所以一个对象可以定义一个类、一个子类或类的一个实例。在图 18-2 中，爬行动物、哺乳动物、狗、Roxy 和 Ringo 都是对象。

2. 槽

语义网中的边被翻译成"槽"（数据结构中的域）。槽的名字定义了关系的类型和构成关系的槽的值。在图18-2中，动物是爬行动物对象的一个槽。

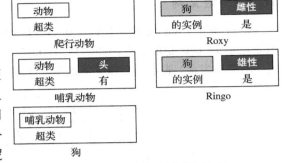

图18-2 代表语义网的框架组

18.2.3 谓词逻辑

最通常的知识表示是**谓词逻辑**。谓词逻辑可以用来表示复杂的事实。由于有了悠久历史的理论逻辑的支持，谓词逻辑成为一门良好定义的语言。这一节我们先介绍简单一些的语言——**命题逻辑**，然后再介绍谓词逻辑。谓词逻辑使用了命题逻辑。

1. 命题逻辑

命题逻辑是由对世界进行逻辑推理的一组句子组成的一种语言。

运算符

命题逻辑使用5种运算符，如下所示：

¬	∨	∧	→	↔
（非）	（或）	（与）	（如果……那么）	（当且仅当）

第一个运算符是一元运算符（运算符带一个句子），其他4个都是二元运算符（运算符带两个句子）。每个句子的逻辑值（真或假）取决于原子句子的逻辑值，原子句子是不带运算符的构成复杂句子的特殊句子。图18-3显示了命题逻辑中每个运算符的真值表。真值表在第4章中介绍过，在附录E中有解释。

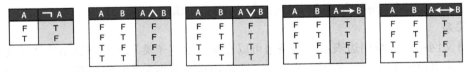

图18-3 谓词逻辑中的5个运算符的真值表

句子

这种语言中的句子递归定义如下：

1）大写字母（如A、B、S或T）表示在自然语言中的一个语句，它们是一个句子。

2）两个常数值（真和假）中的任意一个都是句子。

3）如果P是句子，则¬P也是句子。

4）如果P和Q是句子，则P∨Q、P∧Q、P→Q和P↔Q都是句子。

例 18-1 以下的是命题语言中的句子：

a. 今天是星期天（S）。

b. 天在下雨（R）。

c. 今天是星期天或者是星期一（S∨M）。

d. 天没下雨（¬R）。

e. 如果狗是哺乳动物，那么猫也是哺乳动物（D→C）。

推演

在人工智能中，我们需要从已知的事实中推导出新的事实。在命题逻辑中，这样的过程称为推演。给定两个假定为真的句子，我们能推演出新的为真的句子，前面两个句子称为前提，推演出的句子称为结论，而整个称为论断。例如：

前提 1： 他或者在家或者在办公室
前提 2： 他不在家
结论   所以，他在办公室

如果我们用 H 代表"他在家"，O 代表"他在办公室"，符号 |- 代表"所以"，那上面的论断可以表示成

$$\{H \lor O, \neg H\} |- O$$

问题是我们如何证明推演的论断是合法的。一个合法的论断是指它的结论是前提的必然延续。换言之，在一个合法的推演论断中，如果所有的前提都为真，而结论为假，这是不可能的。

验证论断合法性的一种方法是为前提和结论建立真值表。如果我们在其中发现了反例，那么结论就是非法的，反例就像：所有的前提都为真，而结论却是假。

例 18-2 论断 {H∨O，H}|- O 的合法性可以用如下的真值表证明：

H	O	H∨O	¬ H	O	
F	F	F	T	F	
F	T	T	T	T	OK
T	F	T	F	F	
T	T	T	F	T	
		前提	前提	结论	

上表中唯一要检查的行是第二行，这一行没有显示反例，因此，论断是合法的。有些论断在逻辑上是非法的，例如：

前提 1： 如果她富有，她有车
前提 2： 她有车
结论   因此，她富有

我们可以看到，即使前两个句子都为真，结论却是假。我们把上面的论断表示成：{R→C，C}|-R，其中 R 代表"她富有"，C 代表"她有车"。

例 18-3 论断 {R→C，C}|-R 是非法的，是因为能找到反例。

R	C	R→C	C	R
F	F	T	F	F
F	T	T	T	F
T	F	F	F	T
T	T	T	T	T
		前提	前提	结论

上表中第 2 行和第 4 行需要检查。虽然第 4 行没问题，但第 2 行显示了反例（两个真的

前提导致假的结论）。因此，这个论断是非法的。

当找不到反例时，论断就是合法的。

2. 谓词逻辑

在命题逻辑中，表示句子的符号是原子的，我们不能分割开它而发现各个组成部分中所含的信息。例如，如下这样的句子：

P$_1$："琳达是玛丽的母亲"　　　P$_2$："玛丽是安妮的母亲"

我们可以用很多方法来组合这两个句子，从而产生其他的句子。但却不能抽取出琳达和安妮间的任何关系。例如，我们不能从上面两个句子中推导出琳达是安妮的祖母。要进行这样的推导，我们就需要谓词逻辑。这种逻辑定义了命题各部分间的关系。

在谓词逻辑中，句子被分成谓词和参数。例如，如下的句子被写成了谓词带两个参数的形式：

P$_1$："琳达是玛丽的母亲"　　　　变成　　　　母亲（琳达，玛丽）
P$_2$："玛丽是安妮的母亲"　　　　变成　　　　母亲（玛丽，安妮）

上面句子中的母亲关系是由谓词"母亲"来定义的，如果在两个句子中的玛丽是指同一个人，我们可以推导出琳达和安妮间的新的关系：祖母（琳达，安妮）。这就是谓词逻辑的全部意图。

句子

谓词逻辑语言中的句子定义如下：

1）一个带有 n 个参数的谓词，像 predicate_name(argument$_1$,…, argument$_n$) 是一个句子，predicate_name 把各个参数关联起来。每个参数可以是：

　　a. 一个常数，像人类、动物、约翰、玛丽。

　　b. 一个变量，像 x、y 和 z。

　　c. 一个函数，像母亲（安妮）。注意，函数是谓词，可以用作参数，函数的返回对象能
　　　 替代参数。

2）两个常数值（真和假）中的任一个都是句子。

3）如果 P 是句子，则￢P 也是句子。

4）如果 P 和 Q 是句子，则 P∨Q、P∧Q、P→Q 和 P↔Q 都是句子。

例 18-4

1）句子 "John works for Ann's sister" 可以被写成：

```
works[John,sister(Ann)]
```

其中函数 sister(Ann) 用作参数。

2）句子 "John's father loves Ann s sister" 可以写成：

```
loves[father(John),sister(Ann)]
```

量词

谓词逻辑允许使用**量词**。在谓词逻辑中两个常用的量词是∀和∃。

1）第一个词，"∀"读成"所有的"，被称为全称量词，它表明变量所表示的全部对象某些事为真。

2）第二个词，"∃"读成"存在"，被称为存在量词，它表明变量所表示的一个或多个对象某些事为真。

例 18-5 下面显示英语中的句子如何被写成谓词逻辑中的句子（x 是占位符）：

1）句子"All men are mortals"可以写成：

$$\forall x[\mathrm{man}(x) \rightarrow \mathrm{mortal}(x)]$$

2）句子"Frogs are green"可以写成：

$$\forall x[\mathrm{frog}(x) \rightarrow \mathrm{green}(x)]$$

因为句子可以写成"All frogs are green"或"Any frog are green"。所以谓词"greenness"可以应用于所有的 frog（青蛙）上。

3）句子"Some flowers are red"可以写成：

$$\exists x[\mathrm{flower}(x) \wedge \mathrm{red}(x)]$$

注意，括号中的运算符"∧"代替了"→"，这样做的原因超出了本书的范围。

4）句子"John has a book"可以写成：

$$\exists x[\mathrm{book}(x) \wedge \mathrm{has}(\mathrm{John}, x)]$$

换言之，句子变成了"There exist a book that belongs to John"。

5）句子"No frog is yellow"可以写成：

$$\forall x[\mathrm{frog}(x) \rightarrow \neg \mathrm{yellow}(x)] \quad \text{或} \quad \neg \exists x[\mathrm{frog}(x) \wedge \mathrm{yellow}(x)]$$

意思是：不存在一只青蛙且是黄色的。

推演

在谓词逻辑中，如果没有量词，一个论断的真假确认与命题逻辑完全相同。但是，当有量词时，判断就变得复杂多了。例如，下面的论断是完全合法的。

```
前提1:    All men are mortals
前提2:    Socrates is a man
结论      Therefore, Socrates is mortal.
```

判断这个简单的论断并不复杂。我们可以写成：

$$\forall x[\mathrm{man}(x) \rightarrow \mathrm{mortal}(x)], \mathrm{man}(\mathrm{Socrates}) \vdash \mathrm{mortal}(\mathrm{Socrates})$$

既然第一个前提是讨论所有的人，我们可以把这个类中的一个实例（Socrates）放到前提中，就得到如下的论断：

```
man(Socrates) → mortal(Socrates) ,man(Socrates) |- mortal(Socrates)
```

这可简化成 $M_1 \rightarrow M_2$，$M_1 \vdash M_2$。这里 M_1 是 man(Socrates)，M_2 是 mortal(Socrates)。这个结果是命题逻辑中的一个论断，显然是合法的。但是，在谓词逻辑中有许多论断不像这样容易判别，我们需要一套系统的证明，但这超出了本书的范围。

3. 超谓词逻辑

由于逻辑推理的需要，逻辑得到了进一步的发展，这些包括**高阶逻辑**、**默认逻辑**、**模态逻辑**和**时态逻辑**。这里只是简单地罗列一下这些名词。对它们的讨论超出了本书的范围。

高阶逻辑

高阶逻辑扩展了谓词逻辑中量词∀和∃的范围。这些谓词逻辑中的量词把变量 x 和 y 绑定到实例（在初始化时）。在高阶逻辑中我们能使用量词捆绑那些代表属性和关系的变量。这样，在初始化的过程中，这些变量就被换成了谓词。例如，我们可以有：$P(P_j \wedge P_a)$，下标 j 和 a 表示 John 和 Anne，这意味着 John 和 Anne 具有完全相同的属性。

模态逻辑

逻辑的一个快速发展的趋势是**模态逻辑**。逻辑中包含了 "could" "should" "may" "might" "ought" 等这样的表达式，来表达句子中语法上的语气。在这样的逻辑中，我们有符号表示 "it is possible that" 这样的运算符。

时态逻辑

时态逻辑像模态逻辑一样，用一套时态运算符扩展了谓词逻辑，如 " from now on" 或者 "at some point in time"，它们包含了论断合法性中的时间因素。

默认逻辑

在**默认逻辑**中，我们假定论断的默认结论可以被接收，只要论断与知识库中的内容相一致即可。例如，我们假定所有的鸟都会飞，除非知识库中有内容废除了这条通用的事实。

18.2.4 基于规则的系统

基于规则的系统使用一组规则来表示知识，这些规则能用来从已知的事实中推导出新的事实。规则表示当指定条件满足时什么为真。基于规则的数据库是一组 if…then…语句，它们的形式为：

```
if A then B   或   A→B
```

其中 A 称为前提，B 为结论。注意在基于规则的系统中，每条规则都是独立处理的，与其他规则没有关联。

1. 组成

一个基于规则的系统由三部分构成：解释器（或推理机）、知识库和事实库，如图 18-4 所示。

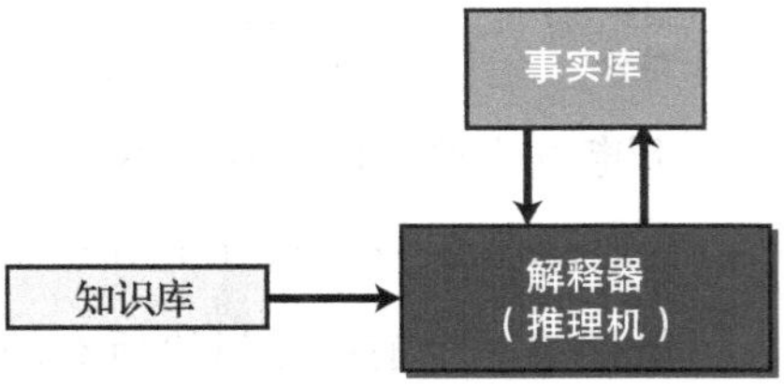

知识库

基于规则系统中的知识库部分就是规则的数据库（仓库）。它包含一组预先建立的规则，这些规则能从给定事实中得出结论。

事实库

事实库中包含了知识库中的规则要使用的一组条件。

图 18-4　基于规则的系统的组成部分

解释器

解释器（推理机）是一个处理器或控制器（如一段程序），它把规则和事实组合在一起。解释器有两种类型：正向推理和反向推理。我们将简单描述它们。

2. 正向推理

正向推理是这样一个过程，解释器使用一组规则和一组事实来执行一个行动。这个行动可能是向事实库中增加一条新的事实，或处理其他一些命令，如开启另一个程序或机器。解释器解释和执行规则，直到不再有要解释的规则。图 18-5 显示了基本的算法。

如果系统中有任何冲突发生，冲突是指有两条不同的规则可以应用到一个事实上，或一条规则可以应用到两个事实上，这时系统就要调用冲突处理过程来解决这个问题。这就保证了只有一个输出能被加到事实库中或一个行动被采取。关于冲突处理的讨论比较复杂，超出了本书的范围。

3. 反向推理

如果系统是证明一个结论，那么正向推理效率不高。面对给出的结论，所有的规则检查所有的事实。这种情况下，如果使用反向推理，效率会高些。图 18-6 显示了反向推理的过程。

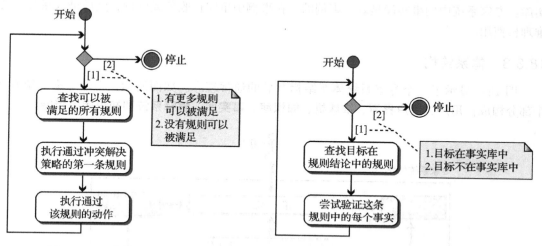

图 18-5   正向推理的流程图   图 18-6   反向推理的流程图

过程从一个结论（目标）开始，如果目标已在事实库中，则过程停止，结论得到验证。如果结论不在事实库中，那么系统查找目标在规则结论中的规则。但是，反向推理不是触发这条规则，而是去验证这条规则中的每个事实（递归）。如果这条规则中的所有事实都在事实库中，那么原来的目标就得到验证。

18.3 专家系统

专家系统使用前面所讨论的知识表示语言，来执行通常需要人类专家才能完成的任务。它们被用在需要人类专家，而人类专家却缺少、昂贵或不可用等场合。例如，在医疗领域，可建立专家系统从一组症状中得到可能病因的子集，而这项任务通常是由医生来进行的。

18.3.1 抽取知识

一个专家系统是建立在预先定义的关于领域专家经验的知识的基础上的。例如，医疗专家系统是建立在有经验的医生所具有的知识的基础上的，而这些有经验的医生是专攻这些领域的专家。因此，建立专家系统的第一步就是从人类专家身上抽取知识。抽取的知识就变成了我们前面讲到的知识库。

从专家身上抽取知识通常是困难的，这有几个原因：

1）专家拥有的知识通常是启发式的，它们是基于概率的，而不是确定的。

2）专家常常发现用可以存放在知识库中的规则形式来描述知识是艰难的。例如，要一步一步地显示故障电动机是如何被诊断的，这对电气工程师来说是非常艰难的。知识常常是直觉的。

3）知识获取只能通过与专家个人会面才能进行。如果会面者对这种会面并不擅长，那么会面将是累人的和枯燥的。

知识抽取过程通常是由**知识工程师**来完成。他可能并不是此领域的专家，但他有经验，知道如何去会面，如何去解释答案，所有这些工程师能用来建立知识库。

18.3.2 抽取事实

为了能推导新的事实或采取动作，除了需要用知识表示语言表示的知识库外，还需要事实库。专家系统中的事实库是基于事例的，在事例中事实被收集或度量，然后进入系统，被推理机使用。

18.3.3 体系结构

图 18-7 显示了一个专家系统体系结构背后的通常理念。如图所示，一个专家系统有 7 个部分构成：**用户**、**用户界面**、**推理机**、**知识库**、**事实库**、**解释系统**和**知识库编辑器**。

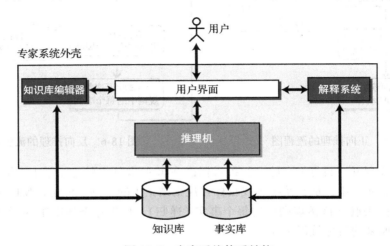

图 18-7　专家系统体系结构

推理机是专家系统的心脏，它与知识库、事实库和用户界面进行通信。专家系统中 7 个部分中的 4 个（用户界面、推理机、解释系统和知识库编辑器）是能一次建造，为多个应用使用的，因为它们并不依赖于特殊的知识库或事实库。图中这些部分显示在一个有阴影的方框中，通常它们被称为**专家系统外壳**。

1. 用户

用户是使用系统，从所提供的专家经验中获益的实体。

2. 用户界面

用户界面允许用户与系统交互，用户界面能接收用户的自然语言，然后把它们翻译给系统。大多数用户界面提供用户友好的菜单系统。

3. 推理机

推理机是专家系统的心脏，它使用知识库和事实库推导出要采取的动作。

4. 知识库

知识库是基于与相关领域专家的会面而得到的知识的集合。

5. 事实库

事实库在专家系统中是基于事例的。对于每个事例，用户输入可用的或度量的数据进入事实库，推理机为这特殊的事例使用这些数据。

6. 解释系统

并不是所有的专家系统都有解释系统，它用来解释推理机得出的结论的合理性。

7. 知识库编辑器

并不是所有的专家系统都有知识库编辑器，当从领域专家那里获得新的经验时，用知识库编辑器来更新知识库。

18.4　感知

人工智能的一个目标是创建一台行为像专家的机器——专家系统。另外一个目标是创建一台行为像普通人的机器。"感知"这个词的一个意思是理解通过感官（视觉、听觉、触觉、嗅觉、味觉）接收到了什么。人类通过眼睛看风景，头脑把它解释成在风景中抽取出来的对象类型。人类通过耳朵听到一组声音信号，头脑把它解释成有意思的句子，等等。

如果一个智能体要表现得像人类，那它就应该有感知能力。人工智能已经初步完成两种感知：视觉和听觉。虽然其他的感知可能在未来会被实现，但本节将简要讨论这两个领域的研究。

18.4.1　图像处理

图像处理或**计算机视觉**是人工智能的一个研究领域，它处理通过像摄像机这样的智能体的人工眼睛而获得的对对象的感知。一个图像处理器从外部世界获得二维图像，然后创建在场景中的这个对象的三维描述。虽然，这对人类来说是容易的事情，但对智能体来说却是困难的事情。图像处理器的输入是一幅或多幅场景图像，而得到的输出是场景中对象的描述。处理器使用了一个含有对象比较特性的数据库（图 18-8）。

我们需要强调的是，图像的获取是通过使用摄影和电视技术来创建图像的。人工智能关心的是如何解释这些图像，并从中抽取出对象的特征。

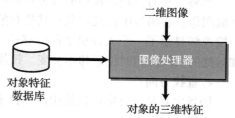

图 18-8　图像处理器的组成部分

1. 边缘探测

图像处理的第一步是**边缘探测**，去查找图像中的边缘在哪里。边缘定义了图像中的对象和背景间的边界。假定没有伪装存在时，通常属于对象的表面和环境间是存在着明显的反差的。边缘显示了在表面、深度或亮度方面的连续性。例如，图 18-9 显示了一个非常简单的图像用 0~9 表示的像素点的亮度值。这里 0 表示黑，9 表示白。使用亮度较大的差异值去查找邻接像素点，就能找到边缘。

这里有几种数学方法，利用像素点的亮度值从背景中找到对象的边界。最简单的一种方法是分异亮度矩阵。具有一致亮度值的区域将产生比较低的分异值（0 或 1），而边缘将产生最大的分异值。关于这些方法的讨论超出了本书的范围。我们推荐本章最后所列的参考书，以便进一步的研究。

图像　　　　　像素点亮度

图 18-9　边缘探测过程

2. 分段

分段是图像分析接下来的一步。分段把图像分成同构的段或区域。同构的定义随着方法的不同而不同。但是，通常同构的区域是其中像素点亮度值变化平滑的区域。分段与边缘探测非常类似。在边缘探测中，对象的边缘和背景被找到。在分段中，对象中两个不同区域的边界被找到。经过分段后，对象被分成不同的区域。

有几种方法进行分段。有一种称为阈值化，它把指定亮度值的像素点选择出来，试图去发现所有具有相同或非常相近亮度值的像素点。通过这种方法找到的像素点形成了一个段。另外一种方法称为分割，分割选取一个非同构的区域，把它分成同构的区域。还有一种方法称为合并，它用来进行具有相同亮度值区域的合并。

3. 查找深度

图像分析接下来的一步是查找对象的深度或是图像中的对象。深度的查找可以帮助智能体去测量对象距它多远。有两种常用的方法：立体视觉和运动。

立体视觉

立体视觉（有时称为立体影像）使用人类眼睛的技术来发现对象的深度。为了得到准确的距离识别，人类要使用两只眼睛。如果对象靠得非常近，我们眼睛里创建的两幅图像是不同的；但如果对象很远，则这两幅图像几乎是相同的。无须经过数学的计算和证明，我们就可以说识别对象距离的一种工具就是两只眼睛或两台摄像机。两台摄像机创建的图像能帮助智能体去判定对象是近还是远。

运动

另外一种对发现图像中的对象距离有帮助的方法是：当图中一个或多个对象移动时建立多幅图像。在场景中移动对象与其他对象间的相对位置能给出对象距离的提示。例如，假定一段视频显示了一个人在房子前的移动。人和房子（近距离对象）的相对位置会改变，但人和远处的山间的相对位置却不会变。智能体就能得出结论：房子在近处，而山在远处。

4. 查找方向

场景中对象的方向可以使用两种技术来发现：光照和纹理。

光照

光从物体表面反射的总量由多个因素来决定。如何一个对象的不同表面的光学特性是相同的，那么反射光线的总量将取决于反射光源的物体表面（它的相对位置）的方向。图 18-10 显示了两个被画出的对象。有阴影的对象毫无疑问更准确地显示了对象表面的方向。

图 18-10　方向查找中光照的影响

纹理

纹理（有规律重复的图案）也能对查找方向或表面的曲率有所帮助。如果智能体能识别图案，这将帮助它查找对象的方向或曲率。

5. 对象识别

图像处理的最后一步是对象识别。要识别对象，智能体需要在它的记忆里有可进行比较的对象模型。但是，把所见的每个对象模型都进行创建和存储是一个不可能的任务。一个解决方案是假定要识别的对象是一个复合的对象，它由一组简单的几何形状体组成。这些原始的形状能在智能体的记忆中创建并存储。我们需要智能体识别的对象类型能用这些对象的组合创建出来并保存起来。

当智能体"看"到对象，它就进行对象的分解，把对象分解成原始形状的组合。如果组合的对象对智能体来说是已知的，那对象就被识别了。图 18-11 显示了一小部分原始几何形状。

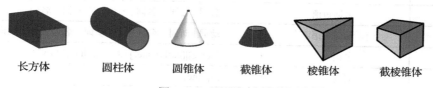

长方体　　　圆柱体　　　圆锥体　　　截锥体　　　棱锥体　　　截棱锥体

图 18-11　原始几何形状

6. 应用

图像处理的一个应用领域是制造业，特别是在组装生产线上。一个具有图像处理能力的机器人能用来测定组装生产线上的对象的位置。在这样的环境下，需要感知的对象数目是有限的，所以，图像处理就变得非常有帮助。

18.4.2　语言理解

人类一个固有的能力是能理解（即解释）所感知的声音信号。一台能理解自然语言的机器在日常生活中是非常有用的。例如，它能替代电话操作员（在大部分时间里）。它还可以用在系统需要预先定义格式查询的场合。例如，送到数据库的查询必须遵循指定系统所用的格式。能够理解自然语言中的查询，然后把它们翻译成指定格式的机器是非常有用的。

机器理解自然语言的任务分成 4 个连续的步骤：语音识别、语法分析、语义分析和语用分析。

1. 语音识别

自然语言处理的第一步是**语音识别**。在这一步中，语音信号被分析，其中所含的单词序列被抽取出来。语音识别子系统的输入是连续（模拟）的信号，输出是单词的序列。信号需要被分割成不同的声音，有时称为音素，而声音还需要组合到单词中。但是，这些详细的过程超出了本书的范围。我们把这些问题留给专门介绍语音识别的书。

2. 语法分析

语法分析这一步用来定义单词在句子中是如何组织的，这对于像英语这样的语言是非常困难的任务。因为单词在句子的作用并不是由它在句中的位置决定的。例如，下面两个句子：

```
Mary rewarded John.
John was rewarded by Mary.
```

这两个句子中 John 都是受到奖励的，但在第一个句子中，John 在最后的位置，而 Mary 在第一个位置。一台机器在听到上面任一个句子时都要能正确地解释，得到相同的结论。

文法

正确分析句子的第一工具是良好定义的文法。一种像英语这样的完全成熟的语言具有非常大的文法规则集合。我们假定一个非常小的英语子集，定义非常小的规则集合来说明观点。

语言的文法定义可以使用多种方法：我们使用 BNF（Backus-Naur 范式）的一个简单的版本。Backus-Naur 范式被用在计算机科学中，定义编程语言的语法（表 18-1）。

表 18-1   一个简单文法

序 号	规 则		
1	句子	→	名词短语 动词短语
2	名词短语	→	名词 | 冠词 名词 | 冠词 形容词 名词
3	动词短语	→	动词 | 动词 名词短语 | 动词 名词短语 副词
4	名词	→	[home]|[cat]|[water]|[dog]|[John]|[Mary]
5	冠词	→	[a]|[the]
6	形容词	→	[big]|[small]|[tall]|[short]|[white]|[black]
7	动词	→	[goes]|[comes]|[eats]|[drinks]|[has]/[loves]

第一条规则定义了一个句子是一个名词短语跟着一个动词短语，第二条规则定义了名词短语有三个选择：单个名词、一个冠词跟一个名词，或者一个冠词跟一个形容词再跟一个名词。第四条规则明确地定义了什么是一个名词。在我们这个简单的语言里只定义了 7 个名词，而在像英语这样的语言里名词表是在词典中定义的。第六条规则定义了形容词一个非常小的集合。第七条规则定义了动词一个非常小的集合。

虽然我们的语言的语法非常原始，但我们能从中产生许多句子，例如，我们有：

```
John comes home.
Mary drinks water.
John has a white dog.
John loves Mary.
Mary loves John.
```

词法分析器

表 18-1 中定义了简单文法，即使使用不同的选项，它也将是非常清楚的。一台判定一个句子是否符合文法（语法）的机器在判定一个句子是否合法之前，并不需要检查所有可能的选项。这个任务是由**词法分析器**来完成的。词法分析器基于文法规则建立一棵**词法分析树**来判断一个句子的合法性。图 18-12 显示了句子 "John has a white dog" 对应的词法分析树，该句子是基于表 18-1 中定义的规则产生的。

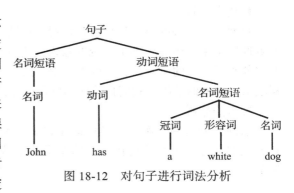

图 18-12   对句子进行词法分析

3. 语义分析

语义分析就是在句子被语法分析之后抽取出句子的意思。这种分析建立了句子中所涉及的对象的表示方法、它们的关系以及它们的属性。分析能用我们前面所讨论的任一种知识表示模式。例如，句子 "John has a dog" 可以用谓词逻辑表示成：

∃x dog(x) has(John,x)

4. 语用分析

前面的三个步骤（语音识别、语法分析和语义分析）能创建口语句子的知识表示。在大多数情况下，另外一步，**语用分析**是用来进一步明确句子的意图和消除歧义。

意图

句子的意图是不能通过上面的三个步骤发现的。例如，句子"Can you swim a mile?"问的是听者的能力，而句子"Can you pass the salt?"却只是一句礼貌的请求。英语句子有许多种不同的意图，如告诉、请求、答应、询问等。语用分析就是用来发现句子的这些意图的。

消除歧义

有时句子在语义分析之后是有歧义的。歧义的出现有不同的情况。一个单词可能有不止一种功能，如单词"hard"既能作形容词又能作副词。一个单词可能有不止一种的意思，如单词"ball"在"football"和"ball room"中是不同的含义。两个单词有着相同的发音，却有着不同的拼写和含义。一个句子在语法上可能是正确的，但在含义上却是没有道理的。例如，句子"John ate the mountain"语法分析时是合法的，语义分析时也是正确的，但含义却是毫无道理的。语用分析的另外一个目的：如果可能的话，从句子的知识表示中消除歧义。

18.5 搜索

人工智能解决问题的一种技术是搜索，这一节我们将简单地讨论这种技术。搜索可以描述成用状态（情形）集合求解问题。搜索过程开始于一个起始状态，经过中间状态，最后到达目标状态。例如，在难题求解中，初始状态就是未解决的难题，中间状态就是对难题采取的每一个步骤，目标状态就是难题被解决时的情形。搜索过程所使用的全部状态的集合称为**搜索空间**。

图 18-13 显示了一个具有 5 个状态的状态空间的例子。其中任一个状态都可能是初始状态或目标状态。带箭头的线显示了采取合适的动作后，一个状态是如何从一个状态走到另一个状态的。注意：如果没有动作或动作系列可被采取，那么从一个状态到另一个状态的转化也许就是不可能的。

例 18-6 一个显示搜索空间的难题的示例是著名的 8 数字游戏，难题是一个具有 9 个方格的盘子。盘子中只有 8 个方格，这就意味着总有一个格子是空的。方格被打上 1 到 8 的数字。给定这些方格一个初始随机的安排（初始状态），目标就是重新安排这些方格，直至实现方格的有序排列（目标状态）。游戏的规则是一个方格能滑入空的方格。图 18-14 显示了初始和目标状态的一个实例。

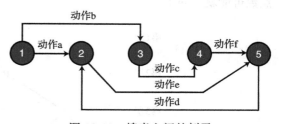

图 18-13　搜索空间的例子

图 18-14　例 18-6 中的初始状态和可能的状态

18.5.1　搜索方法

有两种常用的搜索方法：蛮力搜索和启发式搜索。蛮力搜索本身又有广度优先和深度优先。

1. 蛮力搜索

当对搜索没有任何先验的知识时，我们就使用**蛮力搜索**。例如，在图 18-15 中，A 和 T 分别代表起点和终点，我们要在迷宫中找到从 A 到 T 的路。迷宫的树形图如图 18-16 所示。

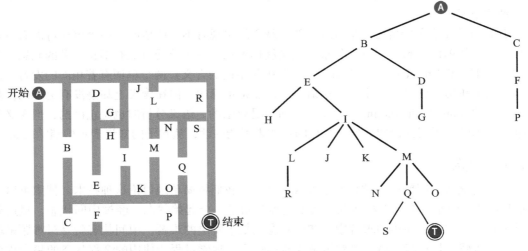

图 18-15　用来展示蛮力搜索的迷宫　　　　图 18-16　图 18-15 的迷宫对应的树

广度优先搜索

在这种方法中，我们从树的根开始，在我们走向下一层前，检查当前层中的所有节点。图 18-17 显示了迷宫从左到右的广度优先搜索。注意：在到达目标状态前，我们不得不搜索所有的节点，所以这种方法是低效的。如果我们的搜索是从右到左的，那么我们要搜索的节点数可能就不同了。

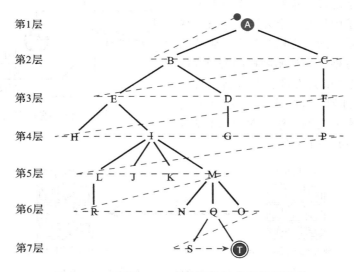

图 18-17　对图 18-16 中的树进行广度优先搜索

深度优先搜索

在这种方法中，我们从树的根开始进行向前搜索，直至发现目标或到达一个死端。如果到达了死端，我们回溯到最近的分支，然后再次向前搜索。我们继续这样的过程，直至达到目标（见图 18-18）。

图 18-18 显示了对应图 18-15 中的迷宫从右开始的深度优先搜索。搜索路径 ACFP 到达了一个死端，所以我们回溯到 A 点，继续沿着路径 ABDG 搜索，到达了一个死端，回溯到 B 点，沿着路径 BEIMO 搜索，又到达一个死端，回溯到 M 点，沿着路径 MQT 搜索，我们终于到达了目标。注意：针对迷宫问题，这种搜索方法的效率比广度优先搜索（图 18-17）要高。

2. 启发式搜索

使用**启发式搜索**，我们给每个节点赋一个称为启发值（h 值）的定量值。这个定量值显示了该节点与目标节点间的相对远近。例如，考虑图 18-19 中要解决的 8 数字游戏。

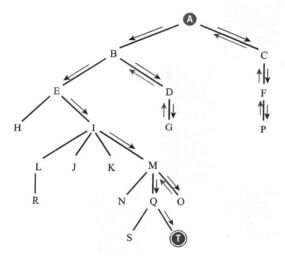

图 18-18　对图 18-16 中的树进行深度优先搜索

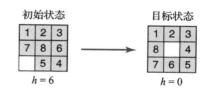

图 18-19　启发式搜索的初始和目标状态

假定难题的初始和目标状态如图所示。每一个方块的启发值是它到目标状态要移动的最小步数。每个状态的启发值是这个状态中所有方块的启发值之和。

表 18-2 显示了难题的初始和最终状态的启发值。

表 18-2　启发值

标题数字	1	2	3	4	5	6	7	8	总计
初始状态的启发值	0	0	0	1	1	2	1	1	6
目标状态的启发值	0	0	0	0	0	0	0	0	0

开始搜索时，我们考虑下一层所有可能的状态和它们的启发值。对于我们的难题，一步移动只产生两个可能的状态，它们以及 h 值显示在图 18-20 中。

接下来，我们从具有较小 h 值的节点开始，画出下一层次可能的状态。我们继续这种方法，直至到达一个 h 值为 0（目标状态）的状态，就像图 18-21 中显示的一样。难题的解决路径在图中是用粗箭头表示出来的。

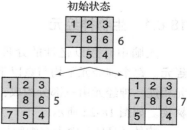

图 18-20　第一步的启发值

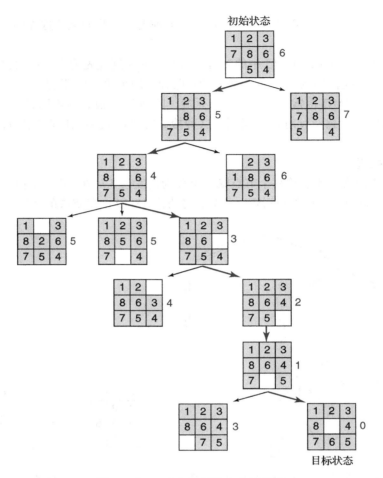

图 18-21   8 迷宫问题的启发式搜索

18.6   神经网络

如果智能体应该表现得像人类一样，那么它可能需要学习。学习是一种复杂的生物现象，即使是人类自己也没有完全理解。要使人工智能体学习肯定不是件容易的事情。但是，在过去已经有好几种方法为未来建立了希望。大多数方法使用了归纳学习或从例子中学习。这意味着把很大集合的问题和解法都给计算机，让计算机从中学习。本节我们只讨论其中一种方法，它可以不必使用复杂的数学概念来描述，它就是**神经网络**。神经网络试图使用神经元网络去模仿人脑的学习过程。

18.6.1   生物神经元

人脑中有数以亿计的处理单元，称为**神经元**。每个神经元平均与数以千计的其他神经元相连。神经元由三部分构成：**胞体**、**轴突**和**树突**。如图 18-22 所示。

胞体（身体）中含有细胞核：它是处理器。

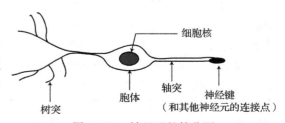

图 18-22   神经元的简化图

树突起到输入设备的作用：它接收其他神经元的输入。轴突起到输出设备的作用：它把输出送到其他神经元。**神经键**是神经元的轴突和其他神经元的树突的连接点。树突从相邻的神经元中收集电信号，把它传给胞体。神经键的工作就是给传到相邻神经元的信号上加上权重：它根据产生的化学物质的数量来判断是强连接还是弱连接。

一个神经元有两种状态：兴奋和抑制。如果接收的信号总量达到一个阈值，身体就兴奋，并触发一个输出信号，该信号传给轴突，最终传给其他的神经元。如果接收的信号总量没有达到阈值，神经元仍然处于抑制状态：它不触发或产生输出。

18.6.2　感知器

感知器是一个类似于单个生物神经元的人工神经元。它带有一组具有权重的输入，对输入求和，把结果与阈值进行比较。如果结果大于阈值，感知器触发；否则，不触发。当感知器触发时，输出为 1；不触发，输出为 0。图 18-23 显示了一个带有 5 个输入（$x_1 \sim x_5$）和 5 个权重（$w_1 \sim w_5$）的感知器。在这个感知器中，如果 T 是阈值，输出值确定如下：

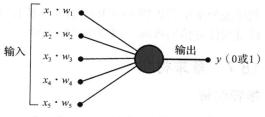

图 18-23　感知器

```
s=(x₁.w₁+x₂.w₂+x₃.w₃+x₄.w₄+x₅.w₅)
if s>T，那么 y=1；否则 y=0
```

例 18-7　假设一个有三个输入和一个输出的例子，有四个已知的输入/输出，显示在下表中：

输　　入			输　　出
1	0	0	0
0	0	1	0
1	0	1	0
1	1	1	1

这组输入被用来训练一个具有等权重的（$w_1 = w_2 = w_3$）感知器，阈值设置为 0.8，所有输入的原始权重为 50%。如果产生的输出是正确的（也就是，与实际的输出匹配），那么权重保持原来的值。如果产生的输出小于输出数据，那么权重将上升 10%；如果产生的值大于输出数据，那么权重将下降 10%。下表显示了应用先前的例子训练感知器的过程。

输　　入			权　　重	权　重　和	产生的输出	实　际　输　出	动　　作
1	0	0	50%	0.5	0	0	无
0	0	1	50%	1	1	0	下降
1	0	1	40%	8.0	0	0	无
1	1	1	40%	1.2	1	1	无

注意，即使是很小的可用数据集，感知器也能被训练。在实际应用场合，感知器总是被一个大得多的训练数据集训练（100 或 1000 个事例）。训练之后，感知器准备接收新的输入数据，产生一个可接受的正确的输出。

18.6.3 多层网络

几个层次的感知器可以组合起来，形成多层神经网络。每一层的输出变成下一层的输入。第一层称为输入层，中间层称为隐藏层，最后一层称为输出层。输入层中的节点不是神经元，它们是分配器。隐藏的节点通常用来给上一层的输出加上权重的。图 18-24 显示了一个三层的神经网络。

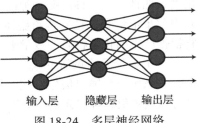

输入层   隐藏层   输出层

图 18-24   多层神经网络

18.6.4 应用

当有足够的预先定义的输入和输出时，就可以使用神经网络。两个证明神经网络有用的领域是光学字符识别（OCR）（智能体读任何的手写体）和信用赋值（不同的因素赋予不同的权重去建立信用等级，例如用于贷款申请）。

18.7 章末材料

推荐读物

有关本章所讨论主题的更详细资料，可以参考下列书籍：

- Cawsey, A. *The Essence of Artificial Intelligence*, Upper Saddle River, NJ: Prentice-Hall, 1998
- Luger, G. *Artificial Intelligence: Structures and Strategies for Complex Problem Solving*, Reading, MA: Addison-Wesley, 2004
- Winston, P. *Artificial Intelligence*, Reading, MA: Addison-Wesley, 1993
- Coppin, B. *Artificial Intelligence Illuminated*, Sudbury, MA: Jones and Bartlett, 2004
- Russel, S. and Norvig, P. *Artificial Intelligence: A Modern Approach*, Upper Saddle River, NJ: Prentice-Hall, 2003
- Dean, T. *Artificial Intelligence: Theory and Practice*, Redwood City, Reading, MA: Addison-Wesley, 2002

关键术语

artificial intelligence（人工智能）

axon（轴突）

brute-force search（蛮力搜索）

default logic（默认逻辑）

dendrite（树突）

edge detection（边缘探测）

expert system（专家系统）

frames（框架）

heuristic search（启发式搜索）

high-order logic（高阶逻辑）

image processing（图像处理）

intelligent agent（智能代理）

LISP

modal logic（模态逻辑）

neural network（神经网络）

neuron（神经元）

parser（词法分析器）

perceptron（感知器）

physical agent（物理智能体）

pragmatic analysis（语用分析）

predicate logic（谓词逻辑）

PROLOG

propositional logic（命题逻辑）

quantifier（量词）

rule-based system（基于规则的系统）

search space（搜索空间）

segmentation（分段）

semantic analysis（语义分析）

semantic network（语义网络）

software agent（软件智能体）

soma（胞体）

speech recognition（语音识别）

synapse（突触）

syntactic analysis（语法分析）

temporal logic（时态逻辑）

thresholding（阈值化）

Turing test（图灵测试）

小结

- 人工智能是编程系统的研究，它能在一定程度上模仿人类的活动，如感知、思考、学习和动作。定义人工智能的一种方法是图灵测试，它比较人类和机器的智能行为。
- 智能体是一个能感知环境、从环境中学习并智能地与环境交互的系统。智能体可以分成两大类：软件智能体和物理智能体。
- 虽然通用的语言（如 C、C++ 和 Java）能用来创建智能软件，但有两种专门为人工智能设计的语言：LISP 和 PROLOG。
- 知识表示是人工智能的第一步。我们讨论了 4 种常见的知识表示方法：语义网、框架、谓词逻辑和基于规则的系统。语义网使用有向图表示知识。框架与语义网紧密相关，其中数据结构（记录）用来表示相同的知识。谓词逻辑可以表示一个良好定义的语言，该语言在理论逻辑的悠久历史中得到发展。基于规则的系统使用一组可以从已知事实推导出新事实的规则来表示知识。
- 人工智能的一个目标是建立专家系统，完成通常需要人类专家经验的任务。它们可以用在人类专家缺少、昂贵或不可用等场合。
- 人工智能的另一个目标是创造行为像普通人类的机器。这个目标的第一部分涉及图像处理或计算机视觉，这是处理对象感知的一个人工智能领域。目标的第二部分是自然语言的语言处理、分析和翻译。
- 在人工智能中，问题求解的一种技术是搜索。搜索可以描述成使用一组状态（情形）求解一个问题。有两大类搜索，分别是蛮力搜索和启发式搜索。
- 如果智能体应该表现得像人类一样，那么它可能就需要学习。已经使用的方法中有几种为未来建立了希望。大多数方法使用归纳学习和从例子中学习。一个通常的方法是使用神经网络，使用神经元网络试图模仿人脑的学习过程。

18.8　练习

小测验

在本书网站上提供了一套与本章相关的交互式试题。强烈建议学生在做本章练习前首先完成相关测验以检测对本章内容的理解。

复习题

Q18-1　描述图灵测试。你认为该测试能用来准确地定义一个智能系统吗?

Q18-2　定义一个智能系统，列出两大类智能体。

Q18-3   比较人工智能中使用的语言 LISP 和 PROLOG。

Q18-4   描述知识表示的需要，列出本章所讨论的 4 种不同的表示方法。

Q18-5   比较谓词逻辑和命题逻辑。

Q18-6   比较框架和语义网。

Q18-7   定义一个基于规则的系统，并与语义网进行比较。

Q18-8   比较专家系统和平凡系统。

Q18-9   列出图像处理的步骤。

Q18-10   列出语言处理的步骤。

Q18-11   定义神经网络，它是如何模仿人类的学习过程的？

Q18-12   定义感知器。

练习题

P18-1   画一个语义网，显示下列人物间的关系：主治医生、家庭从业者、遗传生态学、实习医生、工程师、会计师、法国家庭从业者 Pascal 博士。

P18-2   把练习题 1 中的语义网表示成一组框架。

P18-3   使用符号 R 表示句子"It is raining"，符号 S 表示句子"It is sunny"，用命题逻辑写下列的英语句子。

    a. It is not raining.   b. It is not sunny.

    c. It is neither raining nor sunny.   d. It is raining and sunny.

    e. If it is sunny, then it is not raining.   f. If it is raining, then it is not sunny.

    g. It is sunny if and only if it is not raining.   h. It is not true that if it is not raining, it is sunny.

P18-4   使用符号 C、W 和 H 分别代表"it is cold""it is warm"和"it is hot"，写出下列命题逻辑中的句子对应的英语句子：

    a. $\neg H$ b. $W \vee H$ c. $W \wedge H$ d. $W \wedge (\neg H)$

    e. $\neg (W \wedge H)$ f. $W \rightarrow H$ g. $(\neg C) \rightarrow W$ h. $\neg (W \rightarrow H)$

    i. $H \rightarrow (\neg W)$ j. $((\neg C) \wedge H) \vee (C \vee (\neg H))$

P18-5   使用符号 Wh、Re、Gr 和 Fl 分别代表谓词"is white""is red""is green"和"is a flower"，用谓词逻辑写下列的句子：

    a. Some flowers are white.   b. Some flowers are not red.

    c. Not all flowers are red.   d. Some flowers are either red or white.

    e. There is not a green flower.   f. No flowers are green.

    g. Some flowers are not white.

P18-6   使用符号 Has、Loves、Dog 和 Cat 分别代表谓词"has""loves""is a dog"和"is a cat"，用谓词逻辑写下列句子：

    a. John has a cat.   b. John loves all cats.

    c. John loves Anne.   d. Anne loves some dogs.

    e. Not everything John loves is a cat.   f. Anne does not like some cats.

    g. If John loves a cat, Anne loves it.   h. John loves a cat if and only if Anne loves it.

P18-7   使用符号 Expensive、Cheap、Buys 和 Sells 分别代表谓词"is expensive""is cheap""buys"和"sells"，用谓词逻辑写下列句子：

    a. Everything is expensive.   b. Everything is cheap.

    c. Bob buys everything that is cheap.   d. John sells everything expensive.

    e. Not everything is expensive.   f. Not everything is cheap.

    g. If something is cheap, then it is not expensive.

P18-8 用符号 Identical 代表谓词 "is identical to"，用谓词逻辑写下列句子，注意谓词 "equal" 需要
两个参数。

    a. John is not Anne.   b. John exists.

    c. Anne does not exist.   d. Something exists.

    e. Nothing exists.   f. There are at least two things.

P18-9 用真值表检查下面的论断是否合法。

    {P → Q，P} |- Q

P18-10 用真值表检查下面的论断是否合法。

    {P∨Q，P} |-Q

P18-11 用真值表检查下面的论断是否合法。

    {P∧Q，P} |- Q

P18-12 用真值表检查下面的论断是否合法。

    {P → Q，Q → R} |- (P → R)

P18-13 画出一个能模拟 OR 门的神经网络。

P18-14 画出一个能模拟 AND 门的神经网络。

P18-15 图 18-25 显示了 8 数字游戏的初始和目标状态，画出解决
这一难题的启发式搜索树。

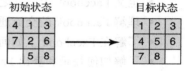

图 18-25 练习题 P18-15

P18-16 显示出图 18-26 中的树形图的广度优先搜索。

P18-17 显示出图 18-16 中的树形图的深度优先搜索。

P18-18 画出图 18-27 中迷宫的树形图。

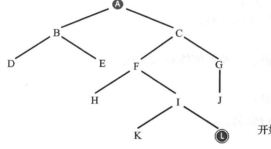

图 18-26 练习题 P18-16

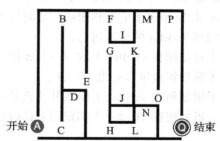

图 18-27 练习题 P18-18

P18-19 画出练习题 P18-18 中的树并显示出广度优先搜索。

P18-20 画出练习题 P18-18 中的树并显示出深度优先搜索。

社交媒体导论

在本章中，我们将简要地提及**社交媒体**，它是计算机科学的应用之一。本章的目标不在于展示如何使用社交媒体，因为许多学生已经知道并在日常生活中使用了社交媒体。本章主要是展示社交媒体背后的概念，以及网站是如何设计以体现这些概念的。本章将仅仅介绍 Facebook 和 Twitter，它们分别是特定社交媒体类型的案例。

目标

通过本章的学习，学生应该能够：

- 定义 Facebook 中的友谊（friendship）关系；
- 定义 Facebook 上朋友之间的相互关系；
- 理解 Facebook 的交流通道；
- 了解在 Facebook 上如何成为一个成员，以及如何终止成员权利；
- 了解如何登录和登出 Facebook；
- 了解如何在 Facebook 上找到朋友；
- 了解如何在 Facebook 上与朋友交谈；
- 定义 Twitter 中的跟随（following）关系；
- 定义 Twitter 上成员和跟随者之间的单向关系；
- 理解 Twitter 的交流通道；
- 了解如何在 Twitter 上成为一个成员，以及如何终止成员权利；
- 了解如何登录和登出 Twitter；
- 了解如何在 Twitter 上跟随其他成员；
- 了解如何在 Twitter 上和跟随者进行交流。

19.1 引言

在过去的一个世纪里，计算机科学开始成为一门学科，我们永远无法想象这门学科在如此短的时间内成为我们日常生活的一部分。计算机科学惠及大众的领域之一便是社交媒体。如今世界上大部分的人都或多或少使用一种或多种社交媒体，这可以看作一个计算机科学应用。事实上，社交媒体是几种计算机科学学科应用的产物，这些学科包括操作系统、计算机编程、计算机网络以及数据库。

社交媒体平台是大规模的网站，它被设计用来让人们交换彼此的想法、观点和经验。一些社交媒体平台主要被设计用来交换信息或图片；而另一些被用来让求职者找到雇主，让雇主找到雇员。

对于所有类型的社交媒体的讨论将会众说纷纭。因此，在本章中我们仅讨论两种类型：Facebook 和 Twitter。我们选取这两种类型，是因为 Facebook 和 Twitter 背后的概念十分复杂，这些概念或多或少在其他网站上有所体现。

19.2　Facebook

Facebook 是一种允许全球的家人和朋友互相保持联系的**社交媒体**，用户可以彼此之间交流思想、图片、评论等。

Facebook 允许成员分享思想、图片并评论。

19.2.1　梗概

在解释如何使用 Facebook 之前，首先来考虑其背后的梗概。

1. 友谊（friendship）

在 Facebook 上，只有**朋友**之间可以进行分享。友谊是一个一对一的相互关系。如果 John 是 Lucie 的朋友，那么 Lucie 也是 John 的朋友。然而，这种关系并不是可传递的，如果 John 是 Lucie 的朋友，而 Lucie 又是 Ann 的朋友，这并不能说明 John 是 Ann 的朋友。如果想要说明这一点，John 或 Ann 需要互相请求成为朋友。

在 Facebook 上，朋友的朋友不一定是朋友。

尽管在 Facebook 上有数以亿计的成员，但为方便讨论，在本书中假设只有 8 个成员（M1 到 M8），如图 19-1 所示。

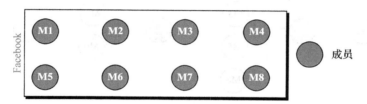

图 19-1　仅有 8 个成员的 Facebook

现在假设有以下对友谊的请求，并且这些请求都被其他成员接受了。

1）M1 请求与 M2 成为好友。

2）M2 请求与 M5 成为好友。

3）M3 请求与 M2 成为好友。

4）M4 请求与 M7 成为好友。

5）M6 请求与 M3 成为好友。

6）M7 请求与 M6 成为好友。

7）M8 请求与 M2 成为好友。

图 19-2 展示了在交友请求被接受后 8 个成员的关系。

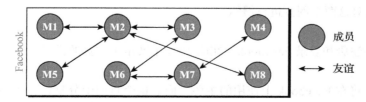

图 19-2　在交友请求被接受后 8 个成员的关系

注意，Facebook 掌管着每一个成员的信息，在好友请求被发出和同意之后在两者之间建立链接。

2. 交流

尽管成员之间的友谊是双向的关系，但我们可以假定一个成员单方面是许多人的朋友：一个成员发布了某个帖子，则他的所有朋友都可以看到，如图 19-3 所示。

a. M1 发布的，M2 可以看到；

b. M2 发布的，M1、M3、M5 和 M8 可以看到；

c. M3 发布的，M2 和 M6 可以看到；

d. M4 发布的，M7 可以看到；

e. M5 发布的，M2 可以看到；

f. M6 发布的，M3 和 M7 可以看到；

g. M7 发布的，M4 和 M6 可以看到；

h. M8 发布的，M2 可以看到。

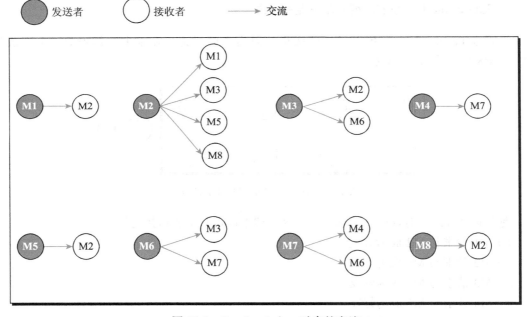

图 19-3　Facebook 上一对多的交流

19.2.2　网页

Facebook 使用了一些网页，但是最常用的两个网页是主页和用户页。在解释如何使用它们之前，首先对这两个网页进行展示。

1. 主页

主页只用来注册和登录 Facebook。在图 19-4 中展示了主页的样式。

2. 用户页

用户页是你将在 Facebook 上使用的主要页面。这个页面十分复杂，图 19-5 中展示了用户页的样式。注意，在你的页面的第一行总是有一个工具栏，上面有三列，但是左边的两列可以滚动以显示更多选项。

19.2.3　成员

要想使用 Facebook，你需要成为 Facebook 的成员。为此，你需要进行注册。如果想要停止成员状态，你需要**注销**，或是停用账户。

1. 注册

为了成为 Facebook 的成员（这是免费的），你需要前往 Facebook 的主页（www.facebook.com）（如图 19-4 所示），使用接下来的步骤进行注册：

1）忽略 log-in 部分，点击 sign-up 部分。

2）在相应的框中填入你的姓和名。

3）在相应的框中填入你的邮箱和手机号。

4）在接下来的框中重新输入你的邮箱和手机号。

5）选择你的出生日期（月，日，年）。

6）检查你的性别。

7）点击 sign-up 按钮。

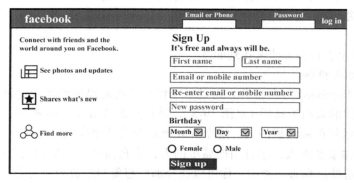

图 19-4　Facebook 主页

2. 注销（停用）

如果想永久停用你在 Facebook 上的账户，你需要前往用户页（图 19-5）并进行以下操作：

1）在工具栏的最右边点击向下的箭头。

2）在子菜单出现的时候，点击 Settings。

3）点击 Security。

4）选择 Deactivate your account，并且按照接下来的指令进行操作确认。

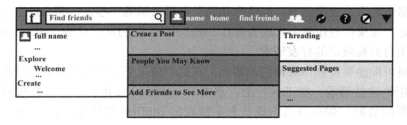

图 19-5　Facebook 用户页

19.2.4　获取 Facebook 的服务

即使已经注册成为 Facebook 的成员，如果想要使用 Facebook，你也需要登录。如果在一段时间内不想使用，那么你可以登出。

1. 登录

想要登录你的账户，你需要前往 Facebook 的主页（www.facebook.com）（图 19-4）。在第一行，输入你的邮箱或手机号，输入密码，接着点击 log-in 按钮。如果出现了你的页面，那就意味着现在你可以使用 Facebook 了。

2. 登出

如果你有一段时间不想使用 Facebook，那么可以登出。在用户页（你的页面）的工具栏（图 19-5）点击向下的箭头，弹出菜单，接着点击 log-out 按钮。

19.2.5　朋友

如前所述，使用 Facebook 的总体思想是和朋友保持联系。如果你在 Facebook 网站上发布了帖子，那么需要有朋友来看到这些东西。如果你想要看到其他成员的帖子，就必须成为她的朋友。换句话说，在开始通过 Facebook 进行交流之前，你需要找到朋友，并且能够让其他成员将你作为朋友。

1. 寻找朋友

在 Facebook 上有许多方法来找到朋友。

同意 Facebook 推荐

你可以同意 Facebook 好友推荐，这是基于你在注册时提供的信息进行的推荐。如果想同意推荐，前往你的页面工具栏（见图 19-5），并且点击 find friends 按钮，接着会显示一个列表，列表中显示你可能认识的人。这个列表被划分为几个类别（例如，你可能认识的人，共同好友，来自你家乡的人，来自当前城市的人，来自高中、大学的人，雇主，等等），你可以滚动来进行选择。在每一类中，你可以选择那些想要与之成为朋友的人，并点击姓名前面的 add friend 按钮。

关注电子邮件联系人

你可以关注那些定期使用电子邮件联系你的人。在你的页面工具栏（图 19-5）上点击 friend 图标（在 find friends 按钮旁边的那个）。Facebook 展示了有不同电子邮件图标的网页。选择合适的网页，接着输入你的邮件和密码以查看和你进行电子邮件通信的个人的列表。如果你想要这个列表上的一些人成为你在 Facebook 上的朋友，点击 add friend 按钮。

查找你知道的人

在你的页面工具栏的左边（图 19-5），输入成员的名字，接着点击搜索按钮，Facebook 会展示有着那个名字的成员列表。如果你找到了你所认识的一些人，那么点击这个名字来查看他们的简介。如果你想让那个人成为你在 Facebook 上的朋友，点击 add friend 按钮。

2. 同意来自其他成员的好友请求

其他成员可能想要将你作为他们的朋友。在这种情况下，在收到他们的请求的时候，你可以同意或拒绝这些请求。在工具栏上，点击 friend request 按钮，你将会看到所有给你好友邀请的成员的资料。你可以点击成员名字前面的 confirm 或是 decline 按钮来同意或者拒绝邀请。

3. 解除好友关系

你可以在任何时候将你的朋友列表中的任何成员移除。要想这么做，点击你的页面工具栏上你的资料图（图 19-5），点击你的名字下方的 friends 按钮来查看好友列表。滚动滚轮直到看到你想要移除的那个成员，接着点击 unfriend 按钮。

19.2.6　交换信息

Facebook 的总体目的在于允许朋友之间交换新闻（文本、照片、视频等）。为了接收你的朋友的帖子，前往 news feed，帖子将会出现在这个部分。如果想要给你的朋友发送新闻，你需要点击 update your status。接下来对这两部分进行简要介绍。

1. 读新闻

想了解你的朋友发表过的帖子，回到工具栏（图 19-5）并点击 home 按钮。你将会看到你的朋友发布过的所有最新帖子。每一个帖子都包括你朋友的名字、发帖的时间以及内容，可能还包括网页的链接。已经发表过的照片也会在这里出现，你可能希望通过点击这些图片来放大它们。如果在帖子中有一些视频，那么新闻的主题会出现一个短文，同时会出现播放箭头，点击箭头就可以查看视频了。

对已发布帖子进行评论

在已发布信息的所有项目（被称作更新）中，有一个 like 按钮，你可以点击这个按钮来表明你很喜欢这个帖子。

分享发布的帖子

点击原帖子的 share 按钮，会出现一个新窗口。在新窗口输入你对于这个帖子的评论，接着点击新窗口上的 share 按钮。通过这种方式，你就可以向你的朋友发布任何你收到的帖子。

2. 发布新闻

Facebook 可以让你向朋友们发布新闻（称作"更新"）。这个新闻可以是一篇长消息（60 000 字符以内）、网页的链接、照片或者视频。

发布新闻

想要发布**新闻**，前往工具栏（图 19-5）并且点击 home 按钮来查看发布窗口。update status（更新状态）将会被默认选择。点击 what's on your mind 按钮，输入你的新闻。接着点击 post 按钮来向你的朋友展示这些新闻。

发布照片或视频

在发布窗口，点击 add photos/video 按钮，接着选择右边的按钮来发布你的照片或视频。

标记

如果你想要在你的帖子中提到一个朋友，你可以标记那个朋友。想要这样做，你需要点击 tag 按钮（头像），接着从列表中选择朋友的名字。

限制可以看到帖子的人

通常情况下，你在 Facebook 上发布帖子，所有的 Facebook 成员都可以看到。你可以限定仅对朋友可见或者仅对自己可见。在 status update 窗口，点击 public 按钮以让任何人看到帖子，点击 friends 按钮以便只有你的朋友可以看到帖子，或者点击 only me 按钮，这样的话只有你自己可以看到帖子。

19.3　Twitter

Twitter 是一个社交网络，它允许成员发布短消息（被称作**推文**（tweet）），最多可以输入 140 个字符。推文可以让成员的跟随者看见。

> Twitter 允许成员向其跟随者发布推文。

19.3.1　梗概

在展示如何使用 Twitter 之前，首先讨论这个社交媒体网站背后的梗概。

1. 成员 – 跟随者关系

在 Twitter，成员与其跟随者之间存在一对多关系。一群 Twitter 的成员跟随他们喜欢的成员，被跟随者甚至不知道他们的跟随者都有哪些。这类似于名人和其粉丝之间的关系：跟随者对于名人所做的事情感兴趣，但是名人可能根本不知道这些跟随者是谁。

让我们假定在 Twitter 网站上有 8 个成员，如图 19-6 所示。现在假设有一些成员决定按照下列规则跟随其他成员：

1）M1 跟随 M2 和 M5。

2）M2 跟随 M3。

3）M3 跟随 M4 和 M5。

4）M4 跟随 M3 和 M8。

5）M5 跟随 M2 和 M6。

6）M6 跟随 M8。

7）M7 跟随 M3。

8）M8 跟随 M7。

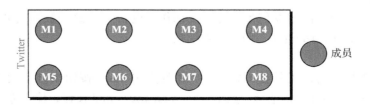

图 19-6　仅有 8 个成员的 Twitter

图 19-7 展示了最新的单向关系。

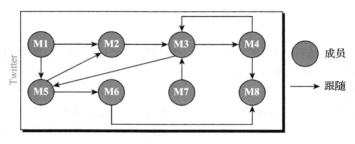

图 19-7　跟随 – 被跟随关系

2. 交流

在 Twitter 上，可以很容易地将交流看作一对多关系。成员为其跟随者发布推文。图 19-8 展示了这个场景。

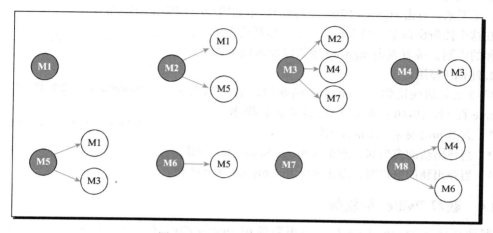

图 19-8　Twitter 上一对多的交流

a. M1 没有跟随者。这意味着 M1 发布的推文无人可见。

b. M2 的跟随者有 M1 和 M5。这意味着 M2 发布的推文可以被 M1 和 M5 所见。

c. M3 的跟随者有 M2、M4 和 M7。这意味着 M3 发布的推文可以被 M2、M4 和 M7 所见。

d. M4 的跟随者有 M3。这意味着 M4 发布的推文仅可以被 M3 所见。

e. M5 的跟随者有 M1 和 M3。这意味着 M5 发布的推文可以被 M1 和 M3 所见。

f. M6 的跟随者只有 M5。这意味着 M6 发布的推文仅可以被 M5 所见。

g. M7 没有跟随者。这意味着 M7 发布的推文无人可见。

h. M8 的跟随者有 M4 和 M6。这意味着 M8 发布的推文可以被 M4 和 M6 所见。

19.3.2　页面

Twitter 的网站上有一些页面，但是主要使用的两个页面是 Web 页和 Home 页。其他页面可以通过这两个页面之一进行访问。在阐述如何使用这两个页面之前，首先对这两个页面进行描述。

1. Web 页

Web 页主要用于第一次加入 Twitter，或者你想要登录自己的账户时（图 19-9）。

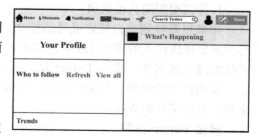

图 19-9　Twitter 的 Web 页

2. Home 页

当你已经有了 Twitter 账户，并且想要使用 Twitter 的时候，就需要使用 Home 页。这个页面的主要格式如图 19-10 所示。

19.3.3　成员

和其他社交媒体一样，成为成员你需要进行注册（图 19-9）。如果你想要关闭账户，那么需要注

图 19-10　Twitter 的 Home 页

销（图19-10）。

1. 注册

想要成为Twitter的成员，你需要前往www.twitter.com来找到Twitter的网页，如图19-9所示。接下来，点击sign-up按钮，页面会显示如图19-11所示的注册窗口。

在这个注册窗口中，填入你的全名、电话或电子邮件，以及你的密码。接着点击sign-up按钮以加入成为成员。

图19-11　Twitter的注册窗口

2. 注销（停用）

想要永久地注销你在Twitter上的账户，前往Twitter的Home页（图19-10）并按照如下步骤进行操作：

1）点击profile和settings图标。

2）当弹出新的窗口时，点击settings和privacy按钮。

3）当弹出新的窗口时，点击deactive my account按钮。

19.3.4　获取 Twitter 的服务

即使你成为Twitter的成员，当想要使用Twitter的时候，也需要登录。当不想使用Twitter的时候，你可以登出。

1. 登录

如果你成为Twitter的成员，可以从任何一台电脑或者手机进行登录。在Twitter的Web页（图19-9）上，点击log-in按钮来查看登录窗口（如图19-12所示）。

在登录窗口中，输入你的全名、电话或电子邮件，以及你的密码。接着点击log-in按钮，现在就可以使用Twitter了。

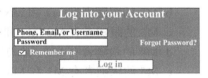

图19-12　Twitter的登录窗口

2. 登出

想要登出Twitter，前往Twitter的Home页（图19-10），并按照如下步骤进行操作：

1）点击profile和settings图标。

2）当新窗口打开时，点击log-out按钮。

19.3.5　跟随以及被跟随

Twitter的总体思想是允许成员与其跟随者之间进行交流。如果成员跟随了其他的成员，那么他就会收到推文。如果成员有了跟随者，那么他们可以发送有用的推文给那些跟随者，跟随者们会收到这些推文。

1. 你需要跟随其他成员

如果想要收到来自特定成员的推文，你需要让Twitter知道你想要跟随他们。不需要获得你想要跟随的人的许可（除非他们明确地要求Twitter阻止跟随者）。如果你输入了你想要跟随的成员的名字，那么Twitter就会在你的档案中产生一份他们的名单，每一次这些成员之一发布推文的时候，你就会收到一份副本。问题在于：如何告诉Twitter你想要跟随的人是谁？有以下几种方法。

接受 Twitter 推荐

你可以接受Twitter的推荐（基于你过去的活动和兴趣）。想要接受推荐，前往Twitter

的 Home 页的左下部分，即 who to follow 窗口，如图 19-13 所示。接着点击 view-all 按钮来查看 Twitter 的推荐。想要了解更多这些成员的消息，点击 @name。想要跟随一个成员，点击 follow 按钮。

跟随电子邮件联系人

你可以跟随那些经常用电子邮件联系你的人。在 who to follow 页面（图 19-13）上，点击 find friends 按钮（最下方）。在接下来的窗口中会出现电子邮件提供者的列表，你可以从中选择那些通过电子邮件来联系你的朋友。

寻找特定的人或组织

在 who to follow 部分（图 19-13），点击 view all 按钮。当新的窗口打开时，输入真实的名字或者你正在寻找的人或组织的 Twitter 名字。点击搜索按钮。如果某人或某组织在 Twitter 上是这个名字，那么你就可以选择跟随他们。

停止跟随成员

你可能会鉴于某些原因希望停止接收来自成员的推

Who to Follow	Refresh	View all
☐ Name1 @name1		✕
● Follow		
☐ Name2 @name2		✕
● Follow		
☐ Name3 @name3		✕
● Follow		
Find friends		

图 19-13　who to follow 页面

文。想要这样做，你必须**取消**关注他们。前往 Twitter 的主页，点击 **following** 链接。将鼠标移动到该成员的 follow 按钮上，将这个按钮变成 unfollow。

2. 其他跟随你的成员

如果你想让你自己的推文被其他人阅读，你需要有跟随者。然而，你不能够选择你的跟随者，他们必须找到你并且决定跟随你。他们跟随你不需要你的同意，但是如果你想要决定是否让他们跟随，你可以告诉 Twitter 你想要阻止特定的跟随者。

19.3.6　发送推文

尽管你个人不需要知道你的所有跟随者——是他们选择你，而不是你选择他们——并且也不能够直接和他们进行交流，但 Twitter 有一份你的跟随者的名单。想要给你的跟随者发送推文，只需要将推文发布到你的 Twitter 页面，网站将会把它发送到你的所有跟随者处。

1. 创作一篇新推文

首先你需要了解的是如何创作一篇新推文。这可以通过以下步骤完成（见图 19-14）。

1）在任意 Twitter 网页上点击 tweet 按钮，查看 compose new tweet 面板。

2）在 compose new tweet 面板上，输入你的信息。

3）点击 tweet 按钮来发布你的推文，这个按钮位于页面的底部。

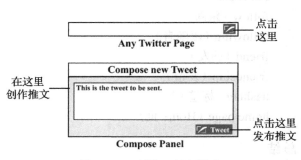

图 19-14　创作一篇新推文

4）Twitter 收到你的推文，在推文顶端增加你的档案（包括你的姓名）。

5）Twitter 接下来就会将副本发送给你的所有跟随者。

2. 引用其他人的推文

在你发送的任何推文中，还可以引用其他用户的推文。这可以通过两种方式来完成：使用"@"符号或使用**标签**。

使用 "@" 符号

当你要给你的跟随者发送推文时，如果你想要引用其他用户的推文，那么可以插入那个用户的名字，并在名字前面增加 @ 符号。任何你的跟随者可以点击那个名字来查看该用户发布的推文。

使用标签

有时你想要引用来自不同发送者的包含特定单词或者短语的推文的集合。这个时候你可以在单词的前面使用标签（#），这样这个单词就成为关键词，它代表一个特定的主题或问题，任何对这个单词的点击会显示包含这个单词的所有最近推文。

19.3.7 接收推文

在你确定并指明那些你想要跟随的成员之后，他们发布的任何推文都会显示在你的 Twitter 主页（也叫作 Twitter feed）。想要前往你的主页，点击 Twitter 工具栏左上方的 home 图标（见图 19-10），这个图标会将 what's happening 部分放大。在读完任何推文之后，你可以：

1）点击箭头来创作一篇推文，以回应推文的发送者。

2）点击双箭头来为他们的跟随者**转发**已收到的推文。

3）点击星号表明自己喜欢这个推文。

19.4 章末材料

推荐阅读

有关本章所讨论主题的更详细资料，可以参考下列书籍：

Russel Matthew A. *Mining the Social Web*, Sebastopol, CA: O'Reilly, 2014

关键术语

Facebook	news（新闻）
follow（跟随）	sign out（注销）
following（跟随者）	social media（社交媒体）
friend（朋友）	tweet（推文）
friendship（友谊）	Twitter
hashtag（标签）	user page（用户页）
home page（Home 页）	Web page（Web 页）

总结

- Facebook 允许家人和全球各地的朋友相互联系。
- 在 Facebook 上，每一个成员都需要找到能够交流的朋友，但是朋友的朋友不一定是朋友。
- Facebook 上的交流是一对多的，一个成员发布的内容可以被其所有的朋友看到。
- 为了成为 Facebook 的成员，你需要注册。想要结束成员关系，你需要注销。
- 想要使用 Facebook，你需要登录；想要停止使用 Facebook 一段时间，你需要登出。
- Twitter 允许成员为他们的跟随者发布推文以供阅读。

- 在 Twitter 上，每一个成员都需要找到能够跟随的其他成员。
- Twitter 上的交流是一对多的。一个成员发布的所有推文都可以被他所有的跟随者看到。
- 想要成为 Twitter 上的成员，你需要注册。想要结束成员关系，你需要注销。
- 为了使用 Twitter，你需要登录；想要停止使用 Twitter 一段时间，你需要登出。
- 要想收到来自其他成员的推文，你需要跟随其他的成员。

19.5　练习

小测验

在本书网站上提供了一套与本章相关的交互式试题。强烈建议学生在做本章练习前首先完成相关测验以检测对本章内容的理解。

判断题

判断以下语句是否正确。

T19-1　在 Facebook 上，成员为他们的跟随者发布内容。

T19-2　在 Facebook 上，朋友之间可以进行分享。

T19-3　在 Facebook 上，朋友的朋友也是朋友。

T19-4　Facebook 上的友谊关系是一种单向关系。

T19-5　Facebook 上的交流是单向的。

T19-6　想要在 Facebook 上登记，你需要在用户页上进行。

T19-7　在 Facebook 上只有一种找到朋友的方式。

T19-8　Facebook 上，一个成员发布的消息可以被他所有的朋友看到。

T19-9　在 Twitter 上的交流发生在一个成员和他的朋友之间。

T19-10　想要成为 Twitter 的成员，你需要登录。

T19-11　不想继续成为 Twitter 的成员，你需要注销。

T19-12　在使用 Twitter 前，你需要寻找跟随者。

T19-13　在 Twitter 上，一个帖子（信息）可以包含成千上万个字符。

T19-14　想要在你的推文中引用其他人，你需要使用 @ 符号。

T19-15　想要在所有的推文中引用一个单词，你需要使用标签。

复习题

Q19-1　当考虑成员之间的关系时，Facebook 和 Twitter 之间有何不同？

Q19-2　当考虑交换的信息的大小时，Facebook 和 Twitter 之间有何不同？

Q19-3　解释在 Twitter 中，为何一个跟随者不能够给他跟随的成员发送消息。

Q19-4　在 Facebook 中，如果 x 和 y 是朋友，并且 z 是 x 的朋友却不是 y 的朋友，那么 x 是否可以给 z 发消息呢？z 是否可以给 x 发消息呢？

Q19-5　在 Twitter 中，如果 x 是 y 的跟随者，y 是 z 的跟随者，x 是否可以看到 z 发送的消息呢？

练习题

P19-1　在图 19-2 中，假设 M2 和 M5 终结了他们的友谊。对于这种新的情形，重新画图 19-3。

P19-2　在图 19-2 中，假设 M3 和 M8 成为朋友。对于这种情形，重新画图 19-3。

P19-3　在图 19-7 中，假设 M2 决定跟随 M6。使用这种新的情形重画图 19-7。

P19-4　在图 19-7 中，假设 M4 跟随了 M7，并且 M7 跟随了 M3。使用这种新的情形重画图 19-7。

社会和道德问题

本章中，我们将会简要讨论和计算机使用以及计算机网络（因特网）相关的社会和道德问题。

目标

通过本章的学习，学生应该能够：

- 定义和计算机使用相关的三个道德原则；
- 区分物质财产和知识产权，并列举几种知识产权；
- 定义和计算机使用相关的隐私；
- 给出计算机犯罪的定义，并讨论几种攻击以及攻击的动机，以及如何防范攻击；
- 定义黑客以及他们造成的损害。

20.1 道德原则

当使用电脑时，评判我们对世界上其他人的责任的一种方式是将决策建立在道德之上。道德是一个非常复杂的主题，如果详细对其进行描述那么会写出好几本书。在本章中，我们只讨论和我们的目标相关的三个原则，见图 20-1。

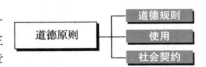

图 20-1　道德的三个主要原则

20.1.1 道德规则

第一个道德原则声明，当我们做出一个道德决策的时候，需要考虑决策是否和已经被普遍接受的道德原则相一致。例如，如果我们想要非法入侵电脑来获取一些信息，那么首先应该问问自己这种行为是否道德。我们知道，世界上的大多数人不会认为这种行为是道德的，这就意味着如果我们这样做就忽视了第一个原则。

> 道德的第一个原则是说，我们应该避免去做那些违反普遍道德的行为。

20.1.2 使用

道德的第二个理论涉及行为产生的后果。如果一个行为会对社会有益，那么这个行为就是道德的。如果一个人入侵了银行的计算机，并且抹掉了客户记录，这种行为是否对社会有用呢？由于这个行为可能会损害银行客户的财务状态，因此它对社会有害。它不会导致好的结果，并且是不道德的。

> 道德的第二个原则是说，如果一个行为能够带来好的结果，那么这个行为是道德的。

20.1.3 社会契约

社会契约理论说明，当行为被社会中的大部分人接受的时候，那么这个行为是道德的。如果有人非法侵入了他人的房屋并且抢劫，那么这种行为是否能够获得社会大部分人的赞同呢？答案是否定的，因此这种行为是不道德的。

> 道德的第三个原则是说，如果一个行为被社会中的大部分人接受，那么这个行为是道德的。

20.2　知识产权

在过去，大多数道德问题和物理财产相关。物理财产已经被定义，并且在历史上，物理财产权已经被社会所承认。如果一个人有一个物理对象，例如计算机，那么这个财产的权利就被赋给了其拥有者。忽略物理财产权可能会影响到上述讨论的三个道德原则，这一点已经被证实。

现代社会不断发展，并且已经承认了知识产权。例如，一个作家应该被给予从自己所写的书中获利的权利。一个艺术家应该被给予从艺术品中获利的权利。然而，在这两种财产中有一些不同之处：

1）物理财产不能够被拷贝，它需要被制造或者建造。如果我们需要其他的计算机，就需要物理上建造它。另一方面，知识产权可以被复制，我们不需要重写就可以得到一本书的副本。

2）对于知识产权的拷贝仍然会留给其拥有者原件。而如果偷走一台计算机，那么就将它与其拥有者分离了。

3）知识产权的拥有者是个人（或是组织），许多人可以拥有同样的物理财产。

20.2.1　知识产权的类型

现代社会已经确认了几种类型的知识产权：商标、商业机密、专利和版权。

1. 商标

商标定义了公司的产品或服务。商标是由政府授予的一项有限期限的知识产权，它可以被更新。商标被认为是知识产权，因为在法律上相应的产品不能被其他公司或个人进行拷贝。

2. 商业机密

商业机密是指所有者保密的关于产品的机密信息。例如，一个公司可以制造一个产品，而保密其配方。程序员可以创建软件，但是将程序代码保密。人们可以使用产品或者软件，但是他们并不拥有那些配方或代码。不像商标，商业机密不需要被注册，拥有者需要将其保密。

3. 专利

专利是使用的专卖权，并且从商业上讲，它在有限的时间内利用一部分知识产权。拥有者有权力决定是否给任何希望使用其发明的人许可。然而，个人财产需要有一些特质，比如新颖性、有效性，以及建造的能力。

4. 版权

版权是对于已写作品或已经创造的作品的权利。它给予作者对于副本、发布以及展示作品的额外的权利。版权自动产生，而不需要被正式注册，但是创造者的版权声明应该在该作品的某些地方被提及。

20.3 隐私

如今，公民的大量个人信息被私有和公共代理商所采集。尽管在许多情况下这种信息的采集是必要的，但是它也暴露了许多危险。有一些由政府或私有公司采集的信息可以被商业化使用。在许多国家，公民的隐私权在该国的机构中直接或间接地提及。然而，在人们的隐私权和收集他们信息的需求之间存在着冲突。通常政府会通过立法的形式，在这两者之间创造平衡。有一些国家已经引进了和用来收集数据的计算机的使用相关的道德准则，如下所示：

1）只收集有必要的数据。

2）确保收集到的数据的准确性。

3）允许个人知道所收集到的数据有哪些。

4）在必要情况下，允许个人修改已收集到的数据。

5）确保收集到的数据只被用于原来的目的。

6）使用加密技术（见第 16 章）来达成私下的交流。

20.4 计算机犯罪

出于本书的目的，在这里我们给出计算机犯罪的简要定义。计算机犯罪是一种非法行为，它又被称为攻击，涉及以下几个方面：

1）计算机

2）计算机网络

3）和计算机相关的设备

4）软件

5）存储在计算机上的数据

6）和计算机使用相关的文档

20.4.1 攻击的类型

攻击可以被分为两大类：入侵和拒绝服务。

1. 入侵攻击

这种情况下的入侵意味着入侵系统来获取存储在计算机或者计算机网络上的数据。入侵可能会导致直接更改数据，或者释放病毒、蠕虫或特洛伊木马以间接更改数据。

病毒

病毒是那些潜藏在其他程序（主机）中的有害程序。当用户执行主机程序的时候，病毒获得控制权，并通过将其附着在其他程序上以实现对自身的拷贝。最终，数量众多的病毒可能导致停止正常的计算机操作。病毒还可以通过计算机网络传递给其他机器。

蠕虫

蠕虫是一个独立的程序，它可以拷贝自身，并且通过网络进行传播。它是一段能够自己复制的程序，可以从一个节点传递到其他的节点。蠕虫尝试找到系统中的缺陷来对系统造成伤害。它可以复制自身的许多拷贝，从而减缓因特网的访问速度，或者完全阻止通信。

特洛伊木马

特洛伊木马是一个计算机程序，它能够合法地运行，但同时也包含能够执行恶意攻击（例如，删除或污染文件）的代码。它还会被用作获取用户密码或者其他秘密信息。

2. 拒绝服务攻击

拒绝服务是一种针对连接因特网的计算机的攻击。这些攻击降低了计算机系统正常使用的性能，或者通过耗尽其资源来使系统崩溃。

20.4.2　动机

发动攻击有许多不同的动机，例如政治因素、黑客个人对于计算机道德的解释、恐怖主义、间谍、经济利益或是仇恨。

20.4.3　攻击保护

尽管攻击不能被轻易地避免，但我们可以采取一些策略来减少攻击的数量及其带来的影响。在这里简要列举 3 条策略。

1. 使用物理保护

计算机可以被物理保护。计算机只能被受到信任的个人使用。

2. 使用受保护的软件

软件可以用来保护你的数据，例如数据加密，或是使用强密码来使用软件。

3. 安装强防病毒软件

强防病毒软件可以控制安装新软件或访问因特网网站时对于计算机的访问。

20.4.4　花费

显然，普通公民通常会承担这些计算机攻击所带来的花费。当私人公司在防止攻击上花费金钱时，消费者使用这些产品的价格也会增加；当政府组织花钱来阻止攻击时，消费者所付的税也会增加。

20.5　黑客

如今，**黑客**这个名词和它之前有着截然不同的意义。在以前，黑客指的是那些有着很多知识的人，他们可以改进系统，并且提升系统的性能。而如今，黑客指的是那些未经授权就访问他人计算机获取机密信息的人。

尽管黑客进行的入侵可能是无害的，但是大部分国家对于无害和有害的黑客行为都给予了严重的惩罚。除此之外，在许多国家，对于那些入侵私立机构计算机的黑客会给予严厉的惩罚。对于那些从他人计算机中获取信息的行为，不管是否使用了那些信息，该行为都属于犯罪。

20.6　章末材料

推荐阅读

有关本章所讨论主题的更详细资料，可以参考下列书籍：

- Kizza, J. M. *Ethical and Social Issues in the Information Age,* London: Springer, 2010
- Schneider, M and. Gersting, J. L. *Invitation to Computer Science,* 7th edition, Boston, MA: Cengage Learning, 2016
- Reynold, C. and Tymann, P. *Schaum's Outline of Principles of Computer Science,* New York: McGraw-Hill, 2008
- Long, L and Long, N. *Computers,* Upper Saddle River, NJ: Prentice-Hall, 1999

关键术语

copyright（版权）

denial of service（拒绝服务）

ethical principle（道德原则）

hackers（黑客）

intellectual property（知识产权）

moral rules（道德规则）

patent（专利）

penetration attack（入侵攻击）

privacy（隐私）

social contract（社会契约）

trademark（商标）

trade secret（商业机密）

Trojan horse（特洛伊木马）

utilization（使用）

virus（病毒）

worm（蠕虫）

总结

- 当使用电脑时，用来评估我们对于周遭世界责任的方法之一是通过道德规则、使用和社会契约这三个原则来将我们的决策建立在道德之上。
- 如今，道德问题不仅仅涉及物理财产，还涉及知识产权。
- 四种不同的知识产权是商标、商业机密、专利和版权。
- 在当代，一个主要道德问题是对隐私的尊重。
- 大部分计算机犯罪涉及对计算机系统的入侵，或是计算机系统拒绝服务。
- 计算机攻击可以通过物理保护、保护性软件，以及防病毒软件得到避免。
- 如今，术语黑客指的是未经许可入侵他人电脑获取机密信息的个人或组织。

20.7 练习

小测验

在本书网站上提供了一套与本章相关的交互式试题。强烈建议学生在做本章练习前首先完成相关测验以检测对本章内容的理解。

复习题

Q20-1 本章中所讨论的道德的三个原则是什么？

Q20-2 物理财产和知识产权之间的区别有哪些？

Q20-3 和使用计算机相关的道德隐私法有哪些？

Q20-4 当谈及计算机犯罪时，入侵和拒绝服务之间的区别是什么？

Q20-5 非法入侵者在入侵他人计算机时可以使用的三种方式是什么？

练习题

P20-1 假设你已经制造了一个软件，它可以被许多供应商所使用。这项知识产权是否被版权或是专利所保护？请解释原因。

P20-2 假设你已经制造了一个软件，并且想要将代码进行保密。你是否需要登记这项知识产权？请解释原因。

P20-3 如果有人收集了关于你的数据而没有事先通知你，这种行为是否侵犯了你的隐私权？请解释原因。

P20-4 如果有人给你发了一封带有病毒的电子邮件，这属于何种计算机犯罪？请解释原因。

P20-5 如果某人使一个机构的计算机系统繁忙以致该系统无法工作，这属于何种计算机犯罪？请解释原因。

P20-6 请说明病毒和蠕虫之间的区别。

P20-7 请说明病毒和特洛伊木马之间的区别。

P20-8 请说明蠕虫和特洛伊木马之间的区别。

P20-9 描述可以防止计算机遭受攻击的不同的方式。

P20-10 解释黑客可能会对金融机构的计算机系统造成的损坏。

Unicode

计算机使用的是数字，它们通过给字符赋一个数字值来储存字符。最早的编码系统称为 ASCII（American standard code for information interchange，美国标准信息交换码），其中有 128 个字符，每一个字符用 7 位二进制数来存储。ASCII 能很好地处理小写字母、大写字母、数字、标点符号和一些控制字符。后来又把 ASCII 字符集扩充为 8 位，新的编码称为扩展 ASCII，它不再是国际标准了。

为了克服 ASCII 和扩展 ASCII 中固有的困难（没有足够的位数来表示其他语言通信中需要的字符和符号），Unicode 协会（一个多种语言软件制造团体）建立了一个通用的编码系统，提供全面的字符集，称为 Unicode（统一字符编码）。

起初，Unicode 是 2 字节字符集，后来，Unicode 第 5 版改成了 4 字节编码，并与 ASCII 和扩展 ASCII 完全兼容。ASCII 现在称为基本 Latin，它的 Unicode 码中高 25 位设为 0；扩展 ASCII 现在称为 Latin-1，它的 Unicode 码中高 24 位设为 0。图 A-1 显示了不同系统是如何兼容的。

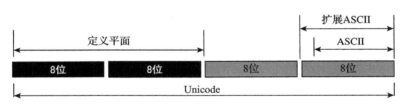

图 A-1　Unicode 兼容性

在 Unicode 中，每个字符或符号被定义成 32 位的数字。这种编码能定义 2^{32}（4 294 967 296）个字符或符号。这里用如下格式的十六进制数字来描述。其中每个 X 代表一个十六进制数。

U+XXXXXXXX

A.1　平面

Unicode 把整个编码空间分割成平面。最高的 16 位定义平面，这意味着我们有 65 536(2^{16}) 个平面。对于平面 0，最高的 16 位全是 0，即 $(0000)_{16}$，平面 1 是 $(0001)_{16}$，平面 2 是 $(0002)_{16}$，等等，直到平面 65 536，它是 $(FFFF)_{16}$。每个平面能定义 65 536 个字符或符号。图 A-2 显示了 Unicode 编码空间的结构和平面。

A.1.1　基本多语言平面（BMP）

基本多语言平面（平面 0）是用来与先前 16 位 Unicode 兼容的。在这个平面中最高的 16 位全设为 0。编码通常显示成 U+XXXX 的形式，其中的 XXXX 是低 16 位。这个平面大多用来定义不同语言中的字符集，除了少数控制代码或特殊字符代码（更多信息，请参见 Unicode 网页）。

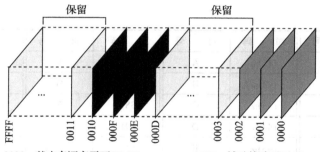

图 A-2   Unicode 平面

A.1.2   其他平面

Unicode 还有其他平面:

- **辅助多语言平面**(平面 $(0001)_{16}$)用来为那些没有包含在 BMP 平面中的多语言字符提供更多的编码。
- **辅助象形文字平面**(平面 $(0002)_{16}$)用来为象形文字提供编码,这些文字像声音或发音一样表示一种思想或意思。
- **辅助特殊平面**(平面 $(000E)_{16}$)用来表示不在基本 Latin 和 Latin-1 中的特殊字符。
- **私有用户平面**(平面 $(000F)_{16}$ 和平面 $(0010)_{16}$)为私有用户预留。

A.2   ASCII

如今,ASCII 或基本 Latin 都是 Unicode 的一部分。它占据了 Unicode 中的前 128 个编码(U-00000000 到 U-0000007F)。表 A-1 包含了十六进制编码和符号。要找到实际的编码,要把 $(000000)_{16}$ 加到各个编码的前面。

表 A-1   ASCII

编　码	符　号	编　码	符　号	编　码	符　号	编　码	符　号
$(00)_{16}$	Null	$(0B)_{16}$	VT	$(16)_{16}$	SYN	$(21)_{16}$	!
$(01)_{16}$	SOH	$(0C)_{16}$	FF	$(17)_{16}$	ETB	$(22)_{16}$	"
$(02)_{16}$	STX	$(0D)_{16}$	CR	$(18)_{16}$	CAN	$(23)_{16}$	#
$(03)_{16}$	ETX	$(0E)_{16}$	SO	$(19)_{16}$	EM	$(24)_{16}$	$
$(04)_{16}$	EOT	$(0F)_{16}$	SI	$(1A)_{16}$	SUB	$(25)_{16}$	%
$(05)_{16}$	ENQ	$(10)_{16}$	DLE	$(1B)_{16}$	ESC	$(26)_{16}$	&
$(06)_{16}$	ACK	$(11)_{16}$	DC1	$(1C)_{16}$	FS	$(27)_{16}$	'
$(07)_{16}$	BEL	$(12)_{16}$	DC2	$(1D)_{16}$	GS	$(28)_{16}$	(
$(08)_{16}$	BS	$(13)_{16}$	DC3	$(1E)_{16}$	RS	$(29)_{16}$	)
$(09)_{16}$	HT	$(14)_{16}$	DC4	$(1F)_{16}$	US	$(2A)_{16}$	*
$(0A)_{16}$	LF	$(15)_{16}$	NAK	$(20)_{16}$	Space	$(2B)_{16}$	+

（续）

编　码	符　号	编　码	符　号	编　码	符　号	编　码	符　号
$(2C)_{16}$	'	$(41)_{16}$	A	$(56)_{16}$	V	$(6B)_{16}$	k
$(2D)_{16}$	-	$(42)_{16}$	B	$(57)_{16}$	W	$(6C)_{16}$	l
$(2E)_{16}$	.	$(43)_{16}$	C	$(58)_{16}$	X	$(6D)_{16}$	m
$(2F)_{16}$	/	$(44)_{16}$	D	$(59)_{16}$	Y	$(6E)_{16}$	n
$(30)_{16}$	0	$(45)_{16}$	E	$(5A)_{16}$	Z	$(6F)_{16}$	o
$(31)_{16}$	1	$(46)_{16}$	F	$(5B)_{16}$	[	$(70)_{16}$	p
$(32)_{16}$	2	$(47)_{16}$	G	$(5C)_{16}$	\	$(71)_{16}$	q
$(33)_{16}$	3	$(48)_{16}$	H	$(5D)_{16}$	]	$(72)_{16}$	r
$(34)_{16}$	4	$(49)_{16}$	I	$(5E)_{16}$	^	$(73)_{16}$	s
$(35)_{16}$	5	$(4A)_{16}$	J	$(5F)_{16}$	_	$(74)_{16}$	t
$(36)_{16}$	6	$(4B)_{16}$	K	$(60)_{16}$	`	$(75)_{16}$	u
$(37)_{16}$	7	$(4C)_{16}$	L	$(61)_{16}$	a	$(76)_{16}$	v
$(38)_{16}$	8	$(4D)_{16}$	M	$(62)_{16}$	b	$(77)_{16}$	w
$(39)_{16}$	9	$(4E)_{16}$	N	$(63)_{16}$	c	$(78)_{16}$	x
$(3A)_{16}$	:	$(4F)_{16}$	O	$(64)_{16}$	d	$(79)_{16}$	y
$(3B)_{16}$	;	$(50)_{16}$	P	$(65)_{16}$	e	$(7A)_{16}$	z
$(3C)_{16}$	<	$(51)_{16}$	Q	$(66)_{16}$	f	$(7B)_{16}$	{
$(3D)_{16}$	=	$(52)_{16}$	R	$(67)_{16}$	g	$(7C)_{16}$	|
$(3E)_{16}$	>	$(53)_{16}$	S	$(68)_{16}$	h	$(7D)_{16}$	}
$(3F)_{16}$	?	$(54)_{16}$	T	$(69)_{16}$	i	$(7E)_{16}$	~
$(40)_{16}$	@	$(55)_{16}$	U	$(6A)_{16}$	j	$(7F)_{16}$	DEL

A.2.1　ASCII 的一些特性

ASCII 具有一些有趣的特性，这里简单介绍一下：

1）第一个编码 $(00)_{16}$ 是一个不可打印字符，也是一个空字符。它表示不是任何字符。

2）最后一个字符 $(7F)_{16}$ 是一个删除字符，也是一个不可打印字符。有些程序用这个字符来删除当前字符。

3）空格字符 $(20)_{16}$ 是一个可打印字符，它打印一个空格。

4）编码 $(01)_{16}$ 到 $(1F)_{16}$ 的字符是控制字符，它们不可打印，表 A-2 显示了它们的功能，这个字符中的大部分用在过时协议的数据通信中。

表 A-2　控制字符的解释

符　号	解　释	符　号	解　释
SOH	标题开始	BS	退格
STX	正文开始	HT	水平制表符
ETX	正文结束	LF	换行键

（续）

符　号	解　释	符　号	解　释
EOT	传输结束	VT	垂直制表符
ENQ	请求	FF	换页键
ACK	收到通知 / 响应	CR	回车键
BEL	响铃	SO	不用切换
SI	启用切换	CAN	取消
DC1	设备控制 1	EM	已到介质尾
DC2	设备控制 2	SUB	替换
DC3	设备控制 3	ESC	溢出
DC4	设备控制 4	FS	文件分隔符
NAK	拒绝接收 / 无响应	GS	组分隔符
SYN	同步空暇	RS	记录分隔符
ETB	传输块结束	US	单元分隔符

5）大写字母从 $(41)_{16}$ 开始，小写字母从 $(61)_{16}$ 开始。当进行数字上的比较时，大写字母小于小写字母，这意味着当我们基于 ASCII 值排序一个表时，大写字母将显示在小写字母之前。

6）大写字母和小写字母在 7 位编码中只有一位是不同的。例如，字符 A 是 $(41)_{16}$，而 a 是 $(61)_{16}$，不同的位是第 6 位，它在大写字母中是 0，而在小写字母中是 1。如果我们知道一种写法的编码，可以很容易地找到另一种写法的编码，通过在十六进制数上加减 $(20)_{16}$，或反转第 6 位。换言之，字符 A 的编码是 $(41)_{16} = (1000001)_2$，字符 a 的编码是 $(61)_{16} = (1100001)_2$，二进制数中的第 6 位从 0 反转成 1。

7）大写字母后面不是紧跟着小写字母的，这其中有些标点字符。

8）十进制数字（0～9）从 $(30)_{16}$ 开始，这意味着如果我们要把一个数字字符转化为它对应的作为整数的值，我们需要从中减去 $(30)_{16} = 48$。例如，8 在 ASCII 中的编码是 $(38)_{16} = 56$，要找到它所对应的值，我们需要从中减去 48，即 56-48=8。

UML

统一建模语言（Unified Modeling Language，UML）是一种用来进行分析和设计的图形化语言。通过 UML，我们可以用标准的图形概念来说明、可视化、构造和用文档说明软件和硬件系统。UML 提供了不同层次的抽象，称为视图，如图 B-1 所示。

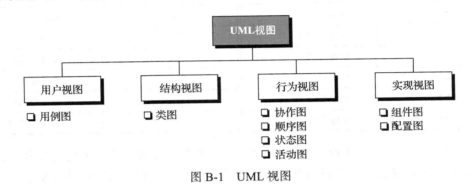

图 B-1　UML 视图

图 B-1 中的 4 个视图是：

1）**用户视图**，它显示用户与系统间的交互，这个视图用用例图来表示。

2）**结构视图**，它显示了系统的静态结构，这个视图用类图来表示。

3）**行为视图**，它显示了对象在系统中的行为，这个视图用协作图、顺序图、状态图和活动图来表示。

4）**实现视图**，它显示系统是如何实现的，它包含组件图和配置图。

B.1　用户视图

用户视图是整个系统的高层视图，它显示系统在总体上是如何组织的。在用户视图中只有一种图——用例图。

B.1.1　用例图

一个工程通常是从用例图开始的，**用例图**给出了系统的用户视图：它显示了用户是如何与系统通信的。图 B-2 显示了一个用例图的例子。用例图使用 4 个主要的组成部分：**系统**、**用例**、**行动者**和**关系**，每个组成部分解释如下。

1. 系统

系统执行一个功能，我们只对计算机系统感兴趣。在用例图中的计算机系统用矩形框显示，在框外左上角标上系统的名字。

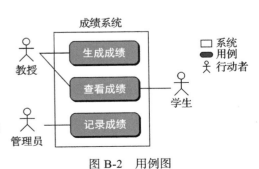

图 B-2　用例图

2. 用例

系统包含许多表示成用例的行为。每个用例定义了一个能被系统用户所采取的行为。在用例图中用带圆角的矩形表示用例。

3. 行动者

行动者是使用系统的某人或某事。虽然行动者是以棍状轮廓来显示，但它们并不必要代表人类。

4. 关系

关系是行动者和用例间的联系。关系是用行动者到用例间的连线来表示的。一个行动者可以关联多个用例，同样一个用例可以被多个行动者关联。

B.2 结构视图

结构视图显示了系统、类和它们的关系等静态特性。结构视图用一种图来表示：类图。

B.2.1 类图

类图表明系统的静态结构，它显示了类的特性和类间的关系。类的符号是一个把类名写在里面的矩形。图 B-3 显示了属于不同系统的三个类：人、分数和电梯，这就是说它们之间没有任何关系。

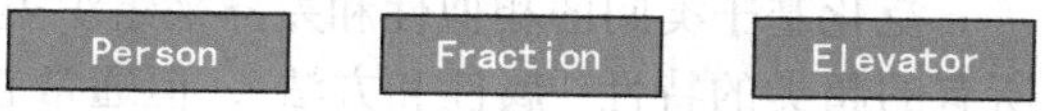

| Person | Fraction | Elevator |

图 B-3 类的符号

类图通过对图增加属性、类型和方法得到扩展。类间的关系用联合图和泛化图来显示。

1. 属性和类别

类符号可以包含在分离间隔间中的属性和类型，属性是一个类的特性，类型用来表示这个属性值的数据类型。图 B-4 显示了人和分数这两个类的一些属性。

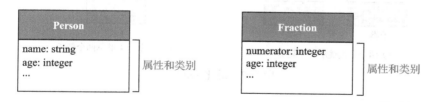

图 B-4 加到类符号中的属性

2. 方法

类也可以被扩展成包含方法。方法就是一个能被对象（类的一个实例）使用或应用到一个对象上的过程。换言之，一个对象既是行为者，也是接受者。图 B-5 显示了两个带有属性和方法的类。属性和方法被列在分离的间隔间中。

图 B-5 加到类符号中的属性和方法

3. 关联

关联是两个类间的概念上的关系。关联用两个类间的实线来显示。如果关联有名字，那它被写在线的旁边，并带上实心箭头。

关联可以是：一对一、一对多、多对一或多对多。图 B-6 显示了 4 个类和它们间的一些关联。它显示一个教授（教授类的一个对象）可以教 1～5 门课程（1..5）。相反，在这个例子中，一门课程只能有一位教授。大学（大学类的一个对象）可以有许多教授和学生（学生类的对象），在关联线上用星号（*）指示。图中还显示了一个学生可以选多门课程。

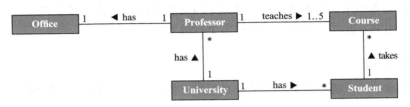

图 B-6　类间的关联

4. 泛化

泛化基于类间的相似性和差异来组织类。泛化允许我们定义**子类**和**超类**。子类继承了它所有的超类的特性（属性和方法），但通常它有自己的一些特性（属性和方法）。图 B-7 显示了单继承和多继承。

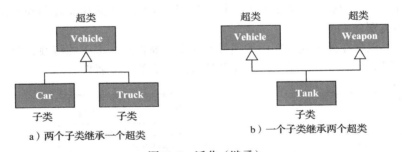

a）两个子类继承一个超类　　　　b）一个子类继承两个超类

图 B-7　泛化（继承）

B.3　行为视图

行为视图显示系统中的对象行为。取决于行为的种类，有 4 类不同的图：协作图、状态图、顺序图和活动图。

B.3.1　协作图

协作图与类图相似。区别在于类图显示了类间的关系，而协作图显示了对象（类的实例）间的关系。

从类实例化的任何对象也可以用矩形表示，矩形里写着对象的名字，后面跟着冒号和类的名字。对于匿名的对象，对象的名字被省去。图 B-8 显示了从类 Person 实例化的三个对象。

a）一个名为 John 的对象　　　　b）一个名为 Anne 的对象　　　　c）一个匿名对象

图 B-8　从同一类实例化的三个对象

1. 属性和值

属性是类的特性，而值是对象对应属性的特性。对象符号可以包含值。图 B-9 显示了类 Person 和 Fraction 的一些属性和在类中这些属性的值。

图 B-9　属性和值的例子

2. 方法和操作

虽然对象符号也可以包含方法和操作，但在协作图中并不常见。

3. 链接

在协作图中，链接是类图中关联的一个实例。对象可以使用链接与其他对象关联。用两个原型记号来表示链接：本地和参数。第一个显示一个对象把另外一个对象当成局部变量来使用；第二个显示一个对象把另外一个对象当作参数来使用。多样性（在图 B-6 中学生和课程间的关联显示的）也可以用多重叠的对象来表示。多样性也可以在同一类对象间显示。图 B-10 显示了学生对象使用多门课程作为参数。

4. 消息

一个对象可以向另外一个对象发送消息。消息可以表示从一个对象发送到另外一个对象的事件。消息也可以调用另外一个对象中的方法。最后，对象可以使用消息创建或销毁另外一个对象。消息用箭头来表示，箭头代表了消息的方向，显示在对象间的链接上面。图 B-11 显示了一个 Editor 对象向 Printer 对象发送了一个打印的消息。

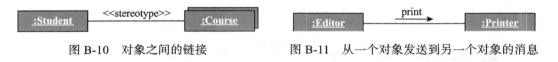

图 B-10　对象之间的链接　　　　　图 B-11　从一个对象发送到另一个对象的消息

B.3.2　状态图

状态图用来显示单个对象在状态上的变化。对象在响应一个事件时会引起状态上的变化。例如，当一个开关被打开时，它的状态就从**关**变成了**开**。一台洗衣机在响应定时器的触发时，可能会从**洗涤**状态到**漂洗**状态。

1. 符号

状态图主要使用三种符号，如图 B-12 所示。

图 B-12　状态图中使用的符号

状态

有三个符号表示状态：开始状态、停止状态和中间状态。开始状态被画成黑圆圈，名字写在圆圈的旁边，在图中只允许一个。停止状态被画成一个实心的黑圆圈，在另外一个圆圈的里面，在图中可以重复。中间状态被画成圆角的矩形，状态的名字在矩形里面。

转换

在状态图中，转换是状态间的运动。转换符号是两个状态间的带箭头的线。箭头显示了下一个状态。离开一个状态的转换有一个或多个，到达一个状态的转换只能是一个。

决策点

决策点用菱形来表示，基于对象中的数据或条件转换可以走多条路径。

2. 事件

在状态图中，对象能被一个事件触发，该事件可以是外部的或内部的。例如，当一个开关被打开时，它就从关状态切换到开状态。事件用字符串来表示，该字符串定义了处理这个事件类中的操作。它可能有括号，包含传递给操作的形式参数。事件也可以有括在括号中的条件。下面显示了一个事件的例子：

```
withdraw(amount)[amount<balance]
```

当被一个事件触发时，一个对象可能或可能不转到另一个状态。

3. 动作

虽然动作能被多种方法触发，但我们只提到动作被事件触发。动作用字符串来表示，它通常定义另外一个对象和被这个对象调用的事件。如果目标对象需要参数，它们被括在括号里。动作用斜杠（/）与事件分开，下面显示了一个动作的例子：

例 B-1 图 B-13 显示了状态图的一个简单的例子。这里有 6 个状态（开始状态、停止状态和 4 个中间状态）、9 个事件和 4 个动作。

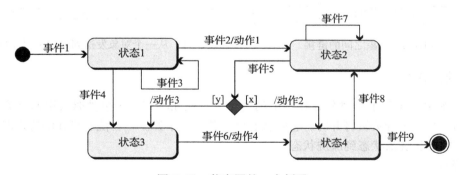

图 B-13　状态图的一个例子

B.3.3　顺序图

顺序图显示了对象（或行动者）间在一段时间内的交互。在顺序图中，对象（或行动者）作为列被列出，而时间在概念上是向下流的，用垂直的虚线表示。

符号

顺序图主要使用 5 种符号，如图 B-14 所示。

行动者

行动者的符号是我们在用例图中使用的同样的棍状轮廓。既然行动者也能与对象通信，那它就是顺序图的一部分。

图 B-14　顺序图中的符号

对象

对象（就像我们先前见到的一样）是类的实例，顺序图表示了对象间的交互。

生命线

生命线用垂直的实线或虚线表示，表示顺序图中的一个个体参与者。它通常顶一个矩形作为头，矩形中含有对象的名字或行动者。垂直线代表了对象的生命期限，一直延伸到对象不再活动的那个点。

激活

激活用窄的实心矩形表示，显示了当一个对象在一个活动中被调用的时间，也就是它非空闲时。例如，如果一个对象向另外一个对象发送了一个消息，正等待响应，在这段时间内，对象被调用。

消息

消息用带箭头的线表示，显示了对象（行动者）间的交互。

例 B-2　图 B-15 显示了顺序图的一个简单例子，该例子中有一个行动者和三个匿名对象，图中也显示了并发：第一个对象在收到第一条消息后，并发地送出两条消息，一条给行动者，另一条给第二个对象。

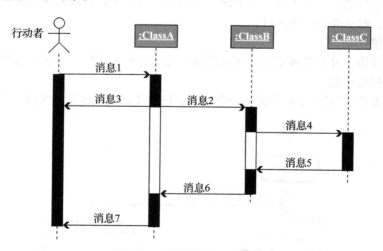

图 B-15　顺序图的一个例子

B.3.4　活动图

活动图显示了一个复杂操作的分解或一个过程分解成一组简单的操作和过程。活动图比顺序图更详细。顺序图强调对象，而活动图显示的是由一个或多个对象进行的更详细的操作。在面向对象的程序设计中的活动图代替了过程程序设计中的传统的流程图。但是，传统的流程图只能显示顺序流控制（串行），而活动图既能显示顺序流控制，又能显示并发（并行）流控制。

符号

活动图主要使用 6 种符号，如图 B-16 所示。

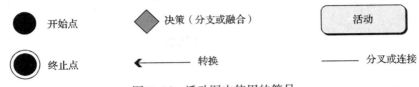

图 B-16　活动图中使用的符号

活动

活动是活动图中的一步。我们用圆角的矩形表示一个活动，活动的名字在矩形框内。一个活动的详细程度应该与整个图一致，如果对某个活动需要更详细的信息，那就需要画个新的图来表示。

转换

与状态图相似，活动图中的转换用带箭头的线表示，箭头表示了动作的方向。

开始点和终止点

活动图中的开始点是一个带单个向外转换的实心圆圈；终止点是带有单个向内转换的一个被空心圆包围的实心圆（公牛眼）。图中只能有一个开始点，而逻辑上也应该只有一个终止点，但为了图的可读性，多个终止点是允许的。

决策和融合

一个菱形表示一个决策或融合。转换可以根据条件走多条路径。当作为一个决策点来使用时，菱形符号只能有一个入口，两个或多个出口；当作为融合点来使用时，菱形符号有两个或多个入口，但只能有一个出口。

分叉或连接

一条加粗线表示并行处理中的分叉或连接。分叉符号表示两个或多个线程的开始，而连接符号表示线程的结束。

例 B-3　图 B-17 显示了活动图的一个例子，活动 2 和活动 3 是并发执行的（并行处理）。

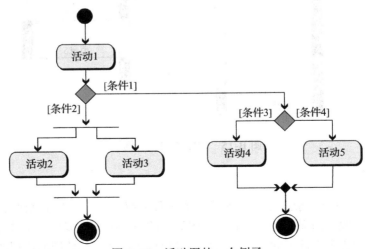

图 B-17　活动图的一个例子

B.3.5　泳道

有时活动图中的操作是由不同对象或行动者来进行的。为了显示涉及多个对象或行动者，泳道被加进活动图中，如图 B-18 所示。

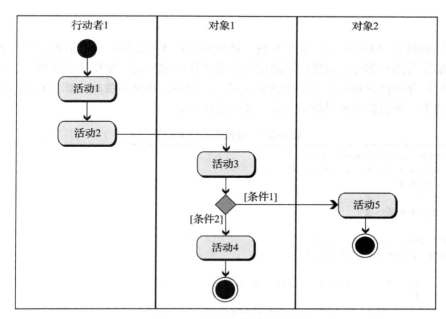

图 B-18　带有泳道的活动图

B.4　实现视图

实现视图显示最终产品是如何实现的。有两种图用来显示实现：组件图和配置图。

B.4.1　组件图

组件图显示了软件的组成部分（组件）和它们之间的依赖关系。组件用带有两个小矩形在其左边上的矩形来表示。组件间的依赖用末端有箭头的虚线表示。我们也可以在依赖线上使用老式表示法，包括老式的关系，如 <<report>>。图 B-19 显示了一个组件图。

图 B-19　组件图的一个例子

B.4.2　配置图

配置图显示了通信链接的各个节点。节点用立方体来表示，通信联合用两个节点间的连线表示。一个节点可以包含一个或多个组件。图 B-20 显示了一个简单的配置图。

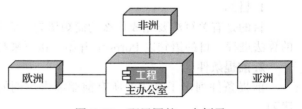

图 B-20　配置图的一个例子

伪 代 码

定义算法最常用的工具之一是伪代码。**伪代码**是算法所需的一种类似英语的代码表示形式。它是部分英语和部分结构化代码的组合。英文代码部分支持宽松的语法格式，并很容易被读懂。代码部分包含基本算法结构的扩充版本：顺序、选择和循环。算法 C.1 给出了伪代码的一个例子。我们简单地讨论一下这一节的组成部分。

算法C.1　伪代码的一个例子

```
算法：FindingSmallest(list)
目的：这个算法用来在一系列数中找最小值
前提：一列数字
后续：无
返回：数列中的最小值
{
    smallest ← first number
    loop ( not end of list)
    {
        if  (next number < smallest)
        {
            smallest ← second number
        }
    }
    return value of smallest
}
```

C.1　组成部分

伪代码中的算法可分解为若干元素和结构。

C.1.1　算法头

每种算法都有一个算法头来命名其本身。例如，算法 C.1 的算法头是以 Algorithm 开始，后面跟算法的名字"FindingSmallest"。

C.1.2　目的、条件和返回值

定义了算法头之后，一般情况应继续写出目的、前提条件和后续条件，以及此算法中返回的数据。

1. 目的

目的是有关算法要完成什么的简短语句。它只是在通常的算法进程中被描述，并非所有的算法进程。目的语句以 Purpose 开始，接下来是算法目的。

2. 前提条件

前提条件列出了算法的所有前驱需求。例如，算法 C.1 中，我们需要一串算法可用的序列。

3. 后续条件

后续条件指出了算法产生的影响。例如，也许算法会指明打印数据清单。

4. 返回值

我们认为每个算法应该指出算法返回的结果。如果没有要返回的值，则要指明无返回值。算法 C.1 中的返回值为序列中的最小值。

5. 语句

语句是像算法 C.1、C.2、C.3、C.4 中的那些**赋值**、**输入**、**输出**、**条件**和**循环语句**。嵌套语句（在其他语句中的语句）是缩进的。嵌套语句的列表是以开括号（花括号）开始，以闭括号结束。整个参数是算法自身的一个嵌套语句列表。由于这个原因，我们看到开始处有一个开括号，结尾处有一个闭括号。

C.1.3　语句结构

Niklaus Wirth 首次提出结构编程模型时，他指出任何算法都仅包含三种程序结构：**顺序**、**选择**和**循环**。所以伪代码也只包含这三种基本结构。这些结构的实现依赖于丰富的实现语言。例如，C 语言中的循环可能会用 while、do-while 或 for 来实现。

1. 顺序

算法中的一系列顺序语句是不会改变执行路径的。像**赋值**和**加法**等语句显然是顺序执行的语句，而对其他算法的调用虽然也认为是顺序语句，但却不是显而易见的。原因在于结构化编程的定义是每个算法仅有一个入口和一个出口。其次，当算法完成时，会立即返回到原程序继续执行。因此你可以认为该算法调用的是一个顺序语句，如算法 C.2 所示。

算法C.2　顺序的例子

```
x ← first number
y ← second number
z ← x × y
call Argument X
```

2. 选择

选择语句计算一个或多个选项。如果值为真，则选择该路径执行。反之，选择另外的路径。经典的选择语句是双路选择（if-else）。然而，多数的语言提供多路选择，伪代码中却不提供。选择分支用缩进的方式标记，如算法 C.3 所示。

算法C.3　选择的例子

```
If (x<y)
{
    Increment x
    Print x
}
Else
{
    Decrement y
    Print y
}
```

3. 循环

循环是指代码块的重复执行。伪代码中的循环类似 while 循环。它是一种先测试循环；

也就是说，在循环主体执行前先进行条件测试。如果条件为真，则执行循环；如果条件为假，则循环中断。算法 C.4 是一个循环的例子。

算法C.4　循环的例子

```
Loop(more lines in the file File1)
{
    Read next line
    Delete the leading space
    Copy the line to File2
}
```

结 构 图

结构图是面向过程软件设计阶段的主要工具。作为一个设计工具，它在你写程序之前被创建。

D.1 结构图符号

图 D-1 给出了结构图中使用的各种符号。

D.1.1 模块符号

结构图中的每一个矩形代表编写的一个模块。矩形的名字就是它所代表的模块的名字。（图 D-2）。

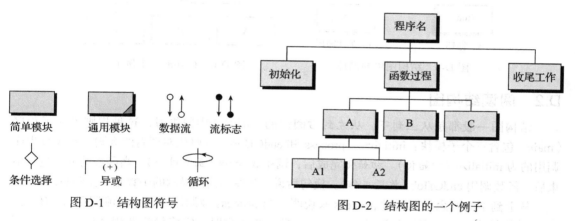

图 D-1 结构图符号

图 D-2 结构图的一个例子

D.1.2 结构图中的选择

图 D-3 给出了两个被选择语句所调用的模块符号：条件和异或。

图 D-3a 中，模块 A 包含了对子模块 fun 的条件调用，若条件为真则调用 fun；若条件为假则跳过 fun。在结构图中这种情况用一个菱形代表，并把它放置在两个模块间的同一垂直线上。

图 D-3b 代表在两个模块中进行选择。在这个例子中，模块 select 从 A 和 B 中进行选择。每执行一次 select 有且仅有两者中的一个被调用。这就是我们所熟知的异或：两个待选过程中的一个被执行而另一个不执行。异或用两个模块之间的"+"号表示。

现在考虑设计从多个模块中选择调用一个模块。这发生在根据几个不同的选择条件调用不同模块的情况。图 D-4 包含了一个选择语句，它根据不同的颜色调用不同的模块。

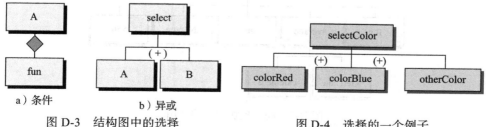

a）条件　　　　b）异或

图 D-3 结构图中的选择

图 D-4 选择的一个例子

D.1.3　结构图中的循环

让我们来看一下循环是如何在一个结构图中表示的。符号非常简单。循环就是转圈，因此它所用的符号是圆圈。程序员使用两种基本的循环符号，第一种是简单循环，如图 D-5a 所示。另一种是条件循环，如图 D-5b 所示。当模块被无条件调用时，如在 while 循环中，只需在被调用函数的上方用圆圈住直线。另一方面，如果调用是有条件的，如在 if-else 语句循环中，则在圆内还要有一个代表条件的菱形画在直线上。

图 D-6 显示模块 process 的基本结构。圆位于控制循环模块的下面。在这个例子中，循环语句被包含在 process 中，并且它调用三个模块 A、B 和 C。循环的本质不能够从结构图中限定，它可以是三个基本循环结构中的任意一个。

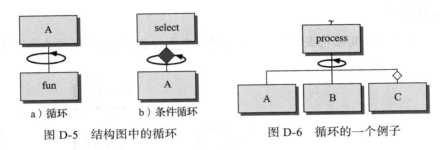

图 D-5　结构图中的循环　　　　　　图 D-6　循环的一个例子

D.2　阅读结构图

结构图一般都是从上到下，从左到右阅读的。图 D-2 中曾提过，这种规则说明了程序（main）包含三个子模块：initialize、process 和 endOfJob。按照从左到右的规则，首先被程序调用的为 initialize（初始化）。初始化完成后，调用 process（函数过程）。当函数的处理过程结束后，函数调用 endOfJob（收尾工作）。换句话说，某些结构图显示的函数是从左到右调用的。

从上到下的概念可以通过 process 来说明。当 process 被调用时，它轮流调用 A、B、C，当 A 模块结束时，B 模块还没开始运行。A 模块在运行时，它将轮流调用 A1 和 A2。换言之，在 B 模块被调用前，在 A2 前面的模块都已经被调用过了。

通常，程序要完成一个功能都要调用多个公有模块。这些调用在程序中是分散的。不管这些调用在程序中的逻辑地址，在结构图中都将显示这些调用。为了确认公有的结构，矩形块的右下角将包括双向影线或画一块阴影。假如公有模块很复杂且包括子模块，这些子模块只能被显示一次。如果要表示某参数还没完成，还需要增加结构，那么一般都在该矩形下面加上 "～" 符号。这个概念如图 D-7 所示，如在该程序的不同地方都用到了一个公有模块 average。注意，你不可能图形化显示一个与两个子模块相连的模块。

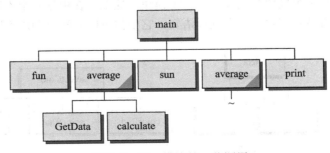

图 D-7　同一模块的一些调用

D.3　结构图规则

我们在本章中总结了几个规则：

- 结构图中的每个矩形都代表了一个模块。
- 矩形中的名字就是模块代码中的模块名。
- 结构图中只包含模块流程，没有任何代码。
- 通用模块的矩形一般都在右下角画一条双向影线或一块阴影。
- 数据流和流标志是可选的，但如果使用，则必须命名。
- 输入流和流标志显示在垂直线的左端，输出流和标志显示在其右端。

布尔代数和逻辑电路

E.1 布尔代数

布尔代数处理只有 0 或 1 两种值的变量和常量。这种代数适合表示计算机中的信息，该计算机是由只有开和关两种状态的信号集合而成的。

E.1.1 常量、变量和运算符

在布尔代数中我们使用常量、变量和运算符。

1. 常量

只有两个常量 1 和 0，1 相当于逻辑真；0 相当于逻辑假。

2. 变量

使用字母（如 x、y 和 z）代表变量，布尔变量只能取值 0 或 1。

3. 运算符

我们使用三个基本的运算符：NOT、AND 和 OR。使用单引号表示 NOT，使用一小点表示 AND，使用 "+" 号表示 OR，如下所示：

$$x' \rightarrow \text{NOT } x \qquad x \cdot y \rightarrow x \text{ AND } y \qquad x + y \rightarrow x \text{ OR } y$$

运算符带一个或两个值，产生一个输出值。第一个运算符 NOT 是一个一元运算符，只带一个值；另外两个（AND 和 OR）是二元运算符，带两个值。注意：运算符的选择是任意的，我们可以通过 NAND（后面解释）构建所有的门电路。

E.1.2 表达式

一个表达式是布尔运算符、常量和变量的组合。下面是布尔表达式：

```
0              x              x.1            x+0
x+1+y          x.(y+z)        x+y+z          x.y.z.t
```

E.1.3 逻辑门

逻辑门是一种电子设备，它通常有 $1 \sim N$ 个输入，产生一个输出。但是，在本附录中，为简化起见，我们使用只带一个或两个输入的门。输出的逻辑值由表示门的表达式和输入值决定。各种各样的逻辑门被广泛地应用于数字计算机中。图 E-1 显示了 8 种最常见的门的符号、真值表（见第 4 章）和表达式，该表达式在给定输入时，能给出输出。

- **缓冲器** 第一个门仅仅是一个缓冲器，其中输入和输出是相同的。如果输入是 0，输出也是 0；如果输入是 1，输出也是 1。缓冲器只是放大了输入信号。
- **NOT** NOT 门是 NOT 运算符的实现。这个门的输出是输入的相反值。如果输入是 1，输出就是 0；如果输入是 0，输出就是 1。
- **AND** AND 门是 AND 运算符的实现。它带两个输入，产生一个输出。如果两个输入都是 1 时，输出才是 1；否则，输出就是 0。有时 AND 运算符称为乘积。

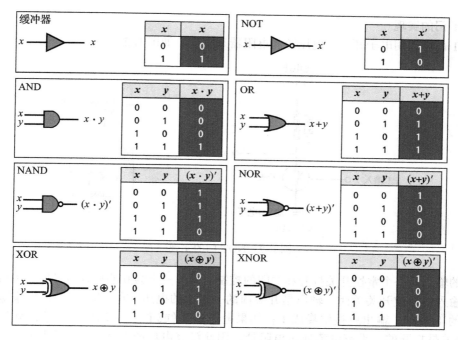

图 E-1 常用门的符号和真值表

- **OR** OR 门是 OR 运算符的实现。它带两个输入，产生一个输出。如果任一个输入或两个输入为 1，输出就是 1，否则，输出就是 0。有时 OR 门称为加。

- **NAND** NAND 门是一个 AND 门跟一个 NOT 门的逻辑组合。当我们讨论这些门的实际实现时，我们将给出这个门存在的原因。当两个门的输入相同时，NAND 门的输出与相应 AND 门相反。

- **NOR** NOR 门是一个 OR 门跟一个 NOT 门的逻辑组合。当我们讨论这些门的实际实现时，我们将给出这个门存在的原因。当两个门的输入相同时，NOR 门的输出与相应 OR 门相反。

- **XOR** XOR（异或）门由表达式 $(x \cdot y' + x' \cdot y)$ 定义，它通常表示成 $(x \oplus y)$。当两个输入不同时，输出为 1；输入相同时，输出为 0。也可以说这是一个更多限制的 OR 门。除了两个输入为 1，输出为 0 的情况，XOR 门的输出与 OR 门相同。

- **XNOR** XNOR 门由表达式 $(x \cdot y' + x' \cdot y)'$ 定义，它通常被表示成 $(x \oplus y)'$。它与 XOR 门相反。当两个输入相同时，输出为 1；输入不同时，输出为 0。也可以说这表示了逻辑意义上的等价：只有两个输入相等时，输出才为 1。

门的实现

前一节中讨论的逻辑门在物理上都可以用电子开关（晶体管）来实现。最通常的实现指使用三个门：NOT、NAND 和 NOR。NAND 门比 AND 门使用更少的部件。这对 NOR 门和 OR 门也是同样的。所以，NAND 门和 NOR 门成了工业中的通用标准。我们这里只讨论这三个门的实现。虽然在这里要简单提一下开关，但开关在实际应用过程中是被晶体管替代的。门电路中使用的晶体管行为就像一个开关。当给开关施以合适的输入电压时，开关可以打开或关闭。有多种技术来实现这些晶体管。但是我们把实现晶体管的讨论留给电子方面的书籍。

NOT 门的实现

NOT 门可以用电子开关、电压源和电阻器来实现，如图 E-2 所示。

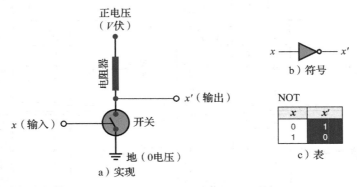

图 E-2　NOT 门的实现

门的输入是一个掌控开关打开和关闭的控制信号。一个为 0 的输入信号使开关打开，而为 1 的输入信号使开关关闭。输出是开关前的一点上的电压（输出接线端）。如果这点电压值是正的（V 伏），输出就被解释成 1；如果电压是 0（或低于一个阈值），输出就被解释成 0。当开关是打开的，没有电流通过电阻器，因此没有电压的下降，输出电压就是 V（解释成 1）。合上开关，输出接线端就与地相连，电压就为 0（或几乎为 0），这就被解释为逻辑 0。注意：电路的表现与表中显示的值是匹配的。

要实现一个 NOT 门，只需要一个电子开关。

NAND 门的实现

NAND 门可以用串联的两个开关（两个输入）来实现。为了使得电流能通过电路从正极流向地，两个开关都必须合上（即两个输入必须是 1），在这种情况下，因为输出接线端与地（逻辑 0）相连，所以输出接线端的电压是 0。如果一个开关或两个开关是打开的（即输入是 00、01 或 10），没有电流通过电阻器，通过电阻器的电压没有下降，输出接线端的电压就是 V（逻辑 1）。

图 E-3 显示了 NAND 门的实现，电路的表现与表中显示的值匹配。注意：如果需要一个 AND 门，可以通过一个 NAND 门跟一个 NOT 门来实现。

要实现一个 NAND 门，需要串联在一起的两个电子开关。

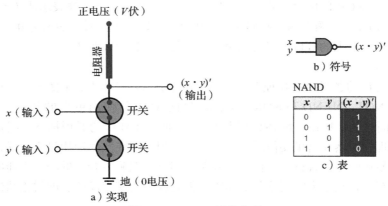

图 E-3　NAND 门的实现

NOR 门的实现

NOR 门可以用并联（两个输入）的两个开关来实现，如果两个开关都打开，那么电流就不流过电阻器，在这种情况下，通过电阻器的电压没有下降，这就意味着输出接线端持有电压 V（逻辑 1）。如果有一个开关或两个开关合上了，输出接线端就与地相连，输出电压为 0（逻辑 0）。

图 E-4 显示了 NOR 门的实现，电路的表现与表中显示的值匹配。注意：如果需要一个 OR 门，可以通过一个 NOR 门和一个 NOT 门来实现。

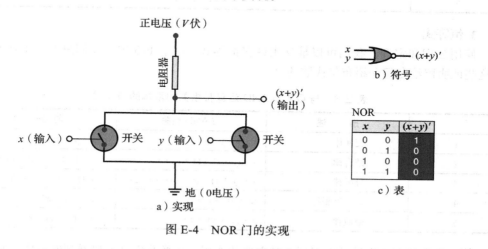

图 E-4　NOR 门的实现

> 要实现一个 NOR 门，需要并联在一起的两个电子开关。

E.1.4　公理、定理和恒等式

为了研究布尔代数，我们需要一些规则。在布尔代数中这些规则可以分成三大类：**公理、定理和恒等式**。

1. 公理

布尔代数像其他代数一样使用一些规则，称为公理，它们不需要证明。表 E-1 显示了布尔代数中的公理。

表 E-1　布尔代数的公理

	与 NOT 相关	与 AND 相关	与 OR 相关
1	$x=0 \rightarrow x'=1$		
2	$x=1 \rightarrow x'=0$		
3		$0 \cdot 0 = 0$	$0 + 0 = 0$
4		$1 \cdot 1 = 1$	$1 + 1 = 1$
5		$1 \cdot 0 = 0 \cdot 1 = 0$	$1 + 0 = 0 + 1 = 1$

2. 定理

定理是我们用公理证明的规则，虽然我们必须把这些证明留给专门介绍布尔代数的书。表 E-2 显示了布尔代数中的部分定理。

表 E-2　布尔代数的基本定理

	与 NOT 相关	与 AND 相关	与 OR 相关
1	$(x')' = x$		
2		$0 \cdot x = 0$	$0 + x = x$
3		$1 \cdot x = x$	$1 + x = 1$
4		$x \cdot x = x$	$x + x = x$
5		$x \cdot x' = 0$	$x + x' = 1$

3. 恒等式

使用公理和定理，我们可以推导出许多恒等式。在表 E-3 中，我们只列出了最常用的，把这些证明留给专门介绍布尔代数的书。

表 E-3　与 OR 和 AND 运算符相关的基本的恒等式

	描　述	与 AND 相关	与 OR 相关
1	交换律	$x \cdot y = y \cdot x$	$x + y = y + x$
2	结合律	$x \cdot (y \cdot z) = (x \cdot y) \cdot z$	$x + (y + z) = (x + y) + z$
3	分配律	$x \cdot (y + z) = (x \cdot y) + (y \cdot z)$	$x + (y \cdot z) = (x + y) \cdot (x + z)$
4	德·摩根律	$(x \cdot y)' = x' + y'$	$(x + y)' = x' \cdot y'$
5	吸收律	$x \cdot (x' + y) = x \cdot y$	$x + (x' \cdot y) = x + y$

德·摩根律在逻辑设计中起到非常重要的作用，正像我们马上要看到的一样。它们可以推广到多个变量，例如，对于三个变量有如下的两个恒等式：

$$(x+y+z)' = x' \cdot y' \cdot z' \qquad (x \cdot y \cdot z)' = x' + y' + z'$$

E.1.5　布尔函数

我们把**布尔函数**定义为一个具有 n 个布尔输入变量和一个布尔输出变量的函数，如图 E-5 所示。

函数可以用真值表来表示，也可以用表达式来表示。一个函数的真值表有 2^n 行和 $n+1$ 列。前面 n 列定义了变量的可能的值，最后一列定义了函数的输出值，它是前面 n 列值的组合。

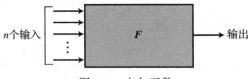

图 E-5　布尔函数

图 E-6 显示了 F_1 和 F_2 两个函数的真值表和表达式表示。虽然真值表是唯一的，但函数可以用不同的表达式表示。我们为每个函数显示了两个表达式。注意：第二个表达式要短简些。后面将介绍为了提高实现的效率，需要简化表达式。

真值表到表达式的转换

函数的说明一般是给一个真值表（参见第 4 章）。为了用逻辑门（前面刚介绍过）实现函数，我们需要找到真值表对应的表达式。有两种方法可以采用。

积之和

第一种把真值表转化成表达式的方法称为**积之和**。一个函数的积之和表示是由多达 2^n 个项组成，其中每个项称为最小项。最小项是函数中所有变量的乘积（AND 运算），其中每个变量只出现一次。例如，在三个变量的函数中，有 8 个最小项，如 $x' \cdot y' \cdot z'$ 或 $x \cdot y' \cdot z'$。每一项代表真值表中的一行。如果变量的值是 0，变量的补就出现在项中；如果变量的值是 1，变量本身就出现在项中。为了把真值表转换成积之和表示，我们使用如下策略：

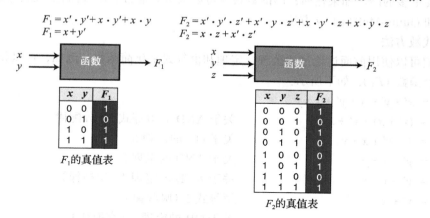

图 E-6　真值表到表达式转化的例子

1）找出函数值为 1 的行对应的最小项；

2）对第 1）步中的项求和（OR 运算）。

和之积

第二种把真值表转化成表达式的方法称为和之积。一个函数的和之积表示是由多达 2^n 个项组成，其中每个项称为**最大项**。最大项是函数中所有变量的和（OR 运算），其中每个变量只出现一次。例如，在三个变量的函数中，有 8 个最大项，如 $x'+y'+z'$ 或 $x+y'+z'$。为了把真值表转换成和之积表示，我们使用如下策略：

1）找出函数值为 0 的行对应的最小项；

2）对第 1 步中的项求和，并求补；

3）使用德·摩根律，把最小项改成最大项。

例 E-1　图 E-7 显示了如何建立图 E-6 中的函数 F_1 和 F_2 的积之和与和之积。

积之和直接由真值表而得，但和之积需要使用德·摩根律。注意：有时是第一种方法给出较短的表达式，有时是第二种方法给出较短的表达式。

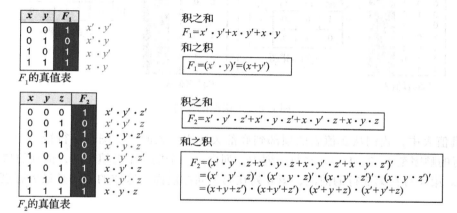

图 E-7　例 E-1

E.1.6 函数简化

虽然我们可以使用前面介绍过的逻辑门来实现布尔函数，但通常效率低下。函数的直接实现需要更多的门。如果化简，门的数目就可以减少。通常有两种简化方法：用卡诺图的代数方法和 Quine-McKluskey 方法。

1. 代数方法

我们可以使用前面讨论过的公理、定理和恒等式来化简函数。例如，可以化简图 E-7 中的第一个函数（F_1），如下所示：

$$F_1 = x' \cdot y' + x \cdot y' + x \cdot y$$

$= (x' + x) \cdot y' + x \cdot y$	关于 AND 的恒等式 3（分配律）
$= 1 \cdot y' + x \cdot y$	关于 OR 的定理 5
$= y' + x \cdot y$	关于 AND 的定理 3
$= y' + y \cdot x$	关于 AND 的定理 1（交换律）
$= y' + x$	恒等式 5（吸收律）
$= x + y'$	关于 OR 的定理 1（交换律）

这就意味着未化简的表达式需要 8 个门，而化简过的只需要两门：一个 NOT 和一个 OR。

2. 卡诺图方法

另外一个化简的方法涉及**卡诺图**的使用。这种方法通常是被 4 个以上变量的函数使用的。图是一个具有 2^n 个单元格的矩阵，每个单元格代表函数的一个值。要关注的第一点是正确地填写图。与通常的一行接一行或一列接一列地填写方法不同，它是根据图中显示的变量的值来填写的。图 E-8 显示了一个 $n=2$，3 或 4 的例子。

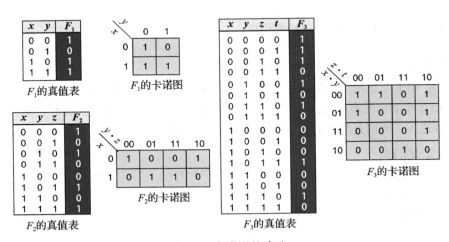

图 E-8　卡诺图的建造

在真值表中，我们从真值表的顶部到底部去使用函数的值。图是一行接一行地被填写的，但行的顺序是 1，2，4，3。在每一列中，列也是一个接一个被填写的，但列的顺序是 1，2，4，3。第 4 行在第 3 行的前面，第 4 列在第 3 列的前面。这样的安排是最大程度地化简的需要。

积之和

化简可以通过建立积之和来进行，当采用这种方法化简函数时，使用值为 1 的最小项。为了得到高效的表达式，首先合并相邻的最小项。注意：相邻也包含位的环绕。

例 E-2　图 E-9 显示了我们的第一个函数使用积之和的化简。第二行中的 1 包含了整个 x 的域。第一列中的 1 包含了整个 y 的域。得出的化简函数是 $F_1=(x)+(y')$。图中还显示了用一个 OR 门和一个 NOT 门的实现。

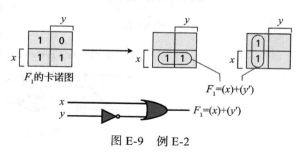

图 E-9　例 E-2

例 E-3　图 E-10 显示了第二个函数使用积之和的化简。第二行的 1 是 x 域和 z 域的交集，它用 $(x \cdot z)$ 来表示。第一行的 1 是 x 和 z 域的交集，它用 $(x' \cdot z')$ 来表示。得出的化简函数是 $F_2=(x \cdot z)+(x' \cdot z')$。图中还显示了使用一个 OR 门、两个 AND 门和两个 NOT 门的实现。

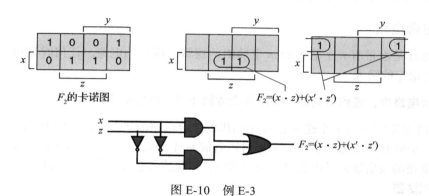

图 E-10　例 E-3

和之积

化简可以通过使用和之积的方法来进行，当采用这种方法化简函数时，使用最大项。为了得到高效的表达式，首先合并相邻的最小项。但是，用这种方法得到的函数是我们要找的函数的相反值，我们需要用德·摩根律找到函数。

例 E-4　图 E-11 显示了第一个函数使用和之积的化简。注意：在此情况下，实现与图 E-9 中的相同，但不经常是这样的。还要注意：函数只有一个项，不需要 AND 门。

例 E-5　图 E-12 显示了第二个函数使用和之积的化简。注意：过程给出 $(F_2)'$，所以我们需要使用德·摩根律找到 F_2。图中还显示了使用两个 NOT 门、两个 OR 门和一个 AND 门的实现。这个实现比我们使用最小项得到的那个效率要低。我们总是采用高效的实现。

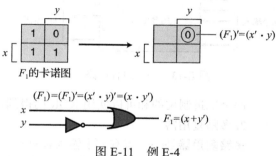

图 E-11　例 E-4

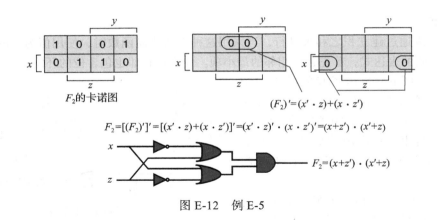

F_2的卡诺图

$(F_2)'=(x' \cdot z)+(x \cdot z')$

$$F_2=[(F_2)']'=[(x' \cdot z)+(x \cdot z')]'=(x' \cdot z)' \cdot (x \cdot z')'=(x+z') \cdot (x'+z)$$

$F_2=(x+z') \cdot (x'+z)$

图 E-12   例 E-5

E.2 逻辑电路

计算机通常是由称为**逻辑电路**的标准构件建造而成的。逻辑电路分成两大类：组合电路和时序电路。我们将简单地讨论每一类，并给出一些例子。

E.2.1 组合电路

组合电路是由带有 n 个输入和 m 个输出的逻辑门组成的电路。任何时刻每个输出完全依赖于所有给定的输入。

在组合电路中，任何时刻每个输出完全依赖于所有给定的输入。

图 E-13 显示了具有 n 个输入和 m 个输出的组合电路的块图。比较图 E-13 和图 E-5，我们可以说一个带有 m 个输出的组合电路可以看成 m 个函数，每个输出对应一个函数。

组合电路的输出通常是由真值表来定义的，只是真值表需要有 m 个输出。

1. 半加法器

一个简单的组合电路的例子是**半加法器**，这个加法器只能做两个二进制位的加法。半加法器是具有两个输入和两个输出的组合电路。两个输入定义了要进行加法的两个二进制位，第一个输出是两个二进制位的和，而第二个输出是要传给下一个加法器的进位。图 E-14 显示了一个半加法器，并显示了它的真值表和生成电路所用的逻辑门。

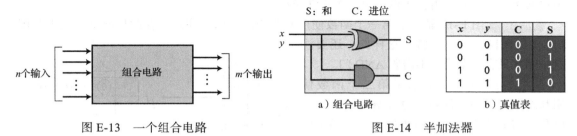

S: 和   C: 进位

x	y	C	S
0	0	0	0
0	1	0	1
1	0	0	1
1	1	1	0

a）组合电路   b）真值表

图 E-13   一个组合电路   图 E-14   半加法器

两个二进制位的和可以使用 XOR 门得到，进位可以使用 AND 门得到。

2. 多路复用器

多路复用器是一个带有 n 个输入和只有一个输出的组合电路。n 个输入由数据输入 D 和控制输入 C 组成（$n=D+C$）。在任何时刻，多路复用器只选择数据输入 D 中的一个发送到唯一的数据输出，而这个选择是由控制位的值来决定的。为了选择数据输入 D 中的一个，需

要 $C=\log_2 D$ 的控制位。如果 $D=2$，在任何时刻只有一个数据输入发送到输出，控制输入只是一位。如果控制输入为 0，则第一个数据输入直接到输出；如果控制输入为 1，则第二个数据输入被发送到输出。

图 E-15 显示了真值表和 2×1 多路复用器的电路。注意：电路实际上有三个输入和一个输出，控制输入被看成是一个输入。注意：这里的真值表非常简化，输出依赖于控制输入，但输出的值却是两个输入中的一个。

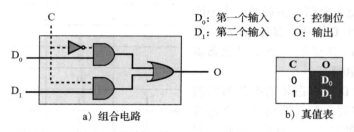

图 E-15 多路复用器

E.2.2 时序电路

组合电路是没有记忆的，它不能记住它以前的输出，在任何时刻输出仅仅依赖于当前的输入。而**时序电路**包含了逻辑上的记忆概念，记忆使得电路能记住当前状态，以便将来使用，将来的状态可以依赖于当前状态。

1. 双稳态多谐振荡器

为了把记忆的想法添加到组合电路中，发明了称为**双稳态多谐振荡器**的存储单元，该存储单元能保存一位信息。一组双稳态多谐振荡器可以用来保存一组二进制位。

SR 双稳态多谐振荡器

最简单的双稳态多谐振荡是 **SR 双稳态多谐振荡器**，其中有两个输入 S（设置）和 R（重置）以及两个输出 Q 和 Q′，它们总是互相相反的。图 E-16 显示了一个 SR 双稳态多谐振荡的符号、电路和特征表。注意：特征表和我们在组合电路中的真值表是不同的。特征表显示了下一个输出 $Q(t+1)$，输出 $Q(t+1)$ 是基于当前输出 $Q(t)$ 和输入的。

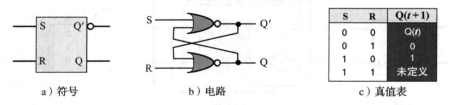

图 E-16 SR 双稳态多谐振荡器

特征表显示出：如果 S 和 R 都为 0，输出 $Q(t+1)=Q(t)$，也就是下一个输出和当前输出相同；如果 S 为 0，R 为 1，输出 $Q(t+1)=0$，这意味着输出将被重置（R=1）；如果 S 为 1，R 为 0，输出 $Q(t+1)=1$，这意味着输出将被设置。但是，如果 S 和 R 都为 1，下一个输出是不可预测的（无定义）。注意：在特征表中我们并没有显示 Q′ 的值，因为它总是与 Q 值相反的。

一个 SR 双稳态多谐振荡器可以被用作设置-重设设备。例如，如果输出是连到一个电气音响器上的，警报可以通过让 R=0 和 S=1 来设置，设置后，警报会一直响，直到它被用 R=1 和 S=0 来重置。这个设计的唯一缺陷是 R 和 S 不应该同时为 1。

为了理解 SR 双稳态多谐振荡器的原理，需要创建它的真值表。但需要注意，我们有 3 个输入和 1 个输出（Q 和 Q' 是独立的）。表 E-4 是该振荡器的真值表。

D 双稳态多谐振荡器

SR 双稳态多谐振荡器不能当作 1 位存储器来使用，因为它需要两个输入，而不是一个。对 SR 双稳态多谐振荡器的一个小的修改就能建立一个 **D 双稳态多谐振荡器**（D 代表数据）。图 E-17 显示一个 D 双稳态多谐振荡器的符号和特征。

注意：虽然 D 双稳态多谐振荡器的输出与它的输入相同，但是输出是一直保持的，直到给出新的输入。这意味着它能记忆它的输入状态。

表 E-4　SR 双稳态多谐振荡器的真值表

S	R	Q(t)	Q(t + 1)
0	0	0	0
0	0	1	1
0	1	0	0
0	1	1	0
1	0	0	1
1	0	1	1
1	1	0	未定义
1	1	1	未定义

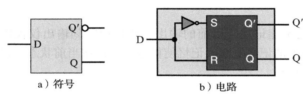

a) 符号　　　　　b) 电路　　　　　c) 特征表

图 E-17　D 双稳态多谐振荡器

JK 双稳态多谐振荡器

为了把未定义状态从 SR 双稳态多谐振荡器中移去，JK 双稳态多谐振荡器就被发明了（JK 代表 Jack Kilby，他发明了集成电路）。增加两个 AND 门到 SR 双稳态多谐振荡器中就形成了 JK 双稳态多谐振荡器，它没有未定义的状态。图 E-18 显示了 JK 双稳态多谐振荡器和它的特征表。

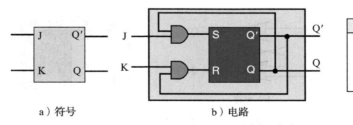

a) 符号　　　　　　　b) 电路　　　　　　　c) 特征表

图 E-18　JK 双稳态多谐振荡器

T 双稳态多谐振荡器

另外一个通用的双稳态多谐振荡器是 **T 双稳态多谐振荡器**（T 代表拨动开关（toggle）），这种双稳态多谐振荡器通过把 JK 双稳态多谐振荡器的两个输入合在一起（称为 T 输入）而制成。这个输入拨动双稳态多谐振荡器的状态：如果输入为 0，下一个状态跟当前状态相同；如果输入为 1，下一个状态与当前状态相反。图 E-19 显示了 T 双稳态多谐振荡器的符号、电路和特征表。

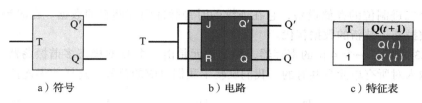

a）符号　　　　　　　　b）电路　　　　　　　c）特征表

图 E-19　T 双稳态多谐振荡器

2. 同步与异步

到目前为止，我们讨论的双稳态多谐振荡器都被称为**异步设备**：一个状态到另一个状态的转换只有当输入改变之后才会发生。数字计算机却是**同步设备**，计算机中的中央时钟控制了所有逻辑电路的调度。时钟建立了一个信号（具有相等脉宽的一系列脉冲）来调整所有的事件。一个简单的事件只占据这个时钟信号的一个"滴答声"（tick）。

图 E-20 显示了一个时钟的抽象概念。我们称它为抽象（abstract），是因为在现实中，没有电路能产生一个完全光滑的脉冲信号，但这里显示的信号对于我们的讨论是足够的。

图 E-20　时钟脉冲

如果我们给电路增加一个输入，一个双稳态多谐振荡器就可以是同步的，这个输入就是时钟输入。时钟输入可以与每个输入进行 AND（与）运算，从而选通输入，所以只有当有时钟脉冲时，它才有效。图 E-21 显示了我们所讨论的所有 4 种双稳态多谐振荡器的时钟版本的符号。图 E-22 显示了一个带时钟信号的 SR 双稳态多谐振荡器的电路。其他双稳态多谐振荡器有相同的外加电路。

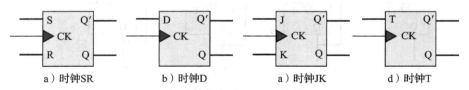

a）时钟SR　　　　　b）时钟D　　　　　a）时钟JK　　　　　d）时钟T

图 E-21　时钟双稳态多谐振荡器

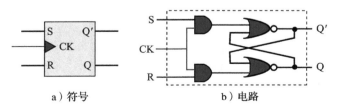

a）符号　　　　　　b）电路

图 E-22　时钟 SR 双稳态多谐振荡器的电路

3. 寄存器

作为同步（时钟）时序电路的第一个应用，我们将介绍一个**寄存器**的简化版本。寄存器

是一个 n 个二进制位的存储设备，它在连续的时钟脉冲间存储它的数据。在时钟的触发下，老的数据被抛弃，被新的数据替代。

图 E-23 显示了一个 4 位的寄存器，每个单元是由一个 D 双稳态多谐振荡器构成的。注意：时钟输入对所有单元是共有的。我们旋转了我们以前的符号，这样使得连接更为简单。

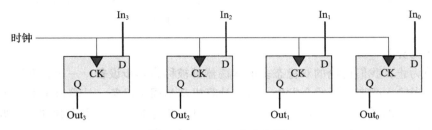

图 E-23　一个 4 位寄存器

4. 数字计数器

一个 n 位的**数字计数器**（digital counter）能从 0 计数到 2^{n-1}。例如，$n=4$ 时，计数器的输出是 0000，0001，0010，0011，…，1111，所以它能从 0 计数到 15。一个 n 位的计数器可以由 n 个 T 双稳态多谐振荡器构成。在开始时，计数器代表 0000，计数允许线（参见图 E-24）带有 1 的队列，也就是被计数的数据（脉冲）。看一下事件的序列，我们可以看到最右边的位与计数使能连接线的每一个正的转变相反，这模拟了数据项的达到。但最右边的位从 1 变成 0，紧挨着最右边的一位就被求补了。这个过程对所有的位重复。这个观察给了我们使用 T 双稳态多谐振荡器的一条线索。这个双稳态多谐振荡器的特征表显示了每个值为 1 的输入都对输出求补。注意：这个计数器只能数到 15 或 $(1111)_2$。第 16 个数据项的到达将把计数器重置回到 $(0000)_2$。图 E-24 显示了 4 位计数器的电路。

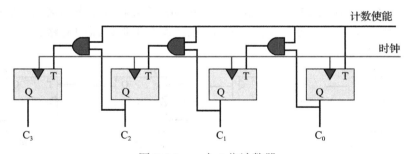

图 E-24　一个 4 位计数器

C、C++ 和 Java 程序示例

在本附录中，我们介绍一些用三种编程语言 C、C++ 和 Java 写的例子，整体上给出这三种编程语言的结构概念。(注意每行程序边上的行号不是该程序的一部分，添加行号是为了引用方便。也要注意，在程序编译成机器语言时，着色标出的注释文字是被编译器忽略掉的。

F.1 用 C 语言编程

这一节我们用 C 语言来示例 3 个简单的程序。目标不是教编程语言，只是给你一个用 C 编程是什么样的概念。

例 F-1 程序 F-1 是用 C 语言写的最简单的程序，该程序打印出 "Hello World！" 信息。这是一个只用顺序结构的例子，意味着代码逐行执行，没有分支或者循环。

程序F-1 第一个C语言写的程序

```
1   /*
2   This program show how we can use only sequence construct
3   to achieve a simple goal.
4   */
5
6   #include<stdio.h>
7
8   int main()
9   {
10    //Statement
11    printf("Hello Word\n");
12    return 0;
13
14  }//End of main
Run:
Hello Word
```

例 F-2 程序 F-2 用 C 语言写的简单程序，该程序同时用到了顺序和分支结构。如果条件成立，程序执行一些行；如果不成立，则执行另一些行。我们运行该程序两次来显示不同的情况。

程序F-2 第二个C语言写的程序

```
1   /*
2    This program shows how to make a decision in a program written in C.
3    The program gets an integer and finds if it is divisible by 7.
4   */
5
6   #include<stdio.h>
7
8   int main()
9   {
```

```
10      //Declaration
11      int num;
12?     //Statement
13      printf("Enter an integer:");
14      scanf("%d",&num);
15      //Selection
16      if(num % 7 == 0)
17      {
18          printf("The number %d",num);
19          printf("is divisible by 7.\n");
20      }
21      else
22      {
23          printf("The number %d",num);
24          printf("is not divisible by 7.\n");
25      }
26      return 0;
27 }//End of main
Run:
Enter an integer:24
The number 24 is not divisible by 7.
Run:
Enter an integer:35
The number 35 is divisible by 7.
```

例 F-3 程序 F-3 显示了顺序和循环结构的组合。我们利用循环重复打印一个数字，但是该数字每次重复时都有变化。我们运行两遍程序。第一次限制为 6，第二次限制为 9。

程序F-3   第三个C语言写的程序

```
1    /*
2    This program shows how to use repetition in C.
3    The program prints number from 1 to n, in which n is given by the user.
4    */
5
6    #include<stdio.h>
7
8    int main()
9    {
10     //Declaration
11     int n;
12     int i;
13     //Statement
14     printf("Enter the upper limit:");
15     scanf("%d",&n);
16     //Repetition
17     for(i=1;i<=n;i++)
18     {
19       printf("%d\n",i);
20     }
21     return 0;
22   }//End of main
Run:
Enter the upper limit:6
1
2
```

```
3
4
5
6
Run:  .
Enter the upper limit:9
1
2
3
4
5
6
7
8
9
```

F.2　用 C++ 语言编程

这一节展示如何用 C++ 语言来写前面同样的 3 个程序。关键点在显示两者之间的相似性和不同处。C 语言是没有类和对象的过程语言。而 C++ 语言则是可以有类和对象的面向对象语言。

例 F-4　程序 F-4 实现了与程序 F-1 相同的目标，但却是用 C++ 语言代替了 C 语言来写的。我们可以在第 14 行看到主要的差别。在 C++ 中打印数据，我们需要使用一个对象。术语 cout 定义了一个负责输出数据的对象。

程序F-4　第一个C++语言写的程序

```
1   /*
2     The program demonstrates some of the components of a simple
3     program written in C++
4   */
5
6   #include<iostream>
7   #include<iomanip>
8
9   using namespace std;
10
11  int main()
12  {
13    //Statement
14    cout << "Hello World" << endl;
15    return 0;
16  }//End of main
Run:
Hello World
```

例 F-5　程序 F-5 实现了与程序 F-2 相同的目标，但却是用 C++ 语言代替了 C 语言来写的。该程序和它的 C 版本主要的差别在第 16、17、21、22、26 和 27 行。这些地方我们需要使用输入对象（cin）和输出对象（cout）用于输入和输出。

程序F-5　第二个C++语言写的程序

```
1   /*
2     This program shows how to make a decision in a program written in C++.
```

```
3     The program gets an integer and prints it if it is less than 50.
4   */
5
6   #include<iostream>
7   #include<iomanip>
8
9   using namespace std;
10
11  int main()
12  {
13      //Declaration
14      int num;
15      //Statement
16      cout << ("Enter an integer:");
17      cin >> num;
18      //Decision
19      if(num % 7 == 0)
20      {
21        count << "The number" << num;
22        count << "is divisible by 7." << endl;
23      }
24      else
25      {
26        count << "The number" << num;
27        count << "is not divisible by 7." << endl;
28      }
29      return 0;
30  }//End of main
Run:
Enter an integer:22
The number 22 is not divisible by 7.
Run:
Enter an integer:21
The number 21 is not divisible by 7.
```

例 F-6 程序 F-6 实现了与程序 F-3 相同的目标，但却是用 C++ 语言代替了 C 语言来写的。该程序和它的 C 版本主要的差别在第 17、18 和 23 行。这些地方我们需要使用输入对象（cin）和输出对象（cout）用于输入和输出。

程序F-6　第三个C++语言写的程序

```
1   /*
2     This program shows how to use repetition in C++.
3     The program prints number from 1 to n,in which n is given by the user.
4   */
5
6   #include<iostream>
7   #include<iomanip>
8
9   using namespace std;
10
11  int main()
12    {
13    //Declaration
14    int n;
15
```

```
16   //Statement
17   cout << "Enter the upper limit:";
18   cin >> n;
19
20   //loop
21   for(int i=1;i<=n;i++)
22   {
23     cout << i << endl;
24   }
25
26   return 0;
27 }//End of main
Run:
Enter the upper limit 4
1
2
3
4
Run:
Enter the upper limit 8
1
2
3
4
5
6
7
8
```

F.3　用 Java 语言编程

这一节，我们展示如何用 Java 语言来写前面同样的 3 个程序。关键点在显示语言之间的相似性和不同处。我们遇到的第一个不同之处是在 C++ 中的 main 函数和在 Java 中的 main 方法。在 C++ 中的 main 函数是独立的程序，在 Java 中的 main 方法应该是一个类的一部分。我们分别在这些程序中命名这些类为 Fist、Second、Third。

例 F-7　程序 F-7 实现了与程序 F-4 相同的目标，但却是用 Java 语言代替了 C++ 语言来写的。我们需要一个类来提供 main 方法。另一个不同之处是在第 10 行，我们使用一个预先定义的对象（System.cout）负责输出。

程序F-7　第一个Java语言写的程序

```
1   /*
2     This program demonstrates some of the components of a simple
3     program written in Java
4   */
5
6   public class First
7   {
8     public static void main(String[] args)
9     {
10        System.out.printIn("Hello World!");
11    }//End main
12 }//End class
```

例 F-8 程序 F-8 实现了与程序 F-5 相同的目标，但却是用 Java 语言代替了 C++ 语言来写的。我们需要一个类来提供 main 方法。其他不同之处是在第 13、14、15、20、21、26 和 27 行，那里我们使用一个类的对象 Scanner 负责输入，以及一个预先定义的对象（System.cout）负责输出。

程序F-8   第二个Java语言写的程序

```
1    /*
2      This program shows how to make a decision in a program written in Java.
3      The program gets an integer and checks if it is divisible by 7.
4    */
5
6    import java.util.*;
7
8    public class Second
9    {
10     public static void main(Stirng[] args)
11     {
12        //Declaration
13        Scanner input = new Scanner(System.in);
14        System.out.print("Enter an integer:");
15        int num = input.nextInt();
16
17        //Decision
18        if(num % 7 == 0)
19        {
20           System.out.print("The number" + num);
21           System.out.printIn("is divisible by 7");
22
23        }
24        else
25        {
26           System.out.print("The number" + num);
27           System.out.printIn("is not divisible by 7.");
28
29        }
30     }//End main
31
32   }//End class
Run:
Enter an integer:25
The number 25 is not divisible by 7.
Run:
Enter an integer:42
The number 42 is divisible by 7.
```

例 F-9 程序 F-9 实现了与程序 F-6 相同的目标，但却是用 Java 语言代替了 C++ 语言来写的。我们需要一个类来提供 main 方法。其他不同之处是在第 13、14、15 和 20 行，那里我们使用一个类的对象 Scanner 负责输入，以及一个预先定义的对象（System.cout）负责输出。

程序F-9   第三个Java语言写的程序

```
1    /*
2      This program shows how to use a loop in Java.
```

```
3      The program prints number from 1 to n,in which n is given by the user.
4    */
5
6    import java.util.*;
7
8    public class Third
1    {
2       public static void main(Stirng[] args)
3       {
4           //Statements to get the value of n
5           Scanner input = new Scanner(System.in);
6           Scanner.out.print("Enter the upper limit:");
7           int n = input.nextInt();
8
9           //Loop
10          for(int i = 1;i<= n;i++)
11          {
12               System.out.printIn(i);
13          }
14      }//End main
15
16   }//End class
Run:
Enter the upper limit:3
1
2
3
Run:
Enter the upper limit:7
1
2
3
4
5
6
7
```

数 学 知 识

在附录的这一部分，我们将复习一些数学概念，它们能帮助我们理解本书中的主题。我们首先给出一个简短的关于指数和对数函数的论述，接着讨论模运算，最后，我们给出在数据压缩中使用的离散余弦变换的公式。

G.1 指数和对数

在本书一些问题的求解过程中，我们经常需要知道如何处理指数和对数函数。这一节我们简短地回顾一下这两个概念。

G.1.1 指数函数

底（base）为 a 的指数函数定义为 a^x。如果 x 是一个整数，这个可以解释成 a 与自身相乘了 x 次。通常我们可以使用一个计算器得到 y 的值。

例 G-1 计算下列指数函数的值。

a. 3^2

b. 5.2^6

解 使用关于指数的解释，我们有：

a. $3^2 = 3 \times 3 = 9$

b. $5.2^6 = 5.2 \times 5.2 \times 5.2 \times 5.2 \times 5.2 \times 5.2 = 19\ 770.609\ 664$

例 G-2 计算下列指数函数的值。

a. $3^{2.2}$

b. $5.2^{6.3}$

解 这些问题使用计算器更容易解决，我们有：

a. $3^{2.2} \approx 11.212$

b. $5.2^{6.3} \approx 32\ 424.60$

1. 三个常用的底

在表达式 a^b 中，我们称 a 为底，b 为指数。三个常用的底是：底 10、底 e 和底 2。

- 底 10 是十进制系统的底。大多数计算器上都有一个 10^x 键。
- 在科学和数学中使用的底是**自然底 e**（natural base e），e 的值为 2.718 281 83…，大多数计算器上都有一个 e^x 键。因为诸如放射性衰变这些现象可以用这个底得到最好的描述，所以这个底用在科学方面。
- 在计算机科学中通常需要的底是 2。大多数计算器上虽然没有 2^x 键，但我们可以使用一般的 x^y 键，设置 $x=2$。

例 G-3 计算下列指数函数的值。

a. e^4

b. $e^{6.3}$

c. $10^{3.3}$

d. $2^{6.3}$

e. 2^{10}

解

a. $e^4 \approx 54.60$

b. $e^{6.3} \approx 544.57$

c. $10^{3.3} \approx 1995.26$

d. $2^{6.3} \approx 78.79$

e. $2^{10} = 1024$

例 G-4 在计算机科学中，占主导地位的底是 2。知道一些常用指数 2 的幂是一个好的实践，我们经常需要记住：

$2^0 = 1$	$2^1 = 2$	$2^2 = 4$	$2^3 = 8$	$2^4 = 16$	$2^5 = 32$	$2^6 = 64$
$2^7 = 128$	$2^8 = 256$	$2^9 = 512$	$2^{10} = 1024$			

2. 指数函数的性质

指数函数有多个性质，其中一些对我们非常有用：

$a^0 = 1$	$a^1 = a$	$a^{-x} = 1/(a^x)$
$a^{x+y} = a^x \times a^y$	$a^{x-y} = a^x/a^y$	$(a^x)^y = a^{x \times y}$

例 G-5 使用这些性质的例子有：

a. $5^0 = 1$

b. $6^1 = 6$

c. $2^{-4} = 1/2^4 = 1/16 = 0.0625$

d. $2^{5+3} = 2^5 \times 2^3 = 32 \times 8 = 256$

e. $3^{2-3} = 3^2/3^3 = 9/27 = 1/3 \approx 0.33$

f. $(10^4)^2 = 10^{4 \times 2} = 10^8 = 100\ 000\ 000$

G.1.2 对数函数

对数函数是指数函数的倒数，表示如下：

$$y = a^x \quad \leftrightarrow \quad x = \log_a y$$

就像在指数函数中一样，a 被称为对数函数的**底**。换言之，如果给定 x，我们可以使用指数函数计算出 y；如果给定 y，我们可以使用对数函数计算出 x。

指数函数和对数函数互为倒数。

因为对数能把乘法运算转变为加法运算，将指数运算转变为乘法运算，所以它使算术中的计算变得容易了。

例 G-6 计算下列对数函数的值：

a. $\log_3 9$

b. $\log_2 16$

c. $\log_{10} 0$

d. $\log_2(-2)$

解 我们还没有介绍如何在不同的底上计算对数函数，但我们可以直观地解决这些问题。

a. 因为 $3^2 = 9$，所以 $\log_3 9 = 2$，使用这两个函数互为倒数这个事实。

b. 相似地，因为 $2^4 = 16$，所以 $\log_2 16 = 4$。

c. 因为不存在有限数字 x，使得 $10^x = 0$，所以 $\log_{10} 0$ 就是无意义的或数学上的负无穷大。

d. 在实数数学中，负数是无对数的。但是在复杂数字领域中，我们是可以有负数的对数的，这里，我们把这些问题留给关于复杂数字理论的书。

1. 三种常用的底

与指数函数的情况一样，对数中也有三个常用的底：底 10、底 e 和底 2。以 e 为底的对数通常写成 ln（自然对数），以 10 为底的写成 log（省略了底）。并不是所有的计算器有以 2 为底的对数的。我们马上会显示如何处理这个底。

例 G-7 计算下列对数函数的值：

a. log233

b. ln45

解 对于这两个底，我们能使用计算器：

a. $\log 233 \approx 2.367$

b. $\ln 45 \approx 3.81$

2. 底转换

我们经常需要求一个底既不是 e 也不是 10 的对数函数的值。如果手头的计算器不能给出我们希望的结果，那么我们可以使用对数函数的基本特性（底转换），显示如下：

$$\log_a y = \frac{\log_b y}{\log_b a}$$

注意，右边显示了两个以 b 为底的对数函数，它与左边以 a 为底的不同。这就意味着我们可以选择一个在我们计算器上可用的底（底 b），计算出计算器上没有的底（底 a）的对数。

例 G-8 计算下列对数函数的值：

a. $\log_3 810$

b. $\log_5 600$

c. $\log_2 1024$

d. $\log_2 600$

解 这些底通常在计算器上都没有，但我们可以使用底 10，这是计算器上有的。

a. $\log_3 810 = \log 810 / \log 3 = 2.908 / 0.477 \approx 6.095$

b. $\log_5 600 = \log 600 / \log 5 = 2.778 / 0.699 \approx 3.975$

c. $\log_2 1024 = \log 1024 / \log 2 = 3.01 / 0.301 = 10$

d. $\log_2 600 = \log 600 / \log 2 \approx 2.778 / 0.301 \approx 9.223$

例 G-9 底 2 在计算机科学中非常普遍。既然我们知道 $\log_{10} 2 \approx 0.301$，这就非常容易计算出（近似值）这个底的对数。我们先求出这个数以 10 为底的对数，再除以 0.310。或者在这个以 10 为底的对数上乘以 3.332（$\approx 1/0.301$）。

a. $\log_2 600 \approx 3.332 \times \log_{10} 600 \approx 3.332 \times 2.778 \approx 9.228$

b. $\log_2 2048 \approx 3.332 \times \log_{10} 2048 \approx 3.332 \times 2.778 = 11$

3. 对数函数的性质

对数函数有 6 个有用的性质，每一个都与前面提到的指数函数的性质相对应。

$\log_a 1 = 0$ $\qquad\qquad\qquad$ $\log_a(x \times y) = \log_a x + \log_a y$

$$\log_a a = 1 \qquad\qquad \log_a(x/y) = \log_a x - \log_a y$$
$$\log_a(1/x) = -\log_a x \qquad\qquad \log_a x^y = y \times \log_a x$$

例 G-10　计算下列对数函数的值：

a. $\log_3 1$

b. $\log_3 3$

c. $\log(1/10)$

d. $\log_a(x \times y)$，如果知道 $\log_a x = 2$ 和 $\log_a y = 3$

e. $\log_a(x/y)$，如果知道 $\log_a x = 2$ 和 $\log_a y = 3$

f. $\log_2(1024)$，不使用计算器

解　我们利用对数函数的性质来解决这些问题：

a. $\log_3 1 = 0$

b. $\log_3 3 = 1$

c. $\log(1/10) = \log 10^{-1} = -\log 10 = -1$

d. $\log_a(x \times y) = \log_a x + \log_a y = 2 + 3 = 5$

e. $\log_a(x/y) = \log_a x - \log_a y = 2 - 3 = -1$

f. $\log_2(1024) = \log_2(2^{10}) = 10 \times \log_2 2 = 10 \times 1 = 10$

G.2　模运算

在整数运算中，如果我们用 a 除以 n，就能得到 q 和 r。4 个整数间的关系可以写成：$a = q \times n + r$。在这个等式中，a 称为被除数，n 为除数，q 为商，r 为余数。既然一个运算通常定义成带有一个单一的输出，所以这个等式不是运算，我们称之为**除法关系**（division relation）。

例 G-11　假定 $a = 214$，$n = 13$，用我们在算术中所学的除法，可以得出 $q = 16$，$r = 6$。如图 G-1 所示。

大多数计算机语言可以使用语言指定的运算符求得商和余数。例如，在 C 语言中，除法运算符（/）可以得出商，模运算符（%）可以得出余数。

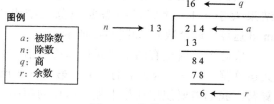

图 G-1　整数除法

G.2.1　模运算符

在模运算中，我们只对一个输出（余数 r）感兴趣，我们不关心商 q。换言之，当 a 除以 n 时，我们想要知道的是 r 的值是多少。这就意味着可以把上面的关系转换成带有两个输入 a 和 n 与一个输出 r 的二元运算。那么这个二元运算符被称为**模运算符**（modulo operator），表示成 mod。第二个输入（n）称为**模数**（modulus），输出 r 称为**余数**（residue）。图 G-2 显示了除法关系与模运算符的比较。

模运算符带一个整数（a）和一个模数（n），得到余数（r）。虽然 a 和 r 可以是任何整数，但 n 不能为 0，因为否则得出除以 0，这会产生一个无定义或无穷大的数。但在实际中，我们要求 n 的值为非负数。由于这个原因，r 的值应该在 0 与 $n-1$ 之间。

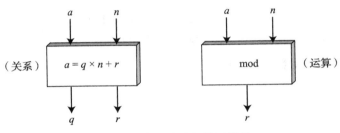

图 G-2　除法关系与模运算符

例 G-12　使用模运算一个非常好的例子是时钟系统。时钟是基于模 12 运算的。但是时钟上的整数 12 实际上应该是 0，这样使它与模运算相一致。

例 G-13　求下列运算的结果：

a. 28 mod 6

b. 32 mod 12

c. 19 mod 15

d. 7 mod 11

解　我们求余数 r，可以用 n 除 a，得到 q 和 r。丢弃 q，保存 r。

a. 28 除以 6 得到 $r=4$，这意味着 28 mod 6=4。

b. 32 除以 12 得到 $r=8$，这意味着 32 mod 12=8。

c. 19 除以 15 得到 $r=4$，这意味着 19 mod 15=4。

d. 7 除以 11 得到 $r=7$，这意味着 7 mod 11=7。

G.2.2　算术运算

我们在整数中讨论的三种二元运算（加法、减法和乘法）也可以针对模运算定义。如果结果大于 $n-1$，我们可能需要规范化结果（应用 mod 运算，取余数），如图 G-3 所示。

实际上，这里有两组二元运算符，第一组是二元运算符（+、−、×）中的一个，第二组是 **mod 运算符**。我们需要使用括号来强调运算的顺序。在计算过程中的任何时候，如果得到一个负值的 r，这个值就应该规范化。我们需要在这个结果上加上模若干次，直到这个结果为正为止。

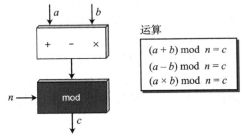

图 G-3　模运算中的三种运算

例 G-14　进行下列运算：

a. 14 加上 7，以 15 为模

b. 7 减 11，以 13 为模

c. 11 乘以 7，以 20 为模

解　下面显示了涉及每个问题的两步：

$(14+7)$ mod 15　→　(21) mod 15=6

$(7-11)$ mod 13　→　(-4) mod 13=$-4+13$=9

$(7×11)$ mod 20　→　(77) mod 20=17

例 G-15 进行下列运算：

a. 17 加上 27，以 14 为模

b. 12 减 43，以 15 为模

c. 123 乘以 -10，以 19 为模

解 注意：这些例子中的整数有时超出了 0 到 $n-1$ 的范围，我们可以在运算前规范化它们，也可以在运算后进行。我们显示的是第二种选择，读者可以试一下第一种选择，二者的结果是相同的。

$(17 + 27)$ mod 14 $\rightarrow$ (44) mod $14 = 2$

$(12-43)$ mod 15 $\rightarrow$ (-31) mod $15 = -1 + 15 = 4$

(123×-10) mod 19 $\rightarrow$ (-1230) mod $19 = -14 + 19 = 5$

模 2 运算

模 2 运算具有特殊的意义。因为模是 2，我们能使用的值只有 0 和 1。这样的算术运算是非常简单的。下面显示了我们是如何在两位间进行加减的。

加： $(0 + 0)$ mod $2 = 0$ $\qquad$ $(0 + 1)$ mod $2 = 1$

$\qquad$ $(1 + 0)$ mod $2 = 1$ $\qquad$ $(1 + 1)$ mod $2 = 0$

减： $(0-0)$ mod $2 = 0$ $\qquad$ $(0-1)$ mod $2 = 1$

$\qquad$ $(1-0)$ mod $2 = 1$ $\qquad$ $(1-1)$ mod $2 = 0$

特别要注意的是加法和减法给出了相同的结果。在这种算术中，我们可以用 XOR（异或）运算来代替加减法。如果两位是相同的，XOR 运算的结果为 0；如果两位不同，则为 1。图 G-4 显示了这个运算。

$0 \oplus 0 = 0$ $\qquad$ $1 \oplus 1 = 0$		$\begin{array}{ccccc} & 1 & 0 & 1 & 1 & 0 \\ \oplus & 1 & 1 & 1 & 0 & 0 \\ \hline & 0 & 1 & 0 & 1 & 0 \end{array}$
a）两位相同，结果为0		
$0 \oplus 1 = 1$ $\qquad$ $1 \oplus 0 = 1$		
b）两位不同，结果为1		c）两个字异或的结果

图 G-4 两个一位的异或与两个字的异或

G.3 离散余弦变换

本节我们给出离散余弦及反离散余弦变换的数学背景，这种变换被用在第 15 章中所讨论的数据压缩中。

G.3.1 离散余弦变换

在这项变换中，每个 64 像素的块进行称为离散余弦变换（DCT）的转变。该转变改变了这 64 个值，以便保持像素间相关的关系而去掉冗余。下面的公式中，$P(x, y)$ 定义了图像块中一个特定的值，$T(m, n)$ 定义了在转换后的块中的一个值。

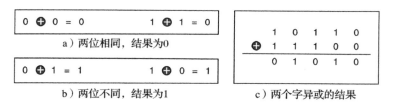

$$T(m,n) = 0.25 c(m) c(n) \sum_{x=0}^{7} \sum_{y=0}^{7} P(x,y) \cos\left[\frac{(2x+1)m\pi}{16}\right] \cos\left[\frac{(2y+1)n\pi}{16}\right]$$

$$\text{其中 } c(i) = \begin{cases} \dfrac{1}{\sqrt{2}} & \text{若 } i = 0 \\ 1 & \text{其他} \end{cases}$$

G.3.2 反离散余弦变换

该反变换用于从 $T(m, n)$ 表中创建 $P(x, y)$ 表。

$$P(x,y) = 0.25c(x)c(y)\sum_{m=0}^{7}\sum_{n=0}^{7}T(m,n)\cos\left[\frac{(2m+1)x\pi}{16}\right]\cos\left[\frac{(2n+1)y\pi}{16}\right]$$

$$其中\ c(i) = \begin{cases} \dfrac{1}{\sqrt{2}} & 若\ i = 0 \\ 1 & 其他 \end{cases}$$

例 G-16 如果对于所有的 x 和 y，$P(x, y)=20$，计算 $T(0, 0)$ 和 $T(0, 1)$。

解 使用和之积恒等变换 $\cos x + \cos y = 2[\cos(x+y)/2][\cos(x-y)/2]$，我们可以看出所有余弦项之和为 0。

错误检测和纠正

当数据从一个地方传输到另一个地方，或从一个设备移动到另一个设备时，必须检查数据的准确性。在大多数应用中，系统必须保证接收到的数据和传输的数据是相同的。有些应用却能容忍小的错误。例如，在音频和视频传输过程中随机错误是可以容忍的，但传输文本时，我们希望准确性非常高。我们虽然只讨论传输中的错误，但在存储中由于数据损坏产生的错误也以同样的方法来处理。

H.1 引言

我们先讨论与错误检测和纠正有关的一些问题。

H.1.1 错误的种类

由于传输介质中的干扰，如串扰、外部的电磁场等，不管何时数据位从一个地方流向另一个地方，它们总要遭受不可预见的变化，如图 H-1 所示。

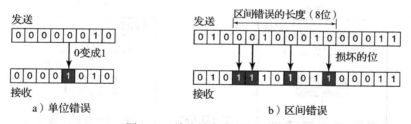

图 H-1　单位错误与区间错误

在**单位错误**（single-bit error）中，0 变成 1 或 1 变成 0。在**区间错误**（burst error）中，多位被改变。**单位错误**的意思是在所给的数据单元（如一个字节、一个字符或一个数据包）中，只有一位从 1 变成 0，或从 0 变成 1。区间错误的意思是在数据单元中有两位或两位以上从 1 变成 0 或从 0 变成 1。

H.1.2 冗余

纠正错误中的中心概念就是**冗余**（redundancy）。为了能纠正错误，需要与数据一起传送额外的数据位。这些冗余位由发送者加上，由接收者移除。它们的存在允许接收者纠正损坏的数据位。

> 为了纠正错误，需要与数据一起发送额外（冗余）的数据位。

H.1.3 检测与纠正

错误的纠正比检测困难得多。在错误检测（error detection）中，我们只看一下是否有错误，答案是简单的有或无。我们甚至不关心错误的数目，对我们来说单位错误和区间错误是一样的。

在错误纠正中，我们需要知道损坏位的准确数目，更重要的是它们在消息中的位置。错误的数目和消息的大小都是重要的因素。如果需要在 8 位数据单元中纠正一个错误，我们需要考虑 8 种可能的错误位置。如果在同样大小的数据单元中纠正两个错误，我们需要考虑 28（$7 + 6 + \cdots + 1$）种可能性。你可以想象一下接收者在 1000 位的数据单元中找到 10 个错误的难度。

H.1.4　向前错误纠正与重传

有两种错误纠正的主要方法。向前错误纠正（forward error correction）是接收者用冗余位去努力猜测消息的过程。如果错误数目比较小，这是有可能的，正如我们后面会看到的。重传（retransmission）纠正是接收者检测到错误，要求发送者再次发送消息的技术。重发是一个重复的过程，直到接收者相信到达的数据是无错误的。通常情况下，不是所有的错误都能被检测到。

H.1.5　编码

冗余可以通过各种编码方案来实现。发送者通过创建冗余位和实际数据位间的关系的过程来增加冗余位。接收者检查两组数据位来检测或纠正错误。冗余位和数据位的比例以及过程的健壮性是任何编码方案的重要因素。图 H-2 显示了编码的一般概念。

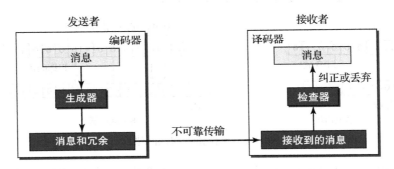

图 H-2　编码器和译码器的结构

可以把编码系统分成两大类：**块编码**（block coding）和**回旋编码**（convolution coding）。本附录只讨论块编码，回旋编码比较复杂，超出了本书的范围。块编码使用模运算，正如附录 G 中讨论的。

H.2　块编码

在块编码中，我们把消息分成块（每块 k 位），称为**数据字**（dataword）。我们给每个块加上 r 个冗余位，使得长度 $n=k+r$。得到的 n 位的块称为**码字**（codeword）。额外的 r 位是如何选择或计算的将在后面讨论。现在，我们知道有一组数据字（每个大小为 k）和一组码字（每个大小为 n），这是很重要的。

使用 k 位，我们能创建 2^k 个数据字组合；使用 n 位，我们能创建 2^n 个码字组合。因为 $n > k$，所以码字的可能数目大于数据字的可能数目。块编码过程是一对一的，同样的数据字总是编码成同样的码字。这就意味着我们有 $2^n - 2^k$ 个码字没有使用，称这些码字为**无效的**或**非法的**。图 H-3 说明了这种情况。

图 H-3　块编码中的数据字和码字

例 H-1　假设消息由一个 8 位的块构成（$k=8$）。这里有 $2^8=256$ 种可能的数据字组合。如果我们增加 2 个冗余位（$r=2$），那么每个可能的码字是 10 位（$n=10$），全部可能的码字数目是 $2^{10}=1024$。这意味着有 $1024-256=768$ 个码字是无效的。如果这些无效的码字被接收，那么接收者就知道码字损坏了。

H.2.1　错误检测

错误是如何用块编码检测到的？如果满足下列两个条件，则接收者就检测出原始码字的变化。

1）接收者有（或能找到）有效码字表。

2）原始码字被改成无效的。

图 H-4 显示了块编码在错误检测中的作用。

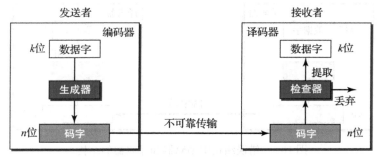

图 H-4　块编码中的错误检测过程

发送者使用生成器从数据字中创建码字，生成器应用编码的规则和过程（后面讨论）。每一个发送到接收者的码字在传输过程中都可能改变。如果接收的码字与一个有效的码字相同，则字被接受，相应的数据字从中提取出来使用；如果接收的码字是无效的，它就被丢弃。

但是，如果码字在传输过程中受到损坏，而接收字仍然匹配了一个有效的码字，那么错误仍然未被检测出来。因此，这种编码只能检测单个错误，同一码字中的两个或多个错误可能遗留而未被检测出来。

例 H-2　假设 $k=2$，$n=3$，表 H-1 显示了数据字和定义的码字的列表，这是发送者和接收者双方认可的。下面我们将显示如何从一个数据字推导出一个码字。

表 H-1　错误检测编码（例 H-2）

数　据　字	码　　字	数　据　字	码　　字
00	000	10	101
01	011	11	110

假设发送者把数据字 01 编码为 011，然后把它发送给接收者，考虑下列情况：

1）接收者收到 011，这是一个有效的码字，接收者从中提取出数据字 01。

2）在传输过程中，码字受到损坏，接收到的是 111，也就是说最左边的位受到损坏。这是一个无效的码字，所以它被丢弃。

3）在传输过程中，码字受到损坏，接收到的是 000，也就是说右边的两位受到损坏。这是一个有效的码字，接收者错误地从中提取数据字 00。两位受到损坏使得错误未被发现。

> 　一种错误检测编码只能检测出它设计时针对的错误，其他类型的错误可能仍然未检测出来。

H.2.2　错误纠正

错误纠正比错误检测要困难得多。在错误检测中，接收者只需要知道接收的码字是无效的；在错误纠正中，接收者需要查找（或猜测）发送过来的原始码字。与错误检测相比，在错误纠正中我们需要更多的冗余位。图 H-5 显示了块编码在错误纠正中的作用。我们可以看出其思想与错误检测是相同的，但生成器和检查器的功能却要复杂得多。

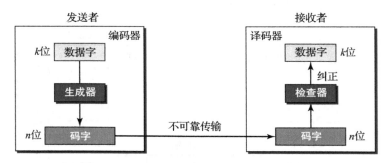

图 H-5　错误纠正中编码器和译码器的结构

例 H-3　对例 H-2 增加更多的冗余位，去看看接收者能否在不知道实际传送数据的前提下纠正一个错误。我们给 2 位数据字加上 3 个冗余位，构成 5 位的码字。后面会介绍如何选择冗余位。现在我们专心研究错误纠正的概念。表 H-2 显示了数据字和码字。

表 H-2　错误纠正编码（例 H-3）

数　据　字	码　　字	数　据　字	码　　字
00	00000	10	10101
01	01011	11	11110

假设数据字是 01，发送者通过查阅表格（或使用算法）建立了码字 01011。码字在传输过程中受到损坏，接收的是 01001（右边的第二位出现了错误）。首先，接收者发现接收的码字不在表中，这意味着有错误发生。（纠正之前必须进行检查。）接收者假设只有一位受到损坏，使用下列策略去猜想正确的数据字：

1）接收到的码字与表中的第一个码字进行比较（01001 与 00000），因为有两位不同，所以接收者认为第一个码字不是发送过来的字。

2）出于同样的原因，原始码字不可能是表中的第三和第四个码字。

3）原始码字肯定是表中的第二个码字，因为它与接收到的码字间只有一位不同。接收者用 01011 替换了 01001，并通过查表，得到数据字是 01。

H.3 线性块编码

现在使用的所有块编码几乎都是**线性块编码**（linear block code）的子集。错误检测与纠正的非线性块编码之所以没有被广泛使用，是因为它们的结构使得理论分析和实现都很困难。因此，我们只关注线性块编码。

线性块编码的正式定义需要抽象代数（特别是伽罗瓦域）的知识，这些知识超出了本书的范围，因此我们给出一个非正式的定义。对于我们的目的来说，线性块编码是其中两个有效码字进行异或运算（模 2 加法，附录 G 中讨论的）产生另外一个有效码字的过程。

> 在线性块编码中，任意两个有效的码字进行异或（XOR）运算生成另一个有效码字。

例 H-4 下面看一下表 H-1 和表 H-2 定义的编码是否属于线性块编码。

1）因为任意码字与任意其他码字的异或运算都是一个有效的码字，所以表 H-1 中的方案是线性块编码。例如，第二和第三个码字异或得到第四个码字。

2）表 H-2 中的方案也是线性块编码，我们能通过其他两个码字的异或运算得出所有 4 个码字。

H.3.1 一些线性块编码

我们来看一些线性块编码。这些编码是简单的，因为我们能很容易地找出编码和译码算法，并检查它们的性能。

1. 简单奇偶校验码

也许最熟悉的错误检测编码是**简单奇偶校验码**（simple parity-check code）。在此编码中，k 位的数据字被改变成 n 位的码字，这里 $n=k+1$。额外的位（称为**奇偶检验位**）被加到预先定义的位置。奇偶校验位的选择原则是使码字中 1 的总数为偶数。虽然有些实现指定 1 的总数为奇数，但我们只讨论偶数的情况。

> 简单奇偶校验码是单位的错误检测编码，其中 $n=k+1$。

第一个编码（表 H-3）是一奇偶校验码，其中 $k=2$，$n=3$。表 H-3 中的编码也是奇偶校验码，其中 $k=4$，$n=5$。

表 H-3 简单奇偶校验码 $C(5, 4)$

数 据 字	码 字	数 据 字	码 字
0000	00000	1000	10001
0001	00011	1001	10010
0010	00101	1010	10100
0011	00110	1011	10111
0100	01001	1100	11000
0101	01010	1101	11011
0110	01100	1110	11101
0111	01111	1111	11110

图 H-6 显示了编码器（位于发送者中）和译码器（位于接收者中）的一个可能结构。

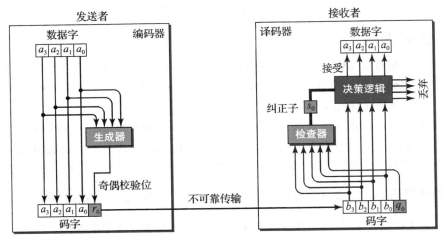

图 H-6　简单奇偶校验码的编码器和译码器

编码器使用一个生成器，该生成器使用 4 位数据字的一个副本（a_0，a_1，a_2 和 a_3），生成一个奇偶校验位（r_0）。数据字二进制位和奇偶校验位组成了 5 位的码字。加上的奇偶校验位使码字中 1 的数目为偶数。这通常是通过把数据字的 4 位加起来（模 2），结果就是奇偶校验位，换言之：

$$r_0 = a_3 + a_2 + a_1 + a_0 \qquad （模 2）$$

如果 1 的数目为偶数，结果是 0；如果 1 的数目为奇数，结果是 1。在两种情况下，码字中 1 的总数都是偶数。

发送者发送码字，该码字在传输过程中可能会受到损坏。接收者收到一个 5 位的字，接收者中的检查器与发送者中的生成器做同样的事情，唯一不同的是：加法是在 5 位上进行，结果是 1 位，称为**纠正子**。当接收的码字中 1 的数目是偶数时，纠正子为 0；否则为 1。

$$s_0 = b_3 + b_2 + b_1 + b_0 + q_0 \qquad （模 2）$$

纠正子是检查过程的输出，它被送到接收者的决策逻辑中，以决定对码字中的数据部分如何处理。决定可以是接受、丢弃或接受前进行修改（纠正编码）。在这种情况下，纠正子被传送给**决策逻辑分析器**（decision logic analyzer）。如果码字中没有错误，纠正子为 0，决策逻辑接受码字中的数据部分为实际的数据字。如果纠正子为 1，在码字中一定有错误，所以决策逻辑丢弃码字的数据部分，数据字没有创建。

例 H-5　让我们看一些传输场景。假定发送者发送的数据字是 1011，奇偶检验位是 (1+0+1+1) mod 2=1，它被加到数据字的右边，因此，从数据字创建的码字为 10111，它被发送给接收者。我们检查下列 5 种情况：

1）无错误发生，接收的码字为 10111，纠正子是 0，数据字 1011 被创建。

2）发生单个位错误，改变了 a_1，接收的码字为 10011，纠正子为 1，数据字没有创建。

3）发生单个位错误，改变了奇偶校验位 r_0，接收的码字为 10110，纠正子为 1，数据字没有创建。注意，由于编码不够复杂，不能显示出损坏位的位置，所以虽然数据字中的位没有损坏，但数据字还是没有创建。

4）一个错误改变了 r_0，又一个错误改变了 a_3，接收的码字为 00110。纠正子是 0，数据字 0011 在接收者中被创建。注意，这里由于纠正子的值，数据字被错误地创建了。简单奇偶校验译码器不能检测出偶数个错误。错误互相抵消，给出的纠正子为 0。

5）三位（a_3，a_2 和 a_1）由于错误发生了改变，接收到的码字为 01011。纠正子为 1，数据字没有创建。这表明简单奇偶校验能保证检测出单个错误，也能检测出任何奇数个错误。

> **简单奇偶校验码能检测出奇数个错误。**

2. 汉明码

汉明码是线性块编码的子集，遵循下列两个准则：

$$n=k+r \qquad 和 \qquad n=2^r-1$$

其中 k 是数据字中的位数，r 是冗余位的数目，n 是码字中的位数。这种编码能检测出多达 $r-1$ 位的错误，并能纠正多达 $(r-1)/2$ 位的错误。

例 H-6　一个编码（$k=4$，$r=3$ 和 $n=7$）满足汉明码的两个条件，因为有 7=4+3 和 $7=2^3-1$。这种编码能检测出 3-1=2 位的错误，并能纠正 (3-1)/2=1 位的错误。

汉明码的理论超出了本书的范围。更多相关信息，请参阅 *Data Communication and Networking*，Behrouz Forouzan，McGraw-Hill，New York，2006。下一节讨论汉明码的一个子集，称为循环码。

H.4　循环码

循环码是具有额外特性的特殊线性块编码。在**循环码**中，如果码字被循环移位（旋转），则结果是另一个码字。例如，如果 1011000 是一码字，我们循环左移它，那么 0110001 也是一个码字。

H.4.1　循环冗余校验

我们可以创建循环码来纠正错误。但是，所需要的理论背景超出了本附录的范围。这里仅简单地讨论一类称为**循环冗余校验**（CRC）的循环码，它用在像 LAN 和 WAN 这样的网络中。

表 H-4 显示了一个 CRC 码的例子。我们可以看到这个编码的线性特性和循环特性。

表 H-4　CRC 码，$k=4$，$n=7$ 和 $r=3$

数　据　字	码　　字	数　据　字	码　　字
0000	0000000	1000	1000101
0001	0001011	1001	1001110
0010	0010110	1010	1010011
0011	0011101	1011	1011000
0100	0100111	1100	1100010
0101	0101100	1101	1101001
0110	0110001	1110	1110100
0111	0111010	1111	1111111

图 H-7 显示了编码器和译码器的一种可能设计。

在图 H-7 的编码器中，数据字有 k 位（这里是 4），码字有 n 位（这里是 7）。通过在字

的右边加 $n-k$（这里是 3）个 0，数据字的大小扩展。这 n 位结果被送入生成器中。生成器使用预先定义的除数，大小为 $n-k+1$（这里是 4）。生成器使用模 2 除法把扩展的数据字除以除数，商被丢弃，余数（$r_2 r_1 r_0$）被加到数据字中，创建了码字。

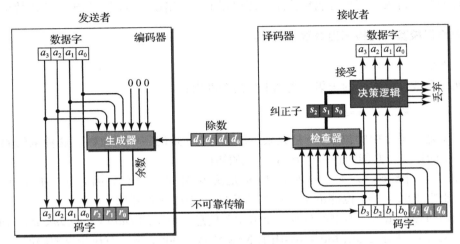

图 H-7 CRC 编码器和译码器

译码器接收到码字，它可能损坏，所有 n 位的一个副本被送入检查器中，检查器是生成器的一个复制品。检查器产生的余数是一个 $n-k$（这里是 3）位的纠正子，它被送入决策逻辑分析器中。分析器具有简单的功能：如果纠正子全为 0，则码字的最左 4 位被接受为数据字（解释为无错误），否则，4 位被丢弃（错误）。

1. 编码器

让我们更仔细地看一下编码器。编码器取数据字，并用 $n-k$ 个 0 扩展它，然后把扩展的数据字除以除数，如图 H-8 所示。

注意，这不是常规的二进制**除法**，显然 72 除以 11 的结果不是商为 10，余数为 6。这是模 2 运算中的二进制除法，在附录 G 中讨论过了。在这种除法中，加法和减法是相同的（这是在附录 E 中讨论的异或运算），这意味着我们不做减法，只做加法。这种除法的一个更好的解释是把二进制字看成只带有模 2 运算中的 0 或 1 系数的多项式。更多相关信息，我们建议有兴趣的读者去参考有限域理论（伽罗瓦域）以及关于错误检测和纠正的书。

在每一步中，除数的一个副本与被除数的4 位进行异或运算，异或运算的结果（余数）是3 位（在这种情况下），在一个额外的位被移下来（见图 H-8）形成 4 位的长度之后，被下一步使用。这种类型的除法中有一个重点是需要我们记住的，如果被除数（或每步中使用的部分）的最左边一位是 0，商中相应的位也是 0。

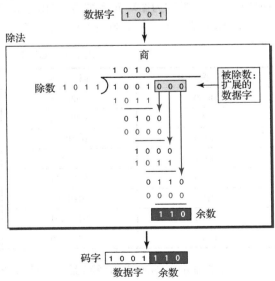

图 H-8 CRC 编码器中的除法

当没有位可以移下来时，我们就得出了结果。三位余数形成了校验位（r_2，r_1 和 r_0）。它们被追加到数据字上就形成了码字。同样要注意的是：我们对商不感兴趣，在循环码中只使用余数。

2. 译码器

码字在传输过程中可能会改变。译码器做与编码器相同的除法。除法的余数是纠正子。如果纠正子全为 0，这里没有错误，数据字从接收到的码字中分离出来，并被接受。否则，所有的数据字都丢弃。图 H-9 显示了两个例子。左图显示了无错误发生时纠正子的值，纠正子为 000。右图显示了有 1 位错误发生的情况，纠正子不是全 0（它是 011）。

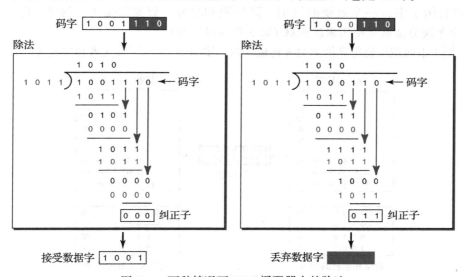

图 H-9　两种情况下 CRC 译码器中的除法

3. 除数

读者可能会疑惑除数 1011 是如何选择的。这需要抽象代数和有限域理论来解释，请读者参阅相关的书籍。

H.4.2　循环码的性能

我们已经看到循环码在检测单位错误、双位错误、奇数个错误和区间错误方面具有很好的性能。它们很容易在硬件和软件上实现，当用硬件实现时，其速度特别快。这些使得循环码成为许多网络的良好选择。

H.5　校验和

我们讨论的最后一种错误检测方法是**校验和**（checksum）。校验和被几种协议在因特网中使用。像线性编码和循环码一样，校验和也是基于**冗余**（redundancy）概念的。

H.5.1　校验和概念

校验和的概念并不难，下面用几个例子来说明。

例 H-7　假设数据是 5 个 4 位的数字，我们要把它们送到某个目的地。除了发送这些数据外，还发送这些数字的和。例如，如果数字集是（7，11，12，0，6），发送（7，11，12，0，

6，36），这里 36 是原始数字之和。接收者把 5 个数字相加，并把结果与和做比较，如果两者相同，接收者假定无错误，接受这 5 个数字，丢弃和；否则，某个地方有错误发生，数据则不被接受。

例 H-8　如果发送和的负数，称为**校验和**（checksum），这样使得接收者的工作更为容易。在以上例子中，发送（7，11，12，0，6，-36）。接收者把接收的数字全部相加（包括校验和），如果结果为 0，就假定无错误，否则有错误。

H.5.2　求反

先前的例子中有一个重要的缺陷。除校验和之外，数据都是 4 位的字（它们都小于 15），一个解决方法就是使用**求反运算**（第 3 章所讨论的）。

例 H-9　下面用求反运算把例 H-8 再做一遍。图 H-10 显示了发送者和接收者的处理过程。

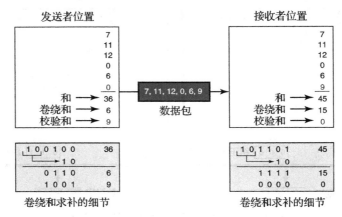

图 H-10　例 H-9

发送者把校验和初始化为 0，把所有的数据项和校验和相加（校验和被看成一个数据项），结果是 36，但是 36 不能用 4 位表示。多余的两位被卷绕，与和相加，形成了卷绕和，值为 6。在图中，我们显示了以二进制表示的细节。和然后被求补，得到校验和，值为 9（15-6=9）。现在发送者发送 6 个数据项给接收者，其中包括校验和 9。接收者遵循与发送者相同的处理过程，把所有数据相加（包括校验和），结果是 45。和被卷绕，变成 15，卷绕和被求补，变成了 0。由于校验和的值为 0，意味着数据未受到损坏。接收者丢弃校验和，保存其他的数据项；如果校验和非 0，整个数据包被丢弃，必须再次发送。

H.5.3　因特网校验和

通常，因特网（IP 协议）使用 16 位校验和。发送者和接收者使用如下程序：

1. 发送者一边
- 16 位的校验和置为 0，加到信息上去；
- 新的信息被分成 16 位的字；
- 用反码加法把所有字加起来；
- 和被求补，替代原先的校验和。

2. 接收者一边
- 把接收到的信息（包括校验和）分成 16 位的字；

- 使用反码加法把所有字加起来；
- 和被求补；
- 如果求补后的和是 0，信息就被接受，否则，被拒绝。

例 H-10　计算一个 8 个字符的文本字（"Forouzan"）的校验和，如图 H-11 所示。

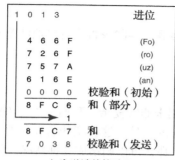

a）发送端的校验和

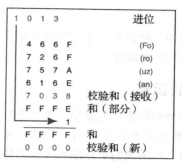

b）接收端的校验和

图 H-11　计算校验和的一个例子

文本需要划分成 2 字节（16 位）的字。我们使用 ASCII 码（参见附录 A）把每个字节变成两个十六进制的数字。例如，"F"被表示成 $(46)_{16}$，"o"被表示成 $(6F)_{16}$。在图 H-11a 中，第一列的部分和为 $(36)_{16}$，我们保留最右边的数字（6），把最左边的数字（3）作为进位插到第二列中。每一列重复这个过程，校验和就被计算出来，和数据一起发送到接收者。接收者进行同样的操作，如图 H-11b 所示。如果有任何损坏，接收者重新计算的校验和就不是全 0。

3. 性能

传统的校验和使用一个小的位数（16），去检测任何大小信息（有时是几千位）中的错误。但是，在错误检测能力方面，这种方法没有 CRC 那样强壮。例如，假设一个字的值增加了，而另一个字的值减少了相同的值。因为和与校验和仍然是相同的，所以两个错误就不能检测出来。同样，如果几个字的值都增加了，但总共的变化是 65 535（$2^{16}-1$）的倍数，和与校验和仍然是相同的，错误仍检测不出来。

符号加绝对值整数的加减法

在第 4 章中，我们展示了如何在数据上进行运算。本附录将会更多地涉及和讨论符号加绝对值整数的加法和减法。

I.1　整数的运算

用符号加绝对值表示的整数的加法和减法看起来非常复杂。我们有 4 种不同的符号组合（两个符号，每个有两个值），对于减法有 4 种不同的条件。这就意味着我们要考虑 8 种不同的情况。然而，如果我们更详细地考察这些符号，那么可以归结成几种情况，如图 I-1 所示。

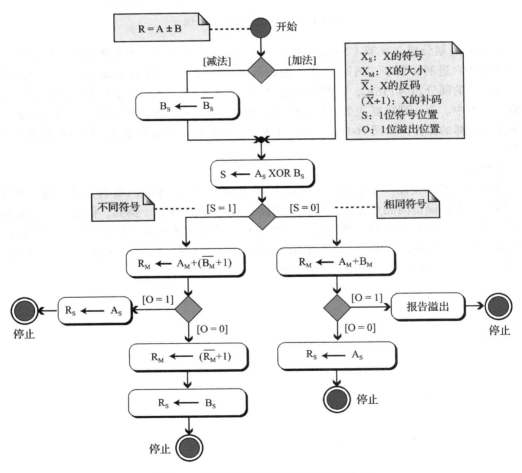

图 I-1　符号加绝对值整数的加法和减法

首先来解释流程图：

1）检查运算，如果运算是减法，那么改变第二个整数（B）的符号。这就意味着我们现在只需考虑两符号整数的加法。

2）对两符号应用 XOR 运算，如果结果（存储在临时单元 S 中）是 0，则意味着符号是相同的（或者两符号都是正的，或者两符号都是负的）。

3）如果符号是相同的，$R=\pm(A_M+B_M)$，我们需要将绝对值相加，结果的符号是相同的符号，所以得到：

$$RM=(A_M)+(B_M) \quad 和 \quad R_S=A_S$$

这里下标 M 意味着绝对值，下标 S 意味着符号。但是，在这种情况下，我们应该仔细考虑上溢。我们将两个绝对值相加时，可能会发生上溢，它必须被报告，处理过程终止。

4）如果符号不同，$R=\pm(A_M-B_M)$，则需要从 A_M 中减去 B_M，然后对符号进行判断，不是一位接一位地相减，而是取第二个绝对值（B_M）的二进制补码，将它们相加。结果的符号是较大绝对值整数的符号。

　a. 可以证明，如果 $A_M \geqslant B_M$，那么有上溢，结果是一个正数。因此，如果有上溢，则舍弃上溢，使结果的符号取 A 的符号。

　b. 可以证明，如果 $A_M < B_M$，那么没有上溢，结果是一个负数。因此，如果没有上溢，则取结果的二进制补码，使结果的符号取 B 的符号。

例 I-1 以符号加绝对值格式存储两整数 A 和 B（为了清楚起见，我们把符号与绝对值分隔开），显示 B 是如何被加到 A 上的。

$$A=(0\ 0010001)_2 \quad B=(0\ 0010110)_2$$

解　运算是相加，B 的符号没有改变，既然 $S=A_S$ XOR $B_S=0$，$R_M=A_M+B_M$ 和 $R_S=A_S$，那么这里没有上溢。

符号		没有上溢					1					进位
A_S	0			0	0	1	0	0	0	1	A_M	
B_S	0	+		0	0	1	0	1	1	0	B_M	
R_S	0			0	1	0	0	1	1	1	R_M	

用十进制检验结果：$(+17) + (+22) = (+39)$。

例 I-2 以符号加绝对值格式存储两整数 A 和 B，显示 B 是如何被加到 A 上的。

$$A=(0\ 0010001)_2 \quad B=(1\ 0010110)_2$$

解　运算是相加，B 的符号没有改变，$S = A_S$ XOR $B_S = 1$，$R_M = A_M + (\overline{B}_M+1)$，既然没有上溢，我们需要取 R_M 的二进制补码，R 的符号是 B 的符号。

符号		没有上溢									进位
A_S	0		0	0	1	0	0	0	1	A_M
B_S	1	+	1	1	0	1	0	1	0	$(\overline{B}_M + 1)$
			1	1	1	1	0	1	1	R_M
R_S	1		0	0	0	0	1	0	1	$R_M = (\overline{R}_M + 1)$

用十进制检验结果：$(+17) + (-22)=(-5)$。

例 I-3 以符号加绝对值格式存储两整数 A 和 B，显示如何从 A 中减去 B。

$$A=(1\ 1010001)_2 \quad B=(1\ 0010110)_2$$

解 运算是相减，$S_A=S_B$，$S=A_S$ XOR $B_S=1$，$R_M=A_M+(\overline{B}_M+1)$，既然有上溢，$R_M$ 的值就是最终的值，R 的符号是 A 的符号。

		有上溢→	1							进位
A_S	**1**			1	0	1	0	0	0	1	A_M
B_S	**1**		+	1	1	0	1	0	1	0	$(\overline{B}_M+1)$
R_S	**1**			0	1	1	1	0	1	1	R_M

用十进制检验结果：$(-81)-(-22)=(-59)$。

实数的加减法

在第 4 章中，我们展示了如何在数据上进行运算。在本附录中将更多涉及有关实数的加减法。

J.1 实数的运算

诸如加法、减法、乘法和除法的所有算术运算都可以应用到以浮点形式存储的实数上。两个实数的乘法涉及以原码表示的两个整数的乘法。两个实数的除法涉及以原码表示的两个整数的除法。由于不讨论以原码表示的两个整数的乘法或除法，因此本附录也不会讨论实数的乘除法，仅讨论实数的加减法。

以浮点数存储的实数的加法和减法被简化为小数点对齐后以符号加绝对值格式（符号和尾数的组合）存储的两整数的加法和减法。图 J-1 显示了处理过程的简化版本（有些特殊的情况被我们忽略了）。

简化的过程如下：

1）如果两数（A 或 B）中任一个为 0，那令结果为 0，过程终止。

2）如果运算是减法，那么改变第二个数（B）的符号来模拟加法。

3）通过在尾数中包含隐含的 1 和增加指数，两个数去规范化。此时的尾数部分看作一个整数。

4）然后统一指数，这意味着我们增加较小的指数，移位相应的尾数，直到两个数具有相同的指数。例如，如果有

$$1.11101 \times 2^4 + 1.01 \times 2^2$$

那么需要把两个指数变成 4：

$$1.11101 \times 2^4 + 0.00101 \times 2^4$$

5）现在，把每个数的符号和尾数的组合看成一个符号加绝对值格式的整数。像本章前面介绍的一样，将这两个整数相加。

6）最后，再次规范化数，变成 1.000010×2^5。

例 J-1 显示计算机是如何计算结果的：(+5.75) + (+161.875)=(+167.625)。

解 正如我们在第 3 章看到的，这两个数以浮点数格式存储，如下所示。但是我们需要记住每个数字有隐含的 1（它只是假设的，没有被存储）。注意，在这里 S 代表符号，E 代表指数，M 代表尾数。

	S	E	M
A	0	10000001	01110000000000000000000
B	0	10000110	01000011110000000000000

UML 图（图 J-1）中的前几步是不需要的，我们进行去规范化，给尾数增加隐含的 1，增加指数进行去规范化。现在两个去规范化的尾数都是 24 位，包含了隐含的 1。它们应该被存储在有 24 位的存储单元中。每个指数都被增加了。

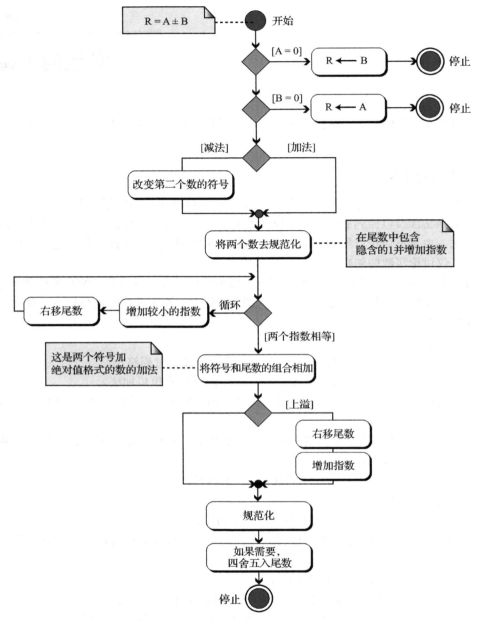

图 J-1　浮点数格式实数的加法和减法

	S	E	去规范化的 M
A	0	10000010	10111000000000000000000
B	0	10000111	10100001111000000000000

现在我们对齐尾数，需要增加第一个指数，右移它的尾数。我们把第一个指数改为 $(10000111)_2$，所以需要把第一个尾数右移 5 位。

	S	E	去规范化的 M
A	0	10000111	00000101110000000000000
B	0	10000111	10100001111000000000000

现在进行符号加绝对值加法，把每个数的符号和尾数看成符号加绝对值表示的整数。

	S	E	去规范化的 M
R	0	10000111	10100111101000000000000

在尾数中没有溢出，所以我们规范化。

	S	E	M
R	0	10000110	0100111101000000000000

尾数只要 23 位，不需要四舍五入。E=$(10000110)_2$=134，M=0100111101。换言之，结果是 $(1.0100111101)_2 \times 2^{134-127}$=$(10100111.101)_2$=167.625。

例 J-2 显示计算机是如何计算结果的：(+5.75) + (−7.023 437 5)=−1.273 437 5。

解 这两个数以浮点数格式存储，如下所示。

	S	E	M
A	0	10000001	01110000000000000000000
B	1	10000001	11000001100000000000000

去规范化的结果为：

	S	E	去规范化的 M
A	0	10000010	10111000000000000000000
B	1	10000010	11100001100000000000000

对齐是不需要的（两指数是相同的），所以我们在符号和尾数的组合上应用加法运算，结果显示如下（其中结果的符号是负的）：

	S	E	去规范化的 M
R	1	10000010	00101000110000000000000

现在我们需要规范化，降低指数三次，左移去规范化尾数三位：

	S	E	M
R	1	01111111	01000110000000000000000

尾数现在是 24 位，所以四舍五入到 23 位。

	S	E	M
R	1	01111111	01000110000000000000000

结果是 R=$-2^{127-127} \times (1.0100011)_2$=−1.273 437 5，正是所期望的。

缩 略 语

ADT：Abstract data type，抽象数据类型

AES：Advanced Encryption Standard，高级加密标准

ALU：Arithmetic logic unit，算术逻辑单元

ANSI：American National Standards Institute，美国国家标准协会

ASCII：American Standard code for Information Interchange，美国信息交换标准码

B-frame：Bidirectional frame，双向帧

bit：Binary digit，位，二进制数

BST：Binary search tree，二叉搜索树

CA：Certification authority，认证机构

CD-R：Compact disc recordable，可刻录光盘

CD-ROM：Compact disc read-only memory，只读光盘

CD-RW：Compact disc rewritable，可重写光盘

CGI：Common Gateway Interface，通用网关接口

CISC：Complex instruction set computer，复杂指令集计算机

COBOL：Common Business-Oriented Language，面向商业的通用语言

CPU：Central processing unit，中央处理单元

DBMS：Database management system，数据库管理系统

DCT：Discrete cosine transform，离散余弦变换

DES：Data Encryption Standard，数据加密标准

digraph：Directed graph，有向图

DMA：Direct memory access，直接存储器存取

DRAM：Dynamic RAM，动态随机存取存储器

DVD：Digital versatile disk，数字多功能光盘

EBCDIC：Extended Binary Coded Decimal Interchange Code，扩展的二进制编码的十进制交换码

EEPROM：Electronically erasable programmable read-only memory，电可擦除可编程只读存储器

EPROM：Erasable programmable read-only memory，可擦除可编程只读存储器

E-R：Entity-relation，实体－关系

FIFO：First-in first-out，先进先出

FORTRAN：FORmula TRANslation，Fortran语言

FTP：File Transfer Protocol，文件传输协议

GIF：Graphical Interchange Format，图形交换格式

GUI：Graphical user interface，图形用户接口

HTML：Hypertext Markup Language，超文本标记语言

HTTP：Hypertext Transfer Protocol，超文本传输协议

I-frame：Intracoded frame，内部编码帧

IMAP：Internet Mail Access Protocol，因特网邮件访问协议

IP：Internet Protocol，网际协议

ISO：International Organization for Standardization，国际标准化组织

ISP：Internet service provider，因特网服务提供商

JPEG：Joint Photographic Experts Group，联合图像专家组

KDC：Key distribution center，密钥分发中心

LAN：Local area network，局域网

LIFO：Last-in, first-out，后进先出

LZ：Lempel Ziv，LZ 压缩算法

LZW：Lempel Ziv Welch，LZW 压缩算法

MAC：Media access control，或 message authentication code，媒体访问控制或消息验代码

MAN：Metropolitan area network，城域网

MIME：Multipurpose Internet Mail Extension，多用途的因特网邮件扩充协议

MP3：MPEG audio layer 3，MPEG 第三代音频压缩格式

MPEG：Motion Pictures Experts Group，运动图像专家组

MS-DOS：Microsoft Disk Operating System，微软磁盘操作系统

MTA：Message transfer agent，消息传送代理

NF：Normal Form，范式

NTFS：NT file system，NT 文件系统

P-frame：Predicted frame，预测帧

POP：Post Office Protocol，邮局协议

PROM：Programmable read-only memory，可编程只读存储器

RAM：Random access memory，随机存取存储器

RDBMS：Relational database management system，关系数据库管理系统

RGB：Red，green，blue，红，绿，蓝

RISC：Reduced instruction set computer，精简指令集计算机

ROM：Read-only memory，只读存储器

RSA：Rivest-Shamir-Adelman，RSA 加密算法

SCSI：Small Computer System Interface，小型计算机系统接口

SCTP：Stream Control Transmission Protocol，流控制传输协议

SMTP：Simple Mail Transfer Protocol，简单邮件传输协议

SQL：Structured Query Language，结构化查询语言

SRAM：Static RAM，静态随机存取存储器

TCP：Transmission Control Protocol，传输控制协议

TCP/IP：Transmission Control Protocol/Internet Protocol，传输控制协议 / 网际协议

TELNET：Terminal Network，终端网络

UDP：User Datagram Protocol，用户数据报协议

UML：Unified Modeling Language，统一建模语言

URL：Uniform Resource Locator，统一资源定位符

USB：Universal serial bus，通用串行总线

WAN：Wide area network，广域网

WORM：Write once，read many，写一次，读多次

WWW：World Wide Web，万维网

XML：Extensible Markup Language，可扩展标记语言

XOR：Exclusive OR，异或

术 语 表

10-Gigabit Ethernet（10Gb 以太网） 以 10Gb 每秒速率进行传输的以太网实现技术

absolute pathname（绝对路径名） 在 UNIX 或 Linux 系统中，一条从根开始的路径名。

abstract data type（ADT）(抽象数据类型) 一种数据类型以及定义在该数据类型上有意义的一组操作。

AC value（AC 值） 随时间变化的值

access method（存取方法） 从二级（辅助）存储设备读取数据的技术。

actual parameters（实际参数） 在函数调用语句中的参数，该参数包含传送给函数的值，与形式参数相对应。

Ada（Ada 语言） 由美国国防部研制开发的高级并发编程语言。

additive cipher（加法密码） 一种密码类型，键值定义了一个字符朝字母表末端移动的距离（移位密码）。

additive cipher（加法密码） 最简单的单字母密码，每一个密文字符等于明文字符加上键值。

address bus（地址总线） 系统总线中用于地址传输的部分。

address space（地址空间） 地址的范围。

algorithm（算法） 用计算机解决问题的逻辑步骤。

American National Standards Institute（ANSI）（美国国家标准协会） 一个负责创建编程语言、电气规范、通信协议等标准的组织。

American Standard Code for Information Interchange（ASCII）（美国标准信息交换码） 一种用 128 个数值来定义控制和印刷字符的编码方案。

ampersand（和号） 在邮件地址中使用的符号（@）。

analog（模拟量） 连续变化的实体。

analog data（模拟数据） 连续且平滑的数据，不受特定值限制。

analog signal（模拟信号） 波形的一种，随时间平滑变化。

analog-to-analog conversion（模模转换） 用模拟信号表示的模拟数据。

analog-to-digital（模数转换） 用数字信号表示的模拟数据。

analysis phase（分析阶段） 软件系统生命周期的一个阶段，用于定义要完成的既定目标的需求。

ancestor（祖先） 从一个树的当前节点到根路径上的任何节点。

AND operation（与运算） 位级别的运算之一。仅当所有位都是 1 时，该运算结果是 1，否则为 0。

applet（小程序） 一种用 Java 语言编写的创建活动 Web 文档的计算机程序。

application gateway（应用网关） 在防火墙和组织电脑之间的电脑，用来过滤不想要的信息。

application layer（应用层） TCP/IP 模型的第 7 层，提供访问网络服务。

application programs（应用程序） 在 DBMS 术语中，获取和处理数据的程序。

arc（弧） 图中的定向线段。和边相对。

arithmetic logic unit（ALU）(算术逻辑单元) 计算机系统中用于执行数据的算术和逻辑运算的部分。

arithmetic operation（算术运算） 取两个数生成另一个数的运算。

arithmetic operator（算术运算符） 用于算术运算的运算符。

arithmetic shift operation（算术移位运算） 一种数字符号被保留的移位运算。

array（数组） 一个大小固定，有序的相同数据类型的集合。

artificial intelligence（人工智能） 模仿人类思维的计算机系统研究。

assembler（汇编程序） 将源程序转变成可执行对象代码的系统软件，传统上和汇编语言程序相关。参见 compiler。

assembly language（汇编语言） 一种编程语言，其中在计算机机器语言和该语言的符号指令集之间有一对一的通信。

assignment statement（赋值语句） 将值赋给变量的语句。

asymmetric-key cipher（非对称密钥密码） 密码术的一种，它使用两个不同的密钥，公钥用来加密，私钥用来解密。

asymmetric-key encryption（非对称密钥密码学） 用公钥加密。

attribute（属性） 在关系数据库中，一个关系中的每一列。

attribute（属性） 在关系数据库术语中，列表头的名字。

audio（音频） 声音或音乐的记录或传输。

authentication（验证，认证） 消息发送者的身份验证。

autokey cipher 一种密码，键在加密的过程中从明文密码中产生。

auxiliary storage（辅助存储设备） 主存储器以外的任何存储设备；永久数据存储设备；外存储器；二级存储器。

availability（可用性） 信息安全的构件，它要求组织创建和存储的信息对授权实体是可用的。

axon（轴突） 人体神经的一部分，它通过神经键向其他神经提供输出。

base（基） 在数字系统中使用的数字的数量。二进制的基为 2，八进制的基为 8，十进制的基为 10，十六进制的基为 16。

basis path testing（基本路径测试） 白盒测试法，创建一套测试用例，执行软件中的每条语句至少一次。

batch operating system（批处理操作系统） 早期计算机使用的操作系统，其任务在被服务之前是分组的。

bidirectional frame（B-frame）（双向帧） 用于表示在 MPEG 中和前后帧相关的帧。

big-O notation（大 O 表示法） 一种算法效率的测量，这种方法仅考虑主导因素。

binary digit (bit)（二进制数） 信息的最小单元（0或 1）。

binary file（二进制文件） 以计算机内部格式存储的数据集合。相对于文本文件。

binary operation（二元操作） 需要两个输入操作数的操作。

binary search（折半查找） 一种查找算法，通过

重复将列表对半划分查找来定位数值。

binary search tree（BST）（二叉搜索树） 一棵二叉树，其左子树中的关键字值都小于根的关键字值，右子树中的关键字值都大于或等于根的关键字值，而且每棵子树也是二叉搜索树。

binary system（二进制系统） 使用 0 和 1 两种符号的编号系统。

binary tree （二叉树） 该树中任一节点要么没有子节点，要么有一个子节点，要么有两个子节点。

bit（位） 二进制数字的首字母缩写。在计算机中，值为 0 或 1 的基本存储单位。

bit depth（位深度） 在样本过程中表示样本的位的数目。

bit pattern（位模式） 0 和 1 组成的位序列。

bit rate（比特率） 每秒钟传输的位的数目。

bitmap graphic（位图图像） 用像素定义图形的图像表示法。

black-box testing（黑盒测试） 基于系统需求而不是基于程序知识的测试。

block cipher（块密码） 一种密码，每一次一组字符被加密或解密。

Bluetooth（蓝牙） 一种无线技术，被设计以在小型区域进行设备的连接。

Boolean algebra（布尔代数） 操纵只有真、假值的对象（布尔对象）的代数。

bootstrap（自举） 当计算机开机时，把操纵系统装载到主内存的过程。

breadth-first traversal（广度优先遍历） 一种图的遍历方法，在该方法中当前处理节点的邻节点的处理要优先于其子节点。

browser（浏览器） 显示万维网文件（网页）的应用程序。

brute-force search（蛮力搜索） 一种检查树中每条路径，直至发现目标的查找方法。

bubble sort（冒泡排序） 一种排序算法，算法每轮将最小的数移动至未排序部分的首位。

bucket（桶） 在散列算法中，一种可用于放置多个数据单元的特定区域。

bucket hashing（桶散列法） 一种使用桶减少冲突的散列算法。

bus（总线） 计算机中连接不同硬件部分的物理通道；通过总线拓扑结构使用共享的物理介质。

byte（字节） 一种存储单位，通常为 8 位。

bytecode（字节码） 一种机器语言，在其中 Java 源程序被编译。

C language（C 语言） 一种由 Dennis Ritchie 开发的过程化编程语言。

C++ language（C++ 语言） 由 Bjarne Stroustrup 开发的面向对象的编程语言。

cache memory（高速缓冲存储器） 用于保存当前正在处理的数据项的小型快速存储器。

Caesar cipher（恺撒密码） 由尤利乌斯·恺撒使用的移位密码。

cardinality（基数） 在关系型数据库中，每一个关系的行的总量。

central processing unit（CPU）（中央处理单元） 计算机中包含的用于解释指令的控制部件，在个人计算机中则是指一个包含控制单元和算术逻辑单元的微处理器。

certification authority (CA)（认证机构） 把公钥和实体捆绑在一起，且解决身份验证的组织。

challenge-response authentication（质询－响应身份验证） 要求者证实她在没有发送秘密前知晓秘密的过程。

child（子节点） 在树或图中拥有祖先的节点。

Church-Turing thesis（邱奇－图灵论题） 在计算理论中，一个关于使用递归（邱奇理论）和机械设备的可计算函数的本质等价于一台图灵机的复合假设。

cipher（密码） 一种加密解密算法。

ciphertext（密文） 加密数据。

circular shift operation（循环移位运算） 一种把从二进制字一端移出的位插入字的另一端的移位运算。

circular waiting（循环等待） 在操作系统中，所有涉及的进程和资源形成了一个循环。这种情景称为循环等待。

class(类) 一种将数据和函数结合在一起的类型。

client diagram（类图） 在一个系统中表明类之间关系的图。

class-server paradigm（客户机－服务器范式） 一种范式，由同一个网络连接的两个电脑：一台提供服务，另一台请求服务。

coaxial cable（同轴电缆） 一个由导体截止制成的电缆以及一个作为第二导体的外壳。

code（代码） 设计成表示文本符号的一组位模式集合。

code generator（代码生成器） 在编译程序或解释程序中生成机器语言代码的程序。

cohesion（内聚） 模块的一种属性，该属性用于描述一个过程内部各个模块之间的相关程度。

collision（冲突） 在散列中，当散列算法为一个关键字提供的地址已经被占有的事件。

collision resolution（冲突解决法） 一种用于解决散列算法中产生冲突事件后生成其他地址的算法。

color depth（颜色深度） 用来表示像素颜色的位数。

column-major storage（以列为主序的存储） 一种二维数组的存储方法，数组中的元素是一列接一列存放的。

common business-oriented language（COBOL）（面向商业的通用语言） 由 Grace Hopper 开发的一种商业编程语言。

compact disc（CD）（光盘） 直接访问的光存储介质。

compact disc read-only memory（CD-ROM）（只读光盘存储器） 一种数据由制造商写入而用户只能读取的光盘。

compact disc recordable (CD-R)（可刻录光盘） 由用户写一次读多次的光盘。

compact disc rewritable (CD-RW)（可重写光盘） 可由用户多次读写的光盘。

compilation（编译） 在执行程序之前，将用高级语言所编写的全部源程序翻译成机器语言的过程。

compiler（编译器） 一种将源程序转变为可执行代码的系统软件，通常与高层语言相关联。参见 assembler。

complex instruction set computer（CISC）（复杂指令集计算机） 一种定义了复杂的指令系统的计算机，虽然其中的一些指令并不经常用到。

composite type（复合数据类型） 由两种或两种以上简单数据类型组成的一种数据类型。

compound statement（复合语句） 在一些编程语言中，多个语句（指令）集合被当成为一条指令来处理。

computer language（计算机语言） 任何一种依照句法的可用来编写计算机程序的语言，例如，机器语言、汇编语言、C、COBOL 和 FORTRAN。

conceptual level（概念层） 涉及数据库的逻辑结构。它只与数据库的意义有关，而与它的物理实现有关。

confidentiality（机密性） 一个安全目标，用于定义对非授权实体隐藏信息的过程。

connecting device（连接设备） 连接计算机或网络的设备。

connectionless protocol（无连接协议） 一种无须建立连接或终止连接的数据传输协议。

constant（常量） 在程序运行中值不能被改变的数据值，与变量相对。

control bus（控制总线） 在计算机各组件间传递信息的总线。

control statement（控制语句） 一种在源程序中改变控制顺序流的语句。

control structure testing（控制结构测试） 一种白盒测试方法，使用不同的测试种类：条件测试、数据流测试和循环测试。

control unit（控制单元） CPU 中能够解释指令和控制数据溢出的组件。

controller（控制器） 在图灵机中有着类似于计算机的 CPU 作用的组件。

copyright（版权） 写或创作作品的权利。

country domain（国家域名） 域名系统的子域，使用两个字符（代表国家）作为后缀。

coupling（耦合） 两个独立函数之间相互依赖性的一种度量。

cryptographic hash function（加密的散列函数） 一种由信息生成信息摘要的函数。

cryptography（密码学） 一门通过信息转换保证信息机密和免受攻击的科学和艺术。

current directory（当前目录） 在 UNIX 和 Linux 系统中，用户当前所在的目录。

cycle（环路） 起点和终点为同一顶点，长度大于 1 的图的路径。

data bus（数据总线） 计算机内用来在部件间传递数据的总线。

data compression（数据压缩） 在不损失有意义的信息的情况下压缩数据量。

data confidentiality（数据机密性） 一种安全服务，用来保护数据，防止泄露攻击、嗅探和流量分析。

data file（数据文件） 只存放数据不存放程序的文件。

data flow diagram（数据流程图） 一种显示系统中数据流动的图。

data integrity（数据完整性） 一种安全服务，用来保护数据，防止修改、插入、删除和重放。

data link layer address（数据链路层地址） 用在数据链路层的地址，有时称为 MAC 地址，有时称为物理地址。

data processor（数据处理器） 用来输入、处理数据并输出结果的实体。

data structure（数据结构） 符合一定句法的数据表示形式，这种数据组织形式可以显示个体元素之间的关系。

data type（数据类型） 一组命名的数值集合以及用于控制它们的操作，如字符型和整型。

data-link layer TCP/IP 协议的第二层。

database（数据库） 有组织的信息的一个集合。

database management system（DBMS）（数据库管理系统） 处理数据库的一个或一套程序。

database model（数据库模型） 定义数据逻辑设计的一种模型。

datagram（数据报） 由 IP 协议传送的包。

DC value（DC 值） 不随时间变化的值。

deadlock（死锁） 一个任务的资源被其他任务占有而导致不能完成的状态。

decimal digit（十进制数） 十进制系统中的符号。

decimal system（十进制系统） 使用 10 个符号（0～9）表述数字的方法。

decision（决策） 在编程中的双向路径，其中一个应该被程序选择。

declarative language（声明性语言） 利用逻辑推理原则来解答查询的一种计算机语言。

declarative paradigm（声明式范式） 利用逻辑推理原则来解答查询的范式。

decrement statement（递减语句） 使变量的值减 1 的语句。

decryption（解密） 将原始消息从加密数据中恢复。参见 encryption。

decryption algorithm（解密算法） 将加密信息解密成明文的算法。

default logic（缺省逻辑） 在这种逻辑中，当参数的缺省结论与知识库中的内容一致时，则参数的缺省结论被接受。

deleteoperation（删除操作） 根据指令所给标准删除一个元组的操作。

delete operation（删除操作） 在关系数据库中，此操作删除关系中的元组。

demand paging（请求分页调度） 一种当程序的某页仅在需要时才载入内存的内存分配方法。

demand paging and segmentation（请求分页和分段调度） 一种当程序的某页或某段仅在需要时才被载入内存的内存分配方法。

demand segmentation（请求分段调度） 一种当程序的某段仅在需要时才被载入内存的内存分配方法。

demodulator（解调器） 将信号转化为数据的设备。

dendrite（树状晶体） 神经元中起到输入设备作用的那部分。

denial of service（拒绝服务） 对安全可用目标的唯一攻击，可能引起系统运行变缓或系统中断。

depth-first traversal（深度优先遍历） 在访问相邻节点之前遍历本节点所有的子孙的遍历方法。

dequeue（出队） 在队列中删除一个元素。

descendant（子孙） 当前节点通向叶子路径上的任一节点。

design phase（设计阶段） 软件生命周期中定义如何实现在分析阶段中提出的目标的阶段。

development process（开发过程） 创建系统生命周期之外的软件的过程。

device manager（设备管理器） 操作系统中用来管理输入/输出设备的组件。

dictionary-based encoding（基于字典的编码） 一种压缩方法，在这一过程中创建一个字典。

difference operation（差运算） 两个集合之间的运算。结果为第一个集合减去两个集合中的公共元素，或者关系数据库中的操作符，这个操作符应用于两个有着相同属性的关系。结果关系中的值是存在于第一个关系而不存在于第二个关系中的值组。

digest（摘要） 一个信息的压缩映像。

digit extraction hashing（数字析取散列） 将选中数字从键中析取并将它们用作地址的过程。

digit extraction method（数字析取方法） 使用数字析取的散列方法。

digital（数字的） 离散（非连续的）的实体。

Digital data（数字数据） 有离散值表示的数据。

digital signal（数字标志） 使用许多离散值表示的信号。

digital signature（数字签名） 用于鉴别消息发送者并保护数据完整性的一种方法。

digital subscriber line（DSL） 一种支持在已知电话线上高速交流的技术。

digital versatile disk（DVD）（数字多功能光盘） 一种直接访问的光存储介质。

digital-to-analog conversion（数模转换） 使用模拟信号表示数字的方法。

digital-to-digital conversion（数数转换） 用数字信号表示数字的方法。

digraph（有向图） 一种有方向的图。

direct hashing（直接散列法） 一种无须算法上的修改就可获得键值的散列方法。

direct memory access（DMA）（直接存储器存取） 一种输入/输出形式，通过特殊的设备控制内存和I/O设备间的数据交换。

directed graph（有向图） 在线（弧）上标明方向的图。

directory（目录） 包含文件名和其他文件地址的文件。

discrete cosine transformation (DCT)（离散余弦变换） 用于JPEG的数学变换。

distributed database（分布式数据库） 一种数据库，它的数据分别存储在多台计算机上。

distributed system（分布式系统） 控制的资源分布在不同站点的计算机上的操作系统。

division remainder method（除余法） 一种散列类型，它的键值除以一个数且余数用作地址。

domain name（域名） 在DNS（域名服务器）中，用点分隔的符号序列。

Domain Name Server (DNS)（域名服务器） 一台持有互联网域名信息的计算机。

doman name space（杜曼名字空间） 组织名字空间的一种方法，在根节点在顶部的倒置树结构中定义名字。

dotted-decimal notation（带点的十进制标记法） 为使IP地址易读而设计的一种标记法；每一字节转换为十进制数，数字通过点分隔开。

DSL 数字用户线路。

dynamic RAM (DRAM)（动态RAM） 其单元使用电容器的RAM，DRAM必须周期性地刷新以保持其数据。

edge（边） 没有方向的图的连线。

edge detection（边缘检测） 一种查找图像边缘

的图像处理方法，通过颜色上和文字上的变化来审视图像区域。

electrically erasable programmable read-only memory (EEPROM)（电可擦除可编程只读存储器） 可编程的只读存储器，它可以使用电脉冲编程和擦除，操作时不需要从计算机中移出。

electronic mail (email)（电子邮件） 不同于主机对主机交换方式，而是基于邮箱地址的一种发送电子消息的方法。

emacs Unix 的一种文本编辑器。

encryption（加密） 将信息转成只有通过解密才可读懂的格式。

encryption algorithm（加密算法） 一种将明文信息加密的算法。

end system（终端系统） 数据的发送方或接收方。

end users（终端用户） 在 DBMS 术语中，直接访问数据库的用户。

enqueue（入队） 将一个元素插入一个队列。

entity authentication（实体身份验证） 使得一部分能证明另一部分标识的一种技术。

entity-relation (E-R) model（实体关系模型） 在关系数据库中定义实体和实体间关系的一种模型。

entity-relationship (E-R) diagram（实体关系图） 基于实体 – 关系模型的图。

ephemeral port number（临时端口号） 客户端使用的端口号。

erasable programmable read-only memory (EPROM)（可擦除可编程只读存储器） 可以多次擦除和重写的只读存储器，擦除 EPROM 时需要从计算机中移出。

error report file（错误报告文件） 在文件更新过程中，更新期间检测到错误的报告。

ethical principle（道德准则） 当使用计算机时，一种评判我们对世界上其他人的责任的方式是基于我们对于道德的决策。

Excess representation（余码表示法）一种数字表示方法，用于存储分数的指数值。

Excess_1023（余 1023 码） 表示浮点数的高精度的 IEEE 标准。

Excess_127（余 127 码） 表示浮点数的低精度的 IEEE 标准。

execute（执行） 通过控制单元向计算机的不同部分发送命令。

expert system（专家系统） 一种系统，该系统使用知识表示去完成通常需要人类专家经验的任务。

expression（表达式） 一个换算成单一值的操作数和操作符的序列。

expression tree（表达式树） 一种倒置树，根和节点是操作符，叶子节点是操作数。

external level（外层） 数据库与用户交互的那部分。

Facebook 一个拥有超过十亿用户的社交网络网站。

fetch（取（指令）） 指令周期中从内存中取出用来执行的部分。

fiber-optic cable（光纤电缆） 以脉冲形式承载信号的截止。它包含一根由玻璃或塑料制成的细柱（核），外面套有其他的由玻璃或塑料制成的圆柱（包层）。

field（字段） 数据的最小命名单位，该数据在描述信息方面有含义。一个字段可能是一个变量也可能是一个常量。

file transfer protocol (FTP)（文件传输协议） 一种 TCP/IP 应用层服务，用来与远程站点间的文件传输。

finite state automation（有限状态自动机） 预定义几种状态的机器。

firewall（防火墙） 一种安装在组织的内部网络和网络中其他部分的设备，用于提供安全。

FireWire（火线） 一种输入 / 输出设备控制器，带有可传输打包数据的高速串行接口。

first in，first out (FIFO)（先进先出）列表中先添加的数据项先移出的算法。

flat-file（平面文件） 组织中不依赖于其他文件的独立文件。

floating-point representation（浮点表示法） 计算机中的一种数字表示法，为得到更高的精度，小数点的位置是浮动的，常用来表示计算机中的实数。

follow（跟随） 在 Twitter 上如何连接其他用户。

following（跟随） 在 Twitter 上的多对一关系，多个用户跟随一个用户。

following（跟随） 跟随你所知道的人以在自己的主页上查看他们的推文。

formal parameters（形式参数） 在函数中声明的

参数，用于描述传给该函数的数据的类型。

FORmula TRANslation (FORTRAN) 用于科学和工程应用中的一种面向过程的高级语言。

fragmented distributed database（不完全分布式数据库） 一种数据本地化的分布式数据库。

frame（帧） 数据链路层中的数据单元。

frames（框架） 知识表示中的一种类似于语义网的表示方法。

frequency masking（频率掩蔽） 频率完全掩蔽其他频率的过程。

friend（朋友） 在 Facebook 上，一个用户可以收到其他用户的帖子。

friendship（友谊） 在 Facebook 中用户之间的一对一关系。

friendship（友谊） 在 Facebook 上，只有朋友之间才可以分享。友谊是一对一的相互关系。

front（前端） 在使用出队列操作进行删除的队列中的下一个元素。

function（函数） 在函数范式中，将一组输入映射到一组输出的黑盒子。

functional language（函数型语言） 一种程序语言，它认为程序是一种数学函数。

functional paradigm（函数范式） 一种范式，在其中程序被看成数学函数。

general linear list（广义线性表） 一个可以在任意位置插入或删除数据的表。

generic domain（通用域） 域名名字空间的一个子空间，使用通用后缀。

Gigabit Ethernet（吉比特以太网） 有着吉比特（1000Mbps）数据速率的以太网。

glass-box testing（玻璃盒测试） 参见 white-box testing。

Gödel number（哥德尔数） 赋值给每个程序使用的数字，可以在具体的语言中编写。

graph（图） 称为顶点的节点、称为边或弧的线段以及节点连接对的集合。

graphic interchange format（GIF）（图像交换格式） 一个每个像素点用 8 位来表示的位图图像。

graphical user interface (GUI)（图形用户界面） 一种定义了图标和图标上操作的用户界面。

Guided media（导向介质） 电缆

hacker（黑客） 精明的计算机专家，可能会对他人造成损害。

halting problem（停机问题） 编写一段程序测试用哥德尔数表示的任何程序是否会终止。

hardware（硬件） 计算机系统中的物理设备，如键盘或打印机。

hardware abstraction layer（HAL）（硬件抽象层） Windows 系统中最底层的程序，隐藏了来自上层的不同。

hashed file（散列文件） 使用某一散列算法进行查找的文件。

hashed MAC（HMAC） 来自 ITU 的推荐，描述了公钥分发的证书，这个证书使用被称作 ASN.1 的著名标准。

hashing method（散列方法） 存取散列文件的一种方法。

hashtag（标签） 在推文中指明重要单词的方式。它以一个"#"符号做开头。

HDMI(High-Definition Multimedia Interface)（高清多媒体接口） 对于已存在模拟视频标准的数字替换。

header（头） 在路由或其他的用途中添加至包开始部分的信息。

heuristic search（启发式搜索） 使用规则或有用信息提高搜索效率的一种搜索方法。

hexadecimal digit（十六进制数） 十六进制系统中的符号。

hexadecimal system（十六进制系统） 十六进制系统中的数字，它们是 0、1、2、3、4、5、6、7、8、9、A、B、C、D、E 和 F。

hierarchical model(层次模型) 一种数据库模型，数据以树状结构组织，以便从上向下搜索。

high-level language（高级语言） 一种可移植的编程语言，只需要程序员关注应用层面而非某一个计算机或操作系统的结构。

high-order logic（高阶逻辑） 一种扩展了谓词逻辑中的量词和范围的逻辑，此逻辑把谓词也看成变量。

hold state（保持状态） 任务等待装入内存的状态。

home address（内部地址） 在散列表中，由散列算法生成的首地址。

home directory（主目录） 在 UNIX 或 Linux 中，用户首次登录后所处在的目录。

home page（主页） 网上可用的超文本文档的主页面。

host（主机） 网络上的站点或是节点。

host identifier（主机标识符） 站点的标识符。

hub（集线器） 连接一个网络中其他设备的设备。

Huffman coding（赫夫曼编码） 一种使用可变长度码的统计压缩方法。

hypertext（超文本） 带有其他文档引用链接的文档。

Hypertext Markup language（HTML）（超文本标记语言） 用于指定 Web 文档的内容和格式的计算机语言，允许文本包含字体、布局、嵌入图形以及链接到其他文档。

Hypertext Transfer Protocol（HTTP）（超文本传输协议） 该协议用于在互联网中检索 Web 页面。

identifier（标识符） 在编程语言中给一个对象的名称。

image processing（图像处理） 人工智能的一个研究领域，处理目标的感知问题—智能主体的人工眼睛。

imperative language（强制性语言） 过程化语言的另一个名字。

imperative paradigm（强制性范式） 过程化范式的另一个名字。

implementation phase（实现阶段） 软件系统生命周期中创建实际程序的阶段。

increment statement（递增语句） 在 C 或 C++ 中，给整型数的值加 1 的语句。

incremental model（增量模型） 软件工程中的一种模型。该模型先创建整个包，不过包的每个模块仅包含一个空壳，然后随着该包的多次反复完善，模块不断增加复杂性。

index（索引） 数组中元素的地址。

indexed color（索引颜色） 光栅图像中的一种技术，只使用真彩的一部分对每个应用中的颜色进行编码。

indexed file（索引文件） 使用索引来完成随机存取的文件。

infix（中缀） 一个放置于两个操作数之间的算法符号。

infrared waves（红外波） 300GHz 到 400THz 的光谱部分，被用来短范围交流。

inheritance（继承） 通过扩展一个类来创造一个新类的能力，该新类保持基类的数据对象和方法并新增数据对象和方法。

inorder traversal（中序遍历） 一种先访问左子树，再访问根，最后访问右子树的二叉树的遍历方法。

input（输入） 操作的给定数据。

input data（输入数据） 提交给计算机运行一个程序的用户信息。

input/output (I/O) controller（输入 / 输出控制器） 控制访问输入 / 输出设备的设备。

input/output subsystem（输入 / 输出子系统） 在计算机组成中用来从外界接收数据和向外界输送数据的部分。

insert operation（插入操作） 关系数据库中的一种操作，它向关系中插入一个元组。

insertion sort（插入排序） 一种排序算法。将列表中未排序部分中的第一个元素插入该列表已排序部分的正确位置。

instruction（指令） 告诉计算机要做什么的命令。

instruction register（指令寄存器） CPU 中存放待控制单元解释的指令的寄存器。

integer（整数） 整型数字，没有分数部分。

integrated circuit（集成电路） 在一块独立芯片上集成晶体管、连线和其他组件。

integrity（完整性） 保护数据，以防被修改、插入、删除或回复的一个安全目标。

intellectual property（知识产权） 无形资产，例如想法、发明、技术、艺术、音乐以及著作，个人可以声明他的所有权。

intelligent agent（智能体） 能感知环境、从环境中学习和能智能地与环境进行交互的一种主体。

interface（接口） 一组公共操作，或是待传送或从运算中返回的数据。

internal level（内层） 数据库中定义数据实际存储位置的部分。

internal node（内部节点） 非根非叶子的节点。

International Organization for Standardization（ISO）（国际标准化组织） 为各种议题定义和开发标准的全球性组织。

internet（互联网） internetwork 的缩写。

Internet（因特网） 全球使用的基于 TCP/IP 协议体系的交互式网络。

Internet address（因特网地址） 唯一标识因特网上计算机的 32 位地址。

Internet Protocol（IP）（网际协议） 在 TCP/IP 中负责在网络计算机间传送数据包的网络层的协议。

Internet Protocol version 6（IPv6） 增广地址空间以及修订包和协议的新 IP。

Internet service provider（ISP）(因特网服务提供商） 提供因特网服务的组织机构。

internetwork（交互式网络） 由网络组成的网络。

interpretation（解释） 将源程序中的每一行解释成目标程序并执行这些行的过程。

interpreter（解释器） 一种程序，它一行接一行地翻译高级语言源程序，并立即执行每一行。

interrupt driven I/O（中断驱动的输入 / 输出） 一种输入 / 输出形式，CPU 在发出输入 / 输出命令后继续服务其他进程，直到它收到那个输入 / 输出操作已经完成的中断信号。

intersection operation（交操作） 两个集合之间的操作，结果为两个集合之间的公共元素。

intersector gap（扇区内间隔） 磁盘上的扇区间隔。

intertrack gap(磁道内间隔） 磁带上的磁道间隔。

intracoded frame (I-frame)（内部编码帧） 在 MPEG 中，一个独立的帧。

inverted file（倒排文件） 根据第二关键字进行排序的文件。

IP address（IP 地址） 参见 Internet address。

IP datagram（IP 数据报） 网络层的数据单元。

IP new generation（IPng） IPv6 的另一个名字。

isolated I/O（单独输入 / 输出） 一种输入 / 输出模块的编址方法，用于读写内存的指令完全不同于读写输入 / 输出设备的指令。

Java（Java 语言） 一种面向对象的编程语言，用于创建因特网上的独立执行的程序或动态文档。

job（作业） 当一个程序被选中准备执行时，这个程序就成了一个作业。

job scheduler（作业调度器） 用来选择队列中的某个任务进行处理或等待移入内存的调度程序。

join operation（连接操作） 在关系数据库中将两个关系在基于某一共同属性的基础上进行结合的操作。

Joint Photographic Experts Group（JPEG）（联合图像专家组） 用于压缩图像的一个标准。

kernel（内核） 操作系统的主体部分。

key（键） 用来识别一个记录（结构）的一个或多个字段。

key-distribution center（KDC）（**密钥分发中心**） 可信的第三方，它建立通信双方共享的密钥。

keyboard(键盘） 提供单个字符输入的输入设备。

land（纹间表面） 光盘中，在位模式的转换中没有被激光照射的区域，通常表示 1 位。

last in，first out (LIFO)（后进先出） 一种算法，在列表中最后被添加的数据项最先移出。

leaf（叶子） 图或树中出度为 0 的叶子。

Lempel Ziv (LZ) encoding（LZ 编码） 一种使用字典的压缩算法。

Lempel Ziv Welch (LZW) encoding（LZW 编码） LZ 压缩编码的一种增强版本。

lexical analyzer（词法分析器） 编译过程中使用的一种程序，它一个符号接一个符号去读源程序，然后建立符号记号表。

linear list（线性列表） 一种列表结构，该结构中除了最后一个元素，其他每个元素都有唯一的后继。

link（链） 在列表结构中，标识列表中下一元素的字段。

linked list（链表） 元素的排列是由链接域决定的线性列表结构。

linked list resolution（链表解决法） 散列方法中的一种冲突解决方法，它为同义词使用分开的区域，该区域在链表中维护。

Linux（Linux 操作系统） 由 Linus Torvalds 开发的一种操作系统，它使得运行在 Intel 微处理器上的 UNIX 更为有效。

LISP（表处理解释语言） 把每个事物都当成表的一种表处理语言。

list(列表） 在主存中按照一定顺序组织的数据集。区别于文件。

literal（文字） 在程序中使用的常量。

local area network（LAN）（局域网） 连接有限区域内设备的网络。

local variable（局部变量） 在一个块或一个模块中定义的变量。

logical operation（逻辑操作） 结果为逻辑值（真或假）的操作。

logical operator（逻辑操作符） 结合布尔值来获得新的布尔值的运算符。

logical shift operation（逻辑移位操作） 一种不保留数字符号位的移位操作。

loop（循环） 程序中，使得一个或多个语句重复执行的一种结构化编程结构；在图中指一条在同一顶点开始和结束的线。

loop statement（循环语句） 使程序重复执行其他一些语句的语句。

lossless data compression（无损数据压缩） 没有数据丢失的数据压缩；用于压缩文本或程序。

lossy data compression（有损数据压缩） 允许某些数据丢失的数据压缩；用于图形、音频或视频压缩。

MAC addressees（MAC 地址） 数据链路层的设备的地址。

machine cycle（机器周期） 获取、解码并执行运算的重复集。

machine language（机器语言） 无须进行汇编或编译就可执行的基于本机中央处理器的指令。

macro（宏） 由用户定制设计的可以多次使用的过程。

magnetic disk（磁盘） 一种有随机存储能力的存储媒介。

magnetic tape（磁带） 一种有顺序存储能力的存储媒介。

Mail Transfer Agent（邮件传送代理） 用在电子邮件通信的客户端 – 服务器程序。

main memory（主存） 计算机中的主要内存，包括中速的随机存取存储器，参照 cache memory。

maintainability（可维护性） 指保持系统正确运行和更新的品质。

mantissa（尾数） 表示浮点数精度的部分。

mask（掩码） 一种变量或常量，它们包含了用于控制位逻辑操作中位设定的一种位配置。

masquerading（伪装） 一种对信息完整性的攻击，在攻击中攻击者冒充别人。

master disk（主盘） 在 CD-ROM 中创建的第一个组件。

master file（主文件） 包含与应用程序有关的当前最新数据的永久保存文件。

medium access control（MAC）address（MAC 地址） 参见 data link layer address。

memory（内存） 由随机存储器和只读存储器组成的主要存储器，用于存储数据和程序指令。

memory management（内存管理） 操作系统中控制主存储器使用的组件。

memory-mapped I/O（内存映射的输入 / 输出）

在单一地址空间的一种输入 / 输出模块编址方法，既用于内存也用于输入 / 输出设备。

Message Access Agent（MAA）（消息访问代理） 用于获取已存储电子邮件的客户端 – 服务器程序。

message authentication code（MAC）（消息验证码） 包含双方机密的消息摘要。

message digest（消息摘要） 对消息应用散列函数而得到的固定长度的字符串。

message transfer agent（MTA）（消息传递代理） 在因特网上传输消息的 SMTP 程序。

method（方法） 面向对象语言中的函数。

metropolitan area network（MAN）（城域网） 遍及一个城镇的网络。

microcomputer（微型计算机） 体积相对较小，可置于桌面的计算机。

Microsoft Disk Operating System（MS-DOS） 基于 DOS 的操作系统，由微软开发。

modal logic（模态逻辑） 包含确定性和可能性的扩展逻辑。

modem（调制解调器） 调制器 – 解调器的组合。

modularity（模块化） 把大的工程分解成小的部分，以利于理解和操作。

modulator（调幅器） 将一个大的项目分解为小的部分，这些部分可以被很容易地理解和处理。

module（模块） 对工程使用模块化后建立的一个小部分。

modulo division（求模） 将两数相除并保留余数。

monitor（监视器） 提供输出的非存储设备。

Monitor（监视器） 这个监视器展示输出，同时展示键盘的输入。

monoalphabetic cipher（单表置换密码） 相同的字符总是以相同的方式进行加密而非根据其在文本中位置进行加密的一种密码。

monoprogramming（单道程序） 在每一时刻只允许一个程序存在内存中的技术。

moral rule（道德规范） 道德的原则，要求我们应该避免做出违反普遍道德的行为。

moral rules（道德规范） 第一条道德准则声明，当做出道德决策的时候，我们需要考虑这个决策是否与普遍接受的道德准则相一致。

Moving Pictures Experts Group（MPEG）（运动图像专家组） 一种用来压缩音频和视频信号

的有损压缩方法。

MPEG audio layer（MP3）（MPEG 第三代音频压缩格式） 基于 MPEG 的音频压缩标准。

multidimensional array（多维数组） 元素有一级以上索引的数组。

Multiple Instruction Stream, Single Data Stream(MISD)（多指令单数据） 多个流运行在单一的数据上的计算机。

multiple instruction_stream, multiple data stream(MIMD)（多指令多数据） 有多个 CU，多个 ALU，多个内存单元的计算机。

multiprogramming（多道程序） 允许一个以上程序驻于内存中并被处理的技术。

multithreading（多线程） 某些语言，如 Java 所支持的并行处理。

mutual exclusion（互斥） 由操作系统强加于资源之上的一种情形，该情形是有的资源只能被一个进程持有。

name（名字） 在关系数据库术语中，关系的标识符。

name space（名字空间） 在网络上分配给一台机器的所有名字。

network（网络） 一个连接多个可共享资源节点的系统。

network layer（网络层） TCP/IP 模型中的第三层；负责从起始主机发送包至最终目标。

network model（网络模型） 一种数据库模型，该模型中一个记录可以有多个父记录。

neural network（神经网络） 人脑中的神经元网络。

neuron（神经元） 在人脑和神经系统中负责传送信息的个体单元。

new master file（新主文件） 当文件更新时，由旧文件创建而来的主文件。

news（新闻） Facebook 允许用户向朋友发布新闻（被称作更新），可以是一条长的消息（多达 60000 个字符），网页的链接，照片或是视频。

news(remove)（多余）

no preemption（非抢占式） 操作系统不能临时分配资源的情形。

node（节点） 在数据结构中，既包含数据也包含处理该数据结构的结构化元素的一种元素。

node-to-node（点对点传递） 由一个节点传向下一个节点的数据传递。

nonpolynomial problem（非多项式问题） 不能用多项式复杂性解决的问题。

nonpositional number system（非位置数字系统） 一种数字系统，符号的位置不定义符号的值。

Nonstorage device（非存储设备） 非存储设备允许 CPU 或存储器来和外界进行通信，但是它们不能够存储信息。

nonstorage device（非存储设备） 允许 CPU 和存储器在没有存储信息时进行通信的设备。

normal form（NF）（范式） 关系数据库规范化过程中的一步。

normalization（规范化） 在关系数据库中同一个关系数据模型应用范式的进程。

NOT operation（"非"操作） 将 0 变 1 或将 1 变 0 的操作。

null pointer（空指针） 不指向任何数据的指针。

number system（数字系统） 使用一套符号定义一个值的系统。

object program（目标程序） 由编译程序或解释程序产生的机器语言代码。

object-oriented analysis（面向对象分析） 使用面向对象语言的开发过程中的分析阶段。

object-oriented database（面向对象数据库） 一种数据被当作结构（对象）进行处理的树据库。

object-oriented design（面向对象设计） 为面向对象编程中的每一个类给出细节和代码。

object-oriented language（面向对象语言） 一种将对象及其相关操作绑定在一起的程序设计语言。

object-oriented paradigm（面向对象范式） 程序作用于活动对象的范式。

octal digit（八进制数字） 以 8 为基的数字。

octal system（八进制系统） 以 8 为基的数字系统；八进制数字为 0～7。

old master file（旧主文件） 该主文件与事务文件相互关联用于创建新主文件。

one-dimensional array（一维数组） 只有一级索引的数组。

one-time pad（一次一密乱码） 对于每一次加密，键值都被随机选取的一种密码。

one's complement（二进制反码） 将变量中的值按位取反的位运算。

open addressing resolution（开放寻址解决法） 当新的地址在主区时的一种冲突解决法。

operability（可操作性） 描述系统可用程度的品质因素。

operand（操作数） 语句中执行运算的对象。与运算符相对应。

operating system（操作系统） 能够控制计算环境并能提供用户接口的软件。

operator（运算符） 一种表示在数据（操作数）上运算操作的语法标记。与操作数相对应。

optical storage device（光存储设备） 一种使用光（激光）来存储和检查数据的 I/O 设备。

OR operation（"或"操作） 仅当两个输入皆为 0 时结果才为 0，其他情况为 1 的二进制操作。

output（输出） 运算的结果。

output data（输出数据） 运行计算机程序的结果。

output device（输出设备） 只可写而不可读的设备。

overflow（溢出） 该情况发生在试图用不足够的位去表示一个二进制数值。

packet-filter firewall（包过滤防火墙） 使用过滤表来保护机构的防火墙。

packetizing（分组） 将数据封装成包。

page（页） 程序中众多大小相等的扇区中的一个。

paging（分页调度） 一种多道程序技术，该技术将内存分成称为帧的大小相等的扇区。

palette color（调色板） 参见 indexed color。

parallel processing（并行处理） 多处理的一种形式，通过允许多个处理器同时运行来加速。

parallel system（并行系统） 在同一机器上有多个 CPU 的操作系统。

parameter（参数） 传给函数的值。

parent（父类） 有一个或多个子类节点的树节点或图节点。

parent directory（父目录） 当前目录的直属上级目录。

parser（语法分析器） 进行语法分析的实体。

partitioning（分区调度） 一种多道程序技术，它将内存分成可变大小的区。

Pascal（Pascal 语言） 按一种特殊目的设计的程序语言，即通过强调结构化编程方法向初学者传授程序设计。

pass by reference（按引用传送） 一种参数传递技术，被调用的函数通过使用一个别名来引用传递的参数。

pass by value（按值传送） 将变量的值传给函数

的一种参数传送技术。

patent（专利） 知识产权的权利。

path（路径） 一系列节点，每一个顶点和其他节点相邻。

peer-to-peer paradigm（P2P 模式） 两个对等的计算机可以相互通信以交换服务的模式。

penetration attack（入侵攻击） 入侵意味着打破一个系统以获取存储在计算机或是计算机网络上的数据。

penetration attack（入侵攻击） 非法获取计算机信息或造成损害的入侵行为。

perceptron（感知器） 在神经网络中，一个简单的类似于神经元的元素。

perceptual encoding（感知编码） 使用音频进行编码的一种类型。

physical agent（物理智能体） 能用来执行一系列任务的可编程系统（机器人）。

physical layer（物理层） TCP/IP 模型中的第一层；负责在网络中的信号和位传送。

pico（pico） Unix 上的另一种文本编辑器。

picture element (pixel)（像素） 图像的最小单位。

pipelining（流水线） 现代计算机通过将指令的不同阶段与下一阶段结合来提高吞吐量的一种技术。其思想是：如果控制单元可以同时进行两或三个阶段，那么下一条指令可以在前一条指令完成之前进行。

pit（坑） 在光盘中被激光烧灼后形成的区域，用于表示位模式下信息，通常表示 0。

pixel（像素） 参见 picture element。

place value（位置量） 在位置数字系统中，与位置相关联的值。

plaintext（明文） 加密前的原文。

point-to-point connection（点到点连接） 两设备间的专用传输。

pointer（指针） 存放地址的变量或常量，可以访问放置于他处的数据。

polyalphabetic cipher（多字码密码） 明文的一个字符将根据它在文本中出现的位置，在密文中变成一个不同的字符的技术。

polycarbonate resin（聚碳酸酯树脂） 在 CD-ROM 制作中，一种注入模子中的材料。

polymorphism（多态） 在 C++ 中，使用同一个名字定义多个操作以便在相关类中做不同事情。

polynomial problem（多项式问题） 能够在可接受的时间范围内由计算机解决的问题。

pop（出栈） 栈的删除操作。

port address（端口地址） 见 port number。

port number（端口号） 在 TCP 和 UDP 中，用来区分不同进程的地址。

portability（可移植性） 描述一个操作系统可以移植到其他的硬件环境中难易程度的品质因数。

portability process scheduler（可移植性进程调度程序） 暂无此术语。存在术语进程调度器，但是没有可移植性进程调度程序。

positional number system（位置数字系统） 一种符号的位置定义了其值的数字系统。

postfix（后缀） 一种把运算符放置在其操作数之后的算术符号。

postorder traversal（后序遍历） 先访问左子树，再访问右子树，最后访问根的二叉树遍历方法。

pragmatic analysis（语用分析） 一种句子的分析方法，通过排除二义性，发现单词的真实含义。

predicate logic（谓词逻辑） 一种逻辑系统，其中的量词能应用于项（term），但不能应用于谓词。

predicted frame (P-frame)（预帧） 在 MPEG 中，与在前的 I 帧和 B 帧相关的帧。

Predictive encoding（预测误差） 将两个样本之间的不同进行编码，而不是将样本本身进行编码。

prefix（前缀） 一种把运算符放置在其操作数之前的算术符号。

preorder traversal（前序遍历） 二叉树的一种遍历方法，该遍历法遍历顺序为先访问左子树，再访问根，最后访问右子树。

prime area（主区） 在一个散列表中，该存储区域包含内部地址。

printer（打印机） 产生硬拷贝的输出设备。

privacy（隐私） 个人对一些信息进行保密的权利。

privacy（隐私） 如今，公民大量的跟人信息被私有或公共机构收集。一些国际组织针对这些信息的使用出台了道德规则。

private key（私钥） 公开密钥密码体系的两种密钥之一。

procedural language（过程化语言） 过程化范式中的计算机语言。

procedure paradigm（过程化范式） 程序使用过程作用于被动对象的范式。

procedure-oriented analysis（面向过程分析） 开发过程中的一个分析阶段，该开发是使用过程化语言进行的开发。

procedure-oriented design（面向过程设计） 开发过程中的一个设计阶段，该开发是使用过程化语言进行的开发。

process（进程） 正在执行的程序。

process manager（进程管理器） 操作系统中用来控制进程的组件。

process scheduler（进程调度器） 一种操作系统机制，它用来分配那些正在等待使用 CPU 的进程。

product（乘积） 将一系列数字数据进行相乘得到的结果。

program（程序） 一系列指令的集合。

program counter（程序计数器） CPU 中的一个寄存器，它存有内存中下一条将被执行指令的地址。

programmable read-only memory（PROM）（可编程只读存储器） 由制造商用电设置好内容的存储器；它可以被用户重新设置。

programmed I/O（程序控制输入 / 输出） 输入 / 输出的一种形式，在这种形式中 CPU 必须等待输入 / 输出操作结束。

programming language（程序设计语言） 一种具有有限词汇和语法规则的语言，它用于解决计算机上的问题。

project operation（投影操作） 在关系数据库中的一种操作，根据某种标准选择列集。

PROLOG（PROLOG 语言） 一种能建立事实数据库和规则知识库的编程语言。

propositional Logic（命题逻辑） 一种基于逻辑操作符和命题术语的逻辑系统。

protocol（协议） 在计算机间交换数据的规则集。

protocol layering（协议层） 对于解决一个困难的任务，使用一系列协议以产生规则层级的思想。

proxy firewall（代理防火墙） 存在于客户计算机和公司计算机之间的防火墙。它仅仅接受来自客户计算机的合法信息。

proxy firewall（代理防火墙） 存在于客户计算机和公司计算机之间的代理计算机（有时被称作应用网关）。

pseudocode（伪代码） 类似英语的语句，它遵从松散的语法定义，并用来表达某种算法或功能的设计。

public key（公钥） 公钥加密中的一种密钥，它对公众公开。

public-key certificate（公钥证书） 一种把实体与公钥捆绑在一起的证书。

push（入栈） 栈中的插入操作。

quantifier（量词） 谓词逻辑中使用的两个运算符：和。

quantization（量化） 从一个有限的值集中分配值。

queue（队列） 一种线性表，数据只能在一端插入，称为队尾，而且只能在另一端删除，称为队首。

radix（基） 位置数字系统中的基。

random access（随机存取） 一种存储方法，它允许按任意次序存取数据。

random access memory（RAM）（随机存取存储器） 计算机的主存储器，它存储数据和程序。

raster graphic（光栅图形） 参见 bitmap graphic。

read-only memory（ROM）（只读存储器） 持久性存储器，其存储内容不可改变。

read/write head（读/写头） 硬盘中读/写数据的设备。

ready state（就绪状态） 在进程管理中，处于这种状态的进程正等待获得 CPU 的使用权。

real（实数） 有整数部分和小数部分的数字。

real-time system（实时系统） 一种操作系统，它能在指定的时间限制下完成一项任务。

rear（尾部） 使用入队列操作时，最后一个插到队列中的元素。

record（记录） 描述一实体的信息。

recursion（递归） 一个设计成自我调用的函数。

reduced instruction set computer（RISC）（精简指令集计算机） 一种只使用那些常用指令的计算机。

register（寄存器） 一种可存放临时数据的快速独立的存储单元。

relation（关系） 关系数据库中的表。

relational database（关系数据库） 一种数据库模型，数据组织在被称为关系的相关表中。

relational database management system（RDBMS）（关系数据库管理系统） 用来处理关系数据库模型中关系的程序集。

relational model（关系模型） 参见 relational database。

relational operator（关系运算符） 一种用于比较两个值的运算符。

relative pathname（关系路径） 依据工作目录创建的文件路径

reliability（可靠性） 描述系统总体操作的可信和可靠程度的品质因素。

remote login（远程登录） 登录到与本地计算机相连的远程计算机上。

repetition（循环） 结构化编程中的三种结构之一。

replaying（回复） 一种对信息完整性的攻击，攻击者先截取消息，再重新传送。

replicated distributed database（复制的分布式数据库） 一种在每个站点都拥有另一站点的副本的数据库。

resolution（分辨率） 图像处理中的扫描速率：用每单元中像素点的数目来表示。

resource holding（资源持有） 一种状态：进程持有一个资源，却不能使用，一直要等到所有其他资源也可用。

retrieval（检索） 查找并返回列表中某个元素的值。

retweet（转发 tweet） 将一条 tweet 转发给其他的 Twitter 用户。

RGB（红绿蓝） 一种颜色系统，其中色彩用红、绿、蓝三主色的组合来表示。

Roman number system（罗马数字系统） 罗马人使用的非位置数字系统。

root（根） 树的第一个节点。

root directory（根目录） 文件层级的最高层。

rotational speed（角速度） 磁盘的旋转速度。

router（路由器） 一种工作在 TCP/IP 体系前三层的连接独立网络的设备。路由器根据数据包的目的地址来确定它的路由。

routing（路由） 路由器的工作过程。

row-major storage（行主序存储） 内存中存储数组元素的一种方法，数组元素一行一行地存储。

RSA cryptosystem（RSA 密码系统） 由 River、Shamir 和 Adelman 设计的一种通用公共密码系统，它使用指数 e 和 d，e 用于公共场所，d 用于私人场所。

RSA cryptosystem（RSA 密码系统） RSA 密码系统是通用的公钥算法之一。

ruled-based system（基于规则的系统） 一种知

识表示系统，其中使用一套规则，从已知的事实推出新的事实。

run-length encoding（游程长度编码） 一种无损压缩方法，在这种编码方法中，一系列的重复符号由该符号和重复的个数来表示。

running state（运行状态） 在进程管理中，进程使用 CPU 的状态。

sampling（采样） 等间隔地测量。

sampling rate（采样率） 在采样过程中每秒钟采集到的样本数。

scanning（扫描） 图像到数字化数据的转换，通过对均匀分布点的密度和色彩进行采样。

scheduler（调度程序） 把作业从一个状态转换到另一个状态的程序。

scheduling（调度） 为不同的程序分配操作系统的资源，并且决定什么时间什么程序使用哪个资源。

scheme（模式） LISP 语言的实际标准。

scientific notation（科学计数法） 数字的表示方法，在十进制小数点的左边只有一个数字，10 的幂次定义了十进制小数点移动的位置。

search space（查找空间） 可能状态的集合，使用查找方法进行问题求解时要查找的状态空间。

searching（查找） 根据预先指定值作为查找参数，在查找表的过程中确定一个或多个包含给定元素的过程。

secondary storage device（二级存储设备） 参见 auxiliary storage 。

secret key（密钥） 保密密钥加密体系中仅被两个参与者享有的钥匙。

sector（扇区） 磁盘磁道的一部分。

Secure Hash Algorithm（SHA）（安全散列算法） 由 NIST 开发的一种标准散列函数。

Secure Shell（SSH） 客户端 - 服务器程序，提供安全登录。

security（安全） 一种描述未授权用户访问数据难易程度的品质因素。

secutiry attack（安全攻击） 一种对系统安全目标形成威胁的攻击。

security goal（安全目标） 信息安全三个目标之一：机密性、完整性和可用性。

seek time（寻道时间） 在访问磁盘中，需要移动读 / 写磁头到数据所在磁道的时间。

segment（段） 包的一部分。

segmentation（分割） 图像处理中的一个步骤，它把图像分成均匀的片段或区域。

select operation（选择操作） 关系数据库中一种选择元组集的操作。

selection（选择） 结构化编程中三种结构之一。

selection sort（选择排序） 一种排序算法，未排序子表中的最小元素被选择出来，放置在已排序子表的末尾。

semantic analysis（语义分析） 对句子中的单词或语句中的符号的含义进行分析。

semantic network（语义网） 一种节点代表对象，边代表对象间的关系的图。

sequence（顺序） 结构化编程中的三种结构之一。

sequential access（顺序存取） 一种存取方法，文件中的记录只能从第一个元素开始连续地存取。

sequential file（顺序文件） 一种文件结构，文件中的数据必须从第一个元素开始连续地处理。

sequential search（顺序查找） 一种用于线性列表查找的技术，查找过程为从第一个元素开始逐个查找，直到元素的值等于找到的值，否则继续查找直到列表的末尾。

server（服务器） 客户机 - 服务器系统中提供辅助服务（服务器程序）的集中计算机。

shell（命令行解释器） 某些操作系统的用户界面，如 UNIX。

shift cipher（移位加密） 一种替换加密，其中的密钥定义了字母向字母表尾部的移动。

siblings（兄弟节点） 具有同一双亲的节点。

side effect（副作用） 由一个表达式赋值而导致的变量值的改变；由一个调用函数执行的输入 / 输出。

sign out（注销） 结束在社交媒体的成员资格。

sign out（注销） 要想使用 Facebook 你需要成为其中的一员，为了成为其中的一员，你需要注册。想要结束你的成员资格，你需要注销或停用你的账户。

sign-and-magnitude representation（符号加绝对值表示法）一种整数的表示方法，其中一位用来表示符号，其余位则表示数量大小。

simple type（简单类型） 原子数字类型，例如整数或实数。

single instruction stream, multiple data stream

(SIMD)(单指令流多数据流) 有一个控制单元，多个 ALU，一个存储器单元的计算机。

single-user operating system（单用户操作系统） 一种一次内存中只能有一个程序可以运行的操作系统。

small computer system interface（SCSI）（小型计算机系统接口） 一种带并行接口的输入／输出设备控制器。

snooping（嗅探） 对机密信息的非授权访问。

social contract（社会契约） 道德的原则，内容为：社会上大多数人同意的行为是合法的。

social contract（社会契约） 社会契约理论为：社会上大多数人同意的行为是合法的。

social media（社交媒体） 人们用来分享思想和信息的网站。

social network（社交网络） 社交媒体的别名。

software（软件） 用来帮助计算机完成工作所必需的应用程序和系统程序。

software agent（软件智能主体） 在人工智能应用系统中，被设计出来处理特殊任务的程序集合。

software engineering（软件工程） 结构程序的设计和编写。

software lifecycle（软件生命周期） 软件包的寿命。

software quality（软件质量） 软件的三个特征（可操作性，可维护性，可转移性）。

solvable problem（可解问题） 一个可用计算机解决的问题。

soma（胞体） 含有细胞核的神经细胞体。

something inherent（所固有的） 申请者的特征，如：常见的签名、指纹和声音等可用来进行实体身份验证。

something known（所知道的） 申请者所知道的秘密，这些秘密可被身份验证中的验证程序使用。

something possessed（所拥有的） 属于申请者，能标明申请者身份的东西。

sort pass（分类扫描） 在一个循环中由一个分类程序检测所有的元素。

sorting（排序） 用来对列表或文件进行排序的处理过程。

source program（源程序） 包含有程序员撰写的未被转化为机器语言的程序语句的文件；给汇编程序或编译器的输入文件。

source-to-destination delivery（源至目的地的传送） 指将数据包从源到目的地的传送。

spatial compression（空间压缩） 对帧进行 JPEG 压缩。

speech recognition（语音识别） 自然语音处理的第一步（人工智能），语音信号被分析，其中所包含的单词序列被抽取出来。

spoofing（欺骗） 参见 masquerading。

stack（栈） 一个受限制的数据结构，其数据插入和删除只能在称为栈顶的一端进行。

Standard Ethernet（标准以太网） 以 10 Mpbs 速度运行的原始以太网。

starvation（饿死） 一种操作系统操作上的问题，这种情况下一个进程无法获取所需的资源进行工作。

state chart（状态图） 一种与状态图类似的图，但在面向对象软件工程中使用。

state diagram（状态图） 用来表示程序不同状态的图。

statement（语句） C 语言中的一种句法构造，用来描述函数操作。

static RAM（SRAM）（静态随机存储器） 一种利用传统触发器门电路（只含有 0 或 1 两种状态的门电路）来保存数据的技术。

steganography（隐写术） 一种安全技术，通过在消息上覆盖其他东西来隐藏消息。

storage device（存储设备） 一种能够存储大量信息并可在将来检索的输入／输出设备。

stream cipher（流密码） 一个字符一次进行加密和解密的密码。

String（字符串） 字符的集合被看作一个简单的数据单元。

string（字符串） 字符串，也叫字符的集合，在不同的语言中有着不同的使用方法。在 C 语言中，字符串是一个字符的数组。在 C++ 中，字符串既可以是字符的数组，也可以是一种数据类型。在 Java 中，字符串是一种类型。

structure chart（结构图） 一种用于设计和文档化的工具，用系统功能层次流图来描述程序。

structure program（结构化程序） 根据软件工程规则编写的程序。

Structured Query Language (SQL)（结构化查询语言） 一种包括数据库定义、操纵和控制语句的数据库语言。

subalgorithm（子算法）　一段独立编写的算法。它可为算法内部所调用执行。

subprogram（子程序）　由主程序调用的小程序。

subroutine（子例程）　参见 subalgorithm。

substitution cipher（替换密码）　把一个符号替换成另外一个符号的密码。

subtree（子树）　在树根下的任何相连的结构。

summation（求和）　一系列数字相加的结果。

switch（交换机）　将网络中的组件连接到一起的设备。

switched WAN（交换式广域网）　由几种介质和几个开关组成的复杂广域网。

symbolic language（符号语言）　一种计算机语言，比机器语言高级，它通过助记符来表示每一个机器指令并具有符号数据命名的能力。

symmetric-key cipher（对称密钥密码）　一种加密技术，在加密和解密过程中使用单一的密钥。

symmetric-key encryption（对称密钥加密）　使用对称密钥密码的加密。

synapse（突触）　在人类神经系统中两个神经元间的连接。

synonym（同义词）　在散列表中，不同的关键字可能得到同一内部地址。

syntactic analysis（语法分析）　分析句子的语法。

syntax（语法）　语言的"语法"规则。

syntax analyzer（语法分析器）　检查句子语法的过程。

system documentation（系统文档）　一种用于描述软件包的正式的整体结构的记录。

TCP/IP protocol suite（TCP/IP 协议族）　定义因特网传输交换的五层协议族。

TELNET（terminal network）（终端网络）　一种通用的允许远程登录的客户机－服务器程序。

temporal compression（时间压缩）　MPEG 中对帧的压缩。

temporal logic（时态逻辑）　一种在推理过程中包含了时间的变化和影响的逻辑。

temporal masking（时域掩蔽）　高音削弱了较高音的影响的过程。

terminated state（终止状态）　在进程管理中，进程完成运行的状态。

testability（易测性）　一种软件的属性，用来度量软件作为可操作的系统来测试时的难易程度。

testing phase（测试阶段）　软件生命周期中用来测试软件包是否正常工作的阶段。

text（文本）　以字符存储的数据。

text editor（文本编辑器）　一种创建和维护文本文件的软件，例如 Word 或源程序编辑器。

text file（文本文件）　所有数据以字符形式存储的文件，与二进制文件相对。

thresholding（阈值处理）　图像分割中使用的一种方法，指定亮度的像素点被选择出来，然后再搜索所有具有相同亮度的像素点。

throughput（吞吐率）　在一个时间单元内可以通过的数据单元的数量。

ticket（票）　在会话密钥分发时，将包含 Bob 的会话密钥的加密信息发送给 Alice，接下来将信息分发给 Bob。

time sharing（分时）　一种操作系统的概念，指多个用户在同一时刻同时访问一台计算机。

token（助记符）　一种表示运算、标志位或一块数据的语法结构。

topology（拓扑）　包括了设备物理布局的网络结构。

track（磁道）　磁盘中的一部分。

trade secret（商业机密）　产品需要保密的信息。

trademark（商标）　标识一个公司的产品的签名或姓名。

traffic analysis（流量分析）　对机密信息的一种攻击，其中攻击者通过监控在线的网络流量得到一些信息。

transaction file（事务文件）　包含了用来改变主文件内容的相关过渡过程数据的文件。

transfer time（传送时间）　用来表示将数据从磁盘传送到 CPU/ 内存所需的时间。

transferability（可移植性）　软件系统的一种品质，指把系统从一个平台移植到另一个平台的能力。

translator（翻译程序）　一种语言转换程序的通用术语。参见 assembler 和 compiler。

Transmission Control Protocol（TCP）（传输控制协议）　TCP/IP 协议族中的传输控制层协议之一。

transmission control protocol/Internet protocol（TCP/IP）（传输控制协议 / 网际协议）　因特网上所使用的正式协议，该协议由 5 层组成。

transmission medium（传输介质）　连接两个通信设备的物理路径。

transmission rate（传输率） 每秒传输的位数。

transposition cipher（调换加密） 调换明文中的符号顺序而形成密文，反之亦然。

traversal（遍历） 一种用于对结构中所有元素进行一次且只一次处理的算法。

tree（树） 由相互连接的节点集组成，其中每个节点只有一个前驱节点。

Trojan horse（特洛伊木马） 可能会造成恶意行为（例如删除文件或污染文件）的程序。

True-color（真彩） 在光栅图形中用 24 位表示彩色的一种技术。

truncation error（截断错误） 浮点表示法的数字在存储时发生的一种错误，存储的数字值可能不如想象中的准确。

truth table（真值表） 该表列出了所有可能输入的逻辑值的组合及其相对应的逻辑输出。

tuple（元组） 关系数据库中，关系的一个记录（一行）。

Turing machine（图灵机） 一种含有三个部件的计算机模型（包括磁带、控制器和读 / 写头），它可以实现计算机语言中的语句。

Turing model（图灵模型） 基于阿兰·图灵计算机理论定义的计算机模型。

Turing test（图灵测试） 由阿兰·图灵设计的一种测试，用来判断计算机是否具有真正的智能。

twisted-pair cable（双绞线） 在网线线皮内缠绕在一起的两根绝缘电缆。

tweet（短消息，tweet） 在 Twitter 上用户间交流的短消息（不超过 140 个字符）。发送 tweet。

Twitter（推特，Twitter） 一个流行的社交网络，用户可以发布叫作 tweet 的短消息。

two-dimensional array（二维数组） 该数组中元素具有两级索引。参见 multidimensional array。

two's complement（二进制补码） 一种二进制数表示方法，其中补码通过对其所有位取反后加 1 得到。

two's complement representation（二进制补码表示法） 一种整数的表示方法，其负数的表示是通过将其正数的原码中从最右边的 0 开始到出现第一个 1 之间的位保持不变，而其余位取反。

unary operation（一元操作） 该操作只需要一个操作数。

underflow（下溢） 该事件发生在从一个空数据结构中删除数据。

undirected graph（无向图） 一种只含有边的图，也就是说该图中节点间的连线没有方向。

unfollow（取消关注） 用户停止跟随 Twitter 上其他用户的过程。

unguided media（无线介质） 不受物理边界控制的传输介质。

Unicode（统一字符编码标准） 32 位字符编码，其中包含了世界上绝大多数语言的符号和字母。

Unified Modeling Language (UML)（统一建模语言） 一种用于分析和设计的图形化语言。

Uniform Resource Locator (URL)（统一资源定位符） 一个字符串，用来标识因特网中的一个页面。

union operation（并操作） 一种基于两个集合的操作，操作的结果合并了两个集合中的所有元素，并将重复元素去除。

universal serial bus (USB)（通用串行总线） 一种串行 I/O 设备控制器，它将如鼠标、键盘之类的慢速设备和计算机连接起来。

UNIX（UNIX 操作系统） 一种在计算机程序员和计算机科学家中流行的操作系统。

unsigned integer（无符号整数） 一种没有符号的整数，它的值范围为 0 到正无穷大。

unsolvable problem（不可解问题） 计算机所不能解决的问题。

update operation（更新操作） 在关系数据库中的一种改变元组值的操作。

use case diagram（用例图） 在 UML 中，显示系统用户视图的图。

user agent (UA)（用户代理） SMTP 协议的一个组成部分，它准备消息、创建信封和把消息装入信封。

user datagram（用户数据报） 在 UDP 协议中使用的数据单元名称。

User Datagram Protocol (UDP)（用户数据报协议） 一种在 TCP/IP 协议族中的传输层协议之一。

user interface（用户界面） 一种能够接受用户（或过程）请求的程序，并将其解释给操作系统的其他部分进行处理。

user page（用户页面） Facebook 的主页。

user page（用户页面） 用户页面是你在 Facebook 上使用的主页。

users（用户） 在 DBMS 术语中，获取数据库的每一个实体。

utility（工具） UNIX 中的应用程序。

utilization（使用） 道德的准则，如果一个行为会带来好的结果，那么它是合法的。

utilization（使用） 道德的第二条理论，和行为带来的后果相关。如果一个行为会带来好的结果，那么它是合法的。

variable（变量） 它是一种存储在内存中的对象，该对象的值能够在程序执行过程中变化。相对于常量。

vector graphic（矢量图） 一种图，该图中的线段和曲线通过数学公式来定义。

verifying algorithm（验证算法） 验证数字签名合法性的一种算法。

vertex（顶点） 图中的一种节点。

vi (vi) 在 Unix 操作系统中可以使用的屏幕文本编辑器。

video（视频） 图像（称为帧）的实时显示。

virtual memory（虚拟内存） 内存组织的一种形式，这种形式允许程序在内存和磁性存储之间使用交换技术以使得用户在使用的过程中感觉内存比实际物理内存要大。

virus（病毒） 在其他程序中隐藏的不希望获得的程序，可以自我复制。

von Neumann model（冯·诺依曼模型） 一种计算机模型（包括存储器、算术逻辑单元、控制单元、输入 / 输出子系统），现代计算机正是基于此模型结构。

waiting state（等待状态） 一种用于表示进程等待 CPU 空闲后对其进行处理的等待状态。

waterfall model（瀑布模型） 一种软件开发模型，要求在一个模块开发全部完成之后再开始下一个模块的开发。

Web（万维网） 参见 world wide web。

Web page（网页） 一种能够在网站上提供超文本和超媒体的单元。

well-known port number（知名端口号） 定义网络中的一个过程的端口号。

white box testing（白盒测试） 一种程序测试方法，它通过考虑程序内部设计来测试程序。也称为玻璃盒测试。相对于黑盒测试。

wide area network（WAN）（广域网） 一种覆盖地理范围相对较广的网络。

WiMax 全球互联接入。

Windows 2000（Windows 2000 操作系统） Windows NT 操作系统的一个版本。

Windows NT（Windows NT 操作系统） 由微软开发替换 MS-DOS 的操作系统。

Windows XP（Windows XP 操作系统） Windows NT 操作系统的一个版本。

working directory（工作目录） 当前正在使用的目录。

world wide web（WWW）（万维网） 一种多媒体因特网服务，它使得用户可以通过链接在因特网中浏览不同的文档。

Worldwide Interoperability Access（全球互联接入） DSL 或天线和因特网连接的无线版本。

worm（蠕虫） 活动于网络中的一种独立的程序，可以进行自我复制。

write once, read many (WORM)（写一次，读多次） CD-R 的另一个名字。

X.509 X.509 是使用结构化方式描述证书的一种方式。它使用一个名为 ASN.1 的著名协议，这个协议定义了计算机程序员熟悉的领域。

XOR operation（异或运算） 一种位逻辑运算，其运算规则为当其中任一操作数为 1 时运算结果为 1。

zero-knowledge authentication（零知识身份验证） 一种实体身份验证方法，在身份验证过程中申请者没有显露任何危及信息机密性的东西。